Mehrstimmigkeit und Heterophonie

Vergleichende Musikwissenschaft

herausgegeben von

Franz Födermayr
August Schmidhofer
Michael Weber

Band 4

VERGLEICHENDE
MUSIKWISSENSCHAFT

PETER LANG Frankfurt am Main · Berlin · Bern · Bruxelles · New York · Oxford · Wien

Gernot Gruber
August Schmidhofer
Michael Weber
(Hg.)

Mehrstimmigkeit und Heterophonie

Bericht zur Tagung in Wien,
11. bis 12. Dezember 1999

VERGLEICHENDE
MUSIKWISSENSCHAFT

PETER LANG Europäischer Verlag der Wissenschaften

Bibliografische Information Der Deutschen Bibliothek
Die Deutsche Bibliothek verzeichnet diese Publikation in der Deutschen Nationalbibliografie; detaillierte bibliografische Daten sind im Internet über <http://dnb.ddb.de> abrufbar.

Redaktion: August Schmidhofer & Michael Weber
Satz: August Schmidhofer
Umschlag & Logo: Grafik-Design Atelier Reiter

Gedruckt mit Unterstützung des Bundesministeriums
für Bildung, Wissenschaft und Kultur
sowie der Kulturabteilung der Stadt Wien.

ISSN 0941-7370
ISBN 3-631-50817-4

www.peterlang.de

Inhalt

Vorwort

Zum Anlass der Emeritierung von Herrn O. Univ.-Prof. Dr. Franz Födermayr veranstaltete das Institut für Musikwissenschaft der Universität Wien gemeinsam mit der Österreichischen Gesellschaft für Musikwissenschaft am 11. und 12. Dezember 1999 eine Tagung zum Thema „Mehrstimmigkeit und Heterophonie: Prinzipielles und Anwendungen im Mittelmeerraum". Der vorliegende Bericht wurde inhaltlich etwas erweitert und deshalb auch der Titel modifiziert. Erhalten blieb aber die Ausrichtung bei der Wahl der Gegenstände und der Methoden auf jene Forschungsrichtung, die Franz Födermayr prominent vertritt. Bei allem Respekt vor der persönlichen Bescheidenheit eines lieben Kollegen und Freundes seien uns doch einige Worte des Dankes gestattet. Herr Professor Födermayr war durch 26 Jahre Ordentlicher Professor für Vergleichende Musikwissenschaft und 11 Jahre lang Vorstand des Instituts. In diesen Funktionen hatte er so manche Veränderung in der Universitätsorganisation und in der Studienordnung durchzuführen. Zuletzt galt es noch, die Übersiedlung des Instituts in neue Räume am Universitätscampus Altes AKH – ein sehr erfreuliches Ereignis – zu planen und bis ins Detail hinein vorzubereiten. Er hat all dies in seiner Art, nach außen hin unauffällig und mit sehr großer Einsatzbereitschaft, bestens bewältigt. Gewissenhaftigkeit und Präzision, Freundlichkeit im Umgang, aber auch eine Beharrlichkeit in den qualitativen Ansprüchen lebte er seinen Studierenden vor und forderte es von ihnen ein. Persönliche Zurückhaltung und Treue zu wissenschaftlichen Überzeugungen mögen heute nicht zeitgemäß sein, so danken wir Franz Födermayr, uns gerade darin ein Vorbild zu sein.

Der Begriff der „Mehrstimmigkeit" und noch mehr der der „Heterophonie" sind schwer zu definieren. Unterschiede im Wortgebrauch zwischen Ethnologen und europäischen Historikern der Musik sind oft sogar verwirrend. So verwundert es nicht, dass sich vier Beiträge, die von Rudolf M. Brandl, Oskár Elschek, Rudolf Flotzinger und Rüdiger Schumacher, ausdrücklich mit terminologischen Fragen auseinandersetzen. Einigkeit entstand dabei nicht, gemeinsam aber ist den Autoren ein Bemühen um Differenzierung. Besonders skeptisch gegenüber dem Begriff der Heterophonie ist Rüdiger Schumacher, er lehnt ihn als Nominalbegriff ab, lässt ihn als Diskursbegriff nur insofern gelten, als unter seinem Begriffsdach noch wenig erforschte Mehrklangsbildungen gleichsam zwischengelagert werden können. Oskár Elschek lässt Heterophonie als eine Kennzeichnung realer Vorstellungen über den Klang, dessen Differenzierung und Funktion gelten. Für die Mehrstimmigkeit hat er ein eigenes System entwickelt. Rudolf M. Brandl schlägt Definitionen für die Begriffe Mehrstimmigkeit, Heterophonie, Polyphonie und Schwebungsdiaphonie vor, schränkt aber ihre Bedeutung auf die von Basiskonzepten multipler Abläufe der Musik ein. Rudolf Flotzinger analysiert minutiös den Wortgebrauch von „ars" im hoch- und spätmittelalterlichen Musikschrifttum und zeigt, dass dieser Begriff zunächst durchaus nicht primär auf den Sachverhalt der Mehrstimmigkeit gerichtet ist. Alle übrigen Beiträge veranschaulichen und diskutieren die Begriffsproblematik anhand von Fallbeispielen. Der von Franz Födermayr vertretenen Methode, kulturanalytische und naturwissenschaftliche Ansätze zu verbinden, stehen die Beiträge von Giorgio Adamo und Manfred Bartmann besonders nahe. Sie untersuchen musikalische Phänomene mittels Techniken akustisch-digitaler Signalverarbeitung und sehen in den so erlangten Ergebnissen Hinweise auf musikalische Konzepte, die mit Hilfe anthropologischer und ethnohistorischer Methoden näher zu interpretieren sind. Die Verbindung von ethnohistorischen Überlegungen mit systematischen (nicht unbedingt naturwissenschaftlichen) Methoden zeichnet auch die Arbeiten von Alica Elscheková, Gerhard Kubik, Gerald Florian Messner und Susanne Ziegler aus. Sie suchen nicht einen vorgeprägten Begriff von Mehrstimmigkeit abzustützen oder zu falsifizieren, sondern sie versuchen, die bei ihrem Studium am Material gefundenen Merkmale in Grundtypen zusammen zu fassen. Im Grunde läuft dies auf jene „Stückwerk-Technik" hinaus, die Karl Popper gefordert hatte, und die in Auseinandersetzung mit dem laufenden kritischen Diskurs über Nominalbegriffe geeignet erscheint, zu einem zutreffenderen Begriff zumindest von Mehrstimmigkeit zu gelangen. Auf ihn werden wir wohl auch in Hinkunft nicht verzichten können. Dessen ungeachtet sind Neologismen für klar bestimmbare Bereiche wie z. B. die Wortprägung der „Multiphonics" sehr gut geeignet, eine mit spezieller Anblase- und Grifftechnik auf der Querflöte zu erreichende „Mehrstimmigkeit" zu kennzeichnen (siehe den Beitrag von Stefan Jena).

Frau Roswitha Wieser möchten wir für die Unterstützung bei der Erstellung der Druckvorlage, dem Verlag Peter Lang für die verständnisvolle Betreuung und den Subventionsgebern – Bundesministerium für Bildung, Wissenschaft und Kultur sowie Kulturabteilung der Stadt Wien – für ihr Entgegenkommen vielmals danken.

Die Herausgeber

RUDOLF M. BRANDL, Göttingen

Universale Basis-Definitionen von *Mehrstimmigkeit*, *Polyphonie* und *Heterophonie* (= multiple Abläufe) aus Sicht der Vergleichenden Musikwissenschaft

Einleitung

Musikalische Konzepte und Begriffe wie *Mehrstimmigkeit (Harmonik)*, *Polyphonie* und *Heterophonie*, inklusive ihrer bordunalen „Vorformen" und Ostinato-„Begleitungen", sind in der Anfangszeit der Vergleichend-Systematischen Musikwissenschaft ausführlich diskutiert und systematisiert worden[1], wobei – v. a. wegen deren hoher ästhetischer Wertschätzung im Abendland – dessen Überlegenheit über andere Musikkulturen gerade auf diesem Gebiet explizit und implizit immer wieder betont wurde. Dies führt sogar dazu, dass selbst Musikwissenschaftler aus anderen Kulturen (in fast absurder Selbstabwertung) dies bis heute nie laut bestreiten und entweder „gleichwertige" Konzepte in ihrer Musik suchen („Auch wir haben Polyphonie!" – zuletzt bei balkanisch-kaukasischer Diaphonie), oder andere Aspekte, wie „Spontaneität" und Improvisation zu ästhetischen Ersatzwerten hochstilisierten.

Nicht immer ist in außereuropäischen Hochkulturen Mehrstimmigkeit ästhetisch ebenso hoch bewertet worden wie in Europa: So war am chinesischen Kaiserhof 1713 europäische Mehrstimmigkeit zwar bekannt, und ein an die chinesische Musikauffassung angepasster Jesuiten-Traktat wurde von Hofgelehrten übersetzt (s. Gild-Bohne 1991), doch trotz großer Beliebtheit des offenbar „exotischen" Instrumentalklangs (es gab häufig Cembalo-Konzerte vor dem Kaiser) und Wertschätzung europäischer Wissenschaft (man übernahm v. a. astronomische und mathematische Erkenntnisse) fand man Mehrstimmigkeit auffälligerweise nicht attraktiv (der Text verschwand ohne Folgen für Chinas Musikentwicklung im Archiv).

Implizit hat auch die moderne Musikethnologie diese sog. „Überlegenheit" und die damit verbundenen absoluten Wertvorstellungen stillschweigend akzeptiert. Als Entschuldigung gilt die „Nicht-Vergleichbarkeit" der Musik-

Konzepte der verschiedenen Musikkulturen untereinander.[2] Eine prinzipielle Richtigkeit der „Nicht-Vergleichbarkeit" wollte man u. a. auch darin sehen, dass einige Kultursprachen kein eigenes Wort haben, das unserem „Musik"-Begriff entspricht (abgesehen von Fremdwörtern, wie im Arabischen, wo *musiqi* aus dem Griechischen stammt) und es bis heute nicht gelang, „Musik" zufriedenstellend universal zu definieren – selbst für Europa nicht. Man grenzt in Europa zwar Musik von Sprache[3] und anderen „menschlichen" Kommunikationsformen[4] (Bewegung/Tanz, Bildender Kunst, usw.) ab, kann aber – über Epochen und Stile hinweg – den Musikbegriff nur sehr unscharf eingrenzen: „Töne"/Klänge, aber auch Geräusche (v. a. im „Rhythmus"[5]) sind zwar in allen Musikkonzepten zumindest ideell vorhanden, aber in einigen gehören Spielbewegungen (als „kontrapunktierendes" Pattern in afrikanischen Musikformen – siehe Kubik – das nur der Zuschauer sieht), oder Bewegungsreaktionen zum innersten Wesen der Musik (explizit die Tastempfindungen des chinesischen *Qin*-Spielers: s. Liang), ebenso wie Musikbilder (*Raga*-Bilder in Indien).

Folgende Ausgangsthesen sollen nun für unsere systematisierenden Überlegungen gelten:

a) Bei aller Überzeugung von der Richtigkeit des „Kulturrelativismus" ist logisch hermeneutisch ein *Apriori der Erkennbarkeit* eben dieser prinzipiellen Verschiedenheiten[6] eine irgendwie (nach Apel/Ch. S. Peirce „in the long run") am Ende des Verstehens- und Lern-Prozesses prinzipiell universale Basis der Weltbilder (W. Graf sprach von „biologischem Unterbau" mit „kulturellem Überbau"): ein rein lexikalisch-philologischer Szientismus (emisch vs. etisch) und Sprachpositivismus greift hier zu kurz, denn jeder Forscher gehört immer schon einem kulturellen Weltbild an und kann nur abduktiv (Peirce) aus ihm heraustreten.

b) Umgekehrt lässt sich aber beim Weltbild (Merriam's „music in culture") ein fundamentalistischer Universalismus (s. Historismus-Diskussion) nicht aufrechterhalten. Es ist systematisch-wissenschaftlich unzulässig, mit Konzepten bloß einer Musikkultur eine andere zu definieren (wohl aber als historische Meinung[7] in einer Kultur anzuerkennen). Dies hat methodische Konsequenzen für jede Vergleichende Kulturwissenschaft, will sie nicht im unreflektierten Sprachgebrauch verharren:

c) Das Problem liegt darin, dass schon jeder interkulturelle Bibliotheks-, Museums-, oder Phonogrammarchivskatalog praktisch universale Termini verwenden muss, um einen Index zu erstellen (das gilt besonders im Zeitalter des

WWW/Internet mit formalisierten Suchmaschinen).[8] Dabei muss aber klar bleiben, dass jede Universalienkonzeption nur Ergebnis analytischer Forschung ist und durch zukünftige Erkenntnisse widerlegbar bleibt (= hermeneutische Offenheit).

d) Ferner folgt aus der kognitiv-psychophysisch erweiterten Graf'schen Unterbau/Überbau-These[9], dass jede musikalische Universalien-Definition – v. a. semantisch – nur den größten gemeinsamen Nenner (bzw. ein statistisches Variablenfeld) eines Begriffs geben kann und vermutlich formal-syntaktisch/pragmatisch bleiben muss (wie unser Versuch).

e) Ferner hat zu gelten, dass möglichst alle Musikkulturen gleichwertig sind (und nicht „primitive“ oder „historische Vorstufen“ der abendländischen Musikentwicklung). Methodisch heißt dies aber, dass grundsätzliche Widersprüche zwischen verschiedenen Musikstilen[10] entweder aus der Universalien-Definition ausgeklammert werden müssen, oder dialektisch auf eine tiefere, abstraktere, gemeinsame Basis (im Sinne von Graf's „Unterbau“) zurückgeführt werden können. D. h. es gilt als eine Voraussetzung, dass informationstheoretisch alle Musikkulturen eine mehr oder weniger gleich komplexe Informationsdichte in ihrer Musik aufweisen (schon damit das Interesse der indigenen Zuhörer erhalten bleibt), die sich aber in je verschiedenen hierarchischen Ebenen der an sich immer komplexen Musikrezeption manifestiert.[11]

f) Ferner folgt daraus, dass auf jeden gefundenen universalen Terminus eine kulturspezifische Definition aufzusetzen ist, d. h. er notwendigerweise für jede Kultur erweitert werden muss, da es apriori keine Musik außer in einer konkreten Kultur gibt (= Negation von „Musik als natürlicher, universaler allen sofort verständlicher Weltsprache“): Jede Musik bedarf notwendig eines (in der Regel kommunizierbaren Basis-) Vorwissens (= Gadamer's „Vorstruktur des Verstehens“) und dieses ist nicht solipsistisch (nur für ein singuläres Individuum und kein anderes)[12], sondern sozial und historisch (sowie mehr oder weniger physiologisch) geprägt. Dieses Vorwissen ist in der Regel abduktiv-unreflektiert und wird meist erst beim Nichtverstehen „fremder“ Musik bewusst erlebt. Es setzt sich aus ganzheitlich-synthetischen Erinnerungen erlebter einzelner Musikstücke und umgangssprachlicher oder (wenn vorhanden) musiktheoretischer Regeln (Basis-Musiktheorie) zusammen, die im Konsens/Dissens mit kompetenten Autoritäten geprägt sind. Mit anderen Worten: „Die Musik“ ist eine Abstraktion von Musikstücken und -stilen. Eine *language*-Analogie zur Sprache gibt es nicht[13], wohl aber zu *langue* und *parole*.

Die eigentliche, d. h. kulturspezifische Musiktheorie (nicht mehr die Basistheorie!) reduziert jeweils die sonst unvorhersehbare Zahl möglicher Zeichenbildungen durch kulturelle Normen, wie Skalen- und Rhythmussysteme, Harmonik und Formen, schon im Vorfeld der einzelnen Werke und Aufführungen (v. a. bei improvisierenden Musikstilen) derart, dass der kompetente Zuhörer und Mitspieler bereits kurz nach dem Beginn eines Stücks einen artifiziellen Zeitplan vorhersehen und entwerfen kann (den er bei innovativen Musikerlebnissen dann modifizieren muss). Artifiziell ist der Plan in allen Kulturen insofern, als er (aber nur in der kompositorischen Idee) auf einfachen Zahlenproportionen beruht, die sich deutlich vom fraktalen Chaos akustischer Umweltsignale abheben und dadurch frei für innerweltliche Wertzuweisungen sind (W. Graf).

g) Daraus folgt, dass es als kulturübergreifende Vorgabe keine Musik-Definition der Systematischen Musikwissenschaft (weder akustisch, noch psychologisch) über vormusikalische Grundlagen des Hörens hinaus geben kann (da sie sonst apriori imstande wäre, theoretische Konzepte eines spezifischen Musikstils zu widerlegen). Aber konkrete historische Konzepte in einer singulären Musikkultur kann sie begründen oder widerlegen[14] bzw. vergleichend-dialektisch widersprüchliche Konzepte von Musikstilen auflösen (z. B. den „Harmonie"-Widerspruch zwischen Polyphonie und Schwebungsdiaphonie[15]).

Als unverzichtbar erweist sich für alle Mehrstimmigkeits-Definitionen die Unterscheidung zwischen „Stimme" und „Part", wobei „Stimme" das bezeichnen soll, was man als e i n e Melodielinie in einem synchronen Ablauf als Kognition hört, unabhängig von der tatsächlich von einem Musiker bzw. Instrument gespielten/gesungenen linearen Form, dem „Part", der eine Tonfolge bezeichnet, die der Musiker real ausführt, deren Gestalt aber vom (kompetenten) Zuhörer nicht notwendigerweise gehört wird. Wenn in vielen Formen europäischer Mehrstimmigkeit „Part" und „Stimme" gleich sind, gibt es doch auch in ihr, v. a. aber in europäischer Volksmusik und außereuropäischer Musik Formen, in denen das, was ausgeführt wird – die „Parts" –, nicht damit übereinstimmen, was man als polyphone Stimmen (= „virtuelle Stimmen") hört.

Die Nichtidentität von Stimmen und Parts hat dabei nicht apriori mit Harmonizität (= Klangverschmelzung) zu tun: dieses Hörphänomen tritt ebenso häufig bei stark geräuschhaften oder quasiharmonischen Klängen auf (Glocken oder Schlagzeug), aber beide Merkmale können es fördern. Ebenso wichtig dafür sind aber häufige Stimmkreuzungen, engste Lage, schnelles Metrum (einfache

Rhythmusproportionen der Pattern), gleiche Lautstärke und punktuelle Lokalisierung der Parts (gleiche Phasen beim beidohrigen Hören). Als komplexere Merkmale sind Melodierhythmik und Duktus vor allem für die Unterscheidung von Mehrstimmigkeit und Polyphonie zu nennen.

So ist es charakteristisch für das abendländische Musikhören (ab dem Mittelalter), dass intuitiv auf den Bass bezogen gehört wird, der nicht nur die harmonische Grundlage (= Konsonanz/Dissonanz simultaner Klänge auf ein gemeinsames harmonisches Fundament virtuell bezogen), sondern vor allem auch die rhythmische Grundlage bedeutet (Bass-Trommel): Hört der Europäer mehrere Rhythmen simultan, wird er automatisch höher klingende Rhythmen auf den Bassrhythmus beziehen. Dass dies in vielen fremden Kulturen nicht zutrifft, hat Kubik an neoafrikanischer Musik gezeigt (Konzert der Kachamba-Brothers in einer österreichischen Disco), wo das rhythmische Basis-/Bezugssystem im Händeklatschen oder von der Rassel, oder sogar als (unhörbares) motionales Pattern (= Bewegungsmuster) realisiert wird. Da es aber mit einiger Übung möglich ist, den Höreindruck „umkippen" zu lassen, zeigt dies, dass Bassbezogenheit des Hörens eine rein kulturelle Norm (kulturelle Voreinstellung) ist, und daraus lässt sich schließen, dass dies auch für das harmonische Fundament-Hören gilt, denn bei Schall, der als nichtmusikalisch eingestuft wird (z. B. bei simultanen Vogelstimmen oder Naturschall), hört auch der Europäer keine synthetische Residual-Konsonanz, sondern heterogene Klänge, was mit der im Musikhören meist irrelevanten Schalllokalisierung und Aufmerksamkeitslenkung auf Phasendifferenz beim Umweltschall zu tun haben dürfte. Husmann hat gezeigt, dass im beidohrigen Hören die Konsonanz-Wahrnehmung nachlässt – daraus ist abzuleiten, dass bei der hierarchischen Vernetzung akustischer Schallparameter durch Aufmerksamkeitsverlagerung auf bestimmte Schalleigenschaften angeborene oder kulturelle Erwartungsmuster als Algorithmen (s. Terhardt) wirksam werden, d. h. aber die prä-musikalische Disposition der Erwartung („Musik" oder „Nicht-Musik") wesentlich beeinflusst, was man in der Musik hört.

Über solche vormusikalischen (psychophysischen) Kriterien hinaus spielen aber auch kulturspezifische Parameter eine wichtige Rolle: so hat ein Bewertungstest (durch Vorspielen) mit einem Mossi-Musiker aus Burkina Faso gezeigt, dass dieser beim pentatonischen Überspringverfahren (Quart/Quint/gr. Terzen) 2–3 duktus-parallele (rhythmisch synchrone) Pattern als *identisch* mit einstimmigen („Das ist dasselbe – da ist kein Unterschied!") verstand, sobald aber einer der Parts im gegenläufigen Duktus (bei gleichem Konsonanzgrad) gespielt wurde, diesen als „zweistimmig" bewertete (Brandl 1984, 1985c). Auch scheinen in Afrika in Ethnien mit Tonsprachen „sprachtragende" (Instrumental-)Pattern kognitiv gegenüber rein musikalischen dominant, und oft fehlt ein zusammenfassender „Musik"-Begriff: es gibt aber als Klassen nebeneinander „Lied" und „Tanz".

Beispiele für Definitionsprobleme multipler Abläufe in der Musik

- Schon in der Barockmusik wird – in der historischen Terminologie – der Continuo-Part nur als „eine" Stimme (= Bezifferung) gezählt und bewertet, d. h. vom hörenden Bewusstsein wird seine Mehrstimmigkeit (rezent zumindest ein Bass plus mehrpartige Cembalo-Akkorde, im Barock oft chorisch erweitert) ignoriert: „a tre" bedeutet 2 Soli + 1 Continuo-Stimme, ungeachtet, wievielstimmig die Akkorde (Harmonik) sind.
- Auch beim Bordun (s. Brandl 1995) ist auffällig – und zeigt die variable Kognition –, dass er in den Mehrstimmigkeits-Systematiken (s. o.) einmal als „Vorform der Polyphonie", als „Mehrstimmigkeit" angegeben, oder beim Stimmenzählen ignoriert wird: indische *Raga*-Musik wird trotz Akkordbordun immer als einstimmig klassifiziert, ebenso griechisch-orthodoxer Choral, der in der Theologie als Widerspiegelung des „einstimmigen Gesangs [*una voce*] der Engel vor Gott" gilt.
- Eine klare Nichtübereinstimmung zwischen Multipart-Struktur und Polyphonie findet sich beispielsweise im mehrstimmigen „Ineinand"- bzw. „Durcheinand"-Jodler in der steirischen Volksmusik (bzw. bei den Wiener Volkssängern: s. Aufnahmen der Brüder Matauschek): wird ein 3–4-partiges Lied „einstimmig" realisiert (= traditionell möglich), werden die Duktusbewegungen aus allen Einzel-Parts synthetisch in einer resultierenden Melodiestimme zusammengefasst, d. h. intentional ist in der Mehrpartigkeit die resultierende Melodie virtuell versteckt vorhanden.
- Bei der Pygmäen-„Jodelpolyphonie" in Afrika werden unterschiedlichste Parts, Jodel-Pattern mit großen Intervallsprüngen, in bewusst häufiger „(Part-)Kreuzung" so verzahnt (v. a. rhythmisch) gesungen, dass der Hörer nahe beieinander liegende Frequenzen zu virtuellen Melodien assoziiert, die eine „virtuelle Polyphonie" bilden. Dabei erschwert die verschmelzende Wahrnehmung der Jodel-Pattern auf e i n e m Grundton (Formantwechsel) in Relation zu

verschiedenen Grundtönen anderer Klänge des Parts zusätzlich dessen (nicht intendiertes) Heraushören.

- Bei afrikanischen Buschmann-Liedern zum Mundbogen verschmelzen – dank Partialton-Verstärkungen in vokalen und instrumentalen Parts (die noch dazu nicht unterschiedlich zu lokalisieren sind) – diese zu „virtuell mehrstimmig/wechselbordunalen Melodielinien" – ähnlich wie im „virtuell mehrstimmigen" mongolischen Oberton-Gesang *(Höömi),* wo der Sänger nur einen Part realisiert: er singt eigentlich nur einen gehaltenen „Ton" (= Klang), dessen besonderes Merkmal einerseits rhythmisch abwechselnd verstärkte einzelne Formanten/Partialtöne, andererseits zugleich extrem schwache andere Formantbereiche (= Antiformanten) sind, woraus der Hörer (durch die Registertrennung der Formanten) verschiedene (2–3) virtuelle „Stimmen" extrahiert und den Gesang als „mehrstimmig" interpretiert.
- Dasselbe Verfahren – nur rein instrumental – wird bei der Maultrommel exerziert, wobei meist eine virtuelle Melodie mit Bordun gehört wird.
- „Virtuelle Polyphonie" wie in Bach's Solosonaten: in einigen Stellen erweckt ein einziger Part ohne Mehrfachzusammenklänge durch schnelle Abfolge der Töne, bei zugleich großen Intervallsprüngen dank Trägheit des auditiven Systems den Eindruck bis zu 4-stimmiger Polyphonie.
- Ähnlich basierend auf der Trägheit des Ohres – aber nicht auf Klangverschmelzung beruhend, sondern im Gegenteil, auf geräuschhaften Signalen – wirkt im chinesischen Luogu-Ensemble („Gong + Trommel") wobei diverse Trommel-, Becken- und Gongparts so verzahnt gespielt werden, dass eine virtuelle „Geräuschpolyphonie" mit mehreren „Stimmen" in der relativen Höhe der Residual-Geräusche entsteht.
- Eine Zwischenform (dank quasiharmonischer Klangspektren) der beiden letztangeführten Techniken stellen die höfischen Xylophon-Ensembles *(Amadinda, Akadinda)* der Baganda dar, deren virtuell polyphone Stimmen Kubik „inhärente Pattern" nennt.
- Damit verwandt sind die – von manchen Musikethnologen fälschlich so genannten[16] – *Hoquetus*-Techniken, wobei virtuelle Melodie-Linien aus instrumentalen (seltener vokalen) Parts gleicher Instrumente zusammengesetzt werden, in denen jedes Instrument nur 1–3 (Partial-) Töne erzeugt (weil oft mehr nicht spielbar sind, wie bei Klarinetten-Ensembles der Aparai-Indianer in Brasilien, tibetischen Langtrompeten, oder Alphörnern), wobei jedes Instrument andere Töne der Melodie realisiert. Da es dabei (intendiert) vielfach zu Klangüber-

lappungen kommt – ein Ton in einem Part klingt noch nach, wenn der Folge-Ton (auf einem zweiten Instrument) schon einsetzt –, entsteht für den fremden Hörer ein Eindruck von primitiver Polyphonie. Vermutlich ist es nur eine nebensächliche Klangausweitung. Man müsste – für die Klassifikation als Mehrpartigkeit – im Einzelfall prüfen, ob es neben der Synthese-Regel (für die Zusammensetzung der resultierenden Melodie) für die Parts eigene lineare Regeln (Spiel- oder Bewegungspattern) gibt, wie z. B. bei spätbyzantinischen Glockenspiel-Stücken im Verbreitungsgebiet der christlichen Orthodoxie (Griechenland, Russland, Bulgarien, Istrien), beim „Beiern" in der Grafschaft Bentheim (s. Bartmann 1991), oder beim englischen Interchange-Ringing. Auch dabei scheinen motorische Spiel-Pattern wichtiger zu sein, als die klanglichen Ergebnisse.

- Ein typisches hermeneutisches Missverständnis entsteht, will man die Melodie- und Mehrstimmigkeitsbegriffe, wie sie in der klassischen europäischen Musiktheorie vorgegeben wurden, auf das Musikkonzept der neugriechischen Volksmusik, das *Skopos*-Prinzip anwenden: denn durch die Zweidimensionalität der Melodie-Linie (= *skopos*) als nur in der Vorstellung existierender *skeletos* (tonräumlich strukturierte Abfolge der Haupttöne ohne metrorhythmisch-temporale Regel), der durch und in der Realisation mit (vom Musiker auf die Skelett-Tonfolge improvisiert aufgesetzten) metrisierten Spielfiguren *(daktylia/doxaries)* konkretisiert wird, entsteht Zweistimmigkeit in der Einstimmigkeit der jeweiligen Melodievariante (beides diatonisch auf den Inseln – auf dem Festland modal-diatonisch im Skelett, mikrotonal bei den Spielfiguren). Da die Heterophonie (aus Gesang, Aerophon, Streichinstrument) *intentional* keine echte ist, sondern nur gleichwertig simultan oder nacheinander (als Variationen in der Einstimmigkeit) ablaufende individuelle „Wege durch den *skopos*" (melische Ausfächerungen des e i n e n Skeletts) und die scheinbare Wechsel-bordun-Mehrstimmigkeit[17] nur Externalisierung des modalen Gerüsts des Skeletts ist, folgt daraus, dass das, was ein Mitteleuropäer „mehrstimmig" hört, nur externalisierte modale Einstimmigkeit ist, während die einzelne Melodievariante „zweistimmig" ist, d. h. genauer gesagt, zwei multiple Algorithmen sind, die sich gegenseitig (über die Meta-Regel des *skopos*) sowohl tonräumlich, als auch binnenstrukturell steuern. Man kann die simultane oder aufeinanderfolgende melische Ausfächerung der beliebig vielen simultanen Skopos-Wege als Variantenheterophonie werten, doch ist sie durch die synchronisierende Meta-Regel („Man muss an den tonalen Gerüsttönen aufeinander warten!") eher als fraktale Polyphonie zu definieren.

- Eine andere Form der Zweidimensionalität entsteht in orientalischer Kunstmusik *(Maqam, Raga)*, wobei zu einer tonräumlich strukturierten modalen Melodie (mit unprägnanter Rhythmik) als kontrapunktierende „Schicht" ein rhythmischer Zyklus abläuft *(wazn, usul,* bzw. *tala)*, der durch eine auf die Phrasenlänge bezogene Regel z. T. mit improvisierten kanon-artig versetzten rhythmischen Figuren in Melodie und Rhythmuszyklus den multiplen Ablauf koordiniert. Etwaige Bordun-Formen externalisieren die Modalität der Melodie und sind keine Mehrklanglichkeit. M. a. W., hier herrscht eine Polyphonie aus einer Melodie und einem zyklischen Rhythmus, wobei beide ihren eigenen autonomen linearen Regeln folgen und nur wenig durch die untergeordnete Synchronisations-Regel beeinflusst werden.

Alle Beispiele zeigen, dass der abendländische Hörer zwar scheinbar von einer für alle Menschen „natürlich vorgegebenen" Struktur des Hörraums ausgeht, mit der er die „klassischen" musikalischen Vorstellungen von Mehrstimmigkeit, Polyphonie und Heterophonie gleichsetzt, sobald man aber sowohl abendländische als auch außereuropäische Musik näher betrachtet, findet man sofort Belege, die von dieser Vorstruktur des musikalischen Hörens abweichen. Aber Musik bedeutet immer einen Ablauf in der Zeit (als universales Definitionsmerkmal neben anderen). Dabei lässt sich dies nicht ausschließlich auf den auditiven Modus reduzieren, da (neben dem Sprechen) v. a. Bewegungen und innerpsychische Vorgänge ebenfalls temporale Abläufe sind, die in der Kognition (= Welt II RMB) eng mit musikalischen Strukturen (als „Erlebnis" und Erinnerung) gekoppelt sind und sie wechselseitig beeinflussen (z. B. neurorhythmisch: s. Sinz).

Die Bedeutung der Motorik im Verstehen multipler Abläufe

Außer Gerhard Kubik zeigte auch Edda Brandes am Beispiel der berberischen *Imzad*-Musik, dass die Identität von Melodien und „Werken" nicht immer nur auditiv festgelegt ist, sondern auch motional-motorische Gestaltung (mit klanglich unterschiedlichen Resultaten) sein kann. Das belegt eindeutig, dass die (vom Musiker über Bewegungsmuster erzeugten) Parts eine (von der Systematischen Musikwissenschaft vernachlässigte)[18] kognitive Strukturebene der Musik sind, wofür auch europäische Musiker Indizien liefern, wenn sie (wie Shura

Cherkassky in einem TV-Interview) angeben, dass sie Stücke nur nach Spielbewegungen der Finger („vom Blatt") lernen.[19]

Daraus folgt aber, da neural v. a. nonverbale Muster holonom sowohl in den motorischen Hirnzentren, als auch in den rezeptiven Bereichen wechselseitig vernetzt und je nach Aufmerksamkeitsintensität fokussiert verarbeitet werden (Pribram 1971), wobei je nach Aufmerksamkeit der Kontext stärker einbezogen wird, oder eine *e-motionale* Steuerung erfolgt, dass in universalistische Basisdefinitionen komplexer Musikvorgänge wie der Mehrstimmigkeit auch nichtauditive Steuerungsmechanismen mit einbezogen werden müssen, will man nicht a priori Möglichkeiten des Verstehens fremder Musik außer Acht lassen. Dass diese Algorithmen von der europäischen Musiktheorie nicht berücksichtigt werden, beweist nicht notwendigerweise, dass sie für andere Kulturen nicht gelten.

Wir nehmen auf biologische und kulturspezifische Weise wahr, was angeborene oder erlernte Algorithmen als vormusikalische Zeichen als sinnvoll vorstukturieren (z. B. Farben), nicht, was physikalisch objektiv ist (z. B. Spiel-Parts). Wenn sich aber, wie in o. a. Beispielen, musikalische Konzepte interkulturell scheinbar widersprechen, scheint es logisch, sie nicht schlicht kulturrelativistisch als „nicht-verstehbar" ad acta zu legen (denn wenn ihre Widersprüchlichkeit feststellbar ist, kann man sie durch Paradigmenwechsel verstehen lernen). Stattdessen lässt sich auf eine allgemeinere Ebene der Definition zurückgreifen und dafür scheint der Rekurs auf Regelsysteme (= Musik-Theorie) sehr geeignet, da jede Musik immer geordnete Zeit ist (als weiteres universales Merkmal).

Universale Basis-Definitionen multipler Abläufe in der Musik

Mehrstimmigkeit ist eine zweidimensionale virtuell-kognitive Strukturierung des musikalischen Hörerlebnisses, in der zu einer horizontalen (= temporale Achse) Melodielinie durch Regeln die ausschließlich vertikale (= synchrone) Zuordnung von Klängen und/oder Geräuschen extra erzeugter Parts erfolgt – über die Partialtöne der Melodiegrundtöne hinausgehend. Diese zugeordneten Parts werden zwar von der Melodie getrennt wahrgenommen, ihr hierarchisch aber untergeordnet und folgen keiner eigenen horizontalen Melodieregel, d. h. sie haben keine melodische Selbständigkeit und sind von der Melodie und ihrer Tonalität abhängig: Man kann sie weglassen, ohne dass die Melodie beeinträchtigt wird. Sie werden nicht als eigene Melodien gehört, sehr oft sogar nur synthetisch als „Klangpaket“, bei der ihre Anzahl nicht beachtet wird.[20] (Es gibt auch beabsichtigte, unauffällige Wechsel der Zahl dieser Parts, Stimmkreuzungen und Ineinanderübergehen.) Meist sind die Klangfolgen der Begleit-Parts a) duktus- oder intervallisch und rhythmisch parallel zu ihr, oder b) durch möglichst wenig (auch gegenläufige) Tonbewegungen (Primen, Stufenschritte oder Quart-/Quint-Sprünge) unauffällig und liegen alle im selben oder Nachbar-Register. Im zweiten Fall (b) sind die Parts entweder rhythmisch mehr oder weniger synchron zum Rhythmus der Melodie, oder rhythmisch unauffällig (gleiche Dauern oder Ostinato-Rhythmus, oder zu mehreren Melodietönen durchgehalten). Die musikalische Funktion dieser Parts ist die klangliche Anreicherung der Melodie oder (v. a. in abendländisch-harmonischer Mehrstimmigkeit) die Betonung tonaler Funktionen der Melodie. Die vertikale Regelung der Klänge orientiert sich entweder an gemeinsamen Partialtonstrukturen der Melodie (abendländische Harmonik) – oft mit ähnlichen Klangfarben wie in der Melodiestimme –, oder externalisieren das tonale Gerüst der Melodie (orientalisch/mediterraner Bordun), oder bilden zur Melodie auch in den Klangfarben kontrastierende Klang-„Flächen“ oder „Cluster“: oft ist mit der Mehrstimmigkeit eine virtuelle Raumvorstellung (= Gegendimension zur Zeitentfaltung der Melodie) verbunden.

Heterophonie ist eine (ebenfalls) zweidimensionale kognitive Strukturierung des Höreindrucks, bei der zu einer Melodielinie durch Regeln eine rein horizontale Zuordnung von Klängen und/oder Geräuschen von zusätzlichen Parts erfolgt. Eine vertikale Regel für den Bezug zur Basismelodie fehlt. Häufig sind Stimmkreuzungen und die Parts liegen oft im gleichen Register wie die Basismelodie. Heterophone Parts werden oft als gleichwertige (alternative) Ausformungen der Basismelodie verstanden (= Varianten-Heterophonie) und sind häufig in den Klangfarben kontrastierend, um eine vertikale Klangverschmelzung zu verhindern. Rhythmisch sind sie prägnanter als mehrstimmige Parts und können selbständigen Melodiecharakter haben, der zur Basismelodie in Konkurrenz treten kann (aber nicht muss). Die Differenzierung zwischen polyphoner Mehrstimmigkeit und Heterophonie nach Konsonanz-Kriterien ist unbrauchbar, da nicht nur in moderner Musik, sondern auch in klassischer Polyphonie statistisch häufiger Dissonanzen als Konsonanzen in Zusammenklängen auftreten.[21]

Ein hervorragendes Beispiel geregelter Heterophonie zeigt die ostasiatische Hof- und Tempelmusik in China, Vietnam, Korea und Japan, für die ein sehr langsames, „feierliches" Grundtempo typisch ist: die Tonfolgen („Melodien") „zerfallen" auditiv in einzelne Schritte von Klang zu Klang, bei kontrastierenden (nicht verschmelzenden) Klangfarben und großem Tonraum (vom Piccolo-Register bis tiefen Trommeln und Gongs): die eigentliche Spannung liegt aber in den langen Glissandi, kleinen, z. T. mikrotonischen Figuren und Tonhöhenveränderungen, vereinzelten, dynamisch differenzierten Schlägen von Trommeln, Gongs und Becken, bzw. stark geräuschhaften „Einschwingvorgängen" der Blas- und Saiteninstrumente. Jedes Klangdetail erhält dadurch (semantisch-) strukturelles Gewicht: Mit anderen Worten, die Meta-Regelung (= Sychronisierung der Parts) strukturiert temporal einen „rituellen Raum" (Klang-„Flächen") aus symbolisch-assoziativen Klangfarben, in den (in den linearen Parts ebenfalls assoziative) geräuschhafte Schallereignisse als symbolträchtige „Objekte" hineingesetzt werden. Zuweilen fungiert eine Trommel als „time keeper" (= externalisiertes Metrum = Maßnorm).[22] Funktion dieser Musik (und daraus abgeleitet Kompositions-Regeln) ist die Schaffung einer „virtuellen Raum-Zeit" aus symbolischen Schallgestalten (= Erneuerung der Weltordnung im Ritual des Kaisers):

- Bei den *Nuo*-Maskentänzen im Erdgottkult in Anhui, China lässt sich durch kombinierte Video- und Musik-Analyse zeigen, dass erst durch (ausschließlich!) *Luogu-* (Trommel/Gong) Pattern „heiliger Raum" (im jeweiligen Dorftempel anders) erzeugt wird, in dem die Geistermaske geometrisch-abstrakte Muster zur Erneuerung der Weltordnung und Abwendung des Chaos (*Nuo* = Exorzismus) tanzt (Brandl & Wang 2001).
- Eine ähnliche Struktur – ohne rituelle Bezüge – haben Cluster- und Klangflächen-Kompositionen der Avantgarde (z. B. bei Lutoslawski, Ligeti). Auch hier fällt auf, dass die musikalische Zeitstrukur weg vom Metrum und proportionaler Rhythmus-Wahrnehmung hin zugunsten einer dynamisch fließenden Temporalität (schneller vs. langsamer: v. a. in F. Cerha's *Spiegel I-VI*) tendiert: Mit anderen Worten, analog-linearen Zeitverläufen steht eine „andauernde" Klangfläche gegenüber, die durch die kompositorische serielle Meta-Regel dominiert wird. Das Erscheinungsbild solcher Partituren ist oft das räumlich-flächiger abstrakter Graphiken.

Polyphonie ist eine virtuell-kognitiv dreidimensionale Strukturierung des musikalischen Hörerlebnisses, bei der mindestens zwei autonom horizontal-linear geregelte Klang- und/oder Geräusch-Folgen (Parts) durch Meta-Regelung in ihrer vertikalen Beziehung (= Synchronizität) gesteuert werden, wobei die Meta-Regel die lineare Regelung überstimmt, d. h. diese sich an die Meta-Regel anpasst, durch die mindestens zwei selbständige lineare Abläufe so gesteuert werden, dass sie sowohl als selbständige Entitäten, als auch in ihrer Synchronisierung als aufeinander bezogen, aufgefasst werden. Dabei können die beteiligten Parts/Stimmen/Melodien einzeln nicht ohne Defizit, d. h. ohne dass das Musikstück dem Sinn nach unvollständig ist, realisiert werden: weder als Hintereinander der Einzelparts, da dabei die Synchronizitätsregel (Meta-Regel) verloren geht, noch als rein vertikale Struktur, da dabei die Regeln der einzelnen linearen Parts unerkannt bleiben. Wesentliche Merkmale (die aber jeweils zugunsten anderer vernachlässigbar sind) von Polyphonie sind möglichst kontrastierender Duktus und/oder Klangfarbe und synchron möglichst kontrastierender Rhythmus der Einzelparts. Auch die Register-Trennung der Parts erleichtert wesentlich das Erkennen der polyphonen Struktur. Um eine Verwechslung mit Heterophonie auszuschließen, d. h. um das Vorhandensein einer Meta-Regel gut zu erkennen, können (aber müssen nicht!) die linearen Abläufe melodische oder rhythmische Ähnlichkeiten aufweisen (Kanon-Form), die dann zeitlich a-synchron (d. h. zueinander zeitlich verschoben) ablaufen. Die Definition der polyphonen Meta-Regel bedeutet nicht, dass sie a priori oder auch nur notwendig (vertikal-)harmonische Merkmale enthält, denn auch im Abendland ist – vom Mittelalter bis zur Moderne (von Bartok bis zur Avantgarde) – kein musiktheoretischer Konsens darüber herzustellen, welche Zusammenklänge unter welchen Bedingungen als konsonant und welche als dissonant gelten sollen. So wird z. B. die harmonische Beziehung (geringe Einhaltung der harmonischen Regeln) bei im Register weit auseinanderliegenden Stimmen in stark kontrastierenden Klangfarben von Komponisten vernachlässigt bis negiert[23], insbesondere bei weit auseinander liegenden Schallquellen.[24]

Die Meta-Regel muss sich nicht notwendigerweise auf klangliche Vorgaben stützen, sie kann auch räumlich-motorisch sein: In Nuristan, Afghanistan (Brandl 1977) wird die Verkopplung der linearen Klang-Parts (= an- und abschwellende Haltetöne) in der Synchronisierungs-Regel durch Sich-Drehen des Sängers um seine Achse, zugleich in einer Kreisdrehung singender „Tänzer" in einer übergeordneten Kreisdrehung von Kreisen geregelt und gesteuert. (Dabei kennt die Kafiren-Sprache nur räumliche Syntax-Formen: zeitliche fehlen [wie bei den Hopi-Indianern].)

Eine phänomenologisch (nicht historisch) analoge Form nichtharmonischer Polyphonie sind fraktal-inhärente Pattern-Verflechtungen, z. B. in afrikanischer Harfen-/Xylophon-, oder indonesischer *Gamelan*-Musik, auch in chinesischen Trommel/Gong-Ensembles *(Shifanluogu)*, in denen mehrere unselbständige, ostinate lineare Parts, häufig mit großen Intervallsprüngen, in gleicher Registerlage und Klangfarbe dank spezieller tempo- und metrorhythmischer Merkmale durch eine Meta-Regel so verflochten und verzahnt realisiert werden, dass ein raumzeitlich strukturiertes fraktales Klangmuster entsteht, vor dessen Hintergrund eine resultierende virtuelle Melodielinie mit Ostinato-Charakter, oder ein Rhythmus kognitiv herausgefiltert wird, die/der direkt als lineares Gebilde in keinem Einzel-Part gespielt wird (oder nur zusätzlich in anderer Registerlage verdoppelt). Die einzelnen Ostinati unterliegen zwar eigenen Regeln als autonome (oft stückunabhängige) Pattern, die Meta-Regel des Stücks (die primär das zeitliche Verhältnis der Parts zueinander steuert) hebt aber ihre Unabhängigkeit auf – sie lassen sich als einzelne nicht mehr wahrnehmen – und ordnet sie sich soweit unter, dass sie nur als Einheit des komplexen, holonomen Gesamtmusters wahrnehmbar sind, von dem sich die virtuelle inhärente (Melodie-/Rhythmus-)Linie kognitiv abhebt. Diese Technik basiert auf der Trägheit menschlicher auditiver Wahrnehmung (psychophysisch eigentlich eine Defizienz der Hörbahn), dass bei sehr schnellen Signalfolgen ähnliche/ benachbarte Signale zu einem virtuellen Pattern zusammengefasst werden, während die übrigen Signale davon getrennt perzipiert werden. Charakteristisch für diesen Typus musikalischer Strukturierung ist vor allem die Dominanz komplexer rhythmischer Strukturen über die tonal-melodischen, d. h. die Parts und ihre Verzahnung (Meta-Regel) haben stärker rhythmische als tonale oder modale Klangeigenschaften. Die nicht zur virtuellen Melodie gehörigen Klänge/Geräusche können auch als Pseudo-Mehrstimmigkeit/-Polyphonie interpretiert werden.[25]

Schwebungsdiaphonie ist eine zwei- bis dreidimensionale Mischform aus inhärenter Pattern-Verflechtung und Heterophonie, wobei (auf dem Balkan) durch die dominante Meta-Regel aus Stimmkreuzungen der Parts virtuelle zwei bis drei Stimmen entstehen, die z. T. mit dem maximal-dissonanten, „schwebenden", im engen Tonraum (12–16 Hz) liegenden Bordun-Cluster verschmelzen (bei im Ideal punktueller Lokalisierung), und deren Einzelparts linear keine Selbständigkeit aufweisen (einzeln keinen Sinn haben). [26]

Fassen wir zusammen:

Ein anscheinend vielversprechender Ansatz einer universalistischen Systematik der Mehrstimmigkeitsformen in der Musik ergibt sich nach einander wechselseitig beeinflussenden Strukturregeln hinsichtlich ihrer Erstellung (= Parts) und Rezeption (= Stimmen), wobei die motorische Pattern-Struktur keinen grundsätzlichen Gegensatz zu auditiven Zeichen darstellt. Da

Universalien-Definitionen nicht alle für die jeweilige Kultur spezifische (semantisch-ästhetisch, musiktheoretisch, -praktisch) Kriterien umfassen können, sind sie nur Definitionen des größten gemeinsamen Nenners vergleichbarer Konzepte und betreffen eher „Vorstrukturen" des kognitiven Musik-Systems in Normen- und Wert-Systemen der verschiedenen Kulturen, deren spezifisches musikalisches Regelwerk als kultureller Überbau auf die hier definierten Basiskonzepte multipler Abläufe aufsitzt. Neben temporalen, motorischen und räumlichen Ordnungs-Prinzipien (= Musik als artifiziell geordneter, in sich geschlossener Zeitablauf) scheint im musikalischen Hörerlebnis eine „Schichtenbildung" des Frequenzspektrums sowohl bei harmonischen als auch clusterartigen Zusammenklängen (Diaphonie, Heterophonie, Verzahnungs-Polyphonie) stattzufinden[27] – möglicherweise spielen hier die Formantbereiche der Sprache eine zentrale Rolle –, denn die „Komprimierung"/Reduzierung einiger polyphoner Stile in eine resultierende einstimmige Fassung in Schwebungsdiaphonie und Jodelpolyphonie, wie implizit (als durch die Meta-Regel erzeugte virtuelle Stimme) in den inhärenten Pattern-Strukturen Afrikas und Indonesiens, deuten darauf hin, dass die eigentliche Basis aller Mehrstimmigkeitsformen in einer tonräumlichen Vorstruktur des menschlichen Hörbereichs liegt.

Anhand unserer derzeit verfügbaren Datenmengen zeigt sich klar, dass eine eurozentrische Systematisierung und die damit a priori verbundene Wertung multipler musikalischer Abläufe aber nicht primär nach harmonischen Prinzipien der Konsonanz erfolgen kann, da dies bereits für das Abendland nicht konsequent durchzuhalten ist, geschweige denn unter Einbeziehung fremder Musikkulturen. Ein solcher Ansatz ist methodisch allerdings nur von einer Systematisch-Vergleichenden Musikwissenschaft zu leisten, wie ihn die *Wiener Schule* vertritt.

Anmerkungen

1 Z. B. durch G. Adler, E. M. Hornbostel, C. Stumpf, M. Schneider, W. Wiora, u. a.

2 Diese „Nicht-Vergleichbarkeit" wird aber von musikalischen Laien *expressis verbis* („Musik als universale Weltsprache") und vielen Musikwissenschaftlern nicht akzeptiert.

3 Wie vorhin erwähnt, spricht man aber von „Musiksprache". Ein spezielles Problem dieser Abgrenzung ist aus universalistischer Sicht bei sogenannten „Tonsprachen" gegeben – vor allem in Schwarzafrika.

4 Sowohl im Abendland, als auch im Orient wird aber z. B. als Vorbild des Gesangs und der Melodik der *Vogelgesang* (Persien: Nachtigall) postuliert und in bestimmten Gattungen (Ritualmusik) der Gesang der Götter (Apsaras, Musen), Engel und Geister (z. B. Altindien, Antike, christliche Orthodoxie, „guardian spirit" der Indianer), also übernatürlicher Wesen, bis hin zu kosmologischen Vorbildern (Musik des Kosmos, der Gestirne, der „Natur" oder Elemente).

5 „Rhythmus" ist ein ebenfalls unklarer Begriff, da man sowohl vom reinen Rhythmus im Gegensatz zur Melodie spricht, als auch vom Rhythmus als gestaltbildendem Strukturelement der abendländischen „Melodie".

6 Vgl. P. Winch's „Man muß ein Mönch sein, um das Mönchstum zu verstehen."

7 Interessanterweise (oder soll man sagen *typischer*-weise?) halten fast alle Kulturen *ihre* Musik der fremder Ethnien für überlegen!

8 Wie kann man bei einer rein relativistischen Terminologie einem Benutzer helfen, wenn dasselbe Musikstück unübersetzt in der Türkei als *makam* und in Griechenland als *dromos* oder *skopos* klassifiziert wäre?

9 In Erweiterung von Graf's „Biologismus" (der mehr neurophysiologisch zu verstehen ist, wie seine Arbeiten belegen!) erscheint mir eine kulturelle Verhaltensprägung inklusive unreflektierter-unbewusster Lernprozesse als Basis des kulturspezifischen Musikverstehens wahrscheinlicher, ohne die Biologie auszuschließen. Ausdrücklich nicht gemeint ist aber der „Kulturrevolutionismus", der aufgrund seiner biologisch-funktionalistischen *Kausalität* jeder Hermeneutik widerspricht.

10 Ich verwende hier den Stil-Begriff parallel mit dem der Musikkonzeption.

11 Es gilt als musikethnologische Faustregel, dass die ästhetischen Hörparameter vom Forscher falsch gewählt sind, wenn in der Analyse ein fremder Musikstil in seinen Konzepten schlicht und einfach erscheint.

12 Die oft zitierte solipsistische Musik des „Hirten auf dem Felde" ist fiktiv, da jeder Hirt in *einer* Musikkultur aufgewachsen ist und sich in seiner Kreation nur *für* oder *gegen* seine musikalische Tradition entscheiden (wie manche Avantgardisten) kann, aber nicht voraussetzungslos Neues erschafft!

[13] Ein schönes Beispiel ist die Strawinski'sche Anekdote vom Schweizer Zöllner, der seine Partitur für den Lageplan einer Festung hielt: es gab keinen Vorwissens-Konsens, was schriftliche Musik sein soll.

[14] So lässt sich die „absolute" Musik historisch, nicht aber systematisch nachweisen, da fast alle westlichen Musikbegriffe (außer „laut/leise", wie Plessner feststellte) nicht-auditiv (v. a. räumlich: hoch/tief, Klang*farbe*, lang/kurz, usw.) sondern *assoziativ* sind.

[15] Den diesbezüglichen Versuch habe ich in einer Studie 1989a/b unternommen.

[16] Da es sich dabei um einen der wenigen klar definierten Termini in der abendländischen Musikgeschichte (Mehrchörigkeit: räumliche Trennung der Parts und Stimmen) handelt, sollte man einen solchen Begriff für andere Kulturen nicht auf musikalische Strukturen anwenden, die weder im Bereich der Lokalisierung, noch der Phrasenlängen ähnlich sind, weil dies nur zur Verwirrung beim Leser führt.

[17] Auf den Inseln, in Thrakien/Makedonien Bordunsaite der Lyra, Lautenakkorde und Bordun der Sackpfeife, auf dem übrigen Festland Sänger, Klarinette, Violine, Lauto.

[18] Interessant erscheint auch die Wechselwirkung von Spiel–Bewegung und durch die Musik ausgelöster reaktiver Bewegung (nicht nur im „Tanz"), womit unter Umständen auch die taktilen Synästhesien des chinesischen *Qin*-Spielers zu tun haben könnten.

[19] Jeder Musikstudent erinnert sich an seinen Instrumentallehrer, der ihm die „richtige Phrasierung" anhand von Bewegungsabläufen eintrichterte, und G. Kubik berichtete, dass die Kachamba-Brothers alte Gitarren-Aufnahmen von Schallplatten (deren Spielparts ja nicht direkt erkennbar waren) nachvollziehen und verstehen lernten, indem sie die Bewegungsmuster des Spielers durch Experimentieren herausfanden.
In Karpathos (Brandl 1986) lernten Kinder *motorisch-nonverbal* das Lyra-Spiel und die Stücke (*Skopos*-Konzept), indem sie einen Spieler mit den Augen fixierten und – ohne Instrument – die Finger- und Bogenbewegungen simultan nachahmten.

[20] Auch in abendländischer Musik kann ein kompetenter Hörer oft nicht sagen, wievielstimmig die harmonische Begleitung war und im barocken Continuo ist die Zahl beliebig ausbaufähig und gilt kogntiv (s. o.) nur als *eine Stimme*.

[21] Als Ausrede dient dem Eurozentrismus meist die Behauptung, die Dissonanzen würden ja aufgelöst, aber die vertikalen Regeln (Harmonielehren) sind in der abendländischen Musikgeschichte immer schon widersprüchlich gewesen.

[22] Bei japanischer *Gagaku*-Musik wirkt in sog. Denkmälerausgaben die Notation als westliche Partitur besonders absurd: in ganzseitigen Systemen werden im Unisono zeilenlang überbundene Ganze-Noten notiert, die nur sporadisch von stereotypen Rhythmus-Varianten und kleinen schnellen Spielfiguren unterbrochen sind: es fehlen aber die in allen Realisation hörbaren Klangfarbenveränderungen und Feinmodulationen der Töne, die diese Musik charakterisieren. Diese Notation ist weder adäquates Herstellungs-, noch Strukturbild der Komposition, noch Hörbild.

[23] Interessanterweise fällt dies beim Kompositionsunterricht meist unter den Bereich Instrumentierung (s. die Instrumentationslehre von Rimski-Korsakow).

[24] Siehe auch H. Husmann: *Vom Wesen der Konsonanz.*

[25] Auch die Bach'schen Solo-Partiten und ähnliche Kompositionen abendländischer Kunstmusik gehören phänomenologisch zu dieser virtuellen „Scheinpolyphonie", kognitiv-intentional (= kultureller Überbau) sind sie defiziente Polyphonie.

[26] Bei Aufnahmen mit einem graekoalbanischen Ensemble (Kumpaneia Verdis) 1989 in Ioannina war zu beobachten, dass – wie bei der steirischen Jodelpolyphonie – aus dem schwebungsdiaphonen Geflecht aller Parts eine einstimmige synthetische Melodie herausgefiltert wurde, die im Duktus den gesamten Tonraum umfasste.

[27] Vgl. die Praxis der Register-Einteilung der Stimmlagen und das Oktavenphänomen.

Literatur

Adler, Guido
1909 „Über Heterophonie." *Jahrbuch der Musikbibliothek Peters* 15: 17–27.

Ahrens, Christian
1973 „Scheinpolyphonie in instrumentaler Volksmusik." *Die Musikforschung* 26: 321–332.
1982 „Vorbemerkungen zum Symposium ‚Geschichtlichkeit in außereuropäischer und europäischer Musik'." In *Bericht über den Internationalen Musikwissenschaftlichen Kongreß Bayreuth 1981*, hg. von Christoph-Hellmut Mahling und Sigrid Wiesmann, S. 2f., Kassel etc.: Bärenreiter. (Beilage zu *Die Musikforschung* 35, Heft 4).

Apel, Karl-Otto
1975 *Der Denkweg von Charles S. Peirce.* Frankfurt am Main: Suhrkamp. (Suhrkamp Taschenbuch Wissenschaft 141)

Arom, Simha
1985 *Polyphonies et polyrythmies instrumentales d'Afrique centrale.* 2 Bde., Paris: SELAF.

Bartmann, Manfred
1991 *Das Beiern der Glocken in der Grafschaft Bentheim, Denekamp (NL) und Ostfriesland.* Ludwigsburg: Philipp.

Baud-Bovy, Samuel
1983 *Essai sur la chanson populaire grecque.* Nauplion: Fond. ethnographique du Peloponnèse.

Belaiev, Victor
1959 „Early Russian Polyphony." In *Studia Memoriae Belae Bartok Sacra*, hg. von B. Rajeczky & L. Vargyas, 311–329. Budapest: Hungarian Academy of Sciences.

Besseler, Heinrich
1974 *Bourdon und Fauxbourdon*. Leipzig: Breitkopf & Härtel.

Blacking, John
1973 *How Musical is Man?* London u. Seattle: Univ. of Washington Press.

Brandes, Edda
1989 *Die Imzad-Musik der Kel-Ahaggar-Frauen in Süd-Algerien*. Göttingen: Ed. Re. (Orbis Musicarum 4)

Brandl, Rudolf M.
1977 „Zum Gesang der Kafiren." In *Neue Ethnomusikologische Forschungen. Festschrift Felix Hoerburger*, hg. von Kurt Reinhard, Max-Peter Baumann und Rudolf Brandl, 191–207. Laaber: Laaber.
1984 „Sprach- und Musikpattern in schwarzafrikanischer Musik." *Jahrbuch für Musiklehrer* (Lilienthal) 4: 134–156.
1985a „Musikkulturen im Vergleich." In *Musikpsychologie. Ein Handbuch in Schlüsselbegriffen*, hg. von H. Bruhn, R. Oerter und H. Rösing, 359–371. München u. a.: Urban & Schwarzenberg.
1985b „Probleme und Chancen der Vergleichenden Musikwissenschaft" (Antrittsvorlesung an der Georg August-Universität Göttingen 1983). *Musicologica Austriaca* 5: 7–35.
1985c „Some Aspects of Oral History in Consideration of Musical Traditions from Africa and Levante, based on a Neurosemiotical Approach." *International Review for the Aesthetics and Sociology of Music* 16: 3–42.
1986 „Kognitive Grundlagen der griechischen Volksmusik." In *weltmusik 3* (feedback papers), hg. von P. Ausländer und J. Fritsch, 76–87. Köln: Arbeitsgemeinschaft Musik in Ostwestfalen-Lippe.
1987 „Ethnohistorie des Schalls. – Fragen zu einem besonderen Quellentypus." *Musicologica Austriaca* 6 [Gedenkschrift Guido Adler]: 173–196.
1989a „Die bulgarische Schwebungsdiaphonie und ihre balkanischen Parallelen im Lichte neuer psychoakustischer Erkenntnisse." In *Kulturelle Traditionen in Bulgarien. Bericht über das Kolloquium der Südosteuropa-Kommission 16.–18.Juni 1987*, hg. von Reinhard Lauer und Peter Schreiner, 151-168. Göttingen: Vandehoeck & Ruprecht. (Abhandlungen der Akademie der Wissenschaften in Göttingen, Philologisch-Historische Klasse, Folge 3, Nr. 177)
1989b „Die Schwebungs-Diaphonie – aus musikethnologischer und systematisch--musikwissenschaftlicher Sicht." In *Volks- und Kunstmusik in Südosteuropa*, hg. von Cornelius Eberhardt und Günther Weiß, 51–68. Regensburg: Gustav Bosse. (Südosteuropa-Studien 40)

1990 „Die Tektonik der griechischen Volksmusik (Das Skopos-Prinzip)." In *Probleme der Volksmusikforschung*, 135–158. Bern: Peter Lang. (Studien zur Volksliedforschung 5)

1992 „Die Struktur traditioneller Volksmusik-Ensembles in Griechenland." *Studia instrumentorum musicae popularis* X: 103–108.

1995 „Bordun" und „Griechenland, Volksmusik und Tänze." In *Die Musik in Geschichte und Gegenwart*, 2. Aufl., hg. von L. Finscher, Sachteil Bd. 1: 69–75; Sachteil Bd. 3: 1688–1712. Kassel u. a.: Bärenreiter.

Brandl, Rudolf M. & Wang Zhaoqian

2001 *Nuo-Maskentänze im Erdgott-Kult in Anhui*. 3 Bde. + Video, Göttingen: Ed Re. (Orbis Musicarum 12)

Dahlhaus, Carl

1966 „Historismus und Tradition." In *Zum 70. Geburtstag von Joseph Müller-Blattau*, hg. von Christoph-Hellmut Mahling, S. 46–58. Kassel u. a.: Bärenreiter. (Saarbrücker Studien zur Musikwissenschaft 1)

1973 „Traditionszerfall im 19. und 20. Jahrhundert." In *Studien zur Tradition in der Musik. Festschrift Kurt von Fischer zum 60. Geburtstag*, hg. von Hans Heinrich Eggebrecht und M. Lütolf, 177–190. München: Katzbichler.

Deutsch, Werner A. & R. Steger

1978 „Binaurales Residuum versus Lokalisation." In *Anzeiger der phil.-historischen Klasse der Österreichischen Akademie der Wissenschaften*, 115. Jg., 41–53. Wien: Verlag der Österreichischen Akademie der Wissenschaften. (5. Mitteilung der Kommission für Schallforschung)

Deva, Chaitanya

1967 *Psychoacoustics of Music and Speech*. Madras: The Music Academy.

Eccles, John & Karl R. Popper

1982 *Das Ich und sein Gehirn*. 3.Aufl., München etc.: Piper.

Eco, Umberto

1972 *Einführung in die Semiotik*. München: Fink. (Uni-Taschenbücher 105)

Eggebrecht, Hans Heinrich

1973 „Traditionskritik." In *Studien zur Tradition in der Musik. Festschrift K. von Fischer*, hg. von Hans Heinrich Eggebrecht und M. Lütolf, 247–261. München: Katzbichler.

Eggebrecht, Hans Heinrich & Frieder Zaminer

1970 *Ad Organum Faciendum: Lehrschriften der Mehrstimmigkeit in nach-guidonischer Zeit*. Mainz: Schott. (Neue Studien zur Musikwissenschaft 3)

Egger, Kurt
1984 *Ethnomusikologie und Wissenschaftsklassifikation*. Wien u.a.: Böhlau. (Böhlau Philosophica 6)

Eibl-Eibesfeldt, Irenäus
1967 *Grundriß der vergleichenden Verhaltensforschung*. München etc.: Piper.
1984 *Die Biologie des menschlichen Verhaltens. Grundriß der Humanethologie.* München etc.: Piper.

Eigen, Manfred & Ruthild Winkler
1985 *Das Spiel. Naturgesetze steuern den Zufall.* 7. Aufl., München etc.: Piper.

Emsheimer, Ernst
1964 „Some Remarks on European Folk Polyphony." *Journal of the International Folk Music Council* 16: 43–46.

Faltin, Peter
1972 „Widersprüche bei der Interpretation des Kunstwerkes als Zeichen." *International Review of the Aesthetics and Sociology of Music* 3: 199–215.

Födermayr, Franz
1968 „Über ein indisches Reibidiophon und die ‚Drone'-Praxis der indischen Kunstmusik." *Mitteilungen der Anthropologischen Gesellschaft in Wien* XCVIII: 75–79.
1977 „Gedanken zu einer Universalgeschichte der Musik." *Musicologica Austriaca* 1: 8–12.
1983 „Zum Konzept einer vergleichend-systematischen Musikwissenschaft." In *Musikethnologisches Kolloqium. Die südosteuropäische Volkskultur in der Gegenwart,* hg. von Alois Mauerhofer, 25–39. Graz: Akadem. Druck- und Verlaganstalt. (Musikethnologische Sammelbände 6)

Födermayr, Franz & Werner A. Deutsch
1977 „Zur Akustik des ‚tepsijanje'." In *Neue ethnomusikologische Forschungen. Festschrift Felix Hoerburger zum 60. Geburtstag,* hg. von M. P. Baumann, R. Brandl. & K. Reinhard, 97–112. Laaber: Laaber.

Gadamer, Hans-Georg
1972 „Theorie, Technik, Praxis – Die Aufgabe einer neuen Anthropologie." In *Neue Anthropologie,* Bd.1: Biologische Anthropologie. Erster Teil, hg. von H. G. Gadamer & P. Vogler, IX-XXXVII. Stuttgart: dtv. (dtv Wissenschaftliche Reihe 4069)
1975 *Wahrheit und Methode.* 4. Aufl., Tübingen: Mohr.

Gerson-Kiwi, Edith
1972 „Drone and Dyaphonia Basilica." *Yearbook of the International Folk Music Council* 4: 11–14.

Gild-Bohne, Gerlinde
1991 *Das Lü Lü Zheng Yi Xubian. Ein Jesuitentraktat über die europäische Notation in China von 1713.* Göttingen: Ed. Re. (Orbis Musicarum 8)

Graf, Walter
1952 „Zur Individualforschung in der Musikethnologie." *Kultur und Sprache. Wiener Beiträge zur Kulturgeschichte und Linguistik* 9: 218–233.
1959 „Zur Quellenkritik beim mündlich überlieferten Musikgut." *Wiener Völkerkundliche Mitteilungen* 6: 3–12.
1967 „Das Verhältnis der Musik zu ihren Trägern." *Bulletin of the International Committee on Urgent Anthropological and Ethnological Research* 9: 9-12.
1972 „Musikalische Klangforschung." *Acta Musicologica* 14: 31–78.
1974 „Zu den psychosomatischen Beziehungen der Musik." In *Festschrift für die Musikhochschule Graz*, 109-126. Graz. Separatum.
1980 *Vergleichende Musikwissenschaft. Gesammelte Aufsätze*, hg. von Franz Födermayr. Wien-Föhrenau: Stiglmayr. (Acta Ethnologica et Linguistica 50)

Gruber, Gernot
1977 „Gedanken zu einer Universalgeschichte der Musik." *Musicologica Austriaca* 1: 5-8; 12–17.

Habermas, Jürgen
1981 *Theorie des kommunikativen Handelns.* 2 Bde., Frankfurt am Main: Suhrkamp.

Heidemann, Ilse
1968 *Der Begriff des Spieles.* Berlin: Walter de Gruyter.

Hirschberg, Walter (Hg.)
1988 *Neues Wörterbuch der Völkerkunde.* Berlin: Reimer.

Hoerburger, Felix
1966 *Musica Vulgaris.* Erlangen: Universitätsbund. (Erlanger Forschungen 19)

Hornbostel, Erich M. v.
1909 „Über die Mehrstimmigkeit in der außereuropäischen Musik." In *Sammelbände der Internationalen Musik-Gesellschaft*, 298–303. Wien: Artaria.
1911 „Über ein akustisches Kriterium für Kulturzusammenhänge." *Zeitschrift für Ethnologie* 43: 601–615.

Husmann, Heinrich
1953 *Vom Wesen der Konsonanz.* Heidelberg: Müller-Thiergarten.

Kacarova-Koukoudova, Raina
1962 „Phénomènes polyphoniques dans la musique populaire bulgare." *Studia musicologica Academiae Scientiarum Hungaricae* 3(1–4): 161–172.

Kaden, Christian
1981 „Vorwort zu einer Semiotik der Musik." In *Musikästhetik in der Diskussion*, hg. von Georg Knepler u. Harry Goldschmidt, 153–197. Leipzig: Deutscher Verlag für Musik.
1984 *Musiksoziologie*. Berlin: Verl. Neue Musik.

Kaufmann, Nikolai
1967 „Die Mehrstimmigkeit in der Liedfolklore der Balkanvölker." *Beiträge zur Musikwissenschaft* 9 (1): 101–128.

Kaufmann, Walter
1976 *Musical References in the Chinese Classics*. Detroit: Information Coordinators. (Detroit Monographs in Musicology 5)

Keidel, Wolf Dieter
1975 „Allgemeine Informationsphysiologie der zentralen Hörbahn." In *Physiologie des Gehörs. Akustische Informationsverarbeitung*, hg. von Wolf D. Keidel, 164–226. Stuttgart etc.: Thieme.

Knepler, Georg
1982 *Geschichte als Weg zum Musikverständnis*. 2. überarb. Aufl., Leipzig: Reclam.

Krummacher, Fr.
1982 „Zeitstruktur und Kunstanspruch. Über Geschichtlichkeit in europäischer Musik." In *Bericht über den Internationalen Musikwissenschaftlichen Kongreß Bayreuth 1981*, hg. von Christoph-Hellmut Mahling und Sigrid Wiesmann, 3–11. Kassel u.a.: Bärenreiter. (Beilage zu *Die Musikforschung* 35, Heft 4).

Kruta, Benjamin
1981 „Aperçus de la polyphonie Albanaise et rapports de genèse." *Culture Populaire Albanaise* 1: 45–75.

Kubik, Gerhard
1977 „Perzeptorische und kognitive Grundlagen der Musikgestaltung in Schwarzafrika." *Musicologica Austriaca* 1: 35–90.

Kuckertz, Josef
1982 „Die Begriffe ‚Tradition' und ‚Geschichtlichkeit' in der ethnomusikologischen Forschung. In *Bericht über den Internationalen Musikwissenschaftlichen Kongreß Bayreuth 1981*, hg. von Christoph-Hellmut Mahling und Sigrid Wiesmann, 42–48. Kassel u.a.: Bärenreiter. (Beilage zu *Die Musikforschung* 35, Heft 4).

Lach, Robert
1925 „Das Konstruktionsprinzip der Wiederholung." *Sitzungsberichte der Österr. Akademie der Wissenschaften*, Bd. 201, 3. Abhandlung. Wien: Verlag der Österr. Akademie der Wissenschaften.

Leach, Edward
1978 *Kultur und Kommunikation. Zur Logik symbolischer Zusammenhänge.* Frankfurt am Main: Suhrkamp. (Suhrkamp Taschenbuch Wissenschaft 212)

Legge, James
1976 *The Chinese Classics.* Vol. I–VI, (Reprint) Hong Kong: University Press.

Liang Mingyue.
1985 *Music of the Billion.* New York: Heinrichshofen.

Lorenz, Konrad
1983 *Der Abbau des Menschlichen.* München etc.: Piper.

Ludwig, Friedrich
1930 „Die geistliche nichtliturgische/weltliche einstimmige und die mehrstimmige Musik des Mittelalters bis zum Anfang des 15.Jahrhunderts." In *Handbuch der Musikgeschichte,* 1.Teil, 2.Aufl., hg. von Guido Adler, 157–265. Berlin-Wilmersdorf: Keller.

Lumbsden, Charles J.
1984 *Das Feuer des Prometheus. Wie das menschliche Denken entstand.* München–Zürich: Piper.

Mandelbrot, Benoit B.
1987 *Die fraktale Geometrie der Natur.* Basel etc.: Birkhäuser.

Masson, Peter
1981 „Interpretative Probleme in Prozessen interkultureller Verständigung." In *Grundfragen der Ethnologie: Beiträge zur gegenwärtigen Theorie-Diskussion,* hg. von Wolfdietrich Schmied-Kowarzik und Justin Stagl, 125–149. Berlin: Reimer.

Merriam, Alan P.
1964 *The Anthropology of Music.* Evanston: Northwestern University Press.

Messner, Gerald Florian
1980 *Die Schwebungsdiaphonie in Bistrica.* Tutzing: Schneider.
1981 „The Two-Part Vocal Style on Baluan Island, Manus Province Papua New Guinea." *Ethnomusicology* 35: 433–446.
1986 „Hier Konsonanz – dort Dissonanz." In *weltmusik 3, feedback-papers,* hg. von Peter Ausländer und J. Fritsch, 139–167. Köln.

Needham, John
1984 *Wissenschaft und Zivilisation in China*. Bd. I der von Colin A. Ronan bearb. Ausgabe (*Shorter Science and Civilisation in China*). Frankfurt am Main: Suhrkamp.

Nettl, Bruno
1983 *The Study of Ethnomusicology. Twenty-nine Issues and Concepts*. Urbana etc.: University of Illinois Press.

Nketia, John H. Kwabena
1982 „On the Historicity of Music in African Cultures." In *Bericht über den Internationalen Musikwissenschaftlichen Kongreß Bayreuth 1981*, hg. von Christoph-Hellmut Mahling und Sigrid Wiesmann, 48–57. Kassel u.a.: Bärenreiter. (Beilage zu *Die Musikforschung* 35, Heft 4).

Peirce, Charles Sanders
1931–35 *Collected Papers*, hg. von Ch. Hartshorne und P. Weiss. Cambridge/Mass.: Harvard University Press.
1976 *Schriften zum Pragmatismus und Pragmatizismus*, hg. von Karl-Otto Apel. Frankfurt am Main: Suhrkamp.

Pike, Kenneth L.
1954-60, ²1967 „Emic and etic standpoints for the description of behavior." In Kenneth L. Pike, *Language in Relation to a Unified Theory of the Structure of Human Behavior*. The Hague: Mouton.

Plessner, Heinrich
1980 *Gesammelte Schriften* 3: *Anthropologie der Sinne*. Frankfurt am Main: Suhrkamp

Pribram, Karl H.
1971 *Languages of the brain*. Englewood Cliffs/N.J.: Prentice-Hall.

Reckow, Fritz
1982 „Zur Formung einer europäischen musikalischen Kultur im Mittelalter – Kriterien und Faktoren ihrer Geschichtlichkeit." In *Bericht über den Internationalen Musikwissenschaftlichen Kongreß Bayreuth 1981*, hg. von Christoph-Hellmut Mahling und Sigrid Wiesmann, 12–29. Kassel u.a.: Bärenreiter. (Beilage zu *Die Musikforschung* 35, Heft 4)

Rihtman, Cvetko
1966 „Mehrstimmigkeit in der Volksmusik Jugoslawiens." *Journal of the International Folk Music Council* 18: 23–28.

Salat, Josef & Jana
1973 „Ethnologie – Ethnohistorie – Hermeneutik." *Wiener Ethnohistorische Blätter* 6: 3–30.

Schmied-Kowarzik, Wolfdietrich
1981 „Philosophische Überlegungen zum Verstehen fremder Kulturen und zu einer Theorie der menschlichen Kultur." In *Grundfragen der Ethnologie: Beiträge zur gegenwärtigen Theorie-Diskussion,* hg. von Wolfdietrich Schmied-Kowarzik und Justin Stagl, 349–389. Berlin: Reimer.

Schneider, Marius
1969 *Geschichte der Mehrstimmigkeit.* 2. Aufl., Tutzing: Schneider.

Simon, Artur
1978/79 „Probleme, Methoden und Ziele der Ethnomusikologie." *Jahrbuch für Musikalische Volks- und Völkerkunde* 9: 8–52.

Simon, Artur, Gerhard Kubik, Alica Elscheková, Susanne Ziegler & R.M. Moyle
1996 „Mehrstimmigkeit." In *Die Musik in Geschichte und Gegenwart,* 2. Aufl., hg. von L. Finscher, Sachteil Bd. 5: 1766–1808. Kassel u. a.: Bärenreiter.

Sinz, Rainer
1978a *Gehirn und Gedächtnis.* Stuttgart etc.: Fischer.
1978b *Zeitstrukturen und organismische Regulation.* Berlin: Akademie-Verlag.
1980 *Chronopsychophysiologie.* Berlin: Akademie-Verlag. (WTB 217)

Stagl, Justin
1981 „Szientistische, hermeneutische und phänomenologische Grundlagen der Ethnologie." In *Grundfragen der Ethnologie: Beiträge zur gegenwärtigen Theorie-Diskussion,* hg. von Wolfdietrich Schmied-Kowarzik und Justin Stagl, 1–38. Berlin: Reimer.

Stockmann, Doris
1977 „Die Glocke im Profangebrauch des Spätmittelalters." *Studia instrumentorum musicae popularis* (Stockholm) III: 224–232.
1983 „Musica Vulgaris bei Johannes de Grocheio (Grocheo)." *Beiträge zur Musikwissenschaft* 25 (1): 3–56.
1985 „Zur historischen Erforschung schriftloser Musiktraditionen." *Beiträge zur Musikwissenschaft* 27 (2): 99–102.
1986 „Musikethnologie und interdisziplinäres Denken heute." *Musicologica Austriaca* 6 [Gedenkschrift Guido Adler]: 157–172.

Strajnar, Julijan
1983 „Glockenläuten in Piran." (Unpubliziertes) Referat bei der 8. Internationalen Arbeitstagung der Study Group on Folk Musical Instruments des ICTM in Piran, Jugoslavien 1983.

Stumpf, Carl
1911 *Die Anfänge der Musik.* Leipzig: Barth.

Szalay, Miklós
1981 „Ethnologie als Geschichte." In *Grundfragen der Ethnologie: Beiträge zur gegenwärtigen Theorie-Diskussion,* hg. von Wolfdietrich Schmied-Kowarzik und Justin Stagl, 253–263. Berlin: Reimer.

Terhardt, Ernst & Stoll, Gerhard
1981 „Skalierung des Wohlklangs (der sensorischen Konsonanz) von 17 Umweltschallen und Untersuchung der beteiligten Hörparameter." *Acustica* 48: 247–253.

Terhardt, Ernst
1968 „Über akustische Rauhigkeit und Schwankungsstärke." *Acustica* 20: 215–224.
1976 „Ein psychoakustisches Konzept der Musikalischen Konsonanz." *Acustica* 36: 121–137.
1982 „Die psychoakustischen Grundlagen der musikalischen Akkordgrundtöne und deren algorithmische Bestimmung." In *Tiefenstruktur der Musik* (Festschrift für Fritz Winckel), hg. von Technische Universität Berlin und Akademie der Künste, 23–50. Berlin: Technische Universität Berlin und Akademie der Künste.
1986 „Methodische Grundlagen der Musiktheorie." *Musicologica Austriaca* 6 [Gedenkschrift Guido Adler]: 107-125.

Tokumaru, Yoshio
1985 „Mündliche und schriftliche Überlieferung in der japanischen Musik." *Beiträge zur Musikwissenschaft* 27 (2): 99–102.
1986 „In welcher Musikwissenschaftsabteilung soll bzw. kann japanische Musik erforscht werden?" *Musicologica Austriaca* 6 [Gedenkschrift Guido Adler]: 239–250.

Uexküll, Jakob v.
1928 ²1973 *Theoretische Biologie.* Frankfurt am Main: Suhrkamp. (Suhrkamp Taschenbuch Wissenschaft 20)

Winch, Peter
1974 *Die Idee der Sozialwissenschaften und ihr Verhältnis zur Philosophie.* Frankfurt am Main: Suhrkamp. (Suhrkamp Taschenbuch Wissenschaft, 95)

Wiora, Walter
1955 „Zwischen Einstimmigkeit und Mehrstimmigkeit." In *Festschrift Max Schneider zum 80. Geburtstag,* hg. von Walter Vetter, 319–334. Leipzig: Deutscher Verlag für Musik.
1961 *Die vier Weltalter der Musik.* Stuttgart: Kohlhammer.

Wittgenstein, Paul
1960 *Philosophische Untersuchungen.* Schriften Bd. 1, Frankfurt am Main: Suhrkamp.

OSKÁR ELSCHEK, Bratislava

Begriffliche Differenzierungsmöglichkeiten der mehrstimmigen Singpraxis und Heterophonie

Musik und Begrifflichkeit

Eine zufriedenstellende und adäquate Verbalisierung musikalischer Strukturverläufe gehört immer noch zu den Schwachstellen der musikwissenschaftlichen Forschung. Vor allem dort, wo es sich um komplizierte, komplexe und dynamische Musikprozesse handelt, die eine mehrdimensionale, mehrparametrale und sich verändernde Struktur aufweisen.

Es ist nicht nur die Schwierigkeit, die mit der Kompliziertheit der Musikphänomene zusammenhängt, sondern sie ist auch auf die Mehrdeutigkeit und häufig subjektive Auslegung der angewandten Grundbegriffe zurückzuführen. Deshalb sind Begriffe nur behelfsmäßige und wenig verlässliche Mittel der Kommunikation über Musik. Sie sind häufig die Quelle von Missverständnissen und Missdeutungen bei der Erfassung musikalischer Erscheinungen.

Zu welchen Kategorien gehören Musikbegriffe? Wir greifen in der Regel auf außermusikalische Parallelen zurück. Sie beziehen sich auf äußerliche, optisch und graphisch beschreibbare Elemente oder Prozesse. Ihr Bezug auf den Klang ist häufig gering. Die traditionelle Musiktheorie versucht aus ihnen ein aufeinander bezogenes Begriffssystem und Begriffsnetz zu begründen, einen Komplex voneinander abhängiger und sich ergänzender Begriffe und Begriffsfelder. Bei diesen vorhandenen Schwierigkeiten meine ich bloß die Strukturkennzeichnung, nicht die Erfassung des sog. Sinngehaltes der Musik, die andere Tücken in sich birgt. Wie das z.B. Vladimir Karbusicky (1989: 9) meint:

> Die Verbalisierung musikalischer Sinngehalte ist ein mehr oder weniger vergebliches Streben nach dem Erfassen des begrifflosen Musikdenkens in einem begrifflichen Code. Kann man über etwas sprechen, was ein Ergebnis des außersprachlichen Denkens ist?

Zu diesen begrifflichen Problemen die Struktur betreffend, treten erschwerend noch unterschiedliche Sprachkonventionen hinzu. Diese bestehen z.T. aus griechischen, lateinischen und in moderne Sprachen integrierte Begriffstransformationen, sowie begriffliche Neugestalten. Es sind nicht nur unterschiedliche Wortversionen, sondern veränderte Inhalte. Sie hängen ebenso mit der Beibehaltung von Begriffen zusammen, die aber im Hinblick auf die sich veränderte Musik nicht kongruent sind. Der Variabilität der Mehrstimmigkeit entspricht auch eine variable Begriffsbildung, bei der es aber nötig ist, gewisse Grundtypen festzulegen, um eine mehr oder weniger verbindliche Orientierungshilfe zur Verfügung zu haben (Elschek 1963: 108–109). In der Regel hat sich die Musikrealität verändert, die alten Begriffe sind aber geblieben. Deshalb müssen die traditionellen Musikbegriffe immer von neuem definiert werden. Dieselben Begriffe werden in unterschiedlichen historischen Musikstilen und musiktheoretischen Systemen angewandt, erheben also einen mehr oder weniger universellen theoretischen Anspruch. Das ist auch ein permanentes Problem der Musiktheorie, die mit begrifflichen Kategorien und Normen die Musik generiert, analysiert und reflektiert (Elschek 1997). Auch die Interpretation von Musik in Zeichensystemen ist unbefriedigend, oder zumindest als ein unvollkommener Ersatz zu verstehen (Zannos 1999).

Die angedeutete begriffliche Problematik spielt auch in der historischen Musikforschung eine nicht zu unterschätzende Rolle. Die Musikgeschichtsforschung kann sich aber auf die jeweilige historische Schicht der Musiktheorie stützen. Sie schuf parallel zum Musikschaffen auch ein eigenes begriffliches System für die einzelnen Musikparameter. Sie sind in Traktaten und Lehrbüchern als Kompositions-, Stil- und Gattungsnormen enthalten, wie sie kontinuierlich für die letzten 800 Jahre im entsprechenden Schrifttum zur mehrstimmigen Kompositionsweise dokumentiert sind (z.B. bei Apfel 1981, Eggebrecht u.a. 1984, Torkewitz 1999). Dies entspricht dem Wesen der europäischen Kunstmusiktradition, die ihre eigene ausgeprägte Theorie besitzt, die sowohl Begriffe als auch Regeln involviert, welche man in einem permanenten Denk- und Arbeitsprozess versuchte, in einem terminologischen Handbuch zu erfassen (Eggebrecht 1971ff.). Eine eigenständige Musiktheorie generiert und reflektiert aber nicht nur die europäische Kunstmusik, sondern ist Grundlage jeder musikalischen Hochkultur.

Dies trifft allerdings nicht auf die schriftlos oder nur teilschriftlich überlieferten Musikformen zu, sowohl in außereuropäischen Musikkulturen als auch in der europäischen Volksmusik, die kein eigenes, traditionell angewandtes musikalisches Begriffssystem besitzt (wir verstehen Musiktheorie als abstraktes Zeichen-

und Kommunikationssystem). Was nicht bedeutet, dass sich die traditionelle Musik keiner bestimmten verbal beschreibenden Mittel zur Kommunikation bedient, die aber direkt mit der Musikpraxis in Verbindung stehen und nicht eine theoretische Abstraktion anstreben. Sie stellen keine allgemein verbindliche Kommunikation über Musik dar. Verbindliche musikalische Verhaltensweisen, Normen, Kanons, Stileigenheiten sind Teil der Musizierpraxis, der Kognition der Musiküberlieferung und nicht Teil eines theoretischen Kommunikationssystems. Von dem Moment an, als europäische und andere Schulen der Musikforschung für traditionelle Musikbereiche ihr Interesse bekundeten, suchten sie vorerst aus vergleichenden Interessen jene europäischen Musikphänomene zu identifizieren und ihnen jene begriffliche Zuordnung zukommen zu lassen, die ihnen aus der europäischen Hochkultur und Musiktheorie geläufig waren.

Dies möchte ich an zwei frühen, aber wohl bekannten Beispielen aufzeigen. Guido Adler schrieb sehr früh in der Vierteljahrschrift für Musikwissenschaft einen umfangreichen Beitrag unter dem Titel: *Die Wiederholung und Nachahmung in der Mehrstimmigkeit. Studie zur Geschichte der Harmonie* (Adler 1886). Ich möchte auf die Details dieser Studie nicht eingehen und nur anführen, dass Adler versuchte, die Mehrstimmigkeit als ein stilistisch, kulturell und historisch differenziertes Phänomen darzustellen und es auch historisch und musiktheoretisch begrifflich zu interpretieren. Adler bezog sich zu dieser Zeit unter anderem auf selten reflektierte Kulturbereiche, wie auf die österreichische und russische Volksmehrstimmigkeit, und verfügte über eine damals erstaunliche Kenntnis zur Problematik dieser traditionellen Musikkulturen. Was die angewandten Begriffe „Wiederholung" und „Nachahmung" betrifft, stießen sie auf keinen Widerspruch, denn es waren keine hochgestochenen alten musiktheoretischen Begriffe, sondern Wörter, man könnte sagen aus der Umgangssprache (oder zumindest aus der musikalischen Umgangssprache). Sie beschrieben in einfacher Weise die wesentlichen Phänomene der Mehrstimmigkeit, die Konstruktion der Musik, aufgebaut auf der Wiederholung und Nachahmung ihrer Grundelemente.

Nicht so erfolgreich und akzeptabel waren Adlers Ausführungen, die er mehr als zwei Jahrzehnte später vortrug. Es handelt sich um seinen Beitrag, der im Zusammenhang mit der mehrstimmigen Problematik auf dem 3. Kongress der Internationalen Musikgesellschaft in Wien 1909 veröffentlicht wurde, und der sich mit dem Phänomen der Heterophonie befasste.

Zur Heterophonie-Problematik

Adler war kein Vorreiter in der Einführung des Begriffes, denn er wurde früher von den Vertretern der Berliner vergleichenden Musikwissenschaft verwendet, von Carl Stumpf, den Adler auch als kompetente Quelle zitiert, aber auch von Erich Moritz von Hornbostel (1909), der gerade auf dem erwähnten Wiener Kongress einen kurzen, aber vom verwendeten Begriffsnetz aufschlussreichen Beitrag zur außereuropäischen Mehrstimmigkeit vortrug.

Der Begriff der Heterophonie, ein altgriechischer Terminus, wurde erstmals von Plato in seinem Werk *Gesetze* (VII. 812 D) angewandt, ohne eine Definition anzugeben. Er geht in diesem Zusammenhang nur auf die Verzierungsart des Musikvortrags auf der Lyra ein, wie das auch bei weiteren Anwendern dieses Begriffes der Fall ist. Seine Bedeutung wird z.B. von Curt Sachs als „Anderstönigkeit" übersetzt, wobei er den Begriff in Anführungszeichen anführt. Sachs ist auch der Verfasser des Artikels Heterophonie im MGG (Sachs 1957: 327), wobei er gleich am Anfang schreibt:

> Heterophonie, von έτερος, verschieden, ist einer der unklarsten Begriffen im musikwissenschaftlichen Wörterbuch. Sicher ist nur, daß dieser Begriff mindestens zwei gleichzeitige, voneinander abweichende Stimmen einschließt;

Sachs steht dem Begriff also skeptisch gegenüber, obwohl er ihn verwendet und seine Neueinführung Carl Stumpf zuschreibt, zugleich aber selber weitere antike Autoren zitiert, welche die Unterschiedlichkeit der Stimmen beim Instrumentalvortrag erwähnen (Sachs 1957: 329). Er differenziert bei seiner Kennzeichnung von vorwiegend außereuropäischen Musikgattungen vier unterschiedliche Typen von Heterophonie, und nach der Art ihrer Verwendung eine negative (die eigentlich keine richtige mehrstimmige Vortragsart bildet) und eine positive (die bei der instrumentalen Begleitung des Gesanges entsteht).

Auf alle Fälle dient der Begriff zur Kennzeichnung von Musik, die von mehreren Interpreten quasi identisch vorgetragen wird, ohne fähig oder willens zu sein, diese Identität zu gewährleisten, da z.B. Instrument und Gesang nicht die gleichen klanglichen Realisierungsmöglichkeiten besitzen. Andererseits ist beim Vortrag häufig die Variierung intendiert. Aus dieser Sicht kam Marius Schneider diesem Phänomen nahe, und führte den Begriff Variantenheterophonie ein. Das Paradoxe bei diesen Heterophoniebegriffen ist ihre Übertragung auf ganz andere Phänomene als auf jene, die mit ihnen wahrscheinlich in der Antike verbunden wurden, wo sie zumindest eine Stimmabweichung oder ein mehrstimmiges Phänomen kennzeichneten, das mit keinen entsprechenden eigenen, neuentworfenen Begriff zu erfassen war. Das instrumentale und vokal-instrumentale Zusammenspiel ist zweifelsfrei aus einem griechischen Notenbeispiel aus der Zeit des 1.–2. Jahrhunderte v.u.Z. ersichtlich, das Dimitri Themelis (1989) identifizierte. Der Begriff fand jedoch in der musikwissenschaftlichen Literatur, meist ethnomusikologischer Ausrichtung, Verwendung, und bezeichnet Prozesse, die durch die unterschiedliche Melodieführung mehrerer Interpreten entstehen und die man als eine Art der musikalischen Verschiedenklanglichkeit bezeichnen kann. Er drückt damit eine arbiträre, nicht intendierte, also eine relativ normativlose, frei sich entwickelnde gemeinsame, aber doch auch abweichende musikalische Linienführung aus. Die Zufälligkeit des Abweichenden in der Heterophonie, die meist hinter der Verwendung des Begriffes steht, deckt eine Vielzahl von diversen musikalischen Intentionen ab. Sie beziehen sich auch auf den Zwiegesang der Knaben, Männer, Frauen, der sich sowohl in derselben Tonhöhe als auch in Oktaven abspielen kann. Das bezieht sich vornehmlich auf den Gesang.

In Ost- und Ostmitteleuropa wird eine bewusste Abweichung der Stimmen praktiziert, die der Einstimmigkeit und dem Unisono eine reliefartige Plastizität verleiht, die durch diese z.T. bewussten Unterschiede entsteht. Es ist eine individuelle Vortragspraxis und z.T. eine sehr sensible und im Detail praktizierte Klangdifferenzierung der Stimmen, die eher aus farblichen als aus rein strukturellen Gründen in der Form von Melodieabweichungen ausgeübt wird. Eine ähnliche Funktion besitzt in der Kadenzbildung z.B. die Oktave in der südrussischen und ukrainischen Volksgesangpraxis, die als kadenzierende Verstärkung des psychologisch-musikalischen Ausklangs verwendet wird, also nicht ein Identitätselement simuliert. Es ist das Phänomen des Auseinanderdriftens von kompakten gedrängten Stimmen aus dem aufgelockerten Unisono oder kleinräumigen Intervallen in die Distanz der Oktave, welche die Klangfarbenfunktion der Kadenz verstärkt.

Ganz anders sind heterophone Stilmittel in der instrumentalen und instrumental-vokalen Praxis angewandt. Ihre kaum erfassbare und übersehbare Verschiedenartigkeit hängt mit dem Zusammenspiel unterschiedlicher Musikinstrumente mit unterschiedlichen Klangcharakteristika und unterschiedlichen Klangbereichen zusammen. Sie können sowohl eine verbindende als auch differenzierende Funktion ausüben. Eine Transkription, eine Aufzeichnung, gibt diese unterschiedlichen Qualitäten des Klangbildes meist nur ungenügend wieder, auf denen das Spezifische dieser Klangdifferenzierung und -verbindung beruht. Das was als unwesentliche Abweichung in vereinfacht struktureller Gestalt erfasst wird, nimmt überhaupt nicht Bezug auf die Verschiedenklanglichkeit, da sie strukturell und notentechnisch nicht zum Ausdruck kommt. Es ist die Strukturvereinfachung eines klangdifferenzierten Musikverhaltens.

Dieser begriffliche Graubereich eines Phänomens, in diesem Falle der Heterophonie, führt damit zu einer Nivellierung des Vielgestaltigen in der Musikpraxis und letztlich zu seiner nicht adäquaten Interpretation.

Dies alles ist weniger ein Problem der lebendigen Musizierpraxis, als vielmehr ihrer vereinfachenden theoretischen Festlegung, die auch im Mittelalter etwa in der freien, aber nicht aufgeschriebenen Möglichkeit der Verbindung von vokalen und instrumentalen Mitteln gegeben war, die aber von der Theorie strukturell und kognitiv ungenügend reflektiert wurde. Was also in der allgemeinen Musikpraxis, auch in der Kunstmusikpraxis lebte, fand keine entsprechende begriffliche Spezifizierung. Und was wir heute mit dem Begriff der Heterophonie in der Volksmusikpraxis und in den außereuropäischen Musikkulturen verbinden, fällt mit diesen nichtreflektierten Vereinfachungen zusammen. Was wir also für die innere begriffliche Differenzierung der Anwendung von Heterophonie benötigen, ist uns von der vereinfachenden Linienidentität oder Linienabweichung loszulösen und die in der Musikpraxis mit ihr verbundenen realen Vorstellungen über den Klang, die Klangdifferenzierung und ihre Funktion im Musikvortrag zu kennzeichnen.

Die Heterophonie wird nicht nur als singuläre Form der Mehrstimmigkeit praktiziert, sondern tritt häufig in Verbindung mit anderen mehrstimmigen Vortragsformen auf. So verweist z.B. Sonja Radinović auf eine alte serbische zweistimmige Singart aus dem Zaplanje-Gebiet, wo neben der Heterophonie auch Bordun und reale Zweistimmigkeit kombiniert werden. Die Verfasserin (Radinović 1994: 177) meint:

> The bourdon, heterophonic two-voice singing, and heterophony marks the borders of the Central Serbian region of Lower Zaplanje.

Die intendierte und ebenso nichtintendierte Melodieabweichung im Gesangsvortrag kennzeichnet eben in derselben Weise die Region der Ostslowakei und reicht dann weiter in die westukrainischen Karpaten. Dies wird insbesondere bei den a-cappella-Kreistänzen der Frauen praktiziert, taucht beim Vortrag der Frühlingsgesänge der Mädchen und in manchen Brauchtumsliedern, in den

Pfingstgesängen im Gemer-Gebiet auf. Es ist aber ein viel verbreiteteres Phänomen als es erfasst wird.

Begriffliche Differenzierungen, Kontinuitäten und Elemente der Klanglichkeit

Ein weiterer Problembereich hängt mit dem Hierarchiesystem der Musikbegriffe zusammen, die nicht immer mit der jeweiligen inneren Hierarchie und funktionellen Schichtung der Musik und ihrer Stilelemente im Einklang stehen. Dies betrifft insbesondere jenes Begriffsnetz, das der europäischen Kunstmusik (ihrer historischen und regionalen Schichtung und ihrer Tradition) entsprach und unabhängig von dieser auf volksmusikalische und nicht-europäische Musikbereiche übertragen wurde. Sie suggerierte fremden Phänomenen ihre musikalischen Begriffe. Denn Musikbegriffe sind keine bloßen abstrakten, zeit- und stilunabhängigen Universalien, sondern kulturbezogene Mittel der Kennzeichnung ihres musikalischen Wesens.

Wenn vieles von dem Gesagten der allgemeinen musikalischen Begriffsbildung entspricht, so bezieht sich dies vornehmlich auf Begriffe, die sich auf die Mehrstimmigkeit beziehen. Das ist auf zwei Gründe zurückzuführen: 1. die europäische Musikforschung hat über Jahrhunderte hindurch das Phänomen der Mehrstimmigkeit und Mehrklanglichkeit als ein ausschließlich europäisches, der europäischen Musikentwicklung entsprungenes Stilmittel betrachtet; 2. alle anderen Formen der Mehrstimmigkeit, die außerhalb ihres Kulturbereichs standen, wurden permanent auf die europäische Betrachtungsweise bezogen und ihrer musikalischen Denkart untergeordnet. Darauf stützt sich unsere Sicht der weltweit verbreiteten Phänomene der Mehrstimmigkeit, die z.T. mit der europäischen Musik in Bezug stehen, aber vielmehr sich von dieser in ihrem Wesen und ihrer inneren Funktionsweise unterscheiden.

Wenn ich von begrifflichen Differenzierungsmöglichkeiten spreche, dann bezieht sich dies nicht nur auf die verbalen Mittel allgemein musiktheoretischer und -universeller Art, sondern vor allem auf ihre Eignung die stilistische Funktionsweise und die Einfügung der Mehrstimmigkeit in einem spezifischen Kulturgefüge adäquat zu erfassen.

Dies möchte ich an einem Beispiel demonstrieren, das aus dem Bereich der Musik des mediterranen Bereichs kommt. Sekundmehrstimmigkeit – als Rauhigkeitsfaktor, als Mittel der Farbdifferenzierung und als Mittel einer Art des Interferenzeffektes, das zwischen Ton- und Klangidentität und seiner Auflösung liegt. Die Interferenz ist ein allgemeines Klangphänomen, denn z.B. Schwingungen sind bei manchen Instrumenten schon bei ihrer Herstellung und ihrer Zusammenstellung intendiert. Dies bezieht sich vornehmlich auf Musikinstrumente mit inharmonischen Spektren, die in Europa bei Glocken, in Indonesien bei Gongspielen und Metallophonen im Allgemeinen angestrebt werden (Schneider 1997: 258). In Südosteuropa wird es z.B. auch bei der Bordunbegleitung von geriebenen Metallgefäßen praktiziert, dem sog. Singen zur sich drehenden Pfanne, dem Tepsi, wo diese Effekte des sich bewegenden und schwingenden Klanges genützt werden (Wolf 1976). Augenscheinlich ist der traditionelle Gesangsvortrag in Istrien diesem Effekt, diesem Klangphänomen untergeordnet. Er wird in eine Art der Verstimmung der Stimmen – in ihrer abweichenden Intervallstruktur stabilisiert und in der sog. istrischen Stimmung zum Ausdruck gebracht. Es ist die quasi strukturelle Stabilisierung dieses Klangphänomens, welches dann die Mehrstimmigkeit zu einer besonderen Struktur des Klanges entfaltet. Wir müssen uns dessen bewusst sein, dass klangdifferenziertes Hörens nicht nur zum Phänomen des Perzipierens gehört, sondern Voraussetzung jeder Klangbildung ist. Es ist die innere Klang- und Obertonstruktur jedes einzelnen Tones, welche das mehrstimmige Phänomen in sich involviert. Was wir dann an Mehrklanglichkeit bilden, ist die Verstärkung dieses elementaren akustischen Modells, das nicht nur die Oktave, sondern auch alle jenen Intervalle in sich vereint, die wir mit Klangverschmelzung verbinden, in der Mehrstimmigkeitstheorie mit der Präferenz der Quint und Quart als konsonante Intervalle zum Ausdruck bringen. Diese Theorie greift allerdings nicht in der balkanischen Volksmusik und Mehrstimmigkeit, denn sie geht aus der allmählichen Abweichung vom Unisono aus, die aber immer wieder in die kontrollierte Art des zentralen Begriffs, des Unisonos als des tonalen Zentrums zurückkehrt. Es nähert sich dem abstrakt zum Ausdruck gebrachten Gegensatz zwischen Konsonanz- und Distanzdenken – in diesem Falle als einer Art der Mikrodistanz zwischen der Tongebung der einzelnen Sänger.

Es gibt in bezug auf die Heterophonie außer der simultanen Vortragsart der Melodie auch jene verschobene variable Form, die durch den unbeabsichtigt verzögerten oder verspäteten Einsatz der Stimmen entsteht. So kommt es zu ihrer Berührung mit der imitativen Verbindung der Stimmen. So kann z.B. die Heterophonie in fünf unterschiedlichen Formen registriert werden;

a) Als simultaner Vortrag von zufällig entstandenen Versionen der Melodie;

b) Als bewusste, aber episodische Substitution einiger Töne der Melodie durch andere, praktiziert von unterschiedlichen Vortragenden. Sie wird vom

Hörer als unterschiedliche Klangqualität und allmählich als eine Zwei- oder Mehrstimmigkeit verstanden;

c) Als stabile und permanente Ersetzung einzelner Töne der Melodie durch andere, wobei der Weg in Richtung Parallelbewegung der Stimmen geöffnet war.

d) Beim Vortrag werden die Stimmen nacheinander gesungen, wobei sich zwei Solisten oder Solisten und Chor abwechseln. Hier geht der Weg in Richtung antiphonale Technik, oder das sich Überlappen der Stimmen in einem nacheinander ablaufenden Usus.

e) In der nächsten Vortragsart kommt es zu einer asynchronen Verschiebung der Stimmen, die aber den gleichen Melodieinhalt besitzen. In diesem Fall kommt es zur Entwicklung in Richtung Nachahmung, Imitation und Kanon (Elschek 1996: 85–86).

Aus dem kann man sehen, dass die Heterophonie, so unklar auch ihre Abgrenzung und Festlegung ist, als ein wichtiger Ansatzpunkt für die eigentliche Entwicklung der Mehrstimmigkeit gelten kann.

Dies finden wir bei vielen ähnlichen Begriffen, die wir in der Analyse der Mehrstimmigkeit miteinander verbinden. Theorie und Praxis gehen da häufig verschiedene Wege. Begriffe sollen uns helfen die Musik zu begreifen und zu verstehen und sie nicht zu vereinfachen oder falsch zu interpretieren.

Es sind meist Einzelbegriffe, mit denen wir arbeiten und die wir häufig ungenügend aufeinander beziehen und nur mangelhaft zueinander in Beziehung stellen.

Alan Lomax, der eine weltweite Erfassung vokaler und zum Teil instrumentaler Stile anstrebte, sah sich vor die Aufgabe gestellt, eine Art Systematik diverser Formen der Mehrstimmigkeit zu entwerfen. Er baute seine Erwägungen auf der Widersprüchlichkeit zwischen der Ein- und Mehrstimmigkeit auf und definierte folgende Kategorien 1. Solo (Ø), 2. Unisono (U), 3. Heterophony (H) und Polyphony (P), wobei er die Heterophonie folgendermaßen kennzeichnete:

> Heterophony (H). Each voice sings the same melody in a slightly different manner. The variation is usually rhythmic, with some voices lagging behind, others pushing forward, or with some voices more rhythmically active than others. There may be some melodic individuality, but it is only temporary and usually inconsistent. Some voices may deliver a more embellished or rhythmically varied melodic line against others which are less embellished and more straightforward, but all sing essentially the same melody. (Lomax 1976: 183)

In ähnlicher Weise befasst sich Alan Lomax auch mit den anderen angeführten Begriffen. Ich habe diese Definition nur deshalb ausgewählt, um sie den anderen, unterschiedlichen Definitionen von Heterophonie beizufügen und darauf zu verweisen, dass er als wichtiger Begriff entgegen allen skeptischen Äußerungen permanent verwendet wird. Seine Bedeutung ist im Kontext des gesamten Begriffsnetzes der Mehrstimmigkeit unverzichtbar. Es ist viel einfacher einen alten Begriff zu eliminieren, als einen neuen und besseren an seiner Stelle zu etablieren, der allgemein akzeptiert wird.

Begriffliche und typologische Erfassung der Mehrstimmigkeit

Welche sind die wichtigsten Begriffe die wir in der Regel bei der Kennzeichnung der Mehrstimmigkeit verwenden? Ich habe vor Jahren (1963) einen Beitrag veröffentlicht, welcher der begrifflichen Problematik der Mehrstimmigkeit gewidmet war. Es gab damals zwei Gründe sich mit dieser Problematik auseinanderzusetzen. Es waren die vielen unterschiedlichen Formen der Mehrstimmigkeit vokaler, instrumentaler als auch vokal-instrumentaler Provenienz, die es zu kennzeichnen galt. Die zweite Anregung kam aus einer Studie, die Walter Wiora (1957) veröffentlichte und die Problematik zwischen Ein- und Mehrstimmigkeit behandelte. Ein weiteres Problem war ja auch die große Diversität außereuropäischer Formen ebenso die Forderung, im europäischen Binnenraum zu versuchen eine Stratigraphie der Mehrstimmigkeit aufzustellen, so wie dies Paul Collaer (1960), Ernst Emsheimer (1964) und später Alan Lomax (1968, 1976) getan hatten. Um dies durchführen zu können, fehlte eine exakte und einigermaßen brauchbare Terminologie, welche die unterschiedlichen Formen der Mehrstimmigkeit ordnen konnte. Es war nötig ein Begriffsnetz zu entwerfen, in welchem die angewandten Begriffe in ihrer gegenseitigen Abhängigkeit gewertet werden sollten. Damit hing auch die unterschiedliche Verwendung identischer Begriffe in unterschiedlichen Sprachen mit unterschiedlicher Bedeutung ab, welche die internationale Kommunikation über dieses wichtige Musikphänomen erschwerte.

Da dieses Begriffsnetz inzwischen bei der Kennzeichnung verschiedener europäischer aber auch außereuropäischer Musikkulturen benutzt wurde möchte ich es in der Form einer Tabelle darstellen, in der die unterschiedlichen Formen der Mehrstimmigkeit zueinander in Beziehung gestellt werden können.

Ich habe zwischen zwei Kategorien unterschieden: zwischen den Typen der Mehrstimmigkeit und den Techniken der Mehrstimmigkeit, und sie zugleich in eine relative Hierarchie eingeordnet. Sie wurden damals in eine Tabelle zusammengefasst (siehe Abbildung im Anhang). Ihre methodische Anwendung wurde in einigen Projekten bestätigt, in mehreren mehrstimmigen Kulturen: in der Slowakei und bei einem vergleichenden Projekt die Volksmusik der Karpaten und den Balkan betreffend. Die Begriffe wurden ebenso bei der russischen Volkspolyphonie, der georgischen Mehrstimmigkeit als analytisches Mittel eingesetzt, und in den 1980er Jahren trat zu ihnen die afrikanische vokale Mehrstimmigkeit. Alle diese Ergebnisse wurden in etwa 10 Studien veröffentlicht. Diese begriffliche Hierarchie half bei der häufig sehr komplizierten stilistischen Struktur sie zu sichten, zu kennzeichnen und sie von anderen abzugrenzen, soweit das in der Musik überhaupt möglich ist. Der eine Aspekt bezog sich auf die Kennzeichnung des Typs der Mehrstimmigkeit, der zweite auf die vorrangig angewandten Techniken des mehrstimmigen Vortrags. Die begriffliche Kennzeichnung ist nur ein Aspekt der verbalen Umsetzung mehrstimmiger Denkstrukturen, eine ebenso wichtige Rolle spielen abgeleitete Verfahren. Zwischen ihnen liegen die Analyse der Intervallstruktur, der überwiegenden Stimmbewegungen, der harmonische Aufbau, die Kadenzformeln und weitere kennzeichnende Elemente. Diese können dann in statistischen Tabellen zusammengefasst und dementsprechend graphisch dargestellt werden.

Der begriffliche Aspekt ist nur einer von vielen, mit dem wir versuchen die Mehrstimmigkeit in ihrer besonderen musikalischen Strukturierung zu erfassen. Die Beziehung zwischen der Musik und ihrer verbalen Kennzeichnung ist aber sehr variabel. Deshalb ist die Mehrdeutigkeit von entsprechenden Begriffen eine zu akzeptierende Tatsache. So wie die Musik vieldeutig und vielschichtig ist, sie objektive und subjektive Ebenen in sich vereint (durch die Vortragenden aber auch Perzipienten bestimmt), zahlreiche innere Bedeutungs- und Strukturbeziehungen reflektiert, so sind es zwangsweise auch die Begriffe mit denen wir sie kennzeichnen. Begriffe haben ihre abstrakte, allgemeine Bedeutungsebene, ebenso wie ihre konkrete Art der Anwendung, die der zu beschreibenden musikalischen Realität angepasst werden muss, ohne ihre allgemeine, konventionelle Bedeutung zu verlieren.

Literatur

Adler, Guido
1986 „Die Wiederholung und Nachahmung in der Mehrstimmigkeit. Studien zur Geschichte der Harmonie." *Vierteljahrschrift für Musikwissenschaft* II: 271–346.
1909 „Über Heterophonie." *Jahrbuch Peters* XI (1908), Leipzig 1909: 17–27.

Apfel, Ernst
1981 *Geschichte der Kompositionslehre. Von den Anfängen bis gegen 1700.* Wilhelmshaven: Heinrichshofen.

Collaer, Paul
1960 „Polyphonies de tradition populaire en Europe méditerranéenne." *Acta Musicologica* XXXI: 51-56

Eggebrecht, Hans Heinrich (Hg.)
1971ff *Handwörterbuch der musikalischen Terminologie* I-V. Stuttgart: Hans Steiner Verlag.

Eggebrecht, Hans Heinrich, F. Alberto Gallo, Max Haas & Klaus-Jürgen Sachs (Hg.)
1984 *Die mittelalterliche Lehre von der Mehrstimmigkeit.* Darmstadt: Wissenschaftliche Buchgesellschaft.

Elschek, Oskár
1963 „Porovnávacia úvodná štúdia k európskemu ľudovému viachlasnému spevu." (Comparative Introductive Study to the Polyphonic European Folksong). *Hudobnovedné štúdie* III: 79–116.
1997 „Die Musiktheorie als Normatisierung und Reflexion der Musik." In *Musicologica Olomucensia* III: *In Honorem Jaroslav Jiránek,* hg. von Ján Vičár, 65–77. Olomouc: Vydavatelství Univerzity Palackého.

Elscheková, Alica
1981 „Vergleichende typologische Analysen der vokalen Mehrstimmigkeit in den Karpaten und auf dem Balkan." In *Stratigraphische Probleme der Volksmusik in den Karpaten und auf dem Balkan,* hg. von Alica Elscheková, 159–256. Bratislava: VEDA Verlag der Slowakischen Akademie der Wissenschaften.

Emsheimer, Ernst
1964 „Some remarks on European polyphony." *Journal of the International Folk Music Council* XVI: 43–46.

Hornbostel, Erich Moritz von
1909 „Über Mehrstimmigkeit in der außereuropäischen Musik." In *3. Kongreß der Internationalen Musikgesellschaft Wien 25. bis 29. Mai 1909, Bericht,* 298–303. Wien und Leipzig.

Karbusicky, Vladimir
1997 „Verbalisierung musikalischer Sinngehalte: zwischen ‚schlechter Poesie' und dem ‚Gemachten Werk'." In *Verbalisierung und Sinngehalt. Über semanti-*

sche Tendenzen im Denken über Musik heute, hg. von Otto Kolleritsch, 9–26. Graz: Universal Edition.

Lomax, Alan
1968 *Folk Song Style and Culture.* New Brunswick, New Jersey: Transaction Books.
1976 *Cantometrics, an approach to the anthropology of music.* Berkeley: The University of California.

Radinović, Sonja
1994–1995 „Old two-part singing of Zaplanje." *New Sound – Intercultural Magazine for Folk Music* 4–5: 177–178.

Sachs, Curt
1930/1959 *Vergleichende Musikwissenschaft. Musik der Fremdkulturen.* Heidelberg: Quelle und Mayer.
1957/1989 „Heterophonie." In *Die Musik in Geschichte und Gegenwart* 6, hg. von Friedrich Blume, Sp. 327–330. Kassel: Bärenreiter.

Schneider, Albrecht
1997 *Tonhöhe, Skala, Klang. Akustische, tonometrische und psychoakustische Studien auf vergleichender Grundlage.* Bonn: Orpheus-Verlag, Verlag für systematische Musikwissenschaft.

Themelis, Dimitris
1989 „Zwei neue Funde altgriechischer Musik aus Laureotike und aus Pelion." *Die Musikforschung* 42 (4): 307–325.

Torkewitz, Dieter
1997 *Das älteste Dokument zur Entstehung der Mehrstimmigkeit. Eine Handschrift aus Werden a.d. Ruhr: Das Düsseldorfer Fragment.* Stuttgart: Franz Steiner Verlag.

Wiora, Walter
1957 „Zwischen Einstimmigkeit und Mehrstimmigkeit." In *Festschrift zum 80. Geburtstag von Prof. Dr. Max Schneider*, 319–334. Leipzig: Breitkopf und Härtel.

Wolf, Dietrich
1976 „Über das Singen zur sich drehenden Pfanne." In *Studien zur Musik Süd-Osteuropas* , hg. von Kurt Reinhard, 71–89. Hamburg: Karl Dieter Wagner. (Beiträge zur Ethnomusikologie, 4)

Zannos, Ioannis (Hg.)
1997 *Music and Signs. Semiotic and Cognitive Studies in Music.* Bratislava: ASCO Art and Science.

Anhang: Typen und Techniken der Mehrstimmigkeit

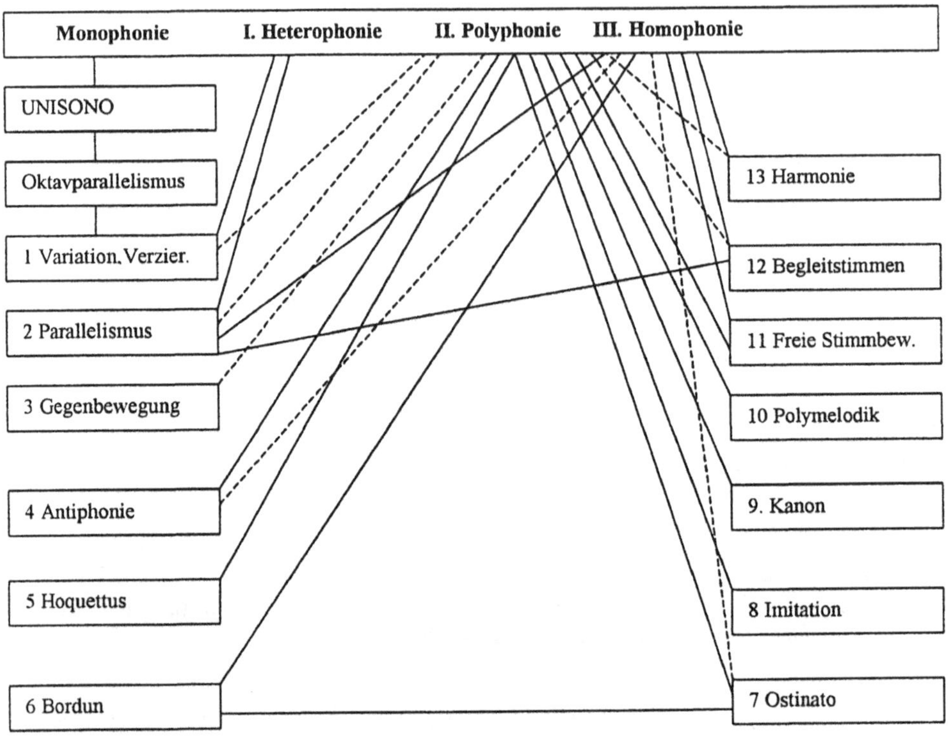

Die Behandlung der Typen der Mehrstimmigkeit soll die großen differenzierten Bereiche der Mehrstimmigkeit voneinander trennen, die in der Regel für unterschiedliche Stile und Kulturbereiche kennzeichnend sind. Die Techniken geben ein vielfältiges und breites Feld der Anwendung mehrstimmiger Mittel wieder. Sie bilden eine systematische Hierarchie, die von den einstimmigen, homogenen und einfachen Mitteln zu anspruchsvolleren fortschreitet. Sie zeigen in den vollen und durchbrochenen Linien ihre gegenseitigen Beziehungen auf. Es gibt zwischen ihnen keine strikten Grenzen, sondern die mehrstimmige Praxis kennt eine Vielzahl von Kombinationen der Techniken, welche die abwechslungsreiche stilistische Variabilität der Musik ausmacht. Neben dieser offenen Kombinationsmöglichkeit gibt es allerdings für bestimmte Typen der Mehrstimmigkeit bevorzugte Techniken, welche für sie als bestimmend gelten. Dies wird in den Linien wiedergegeben, die zwischen den Typen und Techniken gezogen werden. Die tabellenartige Zusammenstellung dieser Begriffe ist nur ein Hilfsmittel bei der Identifizierung der konkreten Mehrstimmigkeit und keine statische, erschöpfende analytische Grundlage. Ihre analytische und typologische Handhabung ist z.B. in der Studie von A. Elscheková (1981: 162,167 u.a.) aufgezeigt.

RÜDIGER SCHUMACHER, Köln

Heterophonie – ad infinitum?

Der Leser dieses Beitrags geht durchaus nicht in die Irre, wenn er im Titel den Grundton einer gewissen Gereiztheit zu verspüren glaubt. In der Tat bitte ich um Verständnis dafür, dass ich angesichts der Geschichte eines Begriffs voller Unklarheiten, Widersprüche und Ungereimtheiten und angesichts eines auch heute noch bisweilen unreflektierten Gebrauchs dieses Wortes „Heterophonie" als musikwissenschaftlicher Fachterminus ein zwischen Unwillen und Resignation schwankendes Kopfschütteln nicht völlig unterdrücken kann. Es kann zunächst gar kein Zweifel darüber bestehen, dass in der Musikwissenschaft von Anfang an der Sinn, das durch das aus dem altgriechischen ἑτεροφωνία übertragene Wort „Heterophonie" Bezeichnete, äußerst verschiedenartig, die Vorstellung davon insgesamt ausgesprochen nebulös ist. Seine Anwendung auf im Einzelnen sehr verschiedenartige, heterogene musikalische Mehrklangsphänomene aus der Perspektive unterschiedlichster Verständnishorizonte und Interessenlagen hat bis heute eine klare, unbestritten akzeptierte und akzeptable Begriffsbestimmung unmöglich gemacht.

I.

Dabei ist die Herkunft des Wortes allgemein bekannt: Überliefert ist es uns von Platon, der es im 7. Buch der „Nomoi" (812 d–e) ein einziges Mal im Zusammenhang mit der musikalischen Erziehung der Jugend verwendet. Als Ausgangspunkt der terminologischen Betrachtung sei es gestattet, diese Textstelle in der Übersetzung von Herwig Görgemanns und Annemarie Neubecker (1966: 156) in Erinnerung zu rufen:

> Um dessentwillen also müssen Musiklehrer und Schüler die Töne der Lyra mit zu Hilfe nehmen, wegen der Klarheit des Saitenklanges, indem sie die Töne genau übereinstimmend erklingen lassen; aber die **abweichende Tonführung** und die Verzierungen der Lyra, wenn (nämlich) die auf den Saiten erklingenden Melodien von der Weise, die der Dichter gestaltet hat,

> verschieden sind – wenn (die Ausführenden) sogar dichte und lose Tonfolge (d.h. Töne in kleinen und großen Intervallen), schnelles und langsames Tempo, hohe und tiefe Töne (zugleich) in sei es zusammenstimmendem, sei es kontrastierendem Erklingen darbieten, und wenn sie ebenso auch in den Rhythmen den Lyraklängen vielfältige Ausschmückungen beigeben – alles das darf man nicht an die jungen Leute herantragen, die den Nutzen musikalischer Erziehung innerhalb von drei Jahren rasch sich zu eigen machen sollen. Denn Entgegengesetztes, das sich gegenseitig stört, führt zu schlechter Lernfähigkeit; die jungen Leute sollen aber möglichst aufnahmefähig sein, denn der Lernstoff, den sie bewältigen müssen, ist weder an Bedeutung noch an Menge gering [...]

Obwohl das mit dem als „abweichende Tonführung" übersetzen Wort Gemeinte kaum in allen Details restlos und eindeutig geklärt sein dürfte, kann jedoch als gesichert gelten, dass hier ein musikalischer Vortrag in zwei gleichzeitigen, jedoch absichtsvoll voneinander abweichenden Stimmen gemeint ist. Im Gegensatz zu früheren Interpreten kommen Görgemanns & Neubecker allerdings zu dem Schluss, dass Heterophonie hier nicht als ein regulärer, in der betreffenden Epoche allgemein anerkannter und positiver Terminus für eine zweistimmige Musizierform der Antike angesprochen ist, sondern vielmehr als die Bezeichnung einer in der Musikpraxis der Zeit offensichtlich zwar geläufigen, für den Aussagekontext, d.h. für die musikalische Erziehung der Jugend, jedoch als unerwünscht, weil ungeeignet qualifizierten abweichenden Ausgestaltung einer vorgegebenen Vokalmelodie durch das Begleitinstrument. Wollte man aus dieser Textpassage daher auf einen Fachterminus der antiken Musikkultur schließen – so resümieren Görgemanns & Neubecker (1966: 169) – „[...] so wäre das sprachlich ebenso falsch, wie wenn man z.B. auf Grund von einigen polemischen Bemerkungen E.T.A. Hoffmanns eine bestimmte Stilrichtung der Kirchenmusik mit dem Terminus ‚krause Musik' belegte."

Von den Platon-Exegeten Ende des 19. Jahrhunderts haben nun insbesondere Rudolf Westphal und Carl Stumpf in ihren Schriften den Grund für die in der Folge dann rasch und tiefgreifend auseinander laufenden Vorstellungen von Heterophonie gelegt. Westphal (^{3}1886: 31) interpretiert die zitierte Platonstelle zugespitzt und sehr eng am Wortlaut als eine festgefügte Zweistimmigkeit, in der eine divergierende Instrumentalstimme die Gesangsmelodie begleitet. Und er grenzt diese „Heterophonie" ausdrücklich von der „Polyphonie" ab, die er als „die Begleitung der Singstimme mit mehr als einer (mit zwei oder drei) Instrumentalstimmen" auffasst (Westphal ^{3}1886: 37). Indem seine Interpretation der genannten Platonstelle das Wort „Heterophonie" als Gleichzeitigkeit der Melodiestimme des Gesangs mit einer divergierenden Instrumentalstimme mit dem von anderen antiken Autoren überlieferten Begriff der „Krusis" gleichsetzt, hat Westphal in erheblichem Maße dazu beigetragen, dass Heterophonie in der Folgezeit allgemein als ein feststehender, positiver Terminus antiker Musik verstanden worden ist.[1]

Im Vergleich hierzu argumentiert Stumpf in seiner epochalen Studie „Tonsystem und Musik der Siamesen" (1901) sehr viel vorsichtiger und zurückhaltender. Er bittet sogar den Leser ausdrücklich für seine „Phantasie" um Verzeihung, wenn er unwillkürlich eine Analogie zwischen seinem persönlichen Verständnis des platonischen Wortes Heterophonie und dem Verhältnis der Stimmen empfindet, das sich ihm in der Musik eines im September 1900 in Berlin weilenden thailändischen *pī phāt*–Ensembles dargeboten hat:

> Es gehen nicht verschiedene Themata gleichzeitig nebeneinander her, vielmehr machen alle Instrumente eine in den Grundzügen identische Tonbewegung, aber sie gestatten sich dabei bedeutende individuelle Freiheiten, das eine nimmt seinen Weg in einfachen Vierteln, das andere umspielt sie mit allerlei Verzierungen, das dritte löst sie ganz in Sechzehntelbewegungen, Triolen u. dgl. auf, und dabei stehen die Sechzehntelgänge der einzelnen Instrumente nicht in genauer Uebereinstimmung. (Stumpf 1901: 125)

Gleiche Analogien sieht er übrigens auch im Rekurs auf eine von dem niederländischen Orientalisten Jan Pieter Nicolaus Land 1889 veröffentlichte Partitur einer javanischen Gamelan-Komposition. – Mit dieser Publikation von 1901 führt Stumpf in einem somit äußerst gewagten und im Rückblick nicht minder folgenschweren Analogieschritt den Heterophonie-Begriff in die in der Entstehungsphase begriffene musikethnologische Forschung ein und steckt erstmals den – gegenüber der Platon-Rezeption – erweiterten Gegenstandsbereich zwischen „polyphoner" Musik im ausgesprochen europäischen Verständnis und rein unisoner Musik ab.

Guido Adler, den Jacques Handschin (^{3}1981: 61) demzufolge durchaus zutreffend als einen „Popularisator" des Heterophonie-Begriffs tituliert, gibt in der Folgezeit mit seiner Studie „Über Heterophonie" (1909), die wissenschaftlich eine beträchtliche Breitenwirkung erzielt hat, diese vorsichtige Zurückhaltung auf. Er wendet das Wort insgesamt wenig differenziert auf die sehr verschiedenartigen musikalischen Phänomene an, die er in seiner Studie heranzieht: Russische Volksmusik, die siamesische und javanische Orchestermusik,

Ensemblemusizieren in China und Japan sowie Quellen des europäischen Mittelalters. Für ihn ist Heterophonie als „die rudimentäre, ungeregelte Verschiedenstimmigkeit wissenschaftlich als dritte Stilkategorie neben der Homophonie und Polyphonie anzuerkennen" (Adler 1909: 24), und er begründet die Etikettierung dieser Art von Mehrstimmigkeitsstilen als „Naturmusik" mit dem Indiz einer vordergründigen Regellosigkeit auf Grund freier Improvisation der Stimmen. Darüber hinaus deutet er die Heterophonie, sie hierin einem seinerzeit den wissenschaftlichen Diskurs beherrschenden evolutionistischen Denkschema unterwerfend, als „das gemeinsame Ursprungsgebiet von Homophonie und Polyphonie" (1909: 21) und als „der wichtigste Durchgangspunkt für die Mehrstimmigkeit im eigentlich künstlerischen Sinne" (1909: 24).

Im gleichen Jahr 1909 widerspricht Erich Moritz von Hornbostel in seinem Kongressbeitrag „Über Mehrstimmigkeit in der außereuropäischen Musik" einer solchen pauschalen und unzweckmäßigen Erweiterung des Begriffsverständnisses, auch wenn er dem Kriterium der Improvisation („[...] Anreiz, zu klimpern oder zu quinquillieren, eine spielerische Umschreibung des melodischen Grundschemas...", 1909: 302) insbesondere mit Blick auf das „heterophone Zusammenspiel mehrerer Instrumente, das bekanntlich in der hinterindischen, indochinesischen und javanischen Orchestermusik zu höchster Ausbildung gelangt ist" (1909: 302) durchaus zustimmt. Die Anschauung, „Heterophonie" als Stadium in der globalen Evolution der Mehrstimmigkeit aufzufassen, bleibt davon unberührt.

Erstmals in Marius Schneiders „Geschichte der Mehrstimmigkeit" (1934 und 1935) begegnet uns dann eine weiterführende typologische Differenzierung und gestalthafte Eingrenzung des Heterophonie-Begriffs. Bei der Untersuchung vokaler Mehrstimmigkeitsphänomene außereuropäischer Kulturen unterscheidet Schneider, der seinerzeit aktuellen Methode einer Gruppierung in Kulturkreise folgend, zwischen einer „anfangs" unbeabsichtigten Mehrklangbildung im Zusammentreffen zweier oder mehrerer in der Intention, aber nicht in der klanglichen Realisation identischer Melodiestimmen und einer absichtvollen, klar in Haupt- und Begleit- bzw. Variationsstimme unterscheidbaren Mehrklangbildung, bei der tonal bewusste Abwandlungen der Melodielinie zu konstatieren sind. Hierfür verwendet er, zunächst undifferenziert, den Begriff der „Variantenheterophonie", allerdings in einem weiteren und einem engeren Sinne. Indem er eine Kritik Robert Lachmanns aufgreift, korrigiert er jedoch in der Einleitung zur zweiten Auflage seines Buches (1969, ohne Paginierung) das allgemeinere Begriffsverständnis von Variantenheterophonie und reduziert es auf den Terminus Heterophonie, „weil die Idee der Variante die Existenz eines festen, präexistierenden Themas voraussetzt". Das typologische Ablösen verschiedener Bewegungsformen vokaler Mehrstimmigkeit – z.B. Bordun, strenger Parallelismus, tonal gebundener Parallelismus, Pendelbewegung, Kanon, freie Imitation, Stimmüberlappung des Wechselgesangs im Zusammenhang mit Ostinato-Motiven, Imitation und diskantierender Satz (1934: 105) – vom Heterophonie-Begriff resultiert in einer gegenüber Adler und anderen sehr viel prägnanteren Kennzeichnung dieses Phänomens:

> Variantenheterophonie soll in Zukunft nur noch den speziellen Vorgang bezeichnen, nach dem die Nebenstimme im wesentlichen im unisono mit der Hauptstimme steht und nur an vereinzelten Stellen funktionell bedingte tonige Abwandlungen erfährt, so daß nur sporadisch auftretende, tonal bedingte Mehrklänge entstehen (1934: 44).

Spätere terminologische Auseinandersetzungen mit dem Begriff der Heterophonie, auch und vor allem jene in der zweiten Hälfte des 20. Jahrhunderts, unterwerfen die zahlreichen divergierenden Bedeutungsinhalte in der Regel einer kritischen Betrachtung, ohne jedoch die grundsätzliche Widersprüchlichkeit letztendlich auflösen und im einzelnen zu einer allgemein akzeptablen positiven Kennzeichnung oder gar definitorischen Bestimmung beitragen zu können.

Curt Sachs, der den Heterophonie-Begriff 1957 in der MGG behandelt und hierin die fundamentale terminologische Unklarheit ausdrücklich hervorhebt, diskutiert im Rückblick auf frühere Veröffentlichungen anderer Autoren vier denkbare Definitionen:

> 1. Heterophon ist jedes Stück, in dem *‚andere Noten'* zur gleichen Zeit gehört werden, was dann die einfachste Borduntechnik ebenso wie moderne Polyphonie und Harmonie einschließen würde. 2. Heterophon sind alle Formen von Anderstönigkeit, aber mit Ausschluß der „gelehrten" Polyphonie und Harmonie des nach-mittelalterlichen Westens. 3. Heterophon ist die gleichzeitige Variation, eine Wahl, die mit Notwendigkeit die komplexeren Formen des Orients an die eigentliche Polyphonie verweisen würde. (...) [4.] Heterophonie ist jede Art von Zusammentönen auf Grund von Überlieferung und Improvisation: *‚contrappunto alla mente'* im Gegensatz zur *‚res facta'* (Sachs 1957: 329f.).

Die beiden erstgenannten Kennzeichnungen empfindet er als unbefriedigend, da sie zu umfassend und zu wenig prägnant seien, wohl auch hinter die namentlich von Marius Schneider erreichte Differenzierung außereuropäischer Mehrstimmigkeitsphänomene zurückfallen würden. Die dritte Möglichkeit sieht Sachs durch den Begriff der „Simultanvariation" präziser und daher besser bezeichnet. Doch erheben sich auch gegen die von ihm favorisierte an vierter Stelle genannte Definition gewichtige Einwände, die Sachs selbst teilweise nennt, ohne ihnen jedoch allzu großes Gewicht beizumessen. Im Ganzen schränken sie allerdings die Aussagekraft und Brauchbarkeit seiner Definition erheblich ein: Diese Begriffsbestimmung ist zunächst einmal allein vom Standpunkt des auf abendländische Musiktraditionen fixierten Musikhistorikers und „im Interesse leichten, unmissverständlichen Definierens" (1957: 330) hilfreich. Darüber hinaus ist sie nicht konsequent exklusiv, da auch einzelne nach Sachs als heterophon aufzufassende außereuropäische Musikstile schriftlich notiert werden, also in gewissem Sinne „res facta" sind. Schließlich ist sie wiederum allzu exklusiv insofern, als durch sie leichthin sämtliche nicht-notierte Musik als Improvisation qualifiziert werden könnte, was zweifellos eine unzulässige Überdehnung und Überfrachtung des Improvisationsbegriffs zur Folge hat.

In einem vergleichsweise wenig beachteten und ziemlich folgenlos gebliebenen Versuch William P. Malms (1972), die durch eine zugleich kulturspezifische wie auch kulturübergreifende Verwendungsweise musikwissenschaftlicher Mehrstimmigkeits-Begriffe verursachte Bedeutungsdiskrepanz mit Hilfe eines Neologismus abzumildern, fällt erneut die geringe Trennschärfe des Heterophonie-Begriffs ins Auge. In seinem kurzen Artikel „On the Meaning and Invention of the Term ‚Disphony'" unterscheidet Malm drei Typen von Mehrstimmigkeit (*polyphony*) im kulturübergreifenden Sinne: (1) *homophony*, gekennzeichnet durch verschiedene simultane Tonhöhen in grundsätzlich derselben rhythmischen Struktur, (2) *disphony* (kulturspezifisch *counterpoint*), gekennzeichnet durch verschiedene Tonhöhen in relativer rhythmischer Unabhängigkeit, und (3) *heterophony*, gekennzeichnet durch rhythmisch verschiedene Stimmen, die jedoch simultane Varianten ein und derselben Melodie darstellen. Die unmittelbar einsichtige begriffliche Nähe von *disphony* und *heterophony*, auf Grund derer – nach Malms Worten – einige Forscher die Subsumierung von *heterophony* unter *disphony* bevorzugen, führt letzten Endes zur Verschmelzung beider Termini, wenn im Fall einer *imitative disphony* oder *canonic disphony* verschiedene Schattierungen thematischer Ähnlichkeit der Einzelstimmen untereinander den Heterophonie-Begriff vollends entleeren.

Eine dem französischen Diskurs (André Gide, André Schaeffner) verpflichtete, aber auch Marius Schneiders Heterophonie-Verständnis nahestehende Auffassung vertritt Simha Arom in seinem *magnum opus* „African Polyphony and

Polyrythm. Musical Structure and Methodology" (1991). Als am wenigsten strukturierte Technik von Mehrstimmigkeit, von der Arom nur die vokale Mehrstimmigkeit in Betracht zieht, besteht „Heterophonie" für ihn aus simultanen – konsonanten oder dissonanten – Intervallen, die gewöhnlich isoliert an unbestimmten und unvorhersehbaren Stellen einer kollektiv ausgeführten und im Prinzip einstimmig verstandenen Melodie auftreten (1991: I, 21). Hiervon unterscheidet er „Polyphonie"[2], die er als eine mehrteilige, simultane, heterorhythmische und nicht-parallele Prozedur auffasst (1991: II, 38).

II.

Es ist nicht meine Absicht, die Geduld des Lesers durch eine weitere Anhäufung divergierender Deutungs- und Rettungsversuche dieses ungemein belasteten Heterophonie-Konzeptes ungebührlich zu strapazieren. Vielmehr soll nun diese grundsätzliche Fragwürdigkeit des Heterophonie-Begriffs anhand eines konkreten Beispiels veranschaulicht werden. Es handelt sich hierbei im Schriftbild um die modifizierte Transkription einer zentraljavanischen *Gamelan*-Komposition, seit Stumpf (1901) immer wieder als exemplarische Gattung besonders kunstvoller heterophoner Mehrstimmigkeit apostrophiert, welche René T. A. Lysloff (1982: 167–181) nach einer Schallplattenaufnahme (Philips 631209 PL, „Song and Sound the World Around") unter Verwendung der in Java gebräuchlichen Ziffernnotation angefertigt hat (Notenbeispiel 1, siehe Anhang). Bei dieser Komposition namens „Tukung" („a variety chicken with no tail", Robson & Wibisono 2002: 763) handelt es sich um ein Werk der Kategorie *gĕnḍing bonang*, eines Teilrepertoires javanischer Gamelan-Musik, in dem das zwei Oktaven umspannende Kesselgongspiel *bonang barung* die melodisch führende Rolle spielt. Notiert wird – entsprechend javanischen Usancen – nur die von einoktavigen Metallophonen vorgetragene „Gerüstmelodie" *balungan* („frame, skeleton", Robson & Wibisono 2002: 68), deren Form durch das Verhältnis der Melodietöne zu einem fixierten Interpunktionspattern einzelner Gongs bestimmt wird. Vorliegende Komposition besteht aus vier Formabschnitten:

(1) *buka*: Eine solistische Einleitungsfloskel, gespielt vom Hauptmelodieinstrument, dem *bonang barung*, und abgeschlossen durch einen Schlag des *gong agĕng* („großer Gong") auf dem Endton 5, markiert durch ().

(2) *merong*: Der in acht Zeilen [1–8'] notierte „erste Satz", eine aus 128 Zähl-

zeiten oder Pulsen bestehende „Gong-Periode" (abgeschlossen durch einen Schlag des *gong agĕng* („großer Gong") auf dem Endton 5, markiert durch ()), von denen jede Zählzeit in der Regel jeweils einem Ton der Gerüstmelodie entspricht. Gegliedert ist diese Periode in vier gleichlange Abschnitte (à 32 Zählzeiten), deren Enden durch einen Schlag des *kĕnong* (großer kesselförmiger Einzelgong) gekennzeichnet werden, im Notenbeispiel durch ⌒ über dem gleichzeitig erklingenden Melodieton markiert. Jede dieser *kĕnongan* genannten vier Abschnitte der Gong-Periode wird jeweils auf der 4., 12., 20. und 28. Zählzeit durch einen Schlag des *kĕṭuk* (kleiner kesselförmiger Einzelgong) akzentuiert, im Notenbeispiel durch + über dem gleichzeitig erklingenden Melodieton markiert. Diese Periode kann beliebig oft wiederholt werden. Selten wird sie jedoch mehr als zweimal (wie im vorliegenden Falle) gespielt.
(3) *ompak inggah:* [7^2] und [8^2]. Dieser Kompositionsteil im Umfang eines *kĕnongan* ersetzt das letzte *kĕnongan* des *merong* ([7^1] und [8^1]), wenn die Musiker vom „ersten Satz" in den „zweiten Satz" (*minggah*) übergehen.
(4) *minggah*: der ebensfalls in acht Zeilen [9–16] notierte „zweite Satz" besteht wie der „erste Satz" aus einer Gong-Periode mit 128 Zählzeiten. Ein struktureller Unterschied besteht ausschließlich in Anzahl und Position der *kĕṭuk*-Schläge (hier insgesamt 8 Schläge auf der 2., 6., 10., 14., 18., 22., 26. und 30. Zählzeit jedes *kĕnongan*). Auch diese Periode kann beliebig oft wiederholt werden. Im vorliegenden Beispiel wird sie fünfmal gespielt, bevor die Komposition endet.

Da es sich bei der Komposition „Tukung" um ein Werk der Kategorie *gĕnḍing bonang* handelt, mag es – nicht zuletzt der Anschaulichkeit wegen – gerechtfertigt sein, aus dem vielstimmigen Geflecht des Gamelan allein die Stimme des Gongspiels *bonang barung* der gleichzeitig erklingenden, von ein-oktavigen Metallplattenspielen vorgetragenen „Gerüstmelodie" exemplarisch gegenüberzustellen. Im Notenbeispiel 2 (Anhang) werden die Zeilen der „Gerüstmelodie" entsprechend Notenbeispiel 1 beziffert, die gleichzeitig erklingende *bonang*-Stimme wird jeweils darunter notiert und – je nach Durchgang – mit fortlaufenden Kleinbuchstaben markiert, d.h. [15d] kennzeichnet die *bonang*-Stimme im vierten Durchgang des mit [15] markierten Abschnitts der „Gerüstmelodie".

Das auf den ersten Blick chaotisch, willkürlich und unstrukturiert anmutende *bonang*-Spiel in Notenbeispiel 2 richtet sich – im Rahmen einer geringfügigen melodischen und rhythmischen Variabilität – jedoch relativ strikt nach verschiedenen, durch die Überlieferung festgeformten Schlagmustern, die, in einer regionalspezifischen Terminologie konzeptionell und sprachlich verifizierbar, im

Wissen der Musiker verankert sind. Zu Beginn des *merong* [1a] ist es als *bonangan milah* („anfängliches, ursprüngliches *bonang*-Spiel") aufgrund des vergleichsweise hohen, sich dann aber stark verlangsamenden Anfangstempos (von MM 112 pro Schlageinheit in [1] bis MM 33 am Ende von [3]) rhythmisch und melodisch weitgehend mit der Gerüstmelodie identisch. Im weiteren Verlauf der Komposition schälen sich dann im Wesentlichen zwei verschiedene Schlagmuster des *bonang* heraus:

(1) *bonangan mipil* („eins nach dem anderen (ab)pflückendes *bonang*-Spiel") bezeichnet eine antizipierende Elaboration der Gerüstmelodie, wobei die in einem festen Muster kombinierten Tonhöhen des Gongspiels in der Regel auf jeweils zwei Gerüstmelodie-Töne abzielen bzw. bezogen sind. Das noch relativ hohe Tempo in [2] lässt zunächst nur ein Verhältnis der Schlagdichte von 2:1 zwischen *bonang* und Gerüstmelodie zu; daher wird hier *mipil lamba* („einfach (ab)pflücken") gespielt (erste Hälfte [2a]), ein Muster, das sich dann im letzten Viertel der Zeile durch die Verdopplung einzelner Töne (im Sinne einer Diminution) punktuell verdichtet. Das mit [3] erreichte langsamere Haupttempo ermöglicht dem Musiker den Wechsel in das etwas variablere Muster *mipil rangkĕp* („doppelt (ab)pflücken") mit einem Schlagverhältnis von 4:1 zwischen Gongspiel und Gerüstmelodie.[3] Generelle Voraussetzung und Bezugspunkt für dieses Schlagmuster *bonangan mipil* ist ein entsprechendes reguläres, gleichmäßig verlaufendes Tonpaar der Gerüstmelodie mit verschiedener Tonhöhe. Daneben existiert eine Sonderform des *mipil*, bei der das *bonang* den Zielton der Zweiergruppe zusammen mit einem zwei oder drei Stufen höher liegenden Ton nicht sukzessive sondern simultan spielt (z.B. Ende [8^2b, 16a–e], Mitte und Ende [9de, 11a–e, 13a–e].

(2) An den Stellen, an denen diese Voraussetzung (eines regulären, gleichmäßig verlaufenden Tonpaars) nicht gegeben ist, an denen nach javanischer Terminologie die „Gerüstmelodie hängt" (*balungan (ng)gantung*), gekennzeichnet durch einen Einzelton der, von Pausen oder Wiederholungen gefolgt, noch nachklingt und längere Zeit Gültigkeit hat (z.B. drittes Viertel [2], Anfang und drittes Viertel [4], Mitte [10, 12, 14]) oder wo die „Gerüstmelodie (ab)gleitet" (*balungan mleset*), erkennbar an einem Ton am Beginn eines Abschnitts, der durch Wiederholung und Nachklingen länger wirksam ist (Anfang [2]), verwendet das Gongspiel in der Regel das Schlagmuster *bonangan nduduk gĕmbyang* („*bonang*-Spiel drängt [hin zur] Oktave"), eine repetitive rhythmische Gruppierung, deren Kern meist aus drei *bonangan*-Pulsen besteht, wobei der Repetitionston zusammen mit seiner Oberoktave (im Notenbeispiel durch eine

unterstrichene Ziffer markiert) in der Regel auf dem jeweils dritten Puls erklingt (z.B. [2b, 4ab, 7^{1}a, 10a–e, 12a-e, 14a–e]. Eine Alternative hierzu besteht in der Wahl des – abgesehen vom Oktavschlag – identischen Musters *bonangan nduduk tunggal* („*bonang*-Spiel drängt (hin zur) eins/allein") [6a, 8^{1}a.].

III.

Angesichts einer solchen festgefügten kompositorischen Mehrstimmigkeit, von der die kurzgefasste Analyse wohlgemerkt nur zwei Stimmen des vielstimmigen Satzes berücksichtigt hat, scheiden sowohl Improvisation als auch – in ihrem Gefolge – Heterophonie als adäquate, das Faktische treffende Bezeichnungen aus. Verallgemeinernd ziehe ich daraus den Schluss, dass Heterophonie weder als eine allgemeine noch auch kulturspezifische bzw. spezifizierbare Art der Mehrstimmigkeitsbildung verstanden werden kann, sondern vielmehr als der Versuch zu werten ist, Mehrklangsbildungen, deren generierende Kräfte und konzeptuelle Substanz (noch) nicht erforscht oder erkannt worden sind, unter einem scheinbar sicheren begrifflichen Etikett auszulagern. Ich kann mich bisweilen des Eindrucks nicht erwehren, dass manche Forscher am Heterophonie-Begriff deshalb besonders hartnäckig festhalten, weil sie hiermit – oft uneingestanden – eine Inferiorität, eine defizitäre Gestaltungsweise simultaner Mehrklanglichkeit in „außereuropäischen Musikkulturen" etikettieren und vom „artifiziellen Hochgebirge" abendländischer Polyphonie scheiden zu können glauben.

Ich hoffe jedoch hinreichend deutlich dargelegt zu haben, dass in dem Maße, in dem es der Musikforschung gelingt, die kulturspezifischen Konzeptionen und Techniken von Mehrklangsbildungen zu verstehen, der Heterophonie-Begriff sich fortschreitend auflösen wird, bis er – entsprechend dem Rate Handschins (^{3}1981: 61) – vollends überflüssig geworden ist. Dazu ist vielleicht keine übereilte *tabula rasa* vonnöten, sofern man „Heterophonie" nicht als einen etwas gestalthaft Faktisches bezeichnenden Nominalbegriff verwendet, sondern vielmehr als einen Diskursbegriff, als den immer vorläufigen Ansatzpunkt einer Verständigung über konkrete Inhalte versteht.

Anmerkungen

1 In der Diskussion stellte Rudolf Flotzinger die Frage, ob „Krusis" als offensichtlich positiver Musikterminus der Zeit, in den Nomoi gerade wegen der beabsichtigten negativen Aussage durch „Heterophonie" ersetzt worden sein könnte. Ob sich diese Frage im Anschluss an eine kritische Lektüre antiker Autoren wird beantworten lassen, vermag ich hier nicht zu entscheiden. Wie auch immer die Antwort ausfallen mag, es bleibt davon die Tatsache unberührt, dass Platon „Heterophonie" verwendete, um etwas für den Prozess musikalischer Jugenderziehung Hinderliches und demnach Unerwünschtes zu bezeichnen.

2 Die sprachliche Mehrdeutigkeit von engl. „polyphony" im Sinne von dt. „Polyphonie" oder „Mehrstimmigkeit" vermeidet Arom durch die Verwendung eines Neologismus „plurivocality" im Sinne von dt. „Mehrstimmigkeit".

3 Das wechselnde Schlagverhältnis von *bonang* zur Gerüstmelodie (in diesem Stück nur 1:1, 2:1 und 4:1) ist durch die Tempoentwicklung bedingt. Von anfänglich MM 112 sinkt das Tempo bis MM 33 (Anfang [3]), verharrt dort während des gesamten ersten Durchgangs des *merong*, beschleunigt im zweiten Durchgang (etwa ab Mitte [5b]) bis MM 84 (Anfang [7^2]), fällt dann im Übergang von *merong* zu *minggah* wieder auf MM 36 zurück (Anfang [10a]). Vom dritten Durchgang des *minggah* (etwa ab Anfang [13c]) steigt dann das Tempo ganz allmählich, bis am Ende des vorletzten Durchgangs [16d] das höchste Tempo von MM 120 erreicht ist. Am Ende des letzten Durchgangs setzt dann [14e] das zunächst allmähliche, am Ende der Komposition sehr starke „Schlussritardando" (javanisch *suwuk*) ein.

Literatur

Adler, Guido
1909 „Über Heterophonie." *Jahrbuch der Musikbibliothek Peters* 15: 17–27.

Arom, Simha
1991 *African Polyphony and Polyrythm. Musical Structure and Methodology.* Cambridge: Cambridge University Press.

Görgemanns, Herwig und Neubecker, Annemarie Jeanette
1966 „‚Heterophonie' bei Platon." *Archiv für Musikwissenschaft* 23: 151–169.

Handschin, Jacques
^{3}1981 *Musikgeschichte im Überblick*, 1948, 3. Aufl. Wilhelmshaven: Heinrichshofen.

Hornbostel, Erich Moritz von
1909 „Über die Mehrstimmigkeit in der außereuropäischen Musik." In *Sammelbände der Internationalen Musik-Gesellschaft*, 298–303. Wien: Artaria.

Lysloff, René T. A.
1982 *The Gong-Chime Bonang Barung In the Central Javanese Gamelan. Aspects of Musical Function and Idiom In Contemporary Practice*, unveröff. MA-Arbeit University of Hawaii, Honolulu.

Malm, William P.
1972 "On the Meaning and Invention of the Term ‚Disphony'." *Ethnomusicology* 16 (2): 247–249.

Robson, Stuart und Singgih Wibisono
2002 *Javanese–English Dictionary*. Hong Kong.

Sachs, Curt
1957 „Heterophonie." In *Die Musik in Geschichte und Gegenwart*, 6, Sp. 327-330.

Schneider, Marius
1934/1935 *Geschichte der Mehrstimmigkeit. Historische und phänomenologische Studien*, 2 Bde., Berlin, 2. Aufl. Tutzing: Schneider, 1969.

Stumpf, Carl
1901 „Tonsystem und Musik der Siamesen." *Beiträge zur Akustik und Musikwissenschaft* 3: 69–138.

Westphal, Rudolf
[3]1886 *Griechische Harmonik und Melopoeie*. 3. Aufl. Leipzig. (=*Theorie der musischen Künste der Hellenen* von A. Rossbach und R. Westphal, Bd. 2)

Anhang

Notenbeispiel 1

gĕnḍing bonang Tukung kĕṭuk 4 kĕrĕp minggah 8 laras pelog paṭĕt barang

buka:

· 5̣ · 5̣ 6 7̣ 2 7̣ · 6̣ · 5̣ 5̣ 3̣ · ⑤

merong:

6	7	2	+7	6	5	3	5	6	7	2	+7	6	5	3	5	[1]
3	3	·	+1	2	3	5	3	·	7	·	+·	5	6	7	6̂	[2]
·	6	5	+3	2	3	5	3	6	7	6	+5	3	2	7	2	[3]
·	·	7	+·	5	6	7	2	·	7	·	+·	5	6	7	6̂	[4]
·	6	5	+3	2	3	5	3	6	7	6	+5	3	2	7	2	[5]
·	·	7	+·	5	6	7	2	·	7	·	+·	5	6	7	6̂	[6]
5	4	·	+2	4	5	4 2	1	4	1	·	+2	4	5	6	5	[7^1]
·	·	5	+·	5	5	·	·	6	7	2	+7	6	5	3	⑤	[8^1]

ompak inggah:

·	7	6	+·	6	7	2	3	2	7	6	+·	6	7	2	3	[7^2]
4	3	4	+·	4	3	4	·	4	3	4	+6	4	3	4	②	[8^2]

minggah:

4	+3	4	6	4	+3	4	2	4	+3	4	6	4	+3	4	2	[9]
4	+3	4	6	4	+3	2	3	·	+3	3	3	2	+7	5	6̂	[10]
3	+5	6	7	6	+5	6	3	6	+5	3	5	6	+5	3	2	[11]
5	+3	2	5	3	+2	5	3	·	+3	3	3	2	+7	5	6̂	[12]
3	+5	6	7	6	+5	6	3	6	+5	3	5	6	+5	3	2	[13]
5	+3	2	5	3	+2	5	3	·	+3	3	3	2	+7	5	6̂	[14]
·	+7	6	·	6	+7	2	3	2	+7	6	·	6	+7	2	3	[15]
4	+3	4	·	4	+3	4	·	4	+3	4	6	4	+3	4	②	[16]

Notenbeispiel 2

merong:

```
         +                           +
6  7  2  7  6  5  3  5  6  7  2  7  6  5  3  5    [1]
6  7  2  7  6  5  3  5  6  7  2  7  6  5  3  5    [1a]
·76··76727232727656·656·252··535676·676·272··727656·656·535··535    [1b]

         +                           +
3  3  ·  1  2  3  5  3  ·  7  ·  ·  5  6  7  6̂    [2]
· 3 · 3 3 1 3 1 2 3 2 3 5 3 5 3 · 7 7 7 · 7 · · 5 665···7·667·6    [2a]
3··33·3··13··13·232··32·53··3··3··7··7·77·77·77·27666·66·66·66·6    [2b]

         +                           +
·  6  5  3  2  3  5  3  6  7  6  5  3  2  7  2    [3]
···66·6··35··353232··32·535··353676··767·56·565323·32322722·22··    [3a]
·666·66·535··353232·232·535··35··76·6767656··56·323·323·72·22·22    [3b]

         +                           +
·  ·  7  ·  5  6  7  2  ·  7  ·  ·  5  6  7  6̂    [4]
222··2··7·77·77·565··65672··2·····2·777··7··7·7·27656·66·66·66·6    [4a]
·22·22·77··7·77·565··65672·22·22·22·7777·7··7·7·27656·66·66·66·6    [4b]

         +                           +
·  6  5  3  2  3  5  3  6  7  6  5  3  2  7  2    [5]
···6·66·535··35·232··32·535··353676··76·656··565·23··23·67232·22    [5a]
···6··6··35··35·232··32·535··35··76··767656·6565·3·2·3·2·7·2·7·2    [5b]

         +                           +
·  ·  7  ·  5  6  7  2  ·  7  ·  ·  5  6  7  6̂    [6]
·22·22·77·77·77·565··65672··2·22··2·777777··7·77·7656·66·66·66·6    [6a]
· · · 2 · · 7 · 5 6 5 6 7 2 · 2 2 3 2 7 6 7 · · 2 7 6 6 6 · 7 6    [6b]

         +                           +
5  4  ·  2  4  5  4 2 1  4  1  ·  2  4  5  6  5    [7¹]
·44·44·44·44·242·54··545545·2121·4··414·1··1·21245·55·55·55·55··    [7¹a]

         +                           +
·  ·  5  ·  5  5  ·  ·  6  7  2  7  6  5  3  ⑤    [8¹]
5··5··5·55·55··5·55··5··5·55··5·767·767·272··72756555·55·55·55·5    [8¹a]
```

ompak inggah:

```
         +                           +
·  7  6  ·  6  7  2  3  2  7  6  ·  6  7  2  3    [7²]
6 7 6 · 6 7 6 · 6 7 6 7 2 3 2 · 2 7 2 · 6 6 6 · 6 7 6 · 2 3 2 ·    [7²b]

         +                           +
4  3  4  ·  4  3  4  ·  4  3  4  6  4  3  4  ②    [8²]
                                                    4   4
4 3 4 3 4 3 4 · 4 3 4 3 4 3 4 · 4 3 4 3 4 6 4 6 4 3 4 3 2 · 2 ·    [8²b]
```

minggah:

```
   4  3  4  6  4  3  4  2  4  3  4  6  4  3  4  2                      [9]
 4 3 4 3 4 6 4 6 4 3 4 3 4 222·2·24··343·64··646434··343424··242       [9a]
·24··343464··646·34··343424·4242434·4343464·4646434·4343424·4242       [9b]
424··34·464·4646434··34·424·4242·34·434·464·4646434·4343424·4242       [9c]
                         4   4                           4   4
 4 3 4 3 4 6 4 6 4 3 4 3 2 · 2 · 4 3 4 3 4 6 4 6 4 3 4 3 2 · 2 ·       [9d]
                         4   4                           4   4
 4 3 4 3 4 6 4 6 4 3 4 3 2 · 2 · 4 3 4 3 4 6 4 6 4 3 4 3 2 · 2 ·       [9e]


   4  3  4  6  4  3  2  3  ·  3  3  3  2  7  5  6                      [10]
·24·434·464··646434··34323··3··3333·33·33·33·33·275557·7575·7676       [10a]
434·4343464·464·434·434323··3··3333·33·33·33·33·275557·7575·7676       [10b]
434·4343464·4646434·434323··3··3333·33·33·33·33·275557··575·7676       [10c]
 4 3 4 3 4 6 4 6 4 3 4 · 3 · 3 · · · 3 · · 3 · · 2 7 5 · 7 6 7 6       [10d]
 4 3 4 3 4 6 4 6 4 3 4 · 3 · 3 3 · 3 3 · 3 3 · · 2 7 5 · 7 6 7 6       [10e]


   3  5  6  7  6  5  6  3  6  5  3  5  6  5  3  2                      [11]
                                                          6   6
353··535676··767656··565636··363656··565353··535636·65652222222·       [11a]
                         6   6                            6   6
353··535676··767656··56533333··636··565353··535636··56522222··         [11b]
                         6   6                            6   6
353··535676··767656··565·33333··636··565353··535636··565·22222··       [11c]
                         6   6                           6   6
 3 5 3 · 6 7 6 · 6 5 6 · 3 · 3 · 6 5 6 · 3 5 3 · 6 5 6 5 2 · 2 ·       [11d]
                         6   6                           6   6
 3 5 3 · 6 7 6 · 6 5 6 · 3 · 3 · 6 5 6 · 3 5 3 · 6 5 6 · 2 · 2 ·       [11e]


   5  3  2  5  3  2  5  3  ·  3  3  3  2  7  5  6                      [12]
525·5353252··525323·32323235333·33··3··3··3··3··2755577·575··676       [12a]
535·5353252··525323··23235353··3·33·33·33·33·33·275557·7575·767·       [12b]
535··353252··525323··232353·3··3333·33·33·33·33·275557··575·7676       [12c]
 5 3 5 · 2 5 2 · 3 2 3 · 3 · 3 · 3·3 3 · 3 3 · · 2 7 5 · 7 6 7 6       [12d]
 5 3 5 · 2 5 2 · 3 2 3 · 3 · · 3 · 3 3 · 3 3 · · 2 7 5 · 7 6 7 6       [12e]
```

3 5 6 7 6 5 6 3 6 5 3 5 6 5 3 2 [13]

6 6

353··535676··767656··565636··363656··565353··535636·65652222222· [13a]

6 6 6

353··535676··767656·6565·63333··636··565353··535636··5652222222·· [13b]

6 6 6 6

353··535676··767656··565·33333··656··565353··535656··565·2···2·· [13c]

6 6 6 6

3 5 3 · 6 7 6 · 6 5 6 · 3 · 3 · 6 5 6 · 3 5 3 · 6 5 6 · 2 · 2 · [13d]

6 6 6 6

3 5 3 · 6 7 6 · 6 5 6 · 3 · 3 · 6 5 6 · 3 5 3 · 6 5 6 · 2 · 2 · [13e]

5 3 2 5 3 2 5 3 · 3 3 3 2 7 5 6 [14]

525·5353252··525323··232·53·3··3·33·33·33·33·33·275557··575·7676 [14a]

535·5353252··525323··232353·3··3333·33·33·33·33·275·57··575·7676 [14b]

5 3 5 3 2 5 2 5 3 2 3 2 3 5 3 · 3 3 3 · 3 3 · 3 2 7 5 · 7 6 7 6 [14c]

5 3 5 · 2 5 2 · 3 2 3 · 3 · 3 · 3·3 3 · 3 3 · · 2 7 5 · 7 6 7 6 [14d]

5 3 5 · 2 5 2 · 3 2 3 · 5 3 5 · · 3 3 · 3 3 · · 2 7 5 · 7 6 7 6 [14e]

· 7 6 · 6 7 2 3 2 7 6 · 6 7 2 3 [15]

676·676··7·6676·676··767·232·323272··7276··6··6·676··767232··323 [15a]

676·676·767·767·676·676·232·232·272··72·6··6··6··76··767232··323 [15b]

6 7 6 · 6 7 6 · 6 7 6 · 2 3 2 · 2 7 2 · 6 6 6 · 6 7 6 · 2 3 2 · [15c]

6 7 6 · 6 7 6 · 6 7 6 · 2 3 2 · 2 7 2 · 6 6 6 · 6 7 6 · 2 3 2 · [15d]

6 7 6 · 6 7 6 · 6 7 6 · 2 3 2 3 2 7 2 · 6 6 6 · 6 7 6 · 2 3 2 3 [15e]

4 3 4 · 4 3 4 · 4 3 4 6 4 3 4 ② [16]

4 4

434·4343·34·434·434··343434··34·434·4343464··646434··34322···2·· [16a]

4 4

434··343434·434·434·4343434·434·434·4343464·4646434··343·2···2·· [16b]

4 4

4 3 4 3 4 3 4 · 4 3 4 3 4 3 4 · 4 3 4 3 4 6 4 6 4 3 4 3 2 · 2 · [16c]

4 4

4 3 4 3 4 3 4 · 4 3 4 3 4 3 4 · 4 3 4 3 4 6 4 6 4 3 4 3 2 · 2 · [16d]

4 4

4 3 4 3 4 3 4 · 4 3 4 3 4 3 4 · 4 3 4 3 4 6 4 6 4 3 4 3 2 · 2 · [16e]

RUDOLF FLOTZINGER, Graz

Mehrstimmigkeit und/als *ars* im Mittelalter

Dass der Begriff Mehrstimmigkeit zu jenen gehört, mit denen Musikhistoriker und -ethnologen oft und gut aneinander vorbeireden, ist bekannt (siehe dazu Flotzinger 1997). Leider nicht annähernd so bewusst ist, dass das mittelalterliche Wort *ars* keineswegs, wie es oft geschieht, einfach mit dem heutigen Begriff *Kunst* übersetzt werden darf. Die Bedeutung dieser Tatsachen für das vorliegende Problem ist zwar grundsätzlich erkannt, doch stellt z. B. auch die Unterscheidung zwischen *usueller* und *artifizieller* Mehrstimmigkeit nur eine Verschiebung und keine Lösung dar. Schließlich geben die offenbar entwicklungsgeschichtlich gefärbten Ausdrücke *Ein-* und *Mehrstimmigkeit* (vgl. Flotzinger 1998) beredte Beispiele für etwas ab, was sich Wissenschaftler meist nur ungern eingestehen: dass menschliches Wissen, und zwar nicht nur das historische, von Beobachtungsbedingungen, Sichtweisen, Ideologien etc. geprägt ist. Gründe genug also, sich mit diesen Zusammenhängen zu beschäftigen.

Ausgangspunkt für die folgenden Überlegungen ist die kaum zu leugnende Tatsache, dass die abendländische Musik heutzutage nicht nur im Trivialverständnis als eine wesentlich mehrstimmige verstanden wird; und zwar auch (wenn nicht gerade) dann, wenn zwischen Kunst- und Volks- (allenfalls tribaler [vgl. Födermayr 1985: 25f.]) Musik unterschieden wird und man etwa von kunstvollen, volkstümlichen, traditionellen, weltlichen usw. Mehrstimmigkeitsformen, deren Verbreitung, Alter usw. spricht. Als repräsentativ dafür kann Hans-Heinrich Eggebrechts Essay über das *Abendländische* in seiner *Musikgeschichte* (1991) genommen werden: Eggebrecht geht zwar (offensichtlich in einer gewissen Anlehnung an Max Weber) von ihrer Rationalität aus, die „als weitere wesentliche Kennzeichen: Theorie, Notation, Komposition, Geschichtlichkeit und Transportabilität" hervorbringe (Eggebrecht 1991: 37ff.). Die Mehrstimmigkeit kommt in dieser Aufzählung also nicht vor (und über die gegenseitige Gewichtung der genannten Momente[1] soll hier nicht gerichtet werden). Naheliegenderweise kommt Eggebrecht jedoch sehr bald auf Musikhistoriker und -ethnologen zu sprechen. Er stellt den genannten Kategorien „naturwüchsige (usuelle) Klanggestaltungen, schriftlose (orale) Überlieferungen, kultische Funktionen, mythische, magische, medizinische, symbolische Vorstellungen, rituelle und meditative Verhaltens- und Handlungsmuster" gegenüber. Diese seien zwar der abendländischen Musik nicht gänzlich fremd, aber „von Rationalität kaum oder gar nicht berührt". Schließlich kommt er im Zusammenhang mit dem Wort *Komposition* (in einer gewissen Gegenüberstellung zu „Stegreifausführung und Improvisation") naheliegenderweise auf die (nicht weiter problematisierte) Unterscheidung von *Ein-* und *Mehrstimmigkeit* zu sprechen. Mit letzterer sei Komposition „voll in Erscheinung" getreten und zum „Mittelpunkt der Geschichte der abendländischen Musik" geworden. Obwohl Eggebrecht gegen Überlegenheitsansprüche des Eurozentrismus sowie gegen Konflikte zwischen den Fachvertretern auftritt, entspricht seine Schritt für Schritt exkludierende Weise jenem Konzept von Musikwissenschaft, das für die unselige Trennung von Historie und Ethnologie (und Systematik erst recht) verantwortlich ist und heute nicht nur in Österreich als zunehmend revisionsbedürftig gilt. Ob die Lösung tatsächlich in der neuerdings viel beschworenen „Kulturwissenschaft" liegen wird, steht allerdings dahin – und wäre eine ganz „andere Geschichte". Doch kann hier angesetzt werden.

Konsequenterweise beginnt Eggebrechts Musik des Abendlandes erst im 9. Jahrhundert: mit der zunehmend schriftlichen Neufassung von einstimmigem Kirchengesang, der ab dem 12. Jahrhundert die Komposition von mehrstimmigen Fassungen folgt. Keineswegs überraschend setzt zur gleichen Zeit auch die heute greifbare Theorie der Mehrstimmigkeit ein: mit der *Musica enchiriadis* (als deren Autor wohl endgültig der 906 verstorbene Benediktinerabt Hoger von Werden a d. Ruhr gelten kann [Torkewitz 1997]). Trotz fehlender weiterer Hinweise behauptet nun Eggebrecht nicht, es hätte vorher und anderswo *keine* Mehrstimmigkeit gegeben. Er geht nur – und dies zu Recht – davon aus, dass die begleitende und zunehmend schriftlich fixierte theoretische Reflexion über sie eine entscheidend neue Qualität bedeutet. Diese wird seit längerem (und nicht zuletzt ausgehend von der „Freiburger Schule") explizit oder implizit als eine *artifizielle* bezeichnet und der bloß *usuellen* gegenübergestellt[2]. In Hinblick sowohl auf diese Unterscheidung selbst als auch ihre Benennung beruft man sich dabei auf das Gegensatzpaar *usus* und *ars*, das schon Augustinus (gest. 430) als durch Nachahmung angeeignete Fertigkeit von Virtuosen und „rationales, auf Zahlenlehre basierendes Wissen" (*scientia*, die er mit *ars* und *ratio* in Zusammenhang bringt[3]) auseinandergehalten hatte (Pietzsch 1929: 5, Fußnote 2) und das in der mittelalterlichen Musiktheorie auf verschiedensten Ebenen wirksam blieb.

Von den genannten Begriffen ist keiner systematisch, *ars* wenigstens von philologischer Seite (Prinz 1967), in musikalischer Hinsicht aber ebenfalls noch nicht hinreichend aufgearbeitet[4]. Z. B. werden im *Lexicon musicum latinum medii aevi* nur die Wortbedeutungen „Kunstmittel" und „Hexachord" abgehandelt (Bernhard 1995: 123–125) und in der neuen *MGG* wird von *ars musica* bloß auf *Musiké – Musica – Musik* verwiesen (Frobenius 1994; Riethmüller u. a. 1997). Dass dies hier nicht nachgeholt werden kann, ist selbstverständlich. Für die triviale, geradezu reflexartige Übersetzung von *ars* mit *Kunst* scheinen allerdings nicht nur gewisse (Schul-)Lexika und vereinfachende Glossare verantwortlich zu sein, sondern zunächst die allbekannte Tatsache, dass die Musik spätestens seit der Spätantike (Martianus Capella, um 420) zu den *septem artes liberales* gerechnet wurde. Diese nennt man im Deutschen meist die „sieben freien Künste", offensichtlich ohne Rücksicht darauf, dass es sich dabei nicht um „Künste" im neueren, sondern eben durchaus mittelalterlichen Wortsinn handelt: nämlich um unterschiedliche Kenntnisse, über die ein freier Mann verfügen sollte. Mit Arithmetik, Geometrie und Astronomie bildete die Musik bekanntlich das sog. *Quadrivium*. Allein daraus und bereits auf den ersten Blick wäre also zu ersehen, dass die Worte *ars* und *artes* (vgl. Niermeyer 1976: 62) recht unterschiedliche Bedeutungen haben konnten und sich diese Tatsache auch in musikalischer Hinsicht auswirken musste. Immerhin scheint so viel klar zu sein, dass *ars* (*musica*) im Mittelalter vor allem die *Lehre* (allenfalls eine *Theorie*) im Auge hat (vgl. Haas 1982; 1999: 26) und insofern mit *scientia* eng verbunden ist; dies aber auch deshalb, weil *scientia* und *ars* die (gemäß Aristoteles) zwei Arten von Wissen darstellen (das eindeutige und das kontigente); sodann dass sich diese Begriffe spätestens nach der Rezeption der *Nikomachischen Ethik* im späten 12. Jahrhundert entlang dieser Trennlinie als Theorie (*scientia*) einerseits und Poietik (*ars*, Praxis) andererseits deutlicher von einander zu lösen begannen (vgl. Pietzsch 1929, Kapitel 1. c) und erst so sich die spätere eingeschränkte Bedeutung von Kunst herauskristallisieren konnte.

Eine bekannte Tatsache ist auch, dass sich bereits in der griechischen Antike die Beschäftigung mit der Musik als wissenschaftliche Einzeldisziplin etabliert hatte. In dieser Tradition nennt z. B. Sextus Empiricus (2. Jh. n. Chr.) als erste seiner drei Verständnisweisen des Wortes *musiké* die musikalische *epistéme* (Wissenschaft). Dass dies fortan auch so geblieben ist, beweisen z. B. abermals Augustinus (mit seiner Definition „musica est scientia bene modulandi" mit dem Beisatz „cum in omnibus bene factis modus servandus sit"[5]), Cassiodor (gest. nach 580; *musica est disciplina, quae de numeris loquitur*) oder noch Jakob von

Lüttich, der in seinem *Speculum musicae* (wohl bald nach 1320) die Musik (wie die Sophistik, Dialektik und Metaphysik) nicht nur als eine Wissenschaft (*scientia*) bezeichnet, sondern noch immer betont, dass sie sich auf alles Seiende erstrecke („sicut metaphysica se extendit ad omne ens" [Bragard 1955: 43]). Auch wurde bekanntlich im gesamten christlichen Sprachgebrauch – ansatzweise ebenfalls seit Augustinus (*De musica* I, 4), zumindest seit Boethius (+ 524, *De institutione musica* I, 34) – zwischen *musicus* und *cantor* unterschieden. Weit verbreitet ist der Spottvers des Guido von Arezzo (gest. um 1050, *Regulae rhythmicae*): „Musicorum et cantorum magna est distantia: / isti dicunt, illi sciunt, quae componit musica. / Nam qui facit, quod non sapit, diffinitur bestia." Auch der Vergleich mit den Tieren findet sich bereits bei Augustinus: wenn er von Vögeln und sonstigen Tieren (*animal*, *bestia*) spricht, die zwar keiner geistigen Arbeit fähig seien, aber doch auch singen können, weil sie Erinnerungsvermögen und die Fähigkeit zur Nachahmung besitzen, oder über die *plebs* die nichts von der Musik verstehe, weil sie „non multum a pecoribus distat" (Riethmüller 1985: 67). Hier stellt Augustinus also noch einen Vergleich mit dem Kleinvieh (*pecus*) an, und er mag dabei auch an dessen geringen Wert gedacht haben. Wenn dann daraus bei Guido wieder *bestia* wird, hat dies zunächst mit dem Reim zu tun, hat er aber wohl auch dessen Ungezähmtheit im Auge (ein gezähmtes Haustier mochte ihm relativ „gelehrig" vorgekommen sein), d. h. dass auch damit Theorie und Wissen (sowie dessen Lehre) in den Vordergrund geschoben wird. Man kann jedenfalls sagen, dass die besondere Betonung des Theoretischen bereits ein antikes Erbe ist, das im Christentum seinen wertenden Aspekt zunächst (nach dem Grundsatz, Gott das Beste zu geben) verschärft und erst im Laufe der Zeit etwas verschliffen, aber nicht abgelegt hat; noch heute wird oft zwischen *Musikern* und *Musikanten* unterschieden. Grundlage war und ist der auch in diesem Zusammenhang wirksame Unterschied zwischen *usus* (Fertigkeit, handwerkliches Können, Brauchtum) und *ars* (Wissen, Theorie-gestütztes Können, Kunst). Es ist allerdings zu oberflächlich, das mittelalterliche Wort *musicus* stets (anstatt nur tendenziell) als *Musiktheoretiker* oder gar *-wissenschaftler* und *cantor* als Musiker zu übersetzen (Reimer 1978; Riethmüller u. a. 1997: bes. Sp. 1199, 1206). Ebensowenig wäre eine Gleichsetzung mit der erstmals durch Regino von Prüm (+ 915) vorgenommenen Klassifizierung der *musica* als *artificialis* und *naturalis* (Pietzsch 1929: 14, 63) gerechtfertigt. Weber, Eggebrecht und andere haben also insofern recht, als jede Theorie Rationalität voraussetzt und das allgemeinere, hinter der später mehrstimmigen Entwicklung stehende Prinzip ist, das in Westeuropa in ganz besonderer Weise zum Tragen kam, aber anderswo nicht vollständig fehlt. Übrigens sollte, worauf schon Gerhard Pietzsch (1929, d. h. in zeitlicher Nähe zu Max Weber, jedoch eigentlich im Anschluss an Clemens Bäumker [Pietzsch 1929: 12]) hinwies, die Rolle der *ratio* in der scholastischen Methode nicht übersehen werden.

Dass der Ausdruck *ars musica* stets einen besonderen theoretischen oder rationalen Aspekt beinhalte, hat schon Augustinus vollzogen. Auch wenn er oftmals mit *musica disciplina* oder *scientia* vermengt erscheint (vgl. Pietzsch 1929: 4, Fußnote), darf er mit diesen nicht einfach gleichgesetzt werden. Und gerade weil Musik im Sinne der *artes liberales* immer eine *ars* gewesen ist (dieses Verständnis also eine Selbstverständlichkeit darstellt), hat man (und das wird allzu oft übersehen) zwischen *ars* in jenem allgemein-quadrivialen Sinn und in besonderen Bedeutungen zu unterscheiden, d. h. die konkrete Übersetzung des Ausdrucks *ars musica* erst von Fall zu Fall zu ergründen.

So könnte ein Laie durchaus versucht sein, *ars* bereits in den *Excerptiones Hogeri abbatis ex auctoribus musicae artis*[6] zu sehen, d.h. im Zusammenhang mit der *Musica enchiriadis*, und deshalb sogar eine Verknüpfung mit der Mehrstimmigkeit zu vermuten. Das wäre nicht nur voreilig, sondern völlig unzulässig. Überblickt man vielmehr allein die Liste nur der bekanntesten (weil zahlreicher überlieferten und seit den alten Editionen von Gerbert und Coussemaker sowie in neueren wie dem *Corpus scriptorum de musica* zugänglichen) mittelalterlichen Musiktraktate (z. B. bei Bernhard 1990), fällt auf, dass sie anfangs meist einfach (*De*) *musica* oder allenfalls *Musica disciplina* heißen (wobei zu prüfen bliebe, wie weit die Überschriften zeitgenössisch sind[7]). Erwartungsgemäß handelt es sich dabei durchwegs um allgemeine Einführungen in das Fachgebiet mit enzyklopädischem Charakter. Sie repräsentieren den quadrivialen Normalfall, in dem in Gedanken das Wort *ars* ergänzt werden könnte.

Tatsächlich kommt das Wort *ars* in Traktattiteln – und um das zu zeigen, worauf es mir ankommt, genügt es, von diesen auszugehen – erst später vor. Allerdings ist gleich der erste Fall (bei dem es allerdings im Fachjargon meist der Reduktion auf das erste Wort zum Opfer fällt), Guido von Arezzos *Micrologus de disciplina artis musicae* (1025/26), auch recht bezeichnend: das Nebeneinander von *disciplina* und *ars* bestätigt die unterschiedlichen Inhalte der beiden Begriffe, die allenfalls auf anderer Ebene verwendet erscheinen. Jeder Kenner weiß, dass es sich bei diesem Traktat um eine allgemeine Musiklehre handelt: darauf ist *disciplina* zu beziehen. Doch ist auch von *organa* die Rede und vor allem von dem durch Guido zumindest ausgebauten neuen Notationsprinzip mit Linien.

Wiederum könnte also die Versuchung bestehen, das Wörtchen *ars* im Titel auf die Mehrstimmigkeit zu beziehen. Erst etwas tieferes Eindringen in den Text zeigt, dass dies abermals recht unwahrscheinlich ist (die Mehrstimmigkeit ist als besondere Ausführungsform des Chorals diesem und der somit erweiterten *disciplina* zugeordnet). Vielmehr hat er die besondere Leistungsfähigkeit der Liniennotation im Visier, und zwar nicht so sehr die Methode des Festhaltens, als des Erlernens bisher unbekannter Gesänge. Dabei schlägt nach wie vor die Bedeutungstradition „Lehre" (eines theoretischen Inhalts, im Unterschied zum *usus* = praktischen Gebrauch) durch, und gerade diese wird noch längere Zeit wichtig sein[8]. Zweifellos gehört die exakte Tonhöhenbestimmung durch Linien zu den Voraussetzungen artifizieller Mehrstimmigkeit, doch bleibt der Schluss von *ars* auf Mehrstimmigkeit noch lange unzulässig.

Allerdings scheint sich bald auch die Dichotomie von *usus* und *ars* (etwas verkürzt: Praxis vs. Theorie) zu verlagern: Die mehr als hundert Jahre nach Guido erschienenen *Regule de arte musica* des Zisterziensers Guido Augensis (um 1140) sind bereits in dem Sinn zu verstehen, dass sie sich vorwiegend an Praktiker wenden, ja zu jenen Schriften gehören, mit denen die Musik beginnt, „aus dem Kreis der Artes liberales herauszutreten und eine Angelegenheit der Berufsmusiker zu werden" (Bernhard 1990a: 30, 50, 59). Daher scheint die gewissermaßen doppelte Klarstellung (mit den Worten *regula* und *ars*) für notwendig gehalten worden zu sein; außerdem könnte sich dahinter ein besonderer Anspruch oder eine Emphase (es handelt sich schließlich um eine sog. „Kontroversschrift") verbergen.

In umgekehrter Weise interessiert hier an der *Summa musicae artis* des Guglielmo Roffredi, der von 1170 bis 1194 Bischof von Lucca war (Seay 1970), weniger die Tatsache, dass sie dem Zeitalter der philosophischen Summen entstammt und ihr Inhalt von den Grundlagen bis zum Organum reicht, als dass sie *trotzdem* einem gewissen Praxischarakter gerecht werden möchte. Hier kann sich der Ausdruck *ars* im Titel[9] ebenso wenig auf die Mehrstimmigkeit beziehen, wie etwa hundert Jahre später bei der *Scientia seu doctrina artis musicae* des Kanonikers Elias Salomon (von St. Astier, Dordogne, Südfrankreich). Dieser Papst Gregor X. (1271–76) gewidmete Traktat ist in besonderer Weise durch den Gesichtspunkt der Praxis gekennzeichnet, in Hinblick auf Mehrstimmigkeit allerdings recht konservativ: es wird noch immer das erweiterte Parallelorganum propagiert (Dyer 1980). Er scheint aber am 2. Konzil von Lyon eine Art offiziöse Funktion erfüllt zu haben. Ja, er dürfte in Hinblick auf den hier beschlossenen Auftrag an die Regionalsynoden, die Kirchenmusik zu erneuern („in omnibus ecclesiis ars cantus melius doceretur et addisceretur" [Mansi 1789: 130]), zu den Auslösern für die endgültige Einführung der Liniennotation (mit seinen implizierten Möglichkeiten der Vereinheitlichungen des Chorals, des rascheren Erlernens neuer Gesänge, des mehrstimmigen Singens *supra librum* und zuletzt der mehrstimmigen Komposition) in Gebieten und durch Gemeinschaften gehört haben, die das bisher noch nicht getan hatten (Flotzinger 1999: 78). Nunmehr kann *ars cantus* geradezu als Fachausdruck für (modern ausgedrückt:) „Singen nach Noten" (die endgültig eine Vor-Schrift geworden sind) aufgefasst, ja in *ars musica* und *ars cantus* eine analog zu *musicus* und *cantor* entstandene weitere Dichotomie gesehen werden. Jedenfalls zielt die etwa zur gleichen Zeit (um 1270) entstandene *Ars musica* des spanischen Franziskaners Johannes Aegidius Zamorensis (Robert-Tissot 1974) vornehmlich auf die Praktiken des Ordens ab, sie ist dem Ordensoberen gewidmet und transportiert den alten (riskierte man nicht ein anderes Missverständnis, wäre man versucht zu sagen: „trivialen") *ars musica*-Begriff in einer spezifizierten Form (nämlich um die Instrumentalmusik ergänzt) weiter. Schließlich scheint im Titel einer dritten Schrift dieser Zeit, der *Practica artis musicae* (1271) eines gewissen (wahrscheinlich in Italien schreibenden Engländers) Amerus (Ruini 1977), eine weitere Modifizierung der Dichotomie *usus* vs. *ars* sichtbar zu werden: indem die bereits früher gebrauchte systematische Unterscheidung zwischen praktischer Ausführung und theoretischer Beschäftigung noch stärker in den Vordergrund geschoben und nahezu bereits in heutiger Form verwendet erscheint. Dabei kann *practica* zwar als mit *usus* korrespondierend angesehen, aber wiederum nicht gleichgesetzt werden[10]. Diese Schrift allein aufgrund der Tatsache, dass sich ihre älteste Version im Bamberger Motettenkodex Ms. lit. 115 findet, in eine besondere Nähe zu der damals in der Mehrstimmigkeit führenden Gattung Motette zu schieben, ist durch den Inhalt nicht gedeckt, d.h. dass eine engere Verknüpfung von *ars* mit Mehrstimmigkeit auch gegen Ende des 13. Jahrhunderts noch nicht gerechtfertigt ist. Dass gerade dies oft geschieht, hängt mit folgender Oberflächlichkeit zusammen: dass eine solche Verbindung in Francos wohl nur wenige Jahre später anzusetzender *Ars cantus mensurabilis* (um 1280) (Reaney & Gilles 1974) tatsächlich gegeben ist, man aber die ebenso eindeutige Präzisierung im Titel übersieht: die *ars cantus* ist näher bestimmt als *mensurabilis*, und ein *gemessener* Gesang ist eben nur der mehrstimmige (wofür es noch keinen abstrakteren Begriff gab; es handelt sich ja nach wie vor nur um eine spezielle Form des Kirchengesangs). Immerhin markiert die Schrift auch einen weiteren Schritt der zunehmend spezifisch werdenden Terminologie. Ja, wie präzise Angaben nun bereits sein können, zeigen z. B. eine anonyme *Ars musicae mensurabilis secundum Franconem* (Reaney & Gilles 1974), die ebenfalls auf Franco fußende und daher entsprechend zu datierende *Ars motettorum compilata breviter* eines nicht näher bekannten Petrus Picardus (Gallo 1971), oder Überschriften wie in der Handschrift Washington (Library of Congress, ML 171J6, f. 47v–56r) *Ex tractatu magistri Johannes de Muris de practica arte mensurabilis cantus* (Reaney 1965: 17).

Da in den 1321 erschienenen *Notitia artis musicae* von de Muris (Michels 1972) die mathematisch fundierte Mensurierungs- und Notationsweise dargestellt wird, ist auch in diesem Fall *ars* vor allem auf die Notation zu beziehen. Gleichzeitig bestätigt sich hier die zunehmend strengere Trennung von *musica theorica* (das erste, an Boethius orientierte Buch) und *practica* (das doppelt so lange zweite Buch, in dem es besonders um die „Klärung der mensuralen und notationstechnischen Probleme der Ars nova" zwecks Streitbeilegung zwischen den Musikern geht [Michels 1970: 58, 69]). Dass der Traktat des mit de Muris befreundeten Philipp de Vitry *Ars nova* (Reaney & Gilles & Maillard 1964) erst unmittelbar darauf (zwischen 1321 und 1323) geschrieben wurde (Michels 1970: 55) (und m. E. trotz allem zurecht einer Epoche den Namen gegeben hat), ist in diesem Zusammenhang unerheblich. Hier interessiert, dass es u. a. um die Gleichwertigkeit der drei- und zweiteiligen Brevis in der Mensuralnotation geht und abermals nur insofern ein Zusammenhalt mit der progressiven Mehrstimmigkeit gegeben ist. Aus der Schule von de Muris stammen auch die Schriften *Ars contrapuncti secundum Johannem de Muris* und *Ars discantus secundum Johannem de Muris* (beide nach 1340), deren Titel für sich sprechen. Die *Brevis complitatio Magistri Marcheti musyci de padua in arte musica mensurate* ist nicht nur eine geraffte Zusammenfassung des berühmten *Pomerium* von Marchetus (zw. 1318 und 1326), sondern die früheste Darstellung der italienischen Mensuralnotation des 14. Jahrhunderts, gehört also ebenfalls in diesen Zusammenhang der Wortbedeutung von *ars*. Ein gewisses Befremden könnte der allzu lapidar erscheinende Titel *Ars* von Johannes Boen (vor 1367) auslösen: der Versuch, ihm das Wort *musica* beizufügen, würde allerdings eine Projektion aus früheren Zeiten bedeuten. Die Schrift behandelt in ihrem ersten und größeren Teil ebenfalls die Mensuralnotation, nicht mehr jedoch die für die Mehrstimmigkeit besonders wichtige und in einer früheren, ebenso lapidar nur als *musica* bezeichneten Schrift (1357) ausgeführte Konsonanzlehre (Frobenius 1971). (In dieser Bezogenheit sind die Titel also wieder klar und logisch.)

Dass die Terminologie im 15. Jahrhundert noch eindeutiger wird, kann angesichts des sich abzeichnenden Humanismus nicht verwundern. Die *Ars cantus figurati* eines Antonius de Luca (Ristory 1997) ist eine Darstellung der spezifisch italienischen Mensuraltheorie. Sodann räumt der Wandermagister und Prediger Conrad von Zabern in seinem *Novellus musicae artis tractatus* (ca. 1460/70) bei der von ihm geforderten Reform des chorischen Choralsingens auffälligerweise dem Monochord als Hilfsmittel für den Unterricht wieder größere Bedeutung bei (Gümpel 1956). Somit ist sein Anliegen zwar relativ neu (*novellus*). Es dürfte aber auch bei ihm *ars musica* entweder die traditionelle Bedeutung haben oder sich allenfalls wieder auf eine außergewöhnliche Methode beziehen. Der Titel *Liber de arte contrapuncti* des Johannes Tinctoris (1477), der wenige Jahre vorher (in seinem *Proportionale musices*) in Hinblick auf neue Notationsmöglichkeiten bekanntlich in geradezu historisierendem Sinne von einer neuen Kunstepoche gesprochen hatte, ist wiederum eindeutig. Ihr Autor ist selbst ein bekannter Komponist, berichtet also erwartungsgemäß über Aktuelles, und ist am quadrivialen Verständnis von *ars musica* nur mehr wenig interessiert. Auch dem Karmelitermönch Johannes Hothby (de Anglia) geht es vornehmlich um praktische Aspekte: in einer *Ars plane musicae* (vor 1487) um den Choral und einer *De arte contrapuncti* um dessen Grundlegung. Schließlich behandelt ein nicht näher bekannter Guilielmus Monachus (Ende 15. Jh.) in seinen *De praeceptis artis musicae* neben der Notation vor allem die keineswegs mehr neuen mehrstimmigen Improvisationstechniken Fauxbourdon und Gymel (Seay 1965). Sollte also mit dem Titel nicht wieder die traditionelle Bedeutung von *ars musica* angesprochen sein, könnte man immerhin wiederum an besondere Fertigkeiten denken.

Damit sei, da sowohl die Grenzen des Mittelalters überschritten sind als auch Druckwerke eine zunehmende Rolle zu spielen beginnen, die Aufzählung abgebrochen. Selbst ohne tieferes Eindringen in die Inhalte der Traktate scheinen sich die unterschiedlichen Bezugspunkte von *ars* einigermaßen abzuzeichnen: ausgehend von der Bedeutung „Lehre" besaß das Wort stets eine besondere Beziehung zu Wissen(schaft) und Theorie, auch dann, als sich die Begriffe *scientia* und *ars* endgültig von einander trennten und sich *ars* auf die neuzeitliche *Kunst* hin zu entwickeln begann; die Betonung theoretischer (rationaler) Aspekte ging im untersuchten Zeitraum nie ganz verloren, die später zunehmenden Unterschiede zwischen Wissenschaft und Kunst, die sich erst in unseren Tagen wieder zu verflachen scheinen, müssen also jüngeren Datums sein. Die enge Verbindung mit theoretischen Aspekten bestand jedoch nicht unbedingt in Neuheit, außergewöhnlicher Aktualität oder gar Fortschrittlichkeit. Vor allem konnte es zwar *auch* die Mehrstimmigkeit (von Stegreif bis zu komplexen

Kontrapunkttechniken) im Augen haben, doch blieb diese im gesamten Mittelalter (und es kann hinzugefügt werden: wie seit langem) nur eine besondere Ausführungsform des Gesanges und war – was ja auch die fehlende Terminologie zeigt[11] – keine selbständige (gleichwertige) Kategorie. (Daher hätte, streng genommen, eine besondere Verknüpfung von *ars* oder *ars cantus* mit Mehrstimmigkeit im allgemeinen und den jeweils fortschrittlichsten Formen im besonderen eigentlich gar nicht den Ausgangspunkt dieser Überlegungen abgeben dürfen.) Auffallend oft scheint das Wort *ars* mit bestimmten, allenfalls sogar nur für bestimmte Adressaten neuen Fertigkeiten und dabei nach wie vor besonders deren Vermittlungs- und Konservierungsmethoden (Notationen) verknüpft zu sein. Und selbst wenn eindeutig die Mehrstimmigkeit angesprochen war, handelte es sich stets um bestimmte Aspekte seiner Komposition und/oder Ausführung. Dahinter steht das Verständnis von *ars* als Poiesis und in diesem Sinne überschneiden sich die Bedeutungen, die wir heute als „Theorie" und „Praxis" auseinanderhalten. *Kunst* kommt jedenfalls nicht nur sprichwörtlich, sondern tatsächlich von *Können*, und man wird ergänzen dürfen: und *Können* kommt von *Lernen*, deren Voraussetzung *Lehre* ist. Insofern besteht zwischen den angedeuteten Wortinhalten von *ars* keinerlei Widerspruch, und die heutzutage viel beschworene Konvergenz zwischen den Wissenschaften und Künsten ist ebenfalls *so* neu nicht, sondern eher eine Rückkehr. (Vielmehr könnte man fragen, ob diese nicht ebenfalls durch eine wieder größere Rolle von Wissen ausgelöst sei. Doch das gehört nicht zu unserem Thema.)

Zugegebenermaßen sind diese ersten Hypothesen aus einer recht schmalen Quellenbasis gewonnen. Zunächst sämtliche theoretischen Schriften zu durchforsten und auch nach weiteren Belegstellen zu suchen, wäre unbedingt notwendig. Trotzdem kann für unsere Fragestellung bereits mit einiger Sicherheit abgeleitet werden: Mehrstimmigkeit konnte im Mittelalter zwar stets *auch* als eine *ars* angesehen werden (und zwar unter jeweiligen Bedingungen, d.h. in verschiedenen, keineswegs immer den fortgeschrittensten Erscheinungsformen). Die vermeintliche Selbstverständlichkeit aber, von der wir ausgegangen waren, ist in keiner Weise gedeckt. Man tut also gut daran, Mehrstimmigkeit nicht direkt oder zumindest erst ab einem späteren Zeitpunkt zu den Bestimmungsmomenten der „abendländischen" Musik zu zählen. Die Verhältnisse sind auch in dieser Hinsicht sehr viel komplexer, als meist angenommen. Bestätigt hat sich jedoch unter einem die besondere Geschichtlichkeit der abendländischen Musik. Aber auch das wäre eine ganz „andere Geschichte"...

Anmerkungen

1 Z. B. eine besondere Betonung der Geschichtlichkeit oder der Theorie, die die Entwicklung der Notationen besonders befördert haben mochten, welche ihrerseits die Transportabilität gewährleisten, für Komposition aber nicht unbedingt vorausgesetzt werden müssen.

2 Es ist wohl keine Unterstellung, sich hier das Wörtchen „bloß" eingefügt zu denken: auch Verdrängung hält Wertungen am Leben.

3 *S. Aurelii Augustini ... De musica*, lib. I, cap. IV: *videtur tibi ars ratio esse.* Ed. Paris 1836, S. 19.

4 Diese Forderung findet sich bereits bei Pietzsch 1929, l. c. In dieser Hinsicht völlig unzulänglich ist z. B. Leonard Ellinwood, „Ars musica", in *Speculum* 20 (1945): 290–299.

5 *S. Aurelii Augustini ... De musica*, lib. I, cap. II. Ed. Paris 1836, S.14.

6 Hs. Cambridge, Corpus Christi Coll. 260, fol. 1r; Bernhard 1990a: 25; Schmid 1981: VII.

7 In diesem Fall ist sogar weitgehend belanglos, ob sie vom Autor oder von frühen Rezipienten der Texte stammen.

8 Das machen einige Gesta-Notizen aus St. Trond des späten 12. Jahrhunderts sowie etwa hundert Jahre spätere aus Regensburg, Kremsmünster und Einsiedeln wahrscheinlich, in denen jeweils von *renovare, edocere* und *introducere* und einem gewissen Gegensatz zwischen *cantus musicus* und *usualis* die Rede ist (Flotzinger 1999).

9 Es mag nicht gänzlich überflüssig sein, dass nur von diesen die Rede ist und innerhalb der Texte das Wort *ars* dann wieder in verschiedenen Bedeutungen vorkommen kann.

10 Dieses Problem stellte sich z. B. bei den erwähnten Berichten aus Regensburg, Kremsmünster und Einsiedeln, in denen einmal von einem (neuen ?) *Usus artis music*e (Kremsmünster) und zweimal von dem Gegensatz zwischen dem *cantus usualis* und *musicus* die Rede war, durch die Begriffe *renovare, introducere* und *edocere* aber deren Neuheit außer Frage steht.

11 Wiederholt sei, dass nur ein indirekter Begriff zur Verfügung stand: *musica mensurabilis.*

Literatur

Bernhard, Michael

1990a „Überlieferung und Fortleben der antiken lateinischen Musiktheorie im Mittelalter." In *Geschichte der Musiktheorie* 3, hg. v. Frieder Zaminer, 7–35. Darmstadt: Wissenschaftliche Buchgesellschaft.

1990b „Das musikalische Fachschrifttum im lateinischen Mittelalter." In *Geschichte der Musiktheorie* 3, hg. v. Frieder Zaminer, 39–103. Darmstadt: Wissenschaftliche Buchgesellschaft.

Bernhard, Michael (Hg.)
1995 *Lexicon musicum latinum medii aevi.* München: Verlag der Bayerischen Akademie der Wissenschaften.

Bragard, Roger
1955 *Jacobus Leodiensis, Speculum musicae.* Rome u. a.: American Institute of Musicology u. a. (Corpus scriptorum de musica, 3: Liber primus)

Dyer, Joseph
1980 „A Thirteenth-Century Choirmaster: The Scientia Artis Musicae of Elias Salomon." *Musical Quarterly* 66: 83–87.

Eggebrecht, Hans-Heinrich
1991 „Abendländische Musik." In *Musik im Abendland. Prozesse und Stationen vom Mittelalter bis zur Gegenwart,* 36–43. München u. a.: Piper.

Flotzinger, Rudolf
1997 „Was heißt hier ‚frühe Mehrstimmigkeit'?" In *Ethnomusikologie und historische Musikwissenschaft – Gemeinsame Ziele, gleiche Methoden? Erich Stockmann zum 70. Geburtstag,* hg. v. Christoph-Hellmut Mahling & Stephan Münch, 188–196. Tutzing: Hans Schneider. (Mainzer Studien zur Musikwissenschaft 36)
1998 „Zu den entwicklungsgeschichtlichen Implikationen der Begriffe Ein- und Mehrstimmigkeit." In *Österreichische Musik, Musik in Österreich, Beiträge zur Musikgeschichte Mitteleuropas. Theophil Antonicek zum 60. Geburtstag,* hg. von Elisabeth Theresia Hilscher, 29–41. Tutzing: Hans Schneider. (Wiener Veröffentlichungen zur Musikwissenschaft 34)
1999 „Zur Übernahme der Liniennotation durch die Benediktiner im deutschen Sprachraum." In *Die Klöster als Pflegestätten von Musik und Kunst. 850 Jahre Kloster Michaelstein,* 75–86. Michaelstein: Stiftung Kloster Michaelstein. (Michaelsteiner Konferenzberichte 55)

Födermayr, Franz
1985 „Volksmusikforschung am Institut für Musikwissenschaft der Universität Wien zwischen 1965 und 1985." In *Volksmusikforschung in Österreich 1965–1985. Berichte,* hg. von Walter Deutsch, 25–33. Wien: Schendl. (Schriften zur Volksmusik 10)

Frobenius, Wolf
1971 *Johannes Boens Musica und seine Konsonanzenlehre.* Stuttgart: Musikwissenschaftliche Verlags-Gesellschaft. (Freiburger Schriften zur Musikwissenschaft 2)
1994 „Ars antiqua." In *Die Musik in Geschichte und Gegenwart,* hg. v. Ludwig Finscher, Sachteil Bd. 1: 865–877. Kassel u. a.: Bärenreiter u. a.

Gallo, Alberto (Hg.)
1971 „Petrus Picardus, Ars motettorum compilata breviter." In *Corpus scriptorum de musica* 15: 9–30. Rome u. a.: American Institute of Musicology u. a.

Gümpel, Karl-Werner
1956 *Die Musiktraktate Conrads von Zabern.* Wiesbaden: Steiner. (Akademie der Wissenschaften und Literatur Mainz: Abhandlungen der geistes- und sozialwissenschaftlichen Klasse 1956/4)

Haas, Max
1982 „Studien zur mittelalterlichen Musiklehre I: Eine Übersicht über die Musiklehre im Kontext der Philosophie des 13. und 14. Jahrhunderts." *Forum musicologicum. Basler Beiträge zur Musikgeschichte* 3: 323–456.
1983 „Die Musiklehre im 13. Jahrhundert von Johannes de Garladia bis Franco." In *Geschichte der Musiktheorie* 5, hg. v. Frieder Zaminer, 89–159. Darmstadt: Wissenschaftliche Buchgesellschaft.
1984 „Über die Funktion der ars musica im Mittelalter." In *Artes im Mittelalter*, hg. von Ursula Schaefer, 13–33. Berlin: Akademie-Verlag.

Hentschel, Frank
1982 „Affectus und proportio. Musikbezogene Philosophie der Emotionen um 1300." In *Philosophischer Gedanke und musikalischer Klang. Zum Wechselverhältnis von Musik und Philosophie*, hg. von Chr. Asmuth, G. Scholtz & F.-B. Stammkötter, 53. Frankfurt u. a.: Verlag Campus.

Mansi, J. D.
1789 *Sacrorum Concilium Nova et Amplissima Collectio XXIV.* Venedig 1789.

Michels, Ulrich
1970 *Die Musiktraktate des Johannes de Muris.* Wiesbaden: Steiner. (Beihefte zum Archiv für Musikwissenschaft 8)

Michels, Ulrich (Hg.)
1972 „Johannis de Muris Notitia artis musicae." In *Corpus scriptorum de musica* 17: 11–110. Rome u. a.: American Institute of Musicology u. a.

Niermeyer, J. F.
1976 *Medie latinitatis lexicon minus.* Leiden: J. E. Brill.

Pietzsch, Gerhard
1929 *Die Klassifikation der Musik von Boetius bis Ugolino von Orvieto.* Halle/S.: Niemeyer. (Studien zur Geschichte der Musiktheorie im Mittelalter 1)

Prinz, Otto (Hg.)
1967 *Mittellateinisches Wörterbuch bis zum ausgehenden 13. Jahrhundert* I. München: Beck.

Riethmüller, Albrecht
1985 „Stationen des Begriffs Musik." In *Geschichte der Musiktheorie* 1, hg. v. Frieder Zaminer, 59–95. Darmstadt: Wissenschaftliche Buchgesellschaft.

Riethmüller, Albrecht, Heinrich Hüschen & Artur Simon
1997 „Musiké–musica–Musik." In *Die Musik in Geschichte und Gegenwart*, hg. v. Ludwig Finscher, Sachteil Bd. 6: 1195–1213. Kassel u. a.: Bärenreiter u. a.

Reimer, Erich
1978 „Musicus–cantor." In *Handwörterbuch der musikalischen Terminologie* IV, hg. von Albrecht Riethmüller. Stuttgart: Franz Steiner Verlag.

Robert-Tissot, Michel (Hg.)
1974 *Johannes Aegidius de Zamora, Ars musica*. Rome u. a.: American Institute of Musicology u. a. (Corpus scriptorum de musica 20)

Reaney, Gilbert (Hg.)
1965 *Johannes Hothby, De arte contrapuncti*. Rome u. a.: American Institute of Musicology u. a. (Corpus scriptorum de musica 26)

Reaney, Gilbert & André Gilles (Hg.)
1971 „Anonymus, Ars musicae mensurabilis secundum Franconem." In *Corpus scriptorum de musica* 15: 31–57. Rome u. a.: American Institute of Musicology u. a.
1974 *Franconis de Colonia Ars cantus mensurabilis*. Rome u. a.: American Institute of Musicology u. a. (Corpus scriptorum de musica 18)

Reaney, Gilbert, André Gilles & Jean Maillard (Hg.)
1964 *Philippi de Vitriaco Ars nova*. Rome u. a.: American Institute of Musicology u. a. (Corpus scriptorum de musica 8)

Ristory, Heinz (Hg.)
1995 „Antonius <de Luca>: Ars cantus figurati." In *Corpus scriptorum de musica* 38: 23–59. Rome u. a.: American Institute of Musicology u. a.

Ruini Cesarino (Hg.)
1977 *Ameri Practica artis musicae* (1271). Rome u. a.: American Institute of Musicology u. a. (Corpus scriptorum de musica 25)

Schmid, Hans
1981 *Musica et scolica enchiriadis una cum aliquibus tractatulis adiunctis recensio nova post Gerbertiunam altera ad fidem omnium codicum manuscriptorum*. München: Verlag der Bayerischen Akademie der Wissenschaften. (Bayerische Akademie der Wissenschaften: Veröffentlichungen der Musikhistorischen Kommission 3)

Seay, Albert
1970 „Guglielmo Roffredi's Summa musicae artis." *Musica disciplina* 24: 71–77.

Seay, Albert (Hg.)
1965 *Guilielmi Monachi De preceptis artis musicae*. Rome u. a.: American Institute of Musicology u. a. (Corpus scriptorum de musica 11)

Torkewitz, Dieter
1997 „Zur Entstehung der Musica und Scolica Enchiriadis." *Acta musicologica* 69: 156–181.

CHRISTIAN KADEN, Berlin

Jenseits von *modus durus* und *modus mollis*

Zur Mehrstimmigkeitslehre der *Musica enchiriadis**

I.

Guido von Arezzo, den die Musikpropädeutik für ein rundes Jahrtausend sich zum Vorbild nehmen sollte, hält in seinem *Micrologus* (um 1025) zwei Gangarten mehrstimmigen Musizierens auseinander; im Grunde sind sie bis heute aktuell geblieben. Die eine, *modus durus* genannt (Guido, Edition Smits van Waesberghe 1955: Kap. 18; Waeltner 1975: 92), bezieht sich auf das Parallelorganum mit strengen Quart- oder Quintabständen. Nur kurz findet sie Erwähnung und rückt, als gleichsam überholt, an den Rand der Betrachtung. Die andere Variante, der *modus mollis* (ebd.), zieht Guidos tieferes Interesse auf sich. Sie gebietet über eine freiere, flexiblere Stimmführung. Seitenbewegungen vor allem geben ihr das Gepräge, im Einzelfall auch Gegenbewegung und Stimmkreuzung. Daraus resultiert eine Fülle kombinatorischer Optionen. Und eben diese Fülle vorzuführen, ist Guidos Anliegen (Kap. 19). Seine Organum-Lehre betreibt Kasuistik – und unterweist in der Findung von Alternativlösungen. So oder so könne man eine Sache sehen: *alia eiusdem modi* ... (Waeltner 1975: 96), *aut ita* ... (ebd., 98), *et in hac similiter* (ebd., 100). An die Stelle strenger Regularien treten Wahlmöglichkeiten. Was andernorts im *Micrologus* sich unter dem Begriff *componere* thematisiert (Edition Smits van Waesberghe 1955, Kap. 15), wird im gegebenen Kontext manifest als *mehrstimmiges* Komponieren, nach nahezu moderner Sinnfügung.

Musikgeschichtsschreibung neigt freilich dazu, Guido diese Priorität streitig zu machen. Nicht nur, dass der *modus durus* ohnehin auf ältere, zudem weit verbreitete Überlieferungen hindeute (vgl. Hornbostel 1930; Schneider 1969; Helgason 1972). Auch die Befreiung von der Parallelbindung, so das Argument, sei erstmals nicht an der Jahrtausendwende, sondern bereits gut 100 Jahre früher vollzogen: und zwar in der fränkischen Lehrschrift der *Musica enchiriadis* vom Ausgang des 9. Jahrhunderts (*Musica et Scolica Enchiriadis*, Edition Schmid

1981, Kap. 13–18). Als Beleg dient üblicherweise die im Haltetonstil verfasste Sequenz *Rex caeli domine* (Kap. 17; Notenbeispiel 1), die mit dem Einklang beginnt und sich stufenweise zur Quartdistanz entfaltet (vgl. Waeltner 1975: 10–11). Hans Heinrich Eggebrecht (1984: 26) hat für sie – obwohl ihrer satztechnischen Motivierung: der Vermeidung von Tritonus-Klängen, durchaus kundig – einen ersten Ansatz kontrapunktischen Denkens im Abendland postulieren wollen. Und auch sonst gilt die *Musica enchiriadis* nicht als ältestes Dokument lateinischer Mehrstimmigkeit schlechterdings, sondern als Anfangsmarkierung auf dem Weg zur polyphonen Komposition (Gülke 1975: 90).

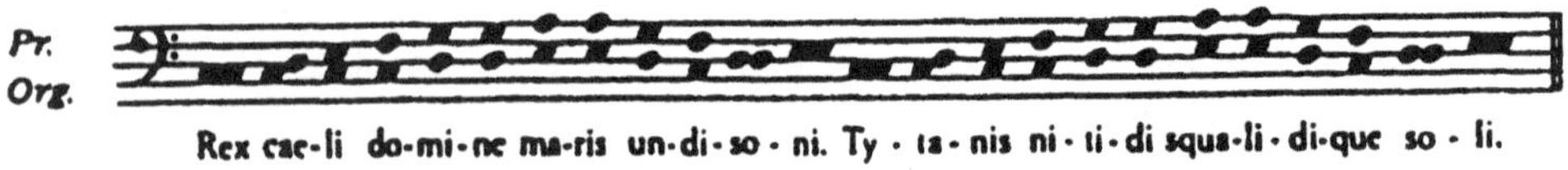

Notenbeispiel 1 (nach Waeltner 1975: 11)

Dieser Ansicht soll durch vorliegende Untersuchung widersprochen werden. Meine These: Die *Musica enchiriadis* hat mit *componere* das geringste nicht zu schaffen. Sie besitzt aber auch keine wirklichen Berührungspunkte mit den Guidonischen Kategorien von *modus durus* und *modus mollis*; sie kennt schlicht eine solche Alternative nicht. Zudem muss bezweifelt werden, dass der Arezzaner, der ohne Frage auf die ältere Quelle referiert, diese gleichwohl umfassend verstanden hätte. Allem voran ist der Zweifel angebracht in Hinsicht auf das Tonsystem der *Musica enchiriadis*, die *Dasia*-Ordnung (vgl. Smits van Waesberghe 1969: 86f.). Und namentlich sie, die quer steht zu Guidos eigenen kirchentonalen Vorstellungen, reißt buchstäblich eine Kluft auf zwischen dem „alten“ Organum aus Karolingertagen und der „weichen“ Polyphonie von der Jahrtausendwende.

II.

Das *Dasia*-System ist ebenso bekannt wie verrufen. Aus vier Tetrachorden bestehend: den *graves, finales, superiores, excellentes* und einem Überschuss remanenter Töne (Abb. 1), fällt es sogleich durch Tonhöhen auf, die für mittelalterliche Theoriebildung unüblich sind. Das große „B“ der graves meint tatsächlich „B“ –

und nicht „H“, wie man es heute lesen würde; auch „fis“ fällt aus der Reihe, nicht anders als das eingestrichene „cis“. Guido hatte daher bei der Rezeption dieses Systems angemerkt, nicht ohne den Brustton des Besserwissers, dass die entsprechende Struktur keine Oktavierung von Melodien erlaube und also für ein Musizieren im Kirchenraum ausfalle. Noch der „New Grove“ von 1980 stößt in das gleiche Horn, hält es für angebracht, den Sachverhalt als „manifest absurdity“ zu geißeln und den anonymen Verfasser der *Musica enchiriadis* der „Mäusesichtigkeit“, der „myopia“ zu bezichtigen (Gushee 1980: 802). Starke Worte: zugedacht einem Texttypus von vermeintlich vorsätzlicher Praxisferne, einmal mehr belegend, dass Musiktheorie des Mittelalters, mitsamt ihrer Kosmologie und ihren Zahlenspielen, einer spekulativen Gesinnung verhaftet bleibe – und „eigentlich“ musikalische oder sogar musikdidaktische Valenzen vermissen lasse...

Γ A B C	D E F G	a h c d	e fis g a’	h’ cis’
graves	finales	superiores	excellentes	remanentes

Abb. 1

Man kann die *Musica enchiriadis* jedoch auch anders interpretieren. Zunächst entwirft ihre Tonordnung, im überschneidungsfrei-symmetrischen Arrangement der Tetrachorde, eine der formal überzeugendsten Systemlösungen seit den Zeiten des Aristoxenos, ja übertrifft sogar die altgriechischen Modelle an logischer Konsistenz. Allerdings dürfte sich hinter der Eleganz des Systems nicht die Lust am Rubrizieren und Klassifizieren per se verbergen, sondern ein musikalisches Interesse, das lediglich benannt sein will. Nancy Phillips (1987: 158f.) etwa konnte, durchaus begründet, mutmaßen, dass die Tetrachord-Folge der *Musica enchiriadis* einer melodischen Transpositionspraxis geschuldet sei, welche nicht in übergreifenden Oktaven, sondern in Quinträumen dachte. Damit ergäben sich Parallelen zu folkloristischen Traditionen, die noch heute den *quintal shift*, eine Quintversetzung von Zeilen- oder Zeilensegmenten pflegen (vgl. Vikár & Bereczki 1971). Tatsächlich auch nimmt Phillips (1987: 161, 166) an, dass entsprechend vor-oktavische Orientierungen noch die ältesten Stilschichten des fränkisch-römischen Chorals geprägt hätten – und erst im 10. und 11. Jahrhundert, zusammen mit einer intensiveren Boethius-Rezeption, die „neue Theorie“

der Oktavspezies sich durchsetzte.

Im Weiteren sei eine Perspektive entworfen, die diese Argumentation weder untermauert noch entkräftet, vielmehr sich auf einer anderen Dimension anlagert. Ausgegangen wird von der Vermutung, die *Musica enchiriadis* sei wesentlich nicht Einstimmigkeits-, sondern Mehrstimmigkeitslehre, oder vorsichtiger formuliert: sie mache zumindest eine Integration der Mehrstimmigkeit ins Lehrgefüge sich zur Aufgabe. Denn nicht nur, dass sie die *diaphonia cantilena vel assuete* [das] *organum* (*Musica et Scolica Enchiriadis*, Ed. Schmid: 37) in mehreren Kapiteln, also vergleichsweise ausführlich, behandelt. Die bezeichnete Stilistik erscheint zugleich als Krönung des Traktats, an seinem Ende, und wird mit einer bündigen kosmologischen Stretta untersetzt (ebd.: 56):

> Cur namque aliqui tam dulci ad invicem commixtione consentiant, alii vero soni sibi misceri nolentes insuaviter discrepent, profundioris divinaeque est rationis et in aliquibus inter abditissima naturae latentis. Constant plurima super hac ratione scripta veterum, in quorum labores et in hac parte nos Dominus intrare concessit, ubi probatissimis argumentis adstruitur, quod eiusdem moderationis ratio, quae concinentias temperat vocum, mortalium naturas modificet, quodque isdem numerorum partibus, quibus sibi collati inaequales soni concordant, et vitae cum corporibus et compugnantiae elementorum totiusque mundi concordia aeterna coierit.

Polyphonie avanciert also gleichsam zum Paradigma einer konkordant in sich ruhenden Weltordnung (vgl. Cohen 1993). Und sie vereint, fast „renaissancehaft", Natürliches und Göttliches, unter Berufung sogar auf die Alten, die *scripta veterum*. Dass auch und gerade das Tonsystem der *Musica enchiriadis* für diaphone Strukturen geschaffen sei, für einen *concentus concorditer dissonus* (ebd.: 37), ist füglich zwar nicht zwingend, jedoch äußerst naheliegend (Eggebrecht 1984: 23).

III.

Das satztechnische Kernproblem, wie angedeutet, bildet im strikten Parallelorganum die Vermeidung übermäßiger Quarten oder verminderter Quinten. Tonsysteme der Boethianischen Tradition, die während des 9. Jahrhunderts umläufig waren, z. B. jenes aus Hucbalds Schrift *De harmonica institutione* (Edition Traub 1989), können keine klare Lösung anbieten (Abb. 2). Angesichts ihrer Doppeloktavstruktur, die Tetrachorde entweder überlappend (per *Synaphe*) oder über

Lücke (per *Diazeuxis*) zusammenbindet, wohnen dem Tonbestand an mehreren Stellen Tritoni inne: zwischen H und F, F und h, wiederum h und f usf.

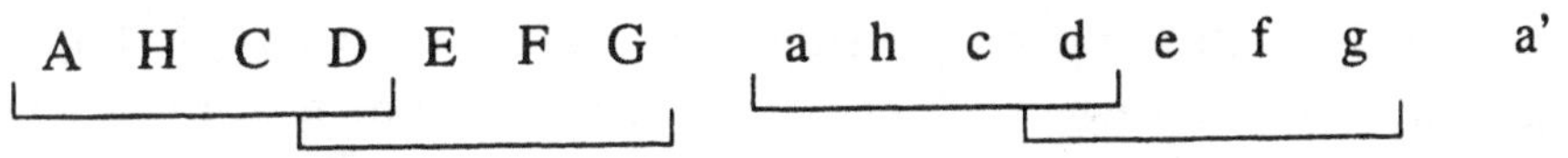

Abb. 2

Oder in der Umkehrung betrachtet: Strenge Parallelgänge des Organums müssten auf „falsche“, systemfremde Töne zurückgreifen. Im Falle eines Quintorganums hätte unter F nicht H, sondern B zu stehen; im Falle eines Quartorganums unter h nicht F, sondern Fis. Fis und B aber sind, um es nochmals zu sagen, für ein kirchentonales Gefüge indiskutabel. Die Bewahrung tonaler Treue – und des *tonus*, als eines Elements der Formgebung – konterkariert mithin das Bestreben, den tritonischen *diabolus in musica* unter Schach zu halten; nur das eine ist zu haben *oder* das jeweils andere. Wer immer das Organum singt, muss nach Boethianischer Art etwas falsch machen, in klassischer Doppelbindung. Mehr sogar: Der Ort, an dem der tonal Böse wohnt, unterliegt stetem Wechsel. Wendete man den etwas umständlichen Beschreibungsmodus der *Musica enchiriadis* selbst auf Boethius an (Abb. 3), postierten sich abartige Klänge auf dem jeweils 3. Ton des 2. und des 4. Tetrachords (zusammen mit dem darunter liegenden 2. Ton des 1. und des 3. Tetrachords), aber auch auf dem 2. Ton des 3. Tetrachords (mit dem darunter liegenden 3. des 2. Tetrachords). Ein wahrer Irrgarten – samt einem Teufel als Vaganten!

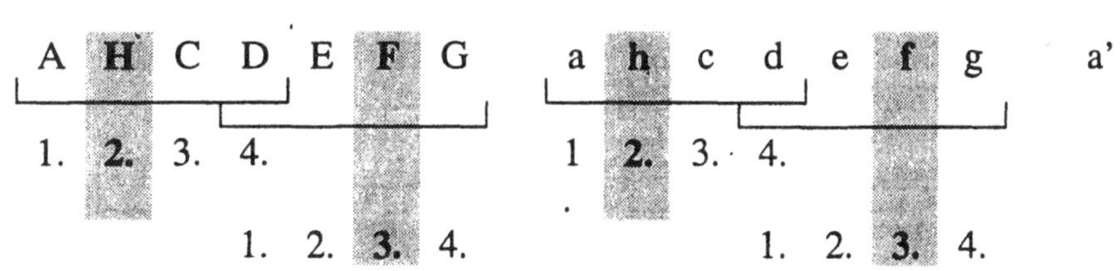

Abb. 3

Der bezeichneten Doppelbindung nun: zwischen der Vermeidung des Systemfremden und der Vermeidung des intervallisch Üblen, nimmt sich die *Musica enchiriadis* hilfreich an. Und eben sie wird von ihr außer Kraft gesetzt. Vielleicht ist dies der Grund, weshalb der Traktat eifrig kopiert – und uns, einschließlich seiner „manifest absurdity", in mehr als 40 Handschriften überliefert wurde. An und für sich bietet sich die Lösung sehr einfach, wenn nicht simpel dar. Sie besteht darin, das Systemfremde zum Systemeigenen umzudefinieren, die fraglichen Töne B und fis nicht länger als Outsider und Exoten, sondern als Insider zu behandeln – und mithin die Tonordnung ihnen anzupassen. Allerdings erfährt bei dieser Manipulation auch das tonale System als Ganzes eine Verbesserung (Abb. 4).

Γ A B C D E F G a h c d e fis g a'

T S T T S T T S T T S T

T T T

Abb. 4

Da alle vier Tetrachorde überlappungsfrei nebeneinander liegen, ergibt sich eine einheitlich additive Struktur, sozusagen eine Auftürmung der Elementarfolge Ganzton – Halbton – Ganzton (= *tonus – semitonium – tonus* = T S T), das heißt: die Aneinanderreihung ein und desselben Tetrachords in einem Standardabstand, dem Abstand T.

(Zum Vergleich noch einmal das weit komplexere Boethianische System, das zwischen Überlappung und Nicht-Überlappung wechselt):

A H C D E F G a h c d e f g a'

T S T T S T T S T T S T

T T

Abb. 5

Die Pointe freilich ist die folgende: Mit der Systemierung von B und fis wird organales Musizieren aufs strikteste normiert. Das Quintorganum muss entsprechend der *Dasia*-Ordnung unter allen Umständen gelingen. Ihm bleibt, von vornherein, jede Gefährdung durch den Tritonus erspart. Das Quartorganum demgegenüber ist fortwährend problematisch; genau besehen, geht es nie und nimmer: Ihm sitzt der Teufel allenthalben im Leib, wenn nunmehr auch mit fester Platzzuweisung. Für die Boethianische Doppeloktave waren Tritoni zwischen dem 3. und dem 2. Ton benachbarter Tetrachorde zu gewärtigen, fatalerweise aber auch zwischen dem 2. und 3. Ton, gleichsam mit dem Effekt einer Verspiegelung. Nach Maßgabe der *Musica enchiriadis* hingegen kommt der Diabolus ausnahmslos zwischen dem 2. und dem 3. Ton: zwischen E und B, h und F, fis und c zu liegen (Abb. 6). Er ist *ins* System gebannt; und er ist *im System* gebannt.

Γ	A	**B**	C	D	**E**	**F**	G	a	**h**	**c**	d	e	**fis**	g	a'
1.	2.	**3.**	4.	1.	**2.**	**3.**	4.	1.	**2.**	**3.**	4.	1.	**2.**	3.	4.

Abb. 6

Genau diese Bannung aber ermöglicht es, ihm Widerstand zu leisten, das heißt: auch das regulär problemlastige Quartorganum von seinen Schwierigkeiten zu befreien, es einer fugenlosen Durchorganisation zu unterwerfen. Neuerlich ist das Rezept einfach, zudem leicht zu merken. Immer dort, wo die begleitende Unterstimme, die *vox organalis,* den jeweils 4. Ton eines Tetrachords erreicht (also C, G, d usf.), darf sie sich um keinen Preis tiefer senken. Denn unter dem 4. Ton läge ja der teuflisch Dritte (B, F, c), bei dem entweder eine Erhöhung zum systemfremden H, Fis, cis zu verantworten – oder aber die übermäßige Quart zu tolerieren wäre. An der Schwelle also zum 3. Ton, am *Grenzton* des 4., an der Teufelsmauer macht die Begleitstimme halt, wartet sie so lange, bis die Gefahr vorüber – und ihr erneut ungehindertes Parallelisieren gestattet ist.

Das satztechnische Ergebnis ist ein Organum mit partieweisen Haltetönen (Notenbeispiel 2), striktem Parallelgang entpflichtet (wie es scheint), entfreit zu kontrapunktischem Eigenleben (Eggebrecht 1984: 26).

Notenbeispiel 2 (nach Waeltner 1975: 11, 13)

Und doch existiert diese Freiheit lediglich nach außen hin – und allein für den, der über die Machart des Quartorganums nicht im Bilde ist. De facto nämlich unterliegen Quint- und Quartorganum *ein und derselben* wasserdichten Fügung. Und just was als beweglich anmutet, verdankt sich einer rigorosen Kanalisierung. Die Grenztonstruktur organisiert nichts anderes als Parallelbewegung im Angesicht tonaler Unfallrisiken. Sie macht das „unmögliche" Quartorganum möglich, indem es ihm Schranken weist – und eine Relativierung des Parallelzügigen.

IV.

Man muss sich dies vielleicht noch einmal vor Augen führen: Tonsystem und Mehrstimmigkeitslehre der *Musica enchiriadis* entheben den, der das Organum, genauer: die *vox organalis* zu singen hat, nahezu jeder Eigeninitiative. Nur ob er in die (Unter-)Quinte geht oder in die (Unter-)Quarte, bleibt ihm unbenommen. Hat er diese – einzig freie – Entscheidung erst einmal getroffen, liegt das weitere für ihn fest, ist alles für ihn vor-gesehen. Das Quintorganum funktioniert „per Tonsystem", und es funktioniert ohne Ausnahme. Das Quartorganum findet zwar im System einprogrammierte Tritoni vor (Eggebrecht 1984: 25), kann regelmäßig also nicht gelingen. Trotzdem wird es zum Laufen gebracht mittels der Grenztonregel. Auch hier aber muss der Organal-Sänger allenfalls seine Sinne schärfen und aufmerken. Nimmt er wahr, registriert er, was die Systemlage ihm beschert, braucht er nur mehr anzuwenden, worüber der Traktat ihn unterrichtet. *Zu wählen bleibt ihm nichts.*

Die Mehrstimmigkeitslehre der *Musica enchiriadis* ist in diesem Sinn ein vollständig-vollkommenes System, ein *systema teleion.* Für alle praktisch denkbaren Fälle weiß es a priori die Mittel. Und nur dem auch erschließt sich dieses präfixierte Wissen, der das System tatsächlich in Praxis wandelt, der es musiziert. Ich sehe hierin das deutlichste Indiz für eine propädeutische, eine pädagogische Funktion unseres Lehrbuches. Mit Sicherheit immerhin scheint festzustehen: Improvisatorisch realisiert, aus dem Unvorhersehbaren heraus, wurde das Organum der *Musica enchiriadis* nicht. Es konnte sich schlechterdings nicht *ex improviso* vollziehen (Dahlhaus 1979: 11). Aber es gab in ihm auch nichts zu komponieren – sieht man ab vom Neuentwurf einer Ober-, einer Prinzipalstimme. Strukturelle Offenheit, nach Art des *modus mollis,* wird in dieser Polyphonie systemhaft nichtig. Sie ist getilgt zugunsten ebenso systematischer Determinationswirkungen.

Einen zusätzlichen Anhalt für pädagogische – und nicht etwa nur spekulative – Intentionen bietet die von unserem Traktat vorgeschlagene Behandlung organaler Oktavverdoppelungen (Notenbeispiel 3), schier unvermeidlich bei einem Chor aus Männer- und Knabenstimmen (vgl. Waeltner 1975: 4–5).

Notenbeispiel 3 (nach Waeltner 1975: 7)

Oberflächlich genommen, korrigieren diese Verdoppelungen das *Dasia*-Gefüge. Oder ließe es anders sich erklären, dass nun doch B und b zusammenklingen, nicht B und h, wie der abstrakte Tonvorrat es verlangt? Klangliche Logik scheint die Systemlogik zu unterwandern. Liegt damit nicht sogar die Vermutung nahe, gerade in der Mehrstimmigkeit – und spottend all den hier vorgetragenen Hypothesen – sei die *Dasia*-Ordnung außer Betrieb gesetzt; nicht vordergründig für Simultanklänge folglich sei sie konstruiert worden, sondern wohl nur für einstimmigen Choralvortrag in einer prä-oktavischen Ausrichtung?

Es gibt keinen Grund, so rasch die Segel zu streichen. Macht man sich klar, dass die *Dasia*-Logik eine generative Logik ist, beheben sich die zitierten Unstimmigkeiten von allein. Nur für das Quintieren und Quartieren per se werden ja die ungewöhnlichen Töne B und fis gebraucht; nur der, der die *primäre* Organalstimme singt – in der Unterquinte oder der Unterquarte zum Cantus –, muss auf diese Weise vor satztechnischen Verstrickungen bewahrt werden. Sänger, die ergänzend hinzutreten und das Organum bzw. den Cantus lediglich in einem anderen Stimmregister verstärken, können sich der genuinen *vox organalis* oder *vox principalis* anschließen. Sie wandeln, wieder einmal von vornherein, außerhalb jeder Gefahr und haben lediglich zu wissen, dass Oktavverdoppelungen als solche erlaubt sind, also satztechnisch geeignet.

Was ich vorschlage, ist eine Rekonstruktion polyphoner Praxis als *generatives Stufenprogramm*, und zwar:

- auf dessen erster Stufe die voll-deterministische Ableitung einer (genuinen) *vox organalis* aus der *vox principalis* mit Hilfe des *Dasia*-Systems und/oder der Grenztonregel;
- auf dessen zweiter Stufe die ebenfalls deterministische Ableitung von Füllstimmen zur *vox principalis* und zur *vox organalis*, nun nach der Regel schlichter Oktavtranspositionen.

Die *Musica enchiriadis* böte dergestalt nicht mehr, aber auch nicht weniger als eine Grammatik des Organum-Singens, genauer: eine deterministische Grammatik. Und ihr Tonsystem erschiene nicht als Abstraktum und Selbstzweck, sondern als Teilstück des Regelwerkes; es könnte dort, wo andere Normative auf den Plan träten, auch modifiziert werden. Widersprüche im System wären folglich keine Widersprüche, solange sie grammatisch motiviert blieben. Die Rationalisierung des Usus löste sich nicht ab von diesem, sondern wirkte auf ihn zurück: als Fixierung des Stegreifs in einer „fixierten Musik" (Dahlhaus 1979: 22). Allumfassend lehrte die *Musica enchiriadis* das für sie Praktizierbare; und ihrer Lehre folgend, konnte das Praktizier*bare* auch praktiziert *werden*: in gedächtnismäßiger Überlieferung, *alla mente*, ohne Notation, ohne schriftliche Vergewisserung.

V.

Es bleibt die Frage, ob ein solches Bild zur Mentalität des frühen Mittelalters passt. Wird man beispielsweise davon ausgehen dürfen, dass ein Organum-Sänger die Grenzton-Regel: „nicht unter den 4. Ton des jeweiligen Tetrachords hinab", anschaulich zu behalten und mit ihrer Hilfe zu musizieren vermochte? Ist dergleichen nicht zu kaltblütig, zu abstrakt-unsinnlich? In der Tat bereiten entsprechende Passagen der *Musica enchiriadis* selbst bei der Lektüre Not; sie sind schwer zu fassen, schwerer noch zu erinnern. Aber stellen wir uns gleichwohl vor, ein Sänger orientierte sich – wie Nancy Phillips es vorschlägt – an Quinträumen. Das *Dasia*-System müsste ihm dann offenbar in folgender Gliederung präsent sein:

Γ – D   D – a   a – e   e – h

Abb. 7

D, modern ausgedrückt, wäre die „Dominante“ zu Γ, a die „Dominante“ zu D usf. – wobei natürlich keine funktionsharmonischen Abhängigkeiten assoziiert werden sollten, sondern Beziehungen wie die zwischen Initial-, Reperkussions- und Finaltönen. Jedenfalls brauchte der „4. Ton“ in solchem Umfeld nicht notwendig numerisch bestimmt zu werden: durch Auszählung der Tetrachordpositionen. Er wäre als Schwellen-Ton „unter“ einem anderen, etwa einer Finalis, begreiflich, d. h. musikalisch-gestalthaft, grammatisch-funktional. Die Übersetzung aus der Zahlensprache in eine Sprache musikalischer Kategorien – oder sogar in ein vor-kategoriales Memorierschema – bedürfte nur eines einzigen Schrittes, eines sehr kleinen Schrittes.

Auch die tonsystematische Verallgemeinerung, welche die *Musica enchiriadis* leistet, spricht nicht gegen deren musikpraktische Bedeutung, sondern sogar zu ihren Gunsten. Dies sei abschließend an einem Vergleich diskutiert, der zweifellos gewagt ist und extravagant, im gegebenen Zusammenhang jedoch angemessen. Die Rede soll sein von afrikanischen Polyphonien, für die feststeht, dass sie sich diesseits einer eigenständigen Musiktheorie realisieren – und dennoch in hochgradig abstraktiver Verdichtung. Gerhard Kubik (1983: 85) hat Praktiken eines sogenannten „Stimmbewegungsparallelismus“ beschrieben, mit charakteristischen Schwankungen zwischen Terz- und Quartgängen (Notenbeispiel 4).

Notenbeispiel 4

Allerdings erfolgt der Wechsel nicht aus freien Stücken, sondern nach einer Regel, die formalisiert werden kann. Sie besagt, simultane Klänge seien stets aus jenen Tönen zu fügen, die auf einer pentatonischen Leiter „über Lücke" nebeneinander stehen, im Verhältnis sukzessiv-mittelbarer Nachbarschaft (Notenbeispiel 5).

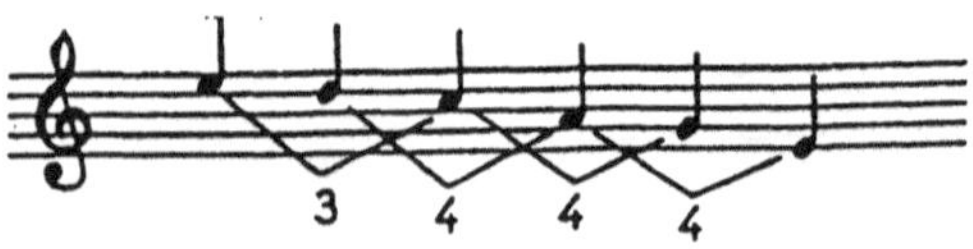

Notenbeispiel 5

E also ist mit c zu liieren, d mit a, c mit g usf. Offensichtlich nun aber setzt dieses – von Kubik (ebd.) als „Überspringverfahren" bezeichnete – Prinzip eine Art Skalenbewusstsein voraus, wie es durch die Struktur von Musikinstrumenten (Lamellophonen, Xylophonen) angeleitet sein könnte (Kubik 1988: 154). Jedenfalls erfolgt das Überspringen, hierin völlig analog zum Usus der *Musica enchiriadis*, ganz und gar systematisch: *tonsystematisch*. Und es lässt sich sogar, wie Kubik (1983: 85ff.) zeigt, auf heptatonische Skalen anwenden oder auf die Naturtonreihe – sowie durch „doppeltes" Überspringen für dreistimmige Strukturen nutzen (Abb. 8):

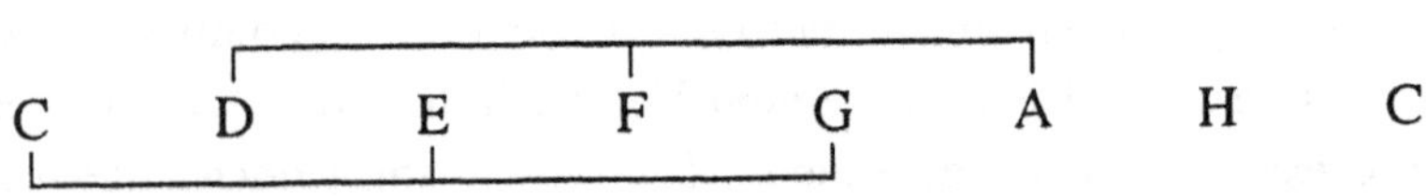

Abb. 8

Selbstverständlich soll hier keinerlei direkte Deszendenz zwischen den altfränkischen und den afrikanischen Überlieferungen behauptet werden. Was faszinieren kann indes, ist ihre ähnliche kognitive Komplexität. Es ist die gemeinsame Tendenz zur Systemierung, ja Rationalisierung; es ist das gemeinsame Bemühen um eine Fesselung des Stegreifs in normativer Verfestigung. Zwar wird anhand dieses Vergleichs mitnichten evident, *dass* die *Musica enchiriadis* Regulativ einer leibhaftigen Musikübung war. Beweiskräftig ist, dass sie es zu sein *versuchte* – und es sein *konnte*.

Gestehen wir unserem Traktat aber ein solches Vermögen zu, dann ist auch sein musikhistorischer Ort neu zu definieren. Beschrieben wird, fern der Dichotomie von Improvisation und Komposition, ein musikalisch Drittes, für das wir bislang kaum Worte haben. Vor allem aber ist das Gegenbild allen kompositorischen Experimentierens umrissen, in einer Konservativität, die sich selbst genügt. Freie Handhabung der Stimmen ist ihr fremd – ganz besonders dort, wo Parallelbindungen aufgegeben zu sein scheinen. Polyphonie setzt sich nicht der Dynamisierung aus, nicht der Ab-Wechselung; vielmehr wird sie auf den Begriff gebracht – und auf den Punkt. Sollte es zutreffen, dass die nichtparallelen Haltetonpartien des alten Organums dann dennoch Anlass gaben für eine flexiblere Stimmauffassung, wäre diese Deutung eine Fehldeutung gewesen, und sei sie gleich konstruktiv, innovativ, produktiv. Die *Musica enchiriadis*, so will es sich mir darstellen, bezeichnet historisch keinen Anfang, sondern ein Ende: einen Endpunkt fixierter Musik.

Freilich ist es ein glorioses Ende, ein Ende in pädagogischer Vervollkommnung. Guidos Bemühungen erweisen sich demgegenüber als nachgerade tastend, unausgegoren. Und in der Modellbildung erreichen sie lediglich ein Niveau zweiter Klasse. Dass sie just damit kompositorischer Problemsuche eine Chance geben, ist die Kehrseite der Medaille. Pädagogischer Glanz und die Kraft zur Innovation verhalten sich im Mittelalter – und vielleicht sogar heutigentags – gegenläufig. Je perfekter eine Lehre, desto weniger ist sie geschichtsträchtig, desto unbeirrbarer frönt sie dem ruhenden Wissen. Allerdings verdient auch solches unsere Bewunderung.

Denn dies lässt sich hinzufügen: Die vollständige Lehre, das vollständige System steht jenseits von kluger und dummer Wahrnehmung. Wer die Organum-Regeln der *Musica enchiriadis* sich verinnerlicht, kann sie nur befolgen – oder ganz und gar verwerfen. Intelligenz und Brillanz an ihnen zu beweisen, bleibt ihm verwehrt, von Anbeginn. Erst die dem Offenen zugewandte Lehre enthüllt die unbegabten *discipuli* – und die vollends Gescheiten. Sie stellt, ob sie es will oder nicht, die Ungleichheit unter den Schülern bloß. Die in sich lückenlose Unterweisung dagegen hebt auf Gleichheit ab: im Geist, im Denken, im Agieren, letztlich auch in der sozialen Ranghöhe. Vielleicht war es sogar dieser Impetus, diese menschheitliche Vision, welche der *Musica enchiriadis* intensives Gedenken und Nachleben bescherte: die Utopie einer Musik nicht von großer Kraft der Erneuerung, sondern von zeit-, erdenthobener Stabilität und Bruderliebe.

Anmerkung

* Die vorliegende Studie ist die stark überarbeitete Fassung eines Aufsatzes, der 1996 unter dem Titel „Tonsystem und Mehrstimmigkeitslehre der *Musica enchiriadis*: Theoretische Spekulation oder pädagogische Handreichung?" in dem Sammelband *Schule und Schüler im Mittelalter. Beiträge zur europäischen Bildungsgeschichte des 9. bis 15. Jahrhunderts* (hg. v. Martin Kintzinger, Lorenz Sönke und Michael Walter) beim Böhlau-Verlag Köln, Weimar, Wien erschien.

Literatur

Cohen, D.
1993 „Metaphysics, Ideology, Discipline: Consonance, Dissonance, and the Foundations of Western Polyphony." *Theoria* 7, 1–85.

Dahlhaus, Carl
1979 „Was heißt Improvisation?" In *Improvisation und neue Musik*, hg. v. Reinhold Brinkmann, 9–23. Mainz: Schott.

Eggebrecht, Hans Heinrich
1984 „Die Mehrstimmigkeitslehre von ihren Anfängen bis zum 12. Jahrhundert." In *Die mittelalterliche Lehre von der Mehrstimmigkeit*, hg. v. Hans Heinrich Eggebrecht, 9–87. Darmstadt: Wissenschaftliche Buchgesellschaft. (Geschichte der Musiktheorie 5)

Gülke, Peter
1975 *Mönche, Bürger, Minnesänger.* Leipzig: Koehler & Amelang.

Guido von Arezzo
1955 *Micrologus de Musica*, hg. v. Joseph Smits van Waesberghe. Rom: American Institute of Musicology. (Corpus Scriptorum de musica 4)

Gushee, Lawrence
1980 „Musica enchiriadis." In *The New Grove Dictionary of Music and Musicians*, hg. v. Stanley Sadie, Bd. 12, 800–802. London: Macmillan.

Helgason, Hallgrimur
1972 „Das Organum-Singen in Island." *Beiträge zur Musikwissenschaft* 14: 221–223.

Hornbostel, Erich Moritz von
1930 „Phonographierte isländische Zwiegesänge." In Erich Moritz von Hornbostel, *Tonart und Ethos. Aufsätze zur Musikethnologie und Musikpsychologie*, hg. v. Christian Kaden u. Erich Stockmann, 40–58. Leipzig: Philipp Reclam jun., 1986.

Hucbald von Saint-Amand
1989 *De harmonica institutione*, hg. v. Andreas Traub. Regensburg: Gustav Bosse. (Beiträge zur Gregorianik 7)

Kubik, Gerhard
1983 „Mehrstimmigkeit in Zentral- und Ostafrika." In *Musik in Afrika*, hg. v. Artur Simon, 84–102. Berlin: Museum für Völkerkunde.
1988 „Xylophonspiel im Süden von Uganda." In Gerhard Kubik, *Zum Verstehen afrikanischer Musik*, 141–179. Leipzig: Philipp Reclam jun.

Musica et Scolica Enchiriadis una cum aliquibus tractatulis adiunctis
1981 hg. v. Hans Schmid. München. (Bayerische Akademie der Wissenschaften. Veröffentlichungen der Musikhistorischen Kommission 3)

Phillips, Nancy
1987 „The dasia notation and its manuscript tradition." In *Musicologie médiévale*, hg. v. Michel Huglo, 157–173. Paris: Champion.

Schneider, Marius
1969 *Geschichte der Mehrstimmigkeit.* Tutzing: Hans Schneider.

Smits van Waesberghe, Joseph
1969 *Musikerziehung. Lehre und Theorie der Musik im Mittelalter.* Leipzig: VEB Deutscher Verlag für Musik. (Musikgeschichte in Bildern III/3)

Vikár, László, & Gábor Bereczki
1971 *Cheremis Folksongs.* Budapest: Akadémiai Kiadó.

Waeltner, Ernst Ludwig
1975 *Die Lehre vom Organum bis zur Mitte des 11. Jahrhunderts.* Bd. 1 (Edition). Tutzing: Hans Schneider.

JÜRG STENZL, Salzburg

Gesänge und Singende im *Purgatorio* von Dantes *Commedia*

für Luigi Ferdinando Tagliavini

Sowohl Dante-Forscher wie Musikhistoriker haben sich seit dem Ende des 19. Jahrhunderts immer wieder zur Frage nach der Musik und Musikanschauung in der seit 1307 entstandenen *Commedia* geäußert. Das ist keineswegs verwunderlich, spielt doch Klingendes im Kosmos der *Commedia* eine überragende Rolle. Dass bei diesem „Dichter der irdischen Welt", das „bloß Allegorisch-Didaktische in einer neuen, durch die provenzalische Dichtung angeregten Vision der Wirklichkeit" aufgehe (Auerbach 1929: 31), hat auch die Frage nach der Wirklichkeit und konkreten Bedeutung der dem Dichter bekannten und von ihm so vielfältig angesprochenen Musik seiner Zeit aufgeworfen. „Die Klänge der Natur, – so Reinhold Hammerstein 1962 – der weltlichen und geistlichen Musik, das Glockenläuten, der Klang von Instrumenten, die Gesänge der Seligen und Engel, sind, bei aller Symbolik zugleich von konkreter Anschauung erfüllt. Noch die himmlische Liturgie wird bei aller Entrücktheit und Unsagbarkeit unter dem Bilde und der Klanglichkeit der vertrauten irdischen Liturgie und ihrer aufführungspraktischen Erscheinungsformen begriffen. Dantes Auditionen haben immer etwas von realem Klang." (Hammerstein 1962: 149)

Das gilt selbst für das *Inferno*, den Ort ohne Musik, den Ort der Schreie, Klagen, des Geheuls und des Lärms. Dort werden Begriffe wie „canto", „armonia" oder „melodia" überhaupt nicht oder - wie „cantare" – nur in ganz besonderen Konstellationen verwendet. Am Ende des *Inferno*, angesichts von Gottes Gegenbild, dem monumental-ungeheuerlichen Luzifer, ist dann sogar all dieser Lärm verstummt: Die Verdammten können, im Eise eingefroren, nicht einmal mehr schreien. Doch zu Beginn dieses letzten Gesangs des *Inferno* wird – erstmals in der *Commedia* – ein Gesang, ein liturgischer Gesang von Vergil, dem „maestro" und Führer des Dichters, zitiert, jedoch nur gesprochen, nicht gesungen:

Inf. 34, 1

„'Vexilla regis prodeunt inferni' *Verso di noi; però dinanzi mira"* *Disse il maestro mio „se tu* *li discerni."*	„'Vexilla regis prodeunt inferni' Dort auf uns zu, drum musst du vorwärts schauen", So sprach mein Meister, „ob du ihn erkennest".[1]
"Vexilla regis prodeunt, Fulget crucis mysterium, Quo carne carnis conditor Suspensus est patibulo.	Singe, Zunge, des erhabenen Gotteskampfes Waffengang, Um des Kreuzes Siegeszeichen Sing den edelsten Triumph, Wie des Weltenrunds Erlöser hingeopfert Sieger blieb.[2]

Es handelt sich, wie dieser Textvergleich zeigt, um den erweiterten Eingangsvers der berühmten Kreuzeshymne des merowingischen Dichters Venantius Fortunatus aus dem 6. Jahrhundert, der zur Kreuzesverehrung in der Karwoche erklingt: Doch das triumphierende Kreuzes-Banner, das Mysterium des Christus-Königs, ist hier zum Banner des *Inferno*-Fürsten geworden.[3]

Das durch die erweiterte Eingangszeile indirekt zitierte Fortunatus-Lied impliziert auch eine Zeitangabe, wie wir sie im *Purgatorio* immer wieder finden können: Dante hat 48 Stunden, vom Abend des Gründonnerstags bis zum Abend des Ostersamstags, im *Inferno* verbracht. Im Schlussgesang des *Inferno,* am Abend des zweiten Tages, wird er Luzifer erblicken und Vergil spricht als ersten Vers des letzten Gesangs die Fortunatus-Parodie aus; gleichzeitig wird in der irdischen Karwochenliturgie das originale Siegeslied gesungen.

Das *Inferno* ist ohne Musik; hingegen erklingen Gesänge immer wieder im *Purgatorio,* und das *Paradiso* ist vom Klang der gesungenen „laus perennis" durchflutet. Ich werde hier nur auf das *Purgatorio* eingehen und mich dabei auf dessen ersten Teil, das „Vorpurgatorium" konzentrieren. An fünf Stellen innerhalb dieser ersten neun *Purgatorio*-Gesänge ist nicht nur von Musik die Rede, sondern liturgische Gesänge werden zitiert und auch deren Ausführende genannt. Ich möchte an Hand dieser fünf „Musikszenen" zeigen, auf wie vielschichtige Weise „Gesang" – wie wir sehen werden sowohl ein- wie mehrstimmiger Gesang – in Dantes Epos erscheint und welche Bedeutungen diese Gesänge artikulieren: inhaltliche, liturgische, zeitliche und musikalische Bedeutungen.

*

Wenn wir uns dem *Purgatorio* (vor 1312 verfasst), dem Läuterungsberg zuwenden, sollten wir bedenken, was die Idee des Purgatoriums bedeutet. 1981 ist das einschlägige Buch des französischen Historikers Jacques Le Goff, *La naissance du Purgatoire* erschienen (Le Goff ^{2}1991). Es ist eine der überragenden Leistungen der an bahnbrechenden Arbeiten nicht armen französischen Mediävistik. Le Goff zeigt, was für eine „mentale Revolution" die Idee des Purgatoriums bedeutete. Das Jenseits war seit der Mitte des 12. Jahrhunderts nicht mehr dualistisch in Hölle und Paradies geteilt, die „Geographie des Jenseits" ist durch einen dritten Ort erweitert worden. Zwischen dem Tod eines Individuums und der Auferstehung kann sich nun etwas ereignen. Eine Mehrheit der Menschen bekommt die Möglichkeit, nach ihrem Tode durch Läuterung ins Paradies zu gelangen. Der Tod war nicht mehr ein „point of no return". Das Purgatorium stellt eine individuelle Chance für jene dar, die in ihrem irdischen Dasein zwar nicht über die Makellosigkeit der Heiligen verfügten, jedoch auch keine unverzeihliche Todsünde begangen haben. Als „logische, mathematische Struktur", so Le Goff, „ist das Konzept des Dazwischenliegenden mit tiefgreifenden Veränderungen der sozialen und mentalen Realitäten des Mittelalters verbunden. Die Mächtigen und die Armen, die Geistlichen und die Laien werden nicht länger alleine gelassen, Zwischenkategorien schaffen eine Mittelklasse, einen „Dritten Stand". Das ist dieselbe Vorgangsweise wie jene, die sich auf eine sozial veränderte Welt bezieht. Von dualen zu dreiteiligen Schemata überzugehen bedeutet den Vollzug eines Schrittes in der gesellschaftlichen Organisation des Denkens zu vollziehen, dessen Bedeutung Claude Lévis-Strauss hervorgehoben hat." (Le Goff ^{2}1991: 17f.; meine Übersetzung)[4]

Für die Kirchen- und gerade auch für die Musikgeschichte hatte dieses „neue Denken" tiefgreifende Veränderungen innerhalb der abendländischen Geistesgeschichte zur Folge.[5] Dabei spielte es seit dem Ende des 12. Jahrhunderts eine gewaltige Rolle, dass die Überlebenden der Verstorbenen durch ihre Gebete, Stiftungen und Taten hienieden entscheidend zur Läuterung einer Seele im Purgatorium beitragen konnten. Im *Purgatorio* Dantes, der großartigsten dichterischen Darstellung dieser damals erst 150jährigen dreiteiligen Jenseitsgeographie, weisen die Personen, die der Dichter auf seiner Reise durchs Purgatorium antrifft, diesen immer wieder auf ihre Hilfsbedürftigkeit durch die auf Erden Lebenden hin und erflehen deren Beistand.

Aus dem Purgatorium als „Zwischenort" erhellt sich auch auf eine tiefgreifende Weise die immer wieder hervorgehobene „Konkretheit", der „Erdenbezug" von Dantes *Commedia* generell und jener des *Purgatorio* im Besonderen. Die „divina cantilena" (*Par.* 32, 97) und die Unverständlichkeit der „arcana verba" der Engelschöre des *Paradiso* entziehen sich letztlich irdischen Vergleichen; das Singen im *Purgatorio* hingegen beruht wesentlich auf irdischen Ordnungen, für die Musik in erster Linie der Ordnung der kirchlichen Liturgie.

Gerade an den „Musikszenen" des Purgatoriums lässt sich die in der irdischen Liturgie begründete Ordnung eines großen Teils der Purgatoriums-Gesänge erkennen. Es geht mir hier denn auch nicht um Nachweise und Identifizierungen von ein- und mehrstimmiger Musik, sondern um Einblicke in deren Fungieren und um deren Bedeutungen in einem spätmittelalterlichen Ordo.

Damit wende ich mich den bereits erwähnten fünf konkreten Stellen im 2., 5., 7., 8. und 9. Gesang des *Purgatorio* zu.

1. II/46

Purg, 2, 43

Da poppa stava il celestial nocchiero,
Tal che parea beato per iscripto;
E più di cento spirti entro sediero.
„In exitu Isräel de Aegypto"
Cantavan tutti insieme ad una voce,
Con quanto di quel salmo è poscia scripto.

Am hintern Ende stand der Himmelsbote,
In seinem Aug' stand Seligkeit zu lesen,
Und mehr als hundert Geister saßen drinnen.
„In exitu Israel de Aegypto",
So sangen allesamt mit einer Stimme
Und alles, was noch folgt in diesem Psalme.

Im Einleitungsgesang war der Wanderer Dante im *Purgatorio* angekommen. Im anschließenden 2. Gesang nun ist es früher Morgen beim Sonnenaufgang.

Der Dichter erlebt die Ankunft eines himmlischen Bootes am Gestade des Purgatoriums mit „mehr als hundert" Seelen und einem Engel, dessen Flügel das Boot bewegen. Sie singen gemeinsam den Ps. 114 (113A) *In exitu de Aegypto* „ad una voce". „Mit einer Stimme" heißt nicht nur „einstimmig", in der Art der Officiums-Psalmodie und damit des rezitierenden Psalmvortrags als Gebet. „Ad una voce" ist gleichzeitig die Übersetzung des „una voce dicentes" der Kirchenväter[6].

Der Psalm 114 wird inhaltlich unmittelbar auf einen Übergang, auf die Reise der Seelen bezogen: So wie das Volk Israel einst aus Ägypten durch das „fliehende" Meer und die „hüpfenden" Berge auszog, so sind die „mehr als hundert Seelen" ausgezogen aus der irdischen Welt.

Dante hatte bereis früher gerade anhand dieses Psalms den vierfachen Sinn von Schrift erläutert:[7]

> „per litteram": Auszug aus Aegypten;
> „per significata per litteram": die allegorische Bedeutung unserer Auferstehung durch Christus;
> „ad moralem sensum": die Befreiung unserer sündigen Seele durch die Gnade; und
> „ad anagogicum": der Auszug der heiligen Seele aus der Sklaverei der Korruption in die Glorie ewiger Freiheit.

Dante sagt explizit, dass der ganze – kurze – Psalm gesungen wird, worauf sich die Seelen am Strande niederwerfen.

Allerdings ereignet sich die Ankunft der „mehr als hundert Seelen" am frühen Morgen – Ps. 114 ist in der römischen Liturgie jedoch ein Vesperpsalm am Dienstag, aber auch, und das ist bei dieser Stelle bedeutungsvoll, der erste Psalm der Totenvesper.

Unter den neu Angekommenen befindet sich auch Dantes Jugendfreund, der Musiker Pietro Casella (um 1250 - vor 1300), der Dantes Liebescanzone *Amor che nella mente mi ragiona*[8] in seiner, Casellas Vertonung vorsingen wird (V. 112), einer der bewegenden Momente der doppelten Rückerinnerung, an die eigene Jugendzeit und an das irdische Leben: „Noi eravam tutti fissi ed attenti / Alle sue note" (V. 118f.).

2. V/24

Purg, 5, 22

E intanto per la costa di traverso	Indessen sah man quer zum Bergeshange
Venivan genti innanzi a noi un poco,	Ein wenig vor uns andre Leute kommen,
Cantando „Miserere" a verso a verso.	Die wechselseitig „Miserere" sangen.

Dante begegnet einer zweiten Gruppe „säumiger Seelen", den plötzlich Getöteten, die sich erst in der Todesstunde zum Glauben bekannt haben. Sie nähern sich, das *Miserere*, den Bußpsalm 51 (50) „a verso a verso" singend. „A verso a verso" benennt genau die liturgische Vortragsweise der antiphonalen Psalmodie im Stundengebet. Der Ruf um Erbarmen ist inhaltlich charakteristisch für die im letzten Augenblick Bußfertigen. Dieser Psalm wird in der römischen Liturgie in der (Dienstags-) Matutin, also am frühen Morgen rezitiert. Auch dieses Psalmzitat enthält also eine – liturgische – Zeitangabe.

3. VII/82

Purg. 7, 83

‚Salve Regina', in sul verde e in sui fiori	‚Salve Regina', auf dem bunten Rasen
Quindi seder cantano anime vidi,	Sah ich die Seelen im Gesange sitzen,
Che per la valle non parean di fuori.	Dass sie den Rand des Tals nicht überragten.

Mit dem 7. und 8. Gesang endet das Vorpurgatorium und damit der erste von zwei *Purgatorio*-Tagen. Dante begegnet – nach den allgemein Säumigen, den Exkommunizierten und den gewaltsam Getöteten – einer weiteren Gruppe säumiger Seelen, den säumigen Fürsten im „locus amoenus" einer blumenerfüllten Talmulde, ein idyllischer Vorschein des irdischen Paradieses (das am Ende des Purgatoriums stehen wird) und eine Nachbildung der Szene der bei Vergil vor dem Elysium in einem Tale Harrenden (*Aen.* VI, 672–684).

Dante beschreibt die Farben und Düfte dieses wundersamen Fürstentales, als er, auf der Höhe stehend, aus dem Tal den Gesang des *Salve Regina* hört und die Singenden „nobili" erblickt:

Erneut ist der zitierte Gesang in mehrfacher Weise bedeutungsvoll: Zunächst ist der Gruß der „advocata", das *Salve Regina,* eine der vier marianischen Schlussantiphonen, mit denen zu Dantes Zeit die Complet als letzte Hore des Stundengebetes den Tag beschließt. An dieser Stelle ist das *Salve Regina* erneut eine sowohl liturgische wie zeitliche Fixierung. (Diese berühmteste marianische Antiphone wurde allerdings zwischen Trinitatis und Adventsbeginn gesungen, in der Osterzeit hingegen das *Regina coeli.*) Der 7. und 8. Gesang des Purgatoriums ereigneten sich am Ostermontag. Gleichzeitig ist diese Szene auch die Antizipation eines allegorischen Frauenbildes – hier: Gottesmutter und Beatrice – im „hortus conclusus", im blumenreichen Minne- und Paradiesgarten, eine Antizipation des irdischen Paradieses sowohl am Ende des *Purgatorio* und des abschließenden *Paradiso*. Die „Szene“ VII/82 verweist damit auf die seit der Mitte des 12. Jahrhunderts bestürzend neue allegorische und mariologische Lesung des *Canticum Canticorum*, des *Hoheliedes*[9].

4. VIII/13

Purg. 8, 7

Quand' io incominciai a render vano
L' udire ed a mirare una dell'alme
Surta che l'ascoltar chiedea con mano.

Als ich das Singen nicht mehr hören konnte,
Begann ich eine Seele zu betrachten,
Die aufstand und ein Zeichen gab, zu hören.

Purg. 8, 13

„Te lucis ante“ sì devotamente
Le uscì di bocca e con sì dolci note,
Che fece me a me uscir di mente;
E l'altre poi dolcemente e devote

Seguitar lei per tutto l'inno intero,
Avendo gli occhi alle superne ruote.

„Te lucis ante“ kam so fromm und milde
Aus ihrem Mund, und mit so süßen Tönen,
Daß sie mich selber mich vergessen machte.
Die andern nach ihr haben fromm und lieblich
Den ganzen Hymnus dann zu End gesungen,
Die Augen richtend nach den obern Kreisen.

Am Abend, weiterhin im Fürstental, in das die Wanderer nun hinabsteigen. Der ganze 8. Gesang sei durch den in V. 13 zitierten Complethymnus *Te lucis ante terminum* „durchseelt“, von einer „musikalisch-liturgischen Inspirationsquelle“ bestimmt, behauptete Hermann Gemlin. „Aus diesem Hymnus fließt die Stimmung und Handlung des Gesanges, das Gefühl der nächtlichen Geborgenheit in Gottes Schutz.“ (Dante Alighieri 1988: Bd. V, 143f.)

Eine der Seelen steht auf, fordert mit einem Zeichen zum Hören auf, faltet die Hände und intoniert den Abend-Hymnus, während die andern einstimmen – „dolcemente e devote / Seguitar lei per tutto l'inno intero“ – und den Hymnus vollständig singen. Darauf werden, „del grembo di Maria“, aus Mariens Schoß, zum Schutz des Tales die zwei Wächterengel aus dem Himmel niederfahren. Der Bezug zum *Salve Regina*-Gesang im 7. Gesang ist offenkundig.

Erneut verweist der zitierte Gesang auf die liturgische Zeit und die Aufführungsweise wird präzise erfasst: Wie beim *Salve Regina*, die Gebetsstunde des Tagesabschlusses, die Complet, diesmal jedoch mit dem dort vor der marianischen Antiphon zu singenden Hymne *Te lucis ante terminum*. Eine

Stimme intoniert dieses frühestens gegen Ende des 5. Jahrhunderts gedichtete Strophenlied, das alle Anwesenden gemeinsam zu Ende führen.

5. IX/139

Purg. 9, 139

Io mi rivolsi attento al primo tono;	Begierig wandt ich mich beim ersten Tone,
E „Te Deum laudamus" mi parea	Und glaubte, „Te Deum laudamus" singen
Udire in voce mista al dolce suono.	Zu hören, und vermischt mit süßen Tönen.
Tale imagine a punto mi rendea	Und es gemahnte mich an solche Bilder,
Ciò ch'io udiva, qual prender si suole	Was ich dort hörte, wie man sie begegnet,
Quando a cantar con organi si stea;	Wenn Leute zu dem Orgelspiele singen
Che or sì or no s'intendon le parole.	Und ihre Worte sich im Ton verlieren.

Es ist dies eines der hinreißendsten Musikbilder in der ganzen *Commedia.* Es ist früher Morgen. Mit einem Traum ist Dante vom Vorpurgatorium vor das schmale, geschlossene Tor des Purgatoriums mit seinen drei verschiedenfarbigen Stufen gehoben worden. Er erblickt den Pförtnerengel mit einem blitzenden Schwert und den beiden Schlüsseln. Dieser prägt dem Dichter mit der Schwertspitze sieben P – für die sieben Todsünden – auf die Stirne und öffnet das knirschende Tor.

Nun glaubt Dante den Gesang des *Te Deum* zu vernehmen, die ersten Töne aus dem Purgatorium: „in voce mista al dolce suono". Was er hört erinnert ihn an etwas Bekanntes, nämlich „quando a cantar con organi si stea", wenn Gesang mit „organi" zusammen waren. Dann hätte man teils/teils „s'intendon le parole", die Worte des Gesangs entweder verstanden oder nicht verstanden.

Dass Dante den Gesang zunächst nicht mit Sicherheit erkannte, könnte darauf zurückzuführen sein, dass zunächst einer jener Abschnitte erklang, dessen Worte er eben nicht verstehen konnte.

Was Dante auf Erden gehört hatte, ein Singen „con organi", erscheint diesem *Te Deum*-Gesang vergleichbar. Da er aber offensichtlich darüber hinausreicht, ist er – im Unterschied zu den bisher besprochenen Stellen liturgischen Singens im Vorpurgatorium –, nicht identisch, sondern nur vergleichbar mit dem Singen „con organi" und scheint auch in einem liturgischen Kontext zu stehen. Es gibt also bei diesem Gesang aus dem Purgatorium – wir wissen erstmals nicht, wer ihn singt – ein Unnennbares, wie es dann im *Paradiso,* bezogen auf

Klingendes und die Musik der himmlischen Heerscharen, immer wieder erwähnt werden wird.[10]

Herkömmlicherweise wurde diese Stelle als „Gesang mit Orgelbegleitung“ übersetzt und interpretiert, wobei die nur teilweise Verständlichkeit des Textes auf die „Begleitung“ zurückzuführen war.[11] Dante lässt jedoch keinen Zweifel: Zum einen glaubte er („mi parea / Udire“), das Singen des *Te Deum* zu hören. Bei diesem Gesang waren die Stimmen mit süßem Klang vermischt („in voce mista al dolce suono“). Diese Mischung, genauer: diese „Vorstellung“ („Tale imagine“) erinnert ihn an etwas früher Gehörtes, nämlich das, was er hörte, wenn sich zum Singen „organi“ gesellten. Was sich in der ersten Terzine mit „voce“ und „dolce suono“ vermischte, war auf der Erde – zweite Terzine = Vergleichsbild – „cantar con organi“.

Mein Doktorvater Arnold Geering, durch den ich vor langer Zeit mit dieser Stelle vertraut geworden bin, hat Dantes „cantar con organi“ auf das „Organum“, das mehrstimmige Singen bezogen und dabei konkret an das Notre-Dame-Organum gedacht: Zum Teil – bei den einstimmigen „gregorianischen“ Chor-Teilen – versteht man den Text; bei den mehrstimmigen, den melismatisch komponierten Teilen hingegen nicht. Dantes „or sì or no s’intendon le parole“ lässt sich in der Tat als Hörerfahrung des Notre-Dame-Organums lesen. – Allerdings fehlt bis heute jede Spur eines Nachweises, dass die französischen Organa der „Notre Dame-Schule“ aus dem ausgehenden 12. und frühen 13. Jahrhundert in Italien nicht nur rezipiert worden sind, sondern auch noch hundert Jahre später dort weiterhin erklangen.

Doch Dante könnte andere, nicht schriftlich überlieferte, „improvisierte“ Formen mehrstimmigen Kirchengesangs gehört haben. Für die 1. Hälfte des 13. Jahrhunderts sind sie vor allem in Siena nachgewiesen. Dantes Wendung „cantar con organi“ wäre dann die italienische Übersetzung des lateinischen „cum organo“. Dieses „cum organo“ – stets im Singular – wurde 1215 in Siena in einem *Ordo et ratio summatim de toto Ecclesiae Officio* im Sinne von „mehrstimmigem Gesang“ verwendet (Handschin ^{2}1964: 182; von Fischer 1961: 167–182). So wurde in Siena auch das *Te Deum* der Osternacht und der Osterwoche „cum organo“ gesungen (von Fischer 1961: 173). Die Pluralform „cum organa“ wird nur singulär im Zusammenhang mit dem *Sanctus* verwendet: „Et nota quod in hoc Angelorum concentu, quandoque Organis et Musicis utimur instrumentis, quod David instituit, scilicet Hymnos in Dei Sacrificis cum Organis et instrumentis Musicis jubens concrepari.” (von Fischer 1961: 169). Bezeichnenderweise wird der Plural „cum organa“ gerade im textexegetischen zweiten und nicht in dem die liturgischen Vorschriften enthaltenden ersten Teil des *Ordo et ratio* im Zusammenhang mit Musikinstrumenten verwendet.

Für das Ende des 13. Jahrhunderts (nach 1289) hat Agostino Ziino (1975: 16–30) ganz analoge „cum", resp. „con organo"-Vorschriften in Lucca nachgewiesen. Es liegt nahe, sowohl für Siena wie Lucca mit einem Organum-Typus zu rechnen, wie er in der *Musica Enchiriadis* und im *Micrologus* des Guido von Arezzo beschrieben wird, oder aber mit einer Form "einfacher" Mehrstimmigkeit, wie sie dann vor allem seit dem 14. Jahrhundert vornehmlich in klösterlichen Handschriften des deutschen Sprachgebiets notiert überliefert wird. Ob nun Dante mit dem „con organo"-Singen des Quartenorganums von Guido von Arezzo oder mit dem Quint/Oktav-Organum der „einfachen Mehrstimmigkeit" vertraut gewesen ist: In jedem Falle lässt sich die Aussage bezüglich Textverständlichkeit weder auf das eine noch auf das andere „con organo"-Singen beziehen, denn in beiden Fällen bleibt der Text durchgehend verständlich.[12] Genau dasselbe können wir sagen, wenn wir uns die wenigen schriftlich notierten Zeugnisse italienischer kirchlicher Mehrstimmigkeit bis um 1300 ansehen. Sie weisen durchwegs einen musikalischen Note gegen Note-Satz auf, bei dem man den Text stets versteht.

Nun liesse sich das Rätsel von Dantes „cantar con organi" möglicherweise auch aus der *Commedia* selbst, durch Paralellstellen lösen. Allerdings findet sich „organo" nur an einer einzigen weiteren Stelle, im Zentrum des *Paradiso* und ebenfalls in einem Vergleichsbild (*Par.* XVII, 43):

Da indi, sì come viene ad orecchia	Von dorther kommt, so wie man in den Ohren
Dolce armonia da organo, mi viene	Den süßen Orgelton vernimmt, ins Auge
A vista il tempo che ti s'apparecchia.	Mir jene Zeit, die sich dir vorbereitet.

Dante hat die „Schicksalsfrage" an seinen Urgroßvater Cacciaguida gestellt. Die „organo"-Stelle zu Beginn seiner Antwort (V. 37ff.) ist ein Vergleich zur Tiefe und Ferne, aus der seine Prophetie erfolgt. „Dolce armonia da organo"[13] ist eine Aussage über die ästhetische Qualität des Instrumentaltones, ggf. auch eines instrumentalen Zusammenklanges. Sie kann die Parallelsetzung von „dolce suono" und „con organi" am Ende des 9. Gesanges bestätigen, legt damit aber auch nahe, dass dort wirklich das Instrument Orgel (allenfalls Instrumente) – und nicht das mehrstimmige Singen – gemeint ist.

Für den Musikhistoriker bleibt deshalb nur eine Lösung des Rätsels von Dantes Mischung, der „voce mista al dolce suono" und des „cantar con organi":

Der Schluss des 9. *Purgatorio*-Gesanges ist ein frühes Zeugnis für die *Alternatim-Praxis*. Die Abschnitte eines Gesanges wie z.B. des *Te Deum* wurden alternierend als „Choral" (einstimmig) gesungen – und dabei verstand man die Worte –, und (mehrstimmig) auf der Kleinorgel improvisierend vorgetragen, wobei es, da die Choralstimme von der linken Hand gespielt wurde, keine zu verstehende Worte, sondern eben nur den „dolce suono" der „armonia da organo" zu hören gab.[15]

Anmerkungen

1 Ich zitiere die deutsche Übersetzung von Hermann Gmelin in Dante Alighieri: *Die Göttliche Komödie*. Übersetzt und kommentiert von Hermann Gmelin, München: dtv, 1988, 6 Bde (= Fotomechanischer Nachdruck der Klett-Ausgabe, Stuttgart 1949–1957).

2 Deutsch von Friedrich Wolters: *Hymnen und Sequenzen. Übertragungen aus den lateinischen Dichtungen der Kirche vom IV. bis XV. Jahrhundert,* Berlin ²1922, hier zitiert nach Wolfram von den Steinen: *Homo Caelestis. Das Wort der Kunst im Mittelalter*, I. *Textband*, Bern: Francke, 1965: 165.

3 Der Zusatz „inferni" wurde von Gmelin (Bd. IV: 483) als ein Hinweis auf die Höllenfahrt Christi gedeutet, was mir schwer nachvollziehbar erscheint.

4 Le Goff bezieht sich auf das Kapitel „Les organisations dualistes existent-elles?" in Lévi-Strauss 1958.

5 Bemerkenswerterweise hat die Musikforschung diese Fragestellung bisher kaum aufgegriffen; eine Ausnahme ist Haggh 1996.

6 Vgl. das Kapitel VII in Corbin 1960: 150–171.

7 *Epist.* XIII, 7, 21 und *Convivio* II, 1, 7.

8 Dante hat diese Canzone im 3. Traktat des *Convivio* selbst kommentiert.

9 Zu diesem „Traditionsbruch" grundlegend Ohly 1958: 121–276. – Ich werde in meiner Studie *Der Klang des Hoheliedes* ausführlich auf die Frage nach der musikalischen Rezeptionsgeschichte des *Canticum Canticorum* zurückkommen.

10 Vgl. *Par.* X, 74; XX, 12; XXI, 141; XXIII, 97; XXIV, 24; XXXI, 136; XXXIII, 106.

11 So in der hier zitierten Übersetzung von H. Gmelin, aber auch noch bei Hammerstein 1962: 165f.

12 Die entsprechenden Denkmäler sind in von Fischer 1976 und 1987 ediert worden.

13 Es gibt offenbar in einzelnen Handschriften auch die Variante „da organi".

[14] Erstaunlicherweise ist diese „Lösung“, soweit ich sehe, nur durch Luigi Ferdinando Tagliavini, geradezu nebenbei und an schwer zugänglicher Stelle, dargelegt worden: Tagliavini 1980: 67 mit Anm. 1. Vgl. auch Tagliavinis Art. „Organo“ im *Dizionario enciclopedico universale* [...], ed. Alberto Basso, Turin: EDT, 1983–88 und – von dort übernommen – *MGG2*, Bd. 7, Sp. 949. Durch Tagliavini wurde diese Interpretation auf den ersten Seiten des Buches seines Freundes und Kollegen an der Universität Freiburg (Schweiz) P. Giovanni Pozzi aufgegriffen, cf. Pozzi 1996: 11–14.

[15] Schriftliche Zeugnisse, Traktate und – parallel dazu – komponierte, notierte liturgische Alternatimmusik für Orgel, ist erst aus der Zeit lange nach Dantes Tod im Codex Faenza 117 (frühes 15. Jahrhundert) überliefert. Für die Alternatim-Orgelmesse jetzt zusammenfassend Mielke 1996. Die Haltung der kirchlichen Autoritäten am Ende des 13. Jahrhunderts zur Alternatim-Praxis war in Italien gespalten: Während die Mailänder Synode 1287 die Orgel als Instrument für den Gottesdienst guthieß, wurde sie in Ferrara 1290 vom Generalkapitel verboten. Die ältesten Zeugnisse über italienische Orgelbauer stammen aus dem 14. Jahrhundert.

Ich danke meinem Salzburger Kollegen, dem Romanisten Prof. Dr. Peter Kuon, herzlich für seine Hilfe im Bereich der Italianistik und Dantephilologie.

Literatur

Auerbach, Erich
1929 *Dante als Dichter der irdischen Welt.* Berlin: de Gruyter

Corbin, Solange
1960 *L'église à la conquête de sa musique.* Paris: Gallimard.

Dante Alighieri
1988 *Die Göttliche Komödie.* Übersetzt und kommentiert von Hermann Gmelin, 6 Bde, München: dtv (= Fotomechanischer Nachdruck der Klett-Ausgabe, Stuttgart 1949–1957).

Haggh, Barbara
1996 „Foundations or Institutions? On Bringing the Middle Ages into the History of Medieval Music.“ *AMl* 68: 87–128.

Hammerstein, Reinhold
1962 *Die Musik der Engel.* Bern: Francke.

Handschin, Jacques
²1964 *Musikgeschichte im Überblick.* 2. Auflage, Luzern: Räber (1. Auflage Luzern 1948)

Le Goff, Jacques
[2]1991 *La naissance du Purgatoire,* Paris: Gallimard (Collection Folio; 31: Histoire); (Erstausgabe Paris: Gallimard, 1981; deutsch als *Die Geburt des Fegefeuers.* Stuttgart: Klett-Cotta, 1984)

Lévi-Strauss, Claude
1958 *Anthropologie structurale,* I. Paris: Plon.

Mielke, Andreas
1996 *Untersuchungen zur Alternatim-Orgelmesse.* 2 Bde, Kassel: Bärenreiter. (Bochumer Arbeiten zur Musikwissenschaft 2)

Ohly, Friedrich
1958 *Hohelied-Studien. Grundzüge einer Geschichte der Hoheliedauslegung des Abendlandes bis um 1200.* Wiesbaden: Steiner.

Pozzi, Giovanni
1996 *Alternatim.* Milano: Adelphi.

Szövérffy, Josef
1962 *Die Annalen der lateinischen Hymnendichtung,* I. Berlin: Schmidt.

von Fischer, Kurt
1961 „Die Rolle der Mehrstimmigkeit am Dome von Siena zu Beginn des 13. Jahrhunderts." *AfMw* 18: 167–182.
1976 *Polyphonic Music of the Fourteenth Century,* XII. Monaco: L'Oiseau-Lyre.
1987 *Polyphonic Music of the Fourteenth Century,* XIII. Monaco: L'Oiseau-Lyre.

von den Steinen, Wolfram
1965 *Homo Caelestis. Das Wort der Kunst im Mittelalter,* I. *Textband,* Bern: Francke.

Tagliavini, Luigi Ferdinando
1980 „Le rôle et le répertoire de l'organiste de la Renaissance en fonction de la liturgie." *Internationaal Musicologisch Colloquium.* Het Gregoriaans, Leuven, 25 tot 28 September: 67–95.

Wolters, Friedrich
[2]1922 *Hymnen und Sequenzen. Übertragungen aus den lateinischen Dichtungen der Kirche vom IV. bis XV. Jahrhundert.* 2. Auflage, Berlin: Bondi.

Ziino, Agostino
1975 „Polifonia nella cattedrale di Lucca durante il XIII secolo." *AMl* 47: 16–30.

ELENA TONTSCHEVA, Sofia

Die Mehrstimmigkeit im südslawischen Bereich der byzantinischen Musik

Terminologische Begriffe in der schriftlichen und mündlichen Tradition

Die byzantinische Kirchenmusik ist vokal und einstimmig. Diese zwei Hauptmerkmale werden durch die kirchliche Überlieferung definiert. „Mit einem Munde und vereintem Herzen den Namen Gottes zu preisen“ schreibt die liturgische Ordnung der orthodoxen Kirche vor.[1]

In der griechisch-slawischen Tradition des Kirchengesangs auf dem Balkan hat sich aber bis zur Gegenwart eine Art zweistimmiger Kirchengesang erhalten – das sog. „Ison (Iso)-Halten“. Nach dem ausgezeichneten Kenner des traditionellen griechischsprachigen Gesanges Prof. Gr. Stathis bedeutet „Ison halten“ – gleichzeitig auf dem Hauptton des Tetrachords der Melodie zu singen (Stathis 1982: 37). Mit der Änderung der Melodie – wenn sie zum oberen Tetrachord steigt oder zum tieferen Tetrachord sinkt, wird auch das Ison (die „Harmonie-Form“) durch eine Verschiebung auf den Grundton geändert. Daher wird das Ison (die zweite „liegende“ Stimme) von einem speziell eingeübten Chor von Knaben und erfahrenen Sängern gesungen; häufig ertönt das Ison um eine Oktave tiefer als der Grundton des Echos, was der kirchlichen Musik „eine spezifische Qualität“ verleiht. Stathis definiert auch die ästhetische Bedeutung des Ison-„Singens“ (Isokratema), indem er es als „Hauptelement der Expression der kirchlichen Musik“ definiert, das „den Bedürfnissen“ ihres liturgischen Charakters entspricht. Nach Stathis wurde in der griechischen orthodoxen Kirche – sowohl in byzantinischer als auch in neuerer Zeit – immer mit Ison gesungen (was schon in den ersten Typika zu finden sei). Stathis (1982: 37) setzt aber die Praxis der Kanonarchema dieser der Isokratema gleich (Kanonarchema oder Kaloarchema bedeutet eine Rezitation der Hymne Phrase für Phrase vor dem Gesang, auf dem Grundton des kirchlichen Echos, in dem die Melodie entwickelt wird; siehe Wolfram 1995) und darin sieht er einen Beweis dafür, dass das Ison im Psalmodieren schon immer präsent war.

Genau die Mehrstimmigkeit wurde schon mehrmals durch die Geschichtsschreiber und Theoretiker der europäischen Musik als ein Grundunterschied zwischen der Musiktraditionen des europäischen Westens und des europäischen Ostens hervorgehoben. Ich werde – in gebotener Kürze – versuchen, dieses Problem, an dem ich in letzter Zeit arbeite[2], im Lichte des Ost-West-Verhältnisses in der europäischen Musikentwicklung zu behandeln. Nach Prof. H. H. Eggebrecht bestand in dem europäischen Westen die Musiktheorie als eine auf die Musikpraxis orientierte Betrachtung schon im Karolingischen 9. Jh. in einem Begriffserkenntnis und einem Lehren. Das theoretische Interesse war auf das Modalsystem, auf die Niederschrift der Melodie und auf die Mehrstimmigkeit als eine Art Verzierung des Gesangs gerichtet (Eggebrecht 1991: 13–14). Dieses theoretische Verständnis (in aktualisierten Musikbegriffen aus der Antike), das auf Regeln aufgebaut und niedergeschrieben war, verleiht der Mehrstimmigkeit eine große historische Kraft; es beschnitt den Wildwuchs, setzte dem blinden Usus ein Ende, schwang das Naturwüchsige in die Richtung des Kunstmäßigen" (Eggebrecht 1991: 17).

Was geschieht im Osten? Hier möchte ich die Problemstellung auf das Gebiet der dogmatischen Unterschiede zwischen beiden christlichen Kulturkreisen übertragen. Denn „die theologische Denkweise" „verändert den Verstand des sich dazu Bekennenden, indem sie ein unterschiedliches geistiges Leben hervorbringt" (Vl. Loskij; Лосский 1991: 19). Hier kann ich nicht auf die dogmatischen Differenzen eingehen – sie werden durch zahlreiche Theologen, Philosophen, Geschichtswissenschaftler definiert. Im Osten bewährte sich der Apophatismus (die mystische Theologie – nach Pseudo-Dionysios Areopagite) – das Erreichen Gottes durch Unkenntnis, das dem Unerkennbaren – Gott – eigen ist. Das Wichtigste ist die Un-Kenntnis, die Vereinigung mit Gott, die Vergöttlichung. Und die Vergöttlichung ist Gottes Segen, der Segen ist die Präsenz Gottes im Menschen und Seine Kenntnis setzt ständige Bemühungen, eine Synergie beider Willen voraus – des Willens Gottes und des freien Willens des Menschen. Das ist eine mystische Vereinigung mit Gott, die in der lebendigen menschlichen Erfahrung erreichbar ist (Лосский 1991: Kapitel II). Daher ist auch die Musik als Bestandteil des Gottesdienstes, der den menschlichen mit dem Engelschor mystisch vereint (Hammerstein 1962), ebenfalls rational unerkennbar. Im Osten bleibt die kirchliche Musik fast bis zur Gegenwart (in Bulgarien bis zum Anfang des 20. Jh.) Kult-Musik, sie wird nicht zur Musik-Kultur (Definitionen ebenfalls von Vl. Loskij; Лосский 1991: 257). Und die Musiktheorie bleibt – als Kontemplation der Musikpraxis – Theologie

(Tontscheva 1999b). Diese rationale Undurchschaubarkeit der christlich-orthodoxen Musiktheorie hat unterschiedliche Erscheinungsformen (z.B. den Vergleich zweier gleichzeitiger – aus dem 11. Jh. stammender – Systematisierungen im Bereich der Musikschrift) zu Folge: im *Mikrologus* von Guido d'Arezzo wird durch die Bewährung der Linearität der Notenschrift der Einzelton emanzipiert (Eggebrecht 1991: 30–35); genau der Gegensatz ist in der ersten uns vorliegenden Neumenaufstellung, der Athoshandschrift *Lavra gama* 67 durchgesetzt (Tilliard 1912): darin gilt dem Prototypus (dem zum Archetypus Führenden) besondere Aufmerksamkeit – nach dem Kurzschriftprinzip werden darin graphische Symbole der melodischen Bewegungen aufgezählt, traditionelle melodische Stereotype, wobei dem Terminus „Melodemata" eine Schlüsselbedeutung zukommt (Floros 1980).

Wahrscheinlich hat eine Mehrstimmigkeit vom Isokratema-Typus auch in der frühen byzantinischen Musik existiert – wie Stathis ausdrücklich betont (nach einer Hypothese wurde die westeuropäische Mehrstimmigkeit aus dem Osten, aus Byzanz übernommen; Eggebrecht 1991: 18–19). Doch sie bleibt traditionell, jenseits der Schrifttradition, theoretisch undefiniert. Das wahrscheinlich erste schriftliche Zeugnis einer Ison-Mehrstimmigkeit weist auf eine relativ späte Zeit – das 14. Jh. – hin.

Das 14. Jh. bildete einen Einschnitt auch in der westeuropäischen musikgeschichtlichen Entwicklung – das Abendland traf ihre Wahl, indem es sich für die Entwicklung in Richtung Musik als Kultur, Musik als Kunst entschied (Eggebrecht 1991: 18–19). Im Osten trafen objektiv gesehen, ebenfalls wichtige Änderungen in der liturgischen Musik ein in der Form einer Ars Nova (Williams 1968). Es bahnten sich in der westeuropäischen Entwicklung ähnliche Tendenzen an, die auf ihren zwei Schlüsselbegriffen *Subtilitas* – Feinheit und *Dulcitudo* – Milde, Schönheit, beruhten (Eggebrecht 1991: 180–181); im Osten waren das entsprechend *Psaltike techne* und *Kalophonia* (Tontscheva 1999a). Die Singkunst (*Psaltike techne*) wurde in Abhandlungen erwähnt, die ihrerseits für die Gesangslehre bestimmt waren (die sog. Papadike).[3] Darin sind verfeinerte Nuancen der Systematisierung des musikschriftlichen Stoffes zu finden. Doch dies ist wiederum kein rationales Vertiefen in die spätbyzantinische Musik. Die Systematisierungen beruhen auf theologischen Schlüsselbegriffen, sie werden durch die Theologie erforscht und studiert (Tontscheva 1999a). Ein Hauptbegriff der spätbyzantinischen Neumenklassifikation ist der Terminus „Phone", slaw. „glas" (Stimme), welchen man auch in Verbindung mit der Theologie stellte („es ist das Licht [phos] des Verständnisses [nous]")[4]. So werden in der Hauptklasse der Neumenzeichen die Emphona[5] (stimmhafte) Zeichen, durch die der melodische Schritt (Interval) emanzipiert wird (als Emphona werden die Intervall-Neumen bezeichnet, die die Melodie aufbauenden melodischen Schritte quantitativ eindeutig beschreiben) in Körper-Zeichen (Somata) – für Sekunden – Bewegung – und Geist-Zeichen (Pneumata)[6] – für die melodischen Sprünge – gegliedert; die Beziehungen ihrer Subordinanz (Hypotaxis)[7] werden in sakral gedachten räumlichen Beziehungen eingebunden – oben-unten, links-rechts – indem sie der grundlegenden theologischen Beziehung zwischen Körper und Geist folgen.[8] Besonders wichtig ist die Einführung des grundlegenden theologischen Begriffes in die zweite Hauptklasse der Neumenzeichen – der sog. Aphona (Stimmlose). Das ist der theologische Begriff der Hypostase („große Hypostasen").[9] Dieser Terminus verleiht der Bewährung der stenographischen Zeichen als Symbole der traditionellen melodischen Lexik[10] (die Zeichen vom Melodemata-Typus) einen theologischen Sinn in den genau aufgeschriebenen Melodien (unterhalb oder oberhalb der Neumenzeile der Emphona-Zeichen). Denn diese Melodien sind aus den prototypischen melodischen Einheiten gebildet, aus ausgewählten Formeln der herkömmlichen Lexik; abgegrenzt und bewacht werden sie durch die großen Hypostasen: auf diese Weise wird „das Einzelne im Gemeinsamen" bezeichnet, es wird „eine untrennbare Teilung und getrennte Vereinigung" erzielt – und das sind Bedeutungen des theologischen Begriffs Hypostase (in den Verhältnissen Ousia und Hypostase in der Heiligen Dreieinigkeit) (Meyendorf 1995: 131).

In der spätbyzantinischen Zeit wird die Kombinationsfähigkeit dieser traditionellen melodischen Lexik (Kallopismos-Technik; Conomos 1974: 44–45) erhöht; die „neuen" Musikwerke (mit einem Autor attribuiert) werden ästhetisch gedacht, sie sind „kallos" – schön, wohlklingend (die slawische Übersetzung ist „sladkoglasie"); aber sie sind auch „kalos", „kalophonisch" denn diese Beschaffenheit verdanken sie der „Nähe" zum Archetyp, der Engelstimmigkeit und das erhöht ihre meditative Kraft.[11] Die Kalophonie-Stilistik[12] (die Engelstimmigkeit) bildete in der byzantinischen Musik einen Höhepunkt des Tropierens – der Verzierung, der melodischen Bereicherung. Doch hier sind die melodischen Tropen textlos, sie werden als textlose Silben – Anena und Terire – gesungen (das engelstimmige Singen ist ebenfalls textlos; Hammerstein 1962: 39–44). Es bildete sich ein Repertoire textloser Melodien, die sog. Kratemata (Stathis 1979a: 46, 113f.; Krataios bedeutet Kraft im Sinne geistiger Kraft, Stärke, kratema – Anhalten). Die engelstimmigen Tropen sind an der Gestaltung weitgehend verzierter kalophonischer Kompositionen beteiligt –

der kalophonischen Versionen üblicher liturgischer Texte (Stathis 1979a: 46). Und eben in diesem Repertoire, in der gesteigerten Entwicklungsdynamik des Tropierens (auch auf der vielfältigen Paraphrase der Texte beruhend) erschien ein Terminus, der wahrscheinlich mit dem Ison-Singen verbunden war: der Terminus Bastakton[13] (bastazo, basto – anhalten). In einer besonders komplizierten kalophonen Komposition im zweiten plagalen Echos, aus dem Polyeleos-Repertoire (festlichem Orthros) – einem Oktoechos-Polyeleos-Zyklus des Künstlers namens Koukoumas (Nikolaos) der Meister (14. Jh.) (Jakovljevic 1988: 82–83); dieser Terminus erscheint in einem Teil vom Anapodismos-Typus (Stathis 1979a: 83–84) (einem Teil des Refrainverses von dem Polyeleos Psalm 135, der textuell manipuliert wurde), in dem sich zahlreiche kalophonische Tropen-Anrufungen reihen – Anaphonemata (Stathis 1979a: 93) (Anena und Terire).

In den Handschriften ist die Interpretation dieser Komposition ausführlich beschrieben[14] (besonders ausführlich ist die Beschreibung im Ms. Athens Nr. 2622 des 14. Jh. f.137v – 208r).[15] Die Tropen sind aufgeteilt für die Darbietung durch zwei Chöre und deren Solisten – mit Hinweisen auf Singen links und rechts, innen und außen (durch den Chor), einzeln oder von allen, mit oder ohne Wiederholung; und da erscheint zu drei von ihnen der Hinweis „meta bastakton" – mit „Anhalten". Die Erforschung dieser Episoden im Kontext der ganzen Komposition zeigt, dass es sich um melodisch vielfältige, besondere Episoden handelt. Das sind Episoden von großem Tonumfang (Oktave). Der Gebrauch der zitierten Hinweise in der gesamten „Partitur" der außerordentlich ausführlichen kalophonischen Polyeleos-Version lässt annehmen, dass das angegebene Ison-Singen (das wahrscheinlich eine Oktave tiefer ertönen musste), den Eindruck von Klangräumlichkeit der Töne sowie eine besondere Festlichkeit der Polyeleos-Interpretation, als eine Art zusätzlicher „Dekoration" in wichtigen Momenten der Kompositionsentfaltung vermittelt hat (Abb.1).

Ausgehend davon, dass in der spätbyzantinischen Kalophonie-Stilistik die modale Variabilität besonders kennzeichnend ist (Bentas 1971) (festgehalten in den Papadike-Abhandlungen in speziellen Zeichensystematisierungen über die modale Bezeichnung, Modulationen und modale „Verletzungen" – Märtyrien, Epechemata, Phtorae), ließe sich annehmen, dass auch das Ison als zweite Stimme beweglich war, und dass seine Interpretation tatsächlich eine große Sängererfahrung voraussetzte? Doch die Quellen schweigen[16] – es gibt keine rational abgeleiteten Regeln und Vorschriften; trotz der außergewöhnlichen Kompliziertheit und Feinheit der Musik und der Musikschrift selbst bleibt die

Ison-Interpretation traditionell. Weil der europäische Osten ebenfalls seine Wahl getroffen hat – seine Musik blieb eine Kult-Musik.

Jetzt möchte ich auf die Bezeichnung „Ison" (isos – gleich, eben) selbst eingehen. Im Text der Papadike-Abhandlungen nimmt das Ison-Zeichen einen führenden Platz ein und seine traditionelle Bezeichnung im System spätbyzantinischer Musikzeichen (semadia) ist Anfang (arche), Mitte (mese), Ende (telios) und Basis (systema, themelios) der Zeichen der Musikkunst.[17] Diese Bezeichnung bewährte sich auch in den spätbyzantinischen Hermeneia-Lehrschriften „pseudotheoretischer" Art, die spezialisierte und keine universellen Kenntnisse vermittelten – insofern sie umfangreiche praktische Kenntnisse voraussetzten, erlangt unter der Leitung eines erfahrenen Lehrers (diese Art Kenntnis wird als quasi populäre Klosterkenntnis definiert, die in der postbyzantinischen Zeit, aus der die meisten Abschriften dieser Lehrtexte stammten, sehr verbreitet war) (Schartau 1998: 16). Nach der spätbyzantinischen Neumen-Klassifikation bedeutet das Ison-Zeichen eine Wiederholung der vorangehenden Stufe (Phone). In den spätbyzantinischen „theoretischen" Abhandlungen kommt die Vorstellung von einer „Leiter" und ihren „Stufen" vor; diese Vorstellung blieb aber außerhalb der Vorstellung von einer Skala und von qualitativ determinierten Intervallen (im akustischen Sinne).[18] Daher ist es sehr schwer, die Funktion des Ison-Zeichens zu erklären, wenn es am Anfang des Gesangs, der modalen Intonationen steht (Echemata) (Raasted 1966). In den Abhandlungen werden verschiedene Erklärungen gegeben (Wolfram & Hannick 1997: 40–49; Schartau 1998: 42–43), doch besonders wertvoll ist die theoretische Erklärung von Pseudo-Damaskenos: „...Wir stehen vor einer Erhöhung, um sie von hier aus zu bemessen. Dann lehnen wir daran eine Leiter (klimax) , steigen die Stufen (bathmos) der Leiter hinauf und zählen eins, zwei, drei, vier. Die Erde, auf der die Leiter aufgestellt wurde und auf der wir standen, zählen (arithmein) wir nicht, wiewohl sie deren eigentliche Basis (themelios) bildet..." (Wolfram & Hannick 1997: 50–51). Von solcher Qualität ist das Ison am Anfang der Echemata. Es ist zwar Ausgangspunkt (arche) aller Epechemata. Das Ison bringt die Intervallzeichen (phoneenta) um ihren Intervallwert; es steht über allen Zeichen (phoneenta, aphona), daher wird es König der Zeichen.[19] Es wird „gehalten", um das richtige Verhältnis zwischen den Tönen aufrecht zu erhalten.[20]

Besonders wichtig für das Verständnis des Ison-Zeichens und der osteuropäischen Musik überhaupt ist eine – leider nur fragmentarisch erhaltene – theologisch-mystische Abhandlung, die der Cheironomie (die Technik der

Chorleitung durch verschiedene Bewegungen und Stellungen der Hände und Finger)[21] gewidmet ist und eine allegorische Erklärung für die cheironomischen Gesten mehrerer Neumenzeichen hauptsächlich durch Episoden aus dem Neuen Testament bietet – das ist die Abhandlung des byzantinischen Theologen Michael Blemmydes aus dem 13. (14.) Jh.[22] Nach dieser Abhandlung ist Ison das Zeichen, das das Bild der Heiligen Dreieinigkeit symbolisiert (danach cheironomisiert wird): „Wie die Heilige Dreieinigkeit ist es dreieinig und weder der Vater, noch der Sohn, noch der Heilige Geist sind ihrem göttlichen Wesen nach größer als einander. So wird das Ison gesungen ..." (Герцман 1996: 65). Das durch die Finger gebildete cheironomische Zeichen ist folgendes: sich berührende Daumen und Zeigefinger, die das Verhältnis Ousia-Hypostase symbolisieren; die weiteren drei Finger sind ausgestreckt – sie symbolisieren die drei Hypostasen in der Dreieinigkeit der heiligen Dreifaltigkeit [23] (Abb.2). Gott besteht in einem Wesen in drei Hypostasen – das ist die Formel, die das Kriterium für die trinitäre Theologie im Osten bleibt. Die Doktrin der Dreieinigkeit spielt in der byzantinischen religiösen Erfahrung eine zentrale Rolle: die immanente Dreieinigkeit „ist die erlösende Eingebung Gottes in der Geschichte", was in der Liturgie und insbesondere im eucharistischen Kanon zum Ausdruck kommt (Meyendorf 1995: 228–233). Und könnte man nicht annehmen, dass eben diese dogmatische Doktrin auch in der Neumenklassifikation bzw. in der Stellung des Isons in ihr Ausdruck findet? Sie ist es, die auch die Ästhetik der Interpretation des Ison-Borduns in der christlich-orthodoxen Einstimmigkeit rechtfertigen kann – die Fülle, die Stärke (Macht) des gleichmäßigen Borduntons, über dem sich die abwechslungsreichen „Hypostasen" der traditionellen Tonfiguren offenbaren, bestehend aus Ton-„Körpern" und Ton-„Seelen"; Hypostasen, in denen das „Göttliche" lebt, und die die einstimmige christlich-orthodoxe „engelstimmige" Melodie in ihrem Zustreben zu Gott aufbauen. Nicht von ungefähr kommt diese theologische Sinngebung eben in der spätbyzantinischen Zeit vor – einer Zeit, in der die christlich-orthodoxe musiktheoretische Reflexion ein System von technischen Termini zu entwickeln vermochte; doch in Byzanz (in der die mystische Lehre von Hesychasmus (Meyendorf 1995: 228–233) die Oberhand gewann) wurde die musikalische Reflexion nicht zur Musik als Kenntnis, sie blieb eine Theo-Logie. Und wäre es zu spekulativ anzunehmen, dass eben diese Symbolik, diese dogmatische Sinngebung des mit der zweistimmigen byzantinischen Praxis dauerhaft verbundenen Zeichens Ison die Entwicklung der Zweistimmigkeit selbst im Osten eingeschränkt hat?

Der slawische kirchliche Gesang auf dem Balkan ist der Tradition besonders verpflichtet. Bis zum 14. Jh. wurde er durch die mündliche Tradition überliefert (Tontscheva 1991). Nur bruchstückartig und unsystematisch wurde er in die spätbyzantinischen Gesangbücher aufgenommen und mit der spätbyzantinischen Stilistik und Notation (aus dem 14. – 16. Jh.) niedergeschrieben (Tontscheva 1991). Seine vergleichende Forschung stellt eine stilistische Prägung fest – das ist eine Gesangsart, die den klassischen Typus des Psalmodierens sorgfältig aufbewahrt – in wenigen kurzen psalmodischen Modellphrasen, die auf psalmodischer Strophenbildung beruhen (Tontscheva: „Über die Stilistik...", im Druck). Wenn es eine Ison-Praxis gegeben hat, so war sie an ein oder zwei Töne (Grundton und Tenor) gebunden (Tontscheva 1992).

Insofern sich die Hypothese durchsetzt, dass die slawische Tradition des Balkans – mit der Kiewer Fünflinien-Quadratnotation – Ende des 16. Jh. in der Ukraine unter der Bezeichnung *Bolgarski napel* (Bulgarisches Singen; Tontscheva 1981) – niedergeschrieben wurde (Tontscheva 1985), werden bei heutigen Rekonstruktionen (interpretiert durch bulgarische und russische Chöre) die Melodien mit Ison gesungen. Doch die Quellen liefern keine Angaben über seinen Gebrauch. Es sei nur bemerkt, dass – nach einer Theorie von Prof. Anatolij Konotop – ein Zeichen für die Ison-Praxis in russischen Manuskripten nach dem 16. Jh. eingeführt wurde (Конотоп 1989) (aus diesem Grunde werden heute in Rekonstruktionen von Prof. Konotop auch russische Kirchenmelodien mit Ison gesungen).[24] Das gleiche Zeichen (es erinnert an den russische Buchstaben „э") ist auch in einer Quelle vom Balkan mit spätbyzantinischer Notation aus dem 16. Jh. zu finden – in der griechisch-slawischen Handschrift aus dem Jahre 1511 des berühmten Protopsalten der Singschule des moldauischen Putna-Klosters aus dem 16. Jh. Evstatie. Das Zeichen wird im kalophonischen Gesang benutzt und wieder mit einer kalophonischen (textlosen) Episode[25] verbunden – anena – Melisma im Halleluia-Refrain einer slawischsprachigen Communion (nach D. Conomos hat das Zeichen die Bedeutung eines Zeichens von der Art „Da capo al fine")[26] (Abb.3).

In Bulgarien sind schriftliche Angaben über das Isonieren erst aus der Zeit der Nationalen Wiedergeburt zu finden, in der sog. „Modernen" Etappe in der Entwicklung der byzantinisch-südslawischen Gesangstradition des Balkans nach der Reform von 1814 (von Chrysantos, Chourmouzios und Gregorius; Stathis 1979b: 179–186); das war eine Reform die eine weitere Etappe erhöhter „Exegetik" in der Musik abschloss; der Begriff „Musikexegetik" selbst erschien in den Musikhandschriften (seit der 2. Hälfte des 17. Jh. und im 18./19. Jh.;

Stathis 1979b: 188). Dieses Mal waren jedoch die Änderungen mit einer Verstärkung des westeuropäischen Einflusses im europäischen Osten verbunden, die auf einen Wechsel der kulturellen Identifikation hinzielte. Das war eine sehr komplizierte Zeit der inneren Neubewertung der Musikentwicklung, auf die ich aus Zeitgründen nicht eingehen kann. Doch eben mit dem Fortschritt des Prozesses der „Westeuropäisierung“ (Japova 1999) sind auch gewissermaßen modernisierte (im Sinne der modernen westeuropäischen Musiktheorie und ihres terminologischen Systems) Normen, Prinzipien und Regeln des osteuropäischen Gesangs entstanden, d.h. es begann ein rationales „Durchdringen“ in der Gesangspraxis, einschließlich der Ison-Praxis. In Bulgarien waren die Prozesse der Einführung einer Identität westeuropäischen Typs besonders intensiv – der „Musikfortschritt“ wird insbesondere mit der „neuen harmonischen d.h. mehrstimmigen Musik“ identifiziert, die die Grundlagen der modernen bulgarischen nationalen Komponistenschule bildete; seit dem Ende des 19. Jh. wurde in der bulgarischen Kirche der mehrstimmige russische Chorgesang aufgenommen (Tontscheva 1991). Aus diesem Grunde erschien ausgerechnet in Bulgarien auch eine moderne Theorie des Isonierens – im Werk des bulgarischen Protospalten und namhaften Vertreters der sog. ersten Generation bulgarischer Gegenwartskomponisten Petar Dinev (1889–1980), betitelt „Anleitung zur modernen byzantinischen Neumennotation“ (Dinev 1964). Dinev vereinte die traditionelle Kenntnis über den Kirchengesang seit der Zeit der Nationalen Wiedergeburt (18. – 19. Jh.; das ist die Zeit, als in der Singschule des Rila-Klosters die neue byzantinische Musik und Theorie übernommen wurde, wobei das gesamte Gesangsrepertoire den kirchenslawischen liturgischen Texten angepasst wurde; Dinev 1957) mit der modernen musikalischen Ausbildung (die er in Russland bekommen hat – in dem Priesterseminar in Kazan und in der Musikhochschule in S.Peterburg; Tontscheva 1990). Seine Definitionen zur Ison-Praxis stimmen mit jenen von Gr. Stathis überein mit dem Unterschied, dass er sich um eine genauere Definition der Art der Mehrstimmigkeit bemühte, indem er sie in den Kontext der westeuropäischen Musikgeschichte Dinev 1964: 76–78): er bezeichnete sie als *polyphonisch* und vertrat die Ansicht, dass sie sich in ihren Regeln vom westeuropäischen Kontrapunktus nicht wesentlich unterscheidet. Nach ihm besteht der Unterschied darin, dass die tiefere Stimme – das Ison, in ihrer Bewegung nicht so frei ist und eher als eine „Stütze“ der Melodie dient. Doch sie ist nicht statisch und reagiert auf die Änderungen des oberen Punktus – der melodischen Bewegung der Motive. In den durch P. Dinev abgeleiteten Regeln ist von einem Isonieren auf der Tonika, der

Subdominante und Dominante die Rede, wobei unter bestimmten Bedingungen der tiefere „Punktus" mit dem oberen in ein Unison zusammenfließt. Dies geschieht, wenn die „harmonischen" Voraussetzungen für eine Ison-Form nicht ausreichend geklärt sind oder wenn das Isonieren „Dissonanzen" (Sekunden) anhäuft. P. Dinev betont ausdrücklich, dass sich das Ison auch im Zusammenhang mit den Modulationsänderungen und dem Ineinanderfließen von Motiven, Tonleitern und Tonfolgen verändert. Doch auch in bezug auf diese Ison-Einschließungen leitet er keine Regeln ab, sondern zeigt konkrete Beispiele aus seiner Sängererfahrung – aus den Gesängen in den Moden des Ochtoechossystems. Daher unterstreicht Dinev, dass das Isonieren theoretische Kenntnisse, gutes Gehör und richtiges Gefühl voraussetzt, damit der Sänger begreift, wann eine Grundlage durch eine andere ersetzt werden muss. Dinev selbst unternahm etwas Enormes – er übertrug das ganze slawischsprachige einstimmige Repertoire der bulgarischen Kirche der Gegenwart (seit dem 19. Jh.) von der Neumennotation in westeuropäische Notation. In diesen Transkriptionen der westeuropäischen Notation führte er Ison-Bezeichnungen ein – zum ersten Mal (Schlötterer 1982) in der Geschichte des christlich-orthodoxen Gesangs auf dem Balkan[27] (Abb. 4,5).

Anmerkungen

1 О церковном пении. Москва, 1997, с.7, 86, 87.

2 Im Jahre 1997 fand in Sofia ein Roundtable zum Thema *Europa: Das orthodoxe Christentum und die westliche Welt* statt. Diskutiert wurden Fragen wie das Zivilisationsmodell, geprägt durch die religiöse Definiertheit des orthodoxen Christentums und seine Auswirkungen auf die Gegenwartspolitik, die Einbindung der christlich-orthodoxen Länder insgesamt und Bulgariens insbesondere in Europa etc. Ich habe an den Diskussionen mit einem Beitrag zum Thema „Musik und theologische Gesinnung" teilgenommen (siehe Tontscheva 1999c).

3 Der Terminus *Psaltike techne* (= *Musike techne*), der in der griechischen klassischen Musik eingeführt wurde, hat sich als Definition in der Musik der spätbyzantinischen Zeit (14.–15. Jh.) durchgesetzt. Er kommt ständig im Text der theoretisch-praktischen Abhandlungen Papadike vor, die die neue Art von Gesangsbüchern seit dem Ende des 13. Jh., die sog. Akolouthiai, einleiten (die Akolouthiai beinhalten ein Repertoire für Vesper, Orthros, Leitourgia), im Unterschied zu den Abhandlungen der früheren Zeit, in denen die Musik als ein Gegenstand des Quadriviums den griechischen klassischen musiktheoretischen Ideen und Terminologie verpflichtet bleibt. Siehe Chr. Hannick: „Die Byzantinische Musik." 1. Die Lehrschriften der

klassisch-byzantinischen Musik. 2. Die Lehrschriften zur byzantinischen Kirchenmusik. In: H. Hunger: *Die hochsprachliche profane Literatur der Byzantiner*, Bd.II. München, 1978, S. 183–218.

4 Der Terminus *phone* spielt eine Schlüsselrolle in den spätbyzantinischen theoretischen Schriften, denn eben mit ihm ist die für die mittel- und spätbyzantinische Zeit kennzeichnende Intervall-Eindeutigkeit verbunden – die Größe des Intervalls wurde durch die ihn bildenden *phone* gemessen; *phone* ist die Messgröße für die Quantität der Intervalle Nach den Abhandlungen wurden die *phone*-Stufen entweder einzeln gesungen (Sekundenbewegung nach oben und nach unten), oder „auf einmal" – melodische Sprünge. Im Zusammenhang mit diesem Terminus wurde auch der Bergriff der „Metrophonie" – Zählung von *phone* eingeführt. Nach dem 17. Jh. erlangte der Begriff Metrophonie eine neue Bedeutung, in der Opposition Metrophonie – Melos, in der sog. Stenographischen Theorie über die byzantinische Musik, vertreten durch die griechischen Musikwissenschaftler (siehe Stathis 1979; Tillyard 1931: 45–58). Das ist eine wichtige und immer noch offene Diskussionsfrage in der Forschung der byzantinischen Musik.

5 Zur Vergleichsforschung der Termini Neuma, Zeichen (*semeia, stoicheia, schema, semadion*), Tonos siehe Hannick 1977. Es werden die Beziehungen der Termini der byzantinischen Neumenklassifikation und der klassischen griechischen Musiktheorie behandelt sowie diese zu Gebieten der Grammatik. Zu den Arten der Neumenklassifikation siehe C. Floros: *Universale Neumenkunde*, Bd.I, S. 111–119.

6 Der Terminus *Pneumata* wird mit der Klassifikation der prosodischen Zeichen bei den Grammatikern verbunden, die in der Hagiopolitanischen Klassifikation zu finden ist (Chr. Hannick 1977: 176). In der spätbyzantinischen Zeit wird aber der theologische inhaltliche Schwerpunkt unterstrichen: „Und Gott hauchte den Menschen an und schuf ihm eine lebendige Seele." Das also sind die vier Pneumata. Die Pneumata werden nämlich nicht ohne Tonoi (Somata) zusammengesetzt und die Tonoi werden nicht ohne Pneumata bewegt... (siehe Wolfram & Hannick 1997: 30–31).

7 Die Idee der Hypotaxis ist für die byzantinischen Notationen typisch; sie bleibt den westeuropäischen Neumensystemen vollkommen fremd. Das ist ein grundlegender Terminus technicus, der in den Abhandlungen vom Papadike-Typus durchgesetzt wird. Nach B. Schartau, stammt aber der Terminus (als das Verb *hypotasso*) auch aus dem biblischen Text: Evangelium nach Lukas, 2, 51 und 10,17.

8 Nach Hieromonachos Gabriel ist die Teilung der Neumenzeichen Soma und Pneuma auf die Cheironomie oder auf die Dirigentenfiguren zurückzuführen, die spezifische Interpretationsnuancen über die Soma-Zeichen mitteilen, während die Pneuma-Zeichen keine Cheironomie besitzen. (Wie bekannt, bezeichnet die spätbyzantinische Klassifikation als Soma-Zeichen 6 Zeichen zur steigenden Sekunde; mit gleichen *phone*, weisen diese Zeichen unterschiedliche Cheironomie – dynamische Nuancen auf; diese vielfältigen dynamischen Inhalte verleihen der spätbyzantinischen Musik besonders feine Ausdruckskraft). (Hannick & Wolfram 1985: 52–53)

9 Eine Erklärung des Terminus Hypostase bietet eine anonyme Abhandlung (15.–16. Jh.): „Der Mensch besitzt auch Verstand (Nous), Körper (Soma) und Geist (Pneuma)

in einer Hypostase. Und diese drei Zeichen – Oligon, Oxia und Petasti besitzen den gleichen Wert wie Metrophonie. Was jedoch die Cheironomie angeht, sind Oligon, Oxia und Petasti völlig unterschiedlich". Der Autor macht einen Vergleich zur Heiligen Dreieinigkeit (Schartau 1998: 66–68).

10 Das Problem der melodischen Formeln wurde durch Manuel Chrysaphes aufgeworfen, der auch den Terminus der melodischen Figurformel, Thesis, einführte: „Thesis means the union of signs which form the melody..." (Conomos 1985: 40–41). Von der Beziehung der Formeln zu den großen Hypostasen zeugt Gabriel: „Wir schreiben nun Oligon, dann Oxeia und danach drei Apostrophoi und zählen zwei aufsteigende Intervalle, nämlich die des Oligon und der Oxeia, und die drei absteigenden Intervalle der drei Apostrophoi. Nun erkennen wir freilich nicht ... wie die Stimme zu flektieren ist, und wie die melodische Figur (thesis) durch Cheironomie anzuzeigen ist, wenn wir nicht auch das Tromikon (große Hypostase) darunter schreiben..." (Hannick & Wolfram 1985: 60–62, 19)

11 Siehe die Ausführungen zur Notwendigkeit der Erhaltung der Tradition in der Abhandlung von Chrysaphes (Conomos 1985: 30–41).

12 Conomos 1974: 44–45. Zum Kalophonie-Singen siehe die Ausführungen von Gabriel als Zeugnis für die virtuose Kompliziertheit der kalophonischen Melodien (Hannick & Wolfram 1985: 94–95.

13 Stathis berichtet über die Bezeichnung Bastakton, die er in den Handschriften vom Berg Athos aus dem 14.–18. Jh. findet, und liefert weiterhin Angaben über Ison-Sänger – bastaktai (Stathis 1979a: 36–37, Note 4).

14 Stathis zitiert den Polyeleos-Zyklus von Koukoumas im Zusammenhang mit dem Gebrauch von Anaphonemata (Stathis 1979a: 93).

15 Das Manuskript stammt aus den Jahren 1341–1380 (siehe Williams 1968: 78).

16 Zur Frage des Ison-Bordun schweigt in seiner Abhandlung sogar der kretische Mönch Jeronymus aus dem 16. Jh, obwohl er als Kenner der westlichen Musiktheorie aus der Zeit Gioseffo Zarlinos versucht, mit positivem Kenntnis die nach ihm fehlenden Erläuterungen in der spätbyzantinischen musikalischen Pseudotheorie zu füllen (Schartau 1990).

17 Siehe Ms. Vat. Barb. Gr. 300, XV Jh., f.2 .C.Floros, *Universale Neumenkunde*, Bd. III, Facs. 3. Anonymus: „...the beginning of the ison is a point, and from the point there is a horizontal stroke going neither up nor down, and for that reason it is called ison." (Schartau 1998: 43).

18 Siehe Anmerkung 4.

19 „...os basileus panton ton semadion" (Schartau 1998: 42–43)

20 „...dass das Ison keinem Zeichen zum Hinderniss wird, haben sie dieses an Stelle eines Fundaments gesetzt, um es als etwas zugrundeliegendes zu haben..." (Wolfram & Hannick 1997: 50–51)

21 Cod.Sin.gr.1230 aus dem Jahre 1365, heute Len.BAN Usp.136. P.Uspenskij datiert das Fragment auf das 13.Jh. Der Herausgeber dieser Handschrift, L.Tardo, glaubt dagegen, dass auch für das Fragment die Datierung der Handschrift (Sin.gr.1230 oder 1365 – nach Gerzman?) zu behalten ist (Tardo, L.: *L'Antica.Melurgia Byzantina*. Grottaferrata, 1938: 144; siehe auch Герцман 1996: 62–69).

22 Cheir-Hand, nomos – Regel. Siehe Moran 1986: 38–47; Floros 1980: 24–28.

23 Siehe die Miniatur in der Handschrift Mt.Athos Koutloumousi 457, 14 Jh. (Moran 1986: 44, Illustration 6; siehe Abb. 2).

24 Z.B. CD *The Nativity of Christ. Monastic chants XVI–XVII centuries.*, No 1,3,7,23.

25 Tontscheva 1982. Ms.Scukin 350, f.104-r-v., Moskau, Staatliches geschichtliches Museum, Communion für Sonntag der allen Heiligen, "Raduitese pravedni" (Agalliaste dikaioi) (siehe Abb. 3).

26 Conomos 1985: 300, Ex.10. Die Handschrift wird mit der Skitischen Schule des Bolgarskij Rospev in Verbindung gebracht. Sie ist ein Beweis für die Beziehung zwischen der musikalischen Praxis auf dem Balkan und in die Ukraine, bzw für den balkanischen Ursprung dieses „bulgarischen Singens".

27 P. Dinev veröffentlichte in der Zeit von 1947 bis 1958 die fünf Bände seiner Transkriptionen (Kirchliche Gesangsammlung – Църковно-певчески сборник), mit Angaben zum Ison-Singen.

Literatur

Bentas, Chr.

1971 „The Treatise on Music by John Laskaris." *Studies in Eastern Chants* 2: 21–27.

Conomos, D.

1974 *The Byzantine Trisagia and Cheroubica of the Fourteenth and Fifteenth Centuries.* Thessaloniki.

1985 „The Treatise of Manuel Chrysaphes, the Lampadarios." In *Monumenta Musicae Byzantinae : Corpus Scriptorum De Re Musica.* Wien: Verlag der Österr. Akademie der Wissenschaften.

Dinev, Petar

1957 „Die Rila Klosterschule am Beginn des 19.Jahrhunderts und ihre Vertreter (Рилската църковно-певческа школа и нейните представители)." *Berichte des Instituts für Musikwissenschaft* (Sofia) 4: 3–89.

1959 „Les elements de chant populaire dans le chant liturgique bulgare." *Berichte des Instituts für Musikwissenschaft* (Sofia) 6. 39–64.

1964 Anleitung zur modernen byzantinischen Neumennotation (Ръководство по съвременна византийска нотация). Sofia.

Eggebrecht, Hans-Heinrich
1991 *Musik im Abendland.* München etc.: Piper.

Floros, Constantin
1980 *Einführung in die Neumenkunde.* Wilhelmshaven: Heinrichshofen.

Hammerstein, Reinhold
1962 *Die Musik der Engel. Untersuchungen zur Musikanschauung des Mittelalters.* Bern etc.: Francke.

Hannick, Christian
1977 „Antike Überlieferungen in der Neuemeneinteilung." *Jahrbuch der Österreichischen Byzantinistik* 26: 169–184.

Hannick, Christian & Gerda Wolfram
1985 *Gabriel Hiereromonachos: Abhandlung über den Kirchengesang.* Wien: Verlag der Österr. Akad. der Wissenschaften. (Monumenta musicae Byzantinae, corpus scriptorum de re musica 1)

Jakovljevic, A.
1988 *Diglossoi palaiographia kai melodoi himnographoi tou kodika ton Athenon 928.* Leukosia.

Japova, Chr.
1999 *Dobri Christoff und die Idee der Persönlichkeit und der Gemeinsamkeit (Добри Христов и идеята за личността и общността).* Sofia.

Конотоп, А.
1989 Новое толкование путно-демественного знака З .К проблеме сохранения и разпространения византийской певческой традиции на Руси. In *Старинная музыка в контексте современной культуры. Проблеми интерпретации и источниковедения,* 436–468. Москва.

Лосский, Вл.Н.
1991 *Очерк мистического богословия восточной церкви. Догматическое богословие.* Москва.

Meyendorf, J.
1995 *Byzantinische Theologie. Geschichtliche Richtungen und dogmatische Themen (Византийско богословие. Исторически насоки и догматически теми).* Sofia.

Moran, N.
1986 *Singers in Late Byzantine and Slavonian Painting.* Leiden.

Raasted, Jørgen
1966 *Intonation Formulas and Modal Signatures in Byzantine Musical Manuscripts.* Kopenhagen: Munksgaard. (Monumenta musicae Byzantinae, Subsidia 7)

Schartau, Bjarne (Hg.)

1990 *Hieronymos Tragodistes: Über das Erfordernis von Schriftzeichen für die Musik der Griechen.* Wien: Verlag der Österr. Akademie der Wiss. (Monumenta musicae Byzantinae: Corpus scriptorum de re musica 3)

1998 *Anonymous: Questions and Answers on the Interval Signs.* Wien: Verlag der Österr. Akademie der Wiss. (Monumenta musicae Byzantinae : Corpus scriptorum de re musica 4)

Schlötterer, R.

1982 „Geschichtliche und musikalische Fragen zur Ison-Praxis." *Jahrbuch der Österreichischen Byzantinistik* 32(7): 19–27.

Stathis, Gr.

1979a *Les anagrammes et les ‚mathemata' de la melopee Byzantine.* Athenes.

1979b „An Analysis of the Sticheron ‚Ton elion kripsanta' by Germanos, Bishop of New Patras (The Old ‚Synoptic' and the New ‚Analitic' Method of Byzantine Notation)." *Studies in Eastern Chant* 4: 179–186.

1982 *The Holy Passion.* London.

Герцман, Е.

1996 *Преосвященый Порфирий Успенски и его коллекция древних музыкальних рукописей.* С.Петербург 1996.

Tilliard, H.J.

1912 „Fragment of a Byzantine Musical Handbook in the Monastery of Laura of Mt.Athos." *Annual of the Britisch School of Athens* 1912: 95–117.

1931 „The Stenographic Theory of Byzantine Music." *Byzantinische Zeitschrift* 31: 45–58.

Tontscheva, Elena

1981 „Das Kloster Grosser Skit – Schule des ‚Bolgarskij Rospev'". In *Skitische Heirmologia ‚bolgarski' aus dem 17.–18. Jh.* 2 Bände, Sofia.

1982 „Das Skitische Bolgarskij Rospev (Скитският "Болгарский роспев)." *Bulgarische Muskwissenschaft* 1 (1982): 38–60.

1985 „Notierte Quellen von dem Balkan über das Skitische ‚Bolgarskij Rospev' in der Ukraine. (Балкански нотирани извори за Скитския "Болгарский роспев" в Украина)." In *Die literarische Schule zu Tirnovo,* 4, 412–429. Sofia.

1990 „Das geschichtlich Unikale im Werk des Musikschaffenden Petar Dinev (Исторически уникалното у музикалния деец Петър Динев)." *Bulgarische Musikwissenschaft* 2: 78-84.

1991 „The Bulgarian Liturgical Chant (9th–19th c.)." In *Rhythm in Byzantine Chant,* 141–194. Hernen.

1992 „Über die Formelhaftigkeit in der mündlichen Kirchengesangtradition-praxis auf dem Balkan (das Automela-Prosomoia Singen der Südslawen im 15. Jh nach Ms.Athens No 928)." In *Cantus Planus* 4, hg. von Lázló Dobszay, 251–266. Budapest: Hungarian Academy of Sciences, Institute for Musicology.

1993 „Polyeleos-Zyklus nach Psalm 135 von Koukoumas nach Quellen aus dem 14.–15. Jh. (Zu den Interpretationsproblemen des melismatischen Psalmodierens) (Полиелеен цикъл по псалм 135 от Кукумас по извори от XIV-XV в. [Към изпълнителските проблеми на мелизматичната псалмодия])." *Le Folklore Macedonien* (Skopje) 52: 71–86.

1999a „Ars Nova und Johannes Koukouzeles in der Balkan Orthodox Musik im 14.Jh. (Арс нова и Йоан Кукузел в балканската източноправославна музика през 14 век)." In *Religion und Kunst in der kulturellen Tradition Europas. Wissenschaftliches Sommertreffen Varna 1998*, 125–135. Sofia.

1999b „Westen und Osten in der europäischen Musiktradition (Запад и Изток в европейската музикална традиция)." In *Internationale Konferenz. Varna 93*, 44–54. Sofia.

1999c „Die religiöse Moderne. Europa: Das orthodoxe Christentum und die westliche Welt." *Democratic Review* 41/42 (Herbst–Winter 1999): 679–700.

Im Druck: *Полиелейни мелодии, обозначени като български в балканската песенна практика - псалм 135 по извори от 12/13 – 14/15 в.*. 2 Bände. Dissertation, Sofia: Institut für Kunstwissenschaft.

Im Druck: „Über die Stilistik des slawischsprachigen Kirchengesangs auf dem Balkan – nach musikalischen Quellen des 14.–18. Jh. (За стилистиката на славяноезичното църковно пеене на Балканит – по музикални-писмени извори от 14–18 в.)." *Festschrift für Petar Dinekov*

Williams, E.

1968 *John Koukouzele's Reform of Byzantine Chanting for Great Vespers in the Fourteenth Century*. Ph.D.Thesis, Yale University.

Wolfram, Gerda

1995 „Der byzantinische Chor, wie er sich in den Typika des 10.–12. Jh. darstellt." *Cantus Planus* 2, hg. von Lázló Dobszay, 397–402. Budapest: Hungarian Academy of Sciences, Institute for Musicology.

Wolfram, Gerda & Christian Hannick (Hg.)

1997 *Die Erotapokriseis des Pseudo-Johannes Damaskenos zum Kirchengesang*. Wien: Verlag der Österr. Akademie der Wissenschaften. (Monumenta musicae Byzantinae : Corpus scriptorum de re musica 5)

Abbildungen

Abb. 1: Ms.Athens No2622, f.206v, Psalm 135, Vers 24. Überschrift: Anaphonima dexion, oloi (alle) meta bastakton

Abb. 2: Miniatur in Handschrift Mt. Athos Koufloumousi No 457, 14. Jh. Cheironomisches Zeichen „Ison". Beschreibung der Miniatur siehe in Moran 1986: 44.

Abb. 3: Ms. Scukin No 350, f. 104r–v. Moskau, Staatliches Geschichtliches Museum, Communion für Sonntag der allen Heiligen. Anwendung des Zeichens für Isokratema.

Abb. 4: Volkstümliche Kirchenmelodie (Umgebung der Stadt Tirnovo in Nordbulgarien), mit Ison gesungen (auf dem Ton D). Siehe Dinev 1959: 54, Abb. 10.

Abb. 5: Dinev, P.: *Papadische Gesänge aus der Liturgie*, Kirchliche Gesangsammlung, Bd. 4: 40. Isokratem-Bezeichnungen.

Alica Elscheková, Bratislava

Mehrstimmige traditionelle Singformen im Mittelmeerraum

Die gesamteuropäische Regionalverteilung

Der Mittelmeerraum muss aus der Sicht der gesamteuropäischen Verbreitung der Typen und Formen der Mehrstimmigkeit betrachtet werden (Elscheková 1997; 1996). Die Musikphänomene der Mittelmeerländer sind Teil der kulturgeographischen Stratigraphie der traditionellen europäischen Singkultur, sie besitzen aber musikstilistische Spezifika, die sie klar von anderen Regionen Europas trennen. Sie sind das Ergebnis einer jahrhundertelangen Entwicklung von differenzierten kulturellen und ethnischen Prozessen in den Mittelmeerländern, besitzen aber eine vergleichbare großräumige Strukturausprägung, ebenso wie vielschichtige subregionale, lokale und ethnische Stilmerkmale.

Es gibt in Europa ein Nord-Süd-Gefälle, das von Skandinavien bis nach Südeuropa reicht. Wenn wir im Osten beginnen, dann ist erkennbar, dass der Nordosten Europas mehrstimmige Gesangformen in zahlreichen mikrostrukturellen Ausführungsformen kennt. Diese werden in einer sehr zurückhaltenden und melodisch engräumigen Form praktiziert, wie wir sie in der heterophonen Singart im Gebiet um Archangelsk und Murmansk antreffen (Ewald 1937). Viel reichere und entwickeltere Formen sind in Mittelrussland im Gebiet um Moskau verbreitet, die zu einer eigenständigen polyphonen Vortragsart erweitert wurden. Zu ihnen gehören auch ähnliche, jedoch einfachere und expressiver gestaltete Formen, wie wir sie in den Arbeitsliedern der Frauen antreffen. Sie weisen in ihrer Funktion eine stärkere Bindung an das archaische Brauchtum und spezifische Arbeitsbereiche auf, die weiter bis nach Weißrussland reichen. Dies betrifft insbesondere die westlicher gelegene mehrstimmige Singtradition in den Regionen um Kursk und Brjansk (Svitova 1966).

Die Mehrstimmigkeit erscheint weiter westlich im ostbaltischen Raum (Boiko 1992), in den kleingliedrigen kanonischen *sutartines* der Litauer und im bäuerlichen Bordungesang der Letten. Diese weisen stilistische Beziehungen zu weißrussischen und ukrainischen Liedern auf und hängen mit der entsprechenden Singtradition der Minderheiten in diesen Ländern zusammen, wie dies Schallaufnahmen dokumentieren (Račinuaite u.a. 1994).

Die anspruchsvollsten polyphonen Formen finden wir im Dongebiet in der Südukraine und in Südrussland, wo einprägsame und anspruchsvolle fünfstimmige chorische Improvisationen praktiziert werden (Listopadov 1949-1954). Sie reichen in ihrer Verbreitung weiter in den Kaukasus, zur hochentwickelten ethnospezifischen mehrstimmigen Singtradition der Georgier und Abchasen. Diese repräsentieren typologisch und regional sehr differenzierte, polyphon strukturierte mehrstimmige Vokalformen (Jordania 1989), die mit mittelalterlichen europäischen Kunstformen verglichen wurden (Schneider 1940, Emsheimer 1951).

Der skandinavische Raum besitzt dagegen keine vokale Mehrstimmigkeit, was sich gleichermaßen auf die britischen Inseln und Irland bezieht, sieht man von der neueren nichttraditionellen geselligen mehrstimmigen Vortragspraxis ab. Demgegenüber wird in einer einzigartigen Weise auf Island eine auf Parallelismus beruhende Singart überliefert (Hornbostel 1930), die mit den Anfängen der europäischen Kunstmehrstimmigkeit, mit ihren organalen Formen in Verbindung gebracht wird. Weiter südlich gibt es im mitteleuropäischen Raum ein umfangreiches mehrstimmiges Gebiet, welches die Mehrstimmigkeit der Karpaten und der Alpen zusammenfasst.

Beide entspringen musikalischen Traditionen der Hirtenkultur, basieren aber grundsätzlich auf unterschiedlichen Formen des mehrstimmigen Singens. Die alpenländische beruht auf harmonischen Dreiklängen, die durch die Jodelformen eine innere eigenständige Linienführung erhalten und zum germanischen musikalischen Traditionskreis gehören (Deutsch 1975), zugleich aber auch in einem weiteren kultur-ethnischen Raum verbreitet sind (Haid 1994 u. 1999). In den Karpaten, insbesondere im gesamten Gebiet der Slowakei (Elscheková 1993), im Tatragebiet und weiter östlich nach der Ukraine, finden wir sehr differenzierte Singarten, die Parallelführung und freie Austauschbarkeit der Stimmen ermöglichen, zugleich aber im Wesen des harmonischen Denkens auf Kirchentonarten zurückgreifen (Elscheková 1981, 1993). Sie sind in den slawischen mehrstimmigen Musikkreis einzuordnen.

Es ist ersichtlich, dass Europa innerlich differenziert ist und sehr vielschichtig strukturierte und auch eigenständig sich entwickelnde mehrstimmige Singtraditionen umfasst. Wie sieht es im gesamteuropäischen Kontext mit der kulturgeographischen Kontinuität aus? Die Mehrstimmigkeit der Alpenländer geht fast nahtlos in den Mittelmeerraum über. Wenn wir z.B. Slowenien betrachten, sehen wir, dass über Kärnten und weitere alpenländische Regionen die Stilbereiche kontinuierlich ineinandergreifen (Vodušek 1967). Wir finden im slowenisch-italienischen Grenzgebiet, in Resien und Poranje (Strajnar 1979), eine heterophone und stimmlich exponierte Singart, die der balkanischen Tradition entspricht. Im Unterschied zu diesen Wechselbeziehungen hat die ostmitteleuropäische Region keine direkte Kontinuität in Richtung Mittelmeer, denn zwischen den Karpaten hat sich die ungarische und rumänische Tradition dazwischen geschoben, die überhaupt keine traditionellen mehrstimmigen Singformen kennt.

In allen erwähnten Fällen handelt es sich um traditionelle europäische Vortragsstile, die den jeweiligen Volksmusikbereich kennzeichnen. Ich habe jene universelle harmonische Singform außer Acht gelassen, die vom späten 18. und im 19. Jahrhundert durch die Kunstmusik beeinflusst wurde. Die harmonisch-funktionellen Vertikalstrukturen und die bevorzugten Parallelismen schufen eine volkstümlich gesellige Musizier- und Singart, die neben der Volksmusik bestand oder in hybriden Übergangsstilen gepflegt wurde. Sie beeinflussten insbesondere die west- und mitteleuropäische Musikentwicklung. Diese Formen wurden bis heute nur unzureichend untersucht, da sie zu den nichttraditionellen, oder nur beschränkt auf die Tradition zurückgreifenden Formen gewertet wurden. Auch ist die Frage der Beziehung zwischen der vokalen und instrumentalen mehrstimmigen Praxis eine besondere Frage, die hier nicht angesprochen werden kann, und zu sehr diversen Wechselbeziehungen führte.

Der Mittelmeerraum

Der Mittelmeerraum ist eine der kompliziertesten und stilistisch differenziertesten, aber aus musikalischer Sicht eine der interessantesten Kulturregionen Europas. Ihre Abgrenzung ist nicht problemlos und wurde auf der Konferenz zum Thema: *Where does the Mediterranean begin? Mediterranean Anthropology from local perspective* 1998 in Zagreb in Kroatien diskutiert. Die Ergebnisse der Tagung stehen in einem thematischen Sammelband der Zeitschrift *Narodna umjetnost* 36(1) 1999 zur Verfügung, weshalb ich auf diese spezielle Frage hier nicht eingehen werde. Die *Study Group on Anthropology of Music*, behandelte das Thema *Mediterranean Cultures*, auf der Tagung des International Council for Traditional Music 1998 in Venedig, diesmal aus aktueller musikalischer Sicht. Aus diesen Vorträgen sind einige ebenfalls in dem oben zitierten thematischen

Sammelband der Zeitschrift des Instituts für Ethnologie und Folklore in Zagreb *Narodna umjetnost* (1999) erschienen.

Der mediterrane Raum ist kulturhistorisch und geographisch in seinem nord-südlichen und west-östlichen Gefälle gespalten. Die instrumentale Mehrstimmigkeit umfasst in kammermusikalischen Kleinbesetzungen sowohl seinen südlichen, den afrikanischen Teil, als auch seinen nördlichen, den europäischen Teil. Die vokale Mehrstimmigkeit fehlt in ihrer ausgeprägten Form im nordafrikanischen und vorderorientalischen Bereich fast völlig. Der europäische mediterrane Teil ist in vier eigenständige Areale aus der Sicht der vokalen Mehrstimmigkeit gegliedert, die aber jeweils auch eine innere Differenzierung aufweisen. Die vokale Mehrstimmigkeit ist also auf den europäischen Teil des Mittelmeerraumes beschränkt, was sich insbesondere auf die traditionelle Musik bezieht.

Es gibt folgende Regionen der traditionellen mediterranen vokalen Mehrstimmigkeit:

- Der iberische Raum: mit Katalonien, Nordportugal und mit unterschiedlichen Stilen im pyrenäischen Teil des französisch-spanischen Grenzbereichs, in der Musikkultur der Basken.
- Das italienische Festland besitzt eigenständige Formen, insbesondere in den Apenninen, den Abruzzen, in Umbrien, Kalabrien und in weiteren Regionen. Sie berühren in den nördlichen Regionen Italiens die alpenländische Mehrstimmigkeit.
- Der Balkan ist, Rumänien und Griechenland ausgenommen, besonders stark in seinen Mehrstimmigkeitsformen gegliedert. Zusätzlich gehört zu ihnen die Gesangstradition der dinarischen Inseln (Bezić 1999) und jene der istrischen Halbinsel (Zlatić 1988).
- Die Mehrstimmigkeit der mediterranen Inselwelt mit Sizilien, Sardinien und Korsika basiert jeweils auf eigenständigen Singformen.

Jede der Regionen hat ihre genuine Forschungsgeschichte. Die Forschungen in den slawischen Balkanregionen begannen in den 1930er und 40er Jahren. Ihre systematische und detaillierte Erforschung fand aber erst in den 1950er–70er Jahren statt, insbesondere in Bulgarien, Makedonien, Serbien, Albanien, Kroatien, Bosnien und der Herzegowina, die Mehrstimmigkeit der Arumänen inbegriffen.

Die Regionen Italiens wurden in den späten 1950er Jahren durch Sammlungen von Giorgio Nataletti und Paul Collaer dokumentiert, wobei versucht wurde die innere Differenzierung in ihrer nord-südlichen Unterschiedlichkeit detaillierter zu erfassen (Collaer 1960), in einem Forschungsprozess, der immer noch nicht abgeschlossen ist.

Nordportugal wurde in den 1950er und Katalonien, wie auch der gesamte ostiberische Bereich erst in den 1980er Jahren aus der Sicht der mehrstimmigen Singpraxis untersucht (Castelo-Branco 1994). Die gründlichere Erforschung und Kennzeichnung der Mehrstimmigkeit in den Pyrenäen steht noch aus, vor allem aus der Sicht der Unterscheidung zwischen dem volksmusikalisch und volkstümlich geprägten Chorwesen.

Die besonderen Traditionen der Inselwelt des Mittelmeeres wurden erst in den 1960er Jahren erfasst. Die intensivsten Untersuchungen beziehen sich auf Sardinien. Korsika stand nicht im Mittelpunkt des Interesses der französischen Forschung. Sizilien wurde bis heute nur mangelhaft mit seinen funktionell geprägten Musiktraditionen der Hirten und der Fischer dokumentiert.

Die vokale Singpraxis ist in manchen Regionen nicht ohne ihre Bindung in Stil und Funktion an die instrumentale Praxis zu verstehen. Dies bezieht sich im besonderen Maße auf die Bordun- und Ostinatotechnik, die sich am stärksten auf dem Balkan durchgesetzt und erhalten hat. Sie ist aber auch in Sardinien in einer besonders ausgeprägten instrumental generierten Singpraxis anzutreffen.

Die Kennzeichnung der Mehrstimmigkeit ist auf einige transparente Hör- und Strukturelemente konzentriert, die ihre Unterscheidung ermöglichen. Die innere Differenzierung bezieht sich auf die Struktur der Mehrstimmigkeit im Bezug auf die Zahl der Stimmen, ihre Funktion, auf die kammermusikalische Singpraxis und jene die in ihrer Besetzung zu chorischen Formen neigen. Insbesondere die funktionelle Trennung der Stimmen im musikalischen Kontext spielt eine strukturbestimmende Rolle.

Die Untersuchung und der Vergleich der mediterranen Singformen in und außerhalb dieser Großregion kann sich auf die Stimmführung, die harmonische Struktur, die Modelle der Kadenzbildung und auf die funktionsbedingte Gender-Differenzierung in den einzelnen Musikgattungen stützen, auf die wir uns konzentrieren werden.

Vergleichsmethoden aus retrospektiver Sicht

Die Mehrstimmigkeit ist eine komplexe musikalische Struktur und ist deshalb nur über eine mehrdimensionale Analyse zu erfassen. Die Analyse beinhaltet eine Umsetzung unterschiedlicher Klang- und notierter Strukturen in vergleichbare graphische Formen und verbale Aussagen. Ich habe in den 1970er Jahren mit Hilfe graphisch-statistischer Methoden vergleichende Analysen kennzeichnender europäischer mehrstimmiger Gesangsformen durchgeführt. Von diesen seien einige Beispiele aus dem Balkan und aus Italien angeführt (Elschecková 1981). Die vergleichende Methode beruht auf der Intervallstatistik – von jeweils zwei und zwei Stimmen, die Erfassung der wichtigsten Mehrklänge – die Mehrklangfrequenz, die Erfassung der wichtigsten Mehrklang- und Kadenzformeln. Die statistischen Befunde werden in eine zweidimensionale Tabelle übertragen, deren Knotenpunkt den Median markiert, die den Grundton - den Nullpunkt ausmachen. Auf beide Seiten von diesem Median wird jeweils die diatonische Skala markiert, die von der Unterquart bis zur Dezime reicht. Als Beispiel sei die Erfassung einer mehrstimmigen Melodie aus Bulgarien angeführt (Katzarova 1962: 169; Elschecková 1981: 204–207).

Abb. 1: Lied aus Westbulgarien.

10														
9														
8														
7														
6														
5			1	1										
4				1										
3				8										
2				11										
1			11	2										
VII			1											
VI														
V														
	V	VI	VI	1	2	3	4	5	6	7	8	9	10	

a. Mehrklangfrequenz b. Mehrklangfolgen c. Kadenzformeln

Abb. 2: Westbulgarien. Intervallstatistik und Mehrklangstrukturen.

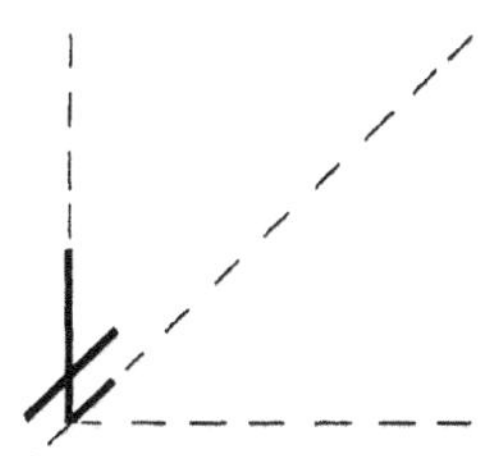

Abb. 3: Graphische Darstellung der statistischen Daten.

Die Graphik zeigt drei Elemente: Unisoni auf dem Median platziert, Sekundparallelen, die parallel zu dieser Linie verlaufen, und Bordunstrukturen, die in den horizontalen und vertikalen Linien fixiert werden.

Die einfache graphische Darstellung gibt Einblick in die überwiegenden Bewegungs- und Beziehungsverläufe zwischen den einzelnen Stimmen und erfasst in einer sehr einfachen Form die wesentlichsten Stilelemente des mehrstimmigen Vortragstypus, so wie sie in der Abb. 4. enthalten sind.

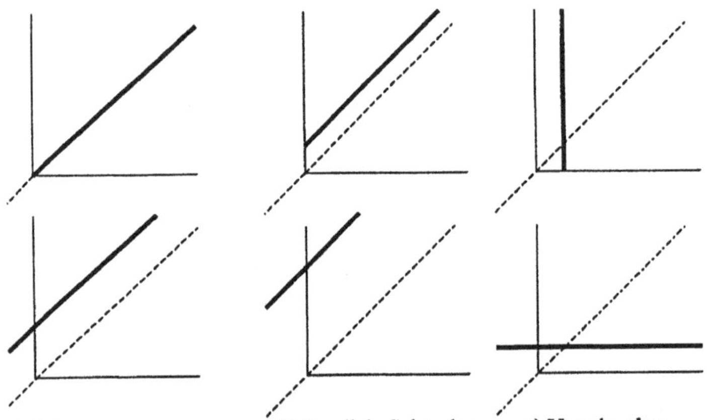

a) Unisono b) Parallele Sekunden c) Unterbordun

d) Terzparallelismus e) Quintparallelismus f) Oberbordun

Abb. 4: Graphische Kennzeichnung unterschiedlicher Strukturtypen der Mehrstimmigkeit.

Die konkreten Formen und Typen der jeweiligen Mehrstimmigkeit bestehen dann im Wesentlichen aus der Kombination und Überlagerung dieser einzelnen graphischen Darstellungsformen, wie sie dann in den konkreten analytischen Beispielen enthalten sind.

Komplizierte Bewegungs- und Mehrklangstrukturen sind in der nächsten Graphik (Abb. 5) der Mehrstimmigkeit in Bosnien-Herzegowina enthalten, in der Unisono, Ober- und Unterbordun gezeigt werden.

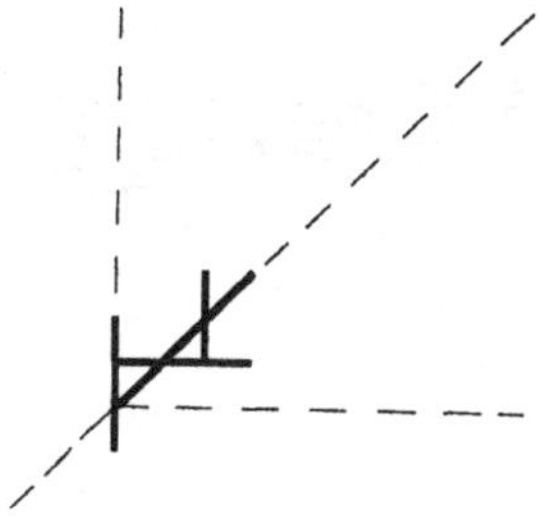

Abb. 5: Bosnien-Herzegowina, Graphik der Mehrstimmigkeit (Elscheková 1981: 204).

Wir sehen hier eine viel freiere Form des mehrstimmigen Gesanges, mit einem betonten Unisono, das zwischen den drei sich überschneidenden Bordunstrukturen liegt. Diese verlaufen oberhalb und unterhalb des tonalen Zentrums, die Bordune befinden sich im oberen Bereich. In diesem Falle handelt es sich um Sekundbordune.

Die komplizierte Form der albanischen Dreistimmigkeit wird als Beziehung von je zwei Stimmen erfasst, um besser in den Intervallaufbau Einsicht zu erlangen. In der Abbildung 6 führen wir ein kurzes Notenbeispiel vom Anfang des Gesangsvortrags an, in der Abbildung 7 die Intervallstatistik und die Abbildung 8 enthält ihre graphische Darstellung. Aus ihr sind die einzelnen Stilelemente der Stimmbeziehungen ersichtlich, die auf sehr vielen Vertikalbeziehungen beruhen.

Abb. 6: Anfang des mehrstimmigen Liedes der albanischen Tosken (Stockmann 1964: 125 u.w.)

10													
9													
8				3									
7			10	15	1	3	14						
6				27	9	3	8						
5			7	90	2	3	1						
4			7	60			1		1				
3	2		5	41			1	12	2				
2	1		15	37			6	18	3				
1	11		32	74	8	5	28	19					
VII				70									
VI				6									
V				10									
	V	VI	VII	1	2	3	4	5	6	7	8	9	10

a.b. Mehrklangfrequenz und Mehrklangfolgen c. Kadenzformeln

Abb. 7: Statistische Daten der toskischen Notenbeispiele (Elscheková 1981: 224).

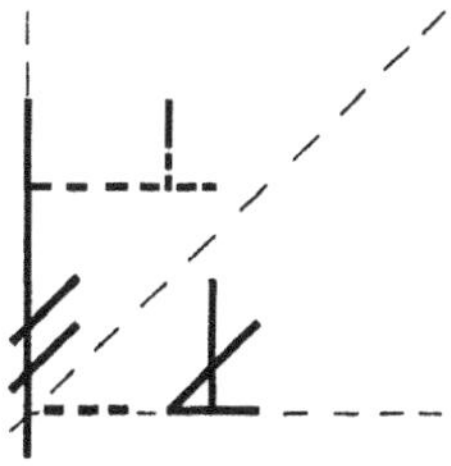

Abb. 8: Graphische Abbildung der statistischen Daten zu den Abb. 6 und 7.

Die Abbildung 8 zeigt ausgeprägte Bordun-, Sekund- und Parallelbewegungen, aber auch weitere Bordunelemente. Diese beschränken sich nicht nur auf den Grundton, sondern enthalten wenn auch wenige, so doch bewegliche Elemente im Sinne eines ostinatoartigen Vortrags.

Aus Kroatisch-Zagorje stammt die nächste Graphik (Abb. 9), die klar auf einen Terzparallelismus hinweist und die harmonische Bedeutung der Unterquart (vor allem als Kadenzelement der zweiten Stufe und ihrer Unterquint) unterstreicht.

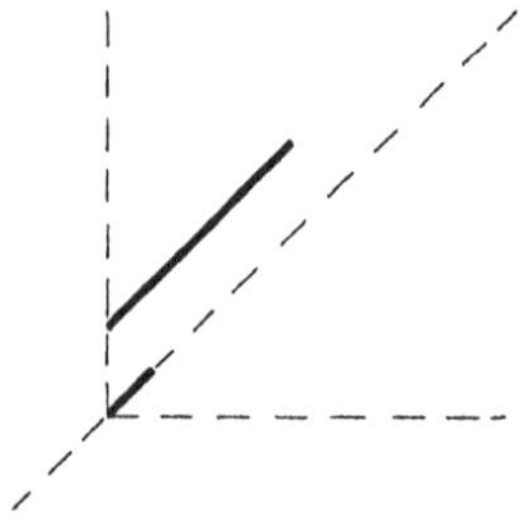

Abb. 9: Kroatisches Zagorje (Elscheková 1981: 228–231)

Das nächste zum Vergleich herangezogene Beispiel stammt aus Italien, aus Umbrien, das eine extrem hohe Stimmlage, Gegenbewegung und einen Parallelismus aufzeigt. Wiederholungen von Intervallen wurden in die Statistik nicht einbezogen. Typisch sind Elemente der Quart- und Oktavparallelen und die verharrenden oberen Bordun- und Ostinatoelemente.

Abb. 10: Notenbeispiel der Zweistimmigkeit aus Umbrien, Italien (Elschecková 1981: 242–244). Sammlung Diego Carpitella, Transkr. O. Elschek.

10						(3)	(3)	1					/
9					(2)	1	1	1	(2)	(3)		/	
8				(2)						1	1		
7										/			
6									/				
5								/					
4							/						
3						/							
2					/								
1				/									
VII			/										
VI		/											
V	/												
/	V	VI	VII	1	2	3	4	5	6	7	8	9	10

a.b. Mehrklangfrequenz und Klangfolge Kadenz

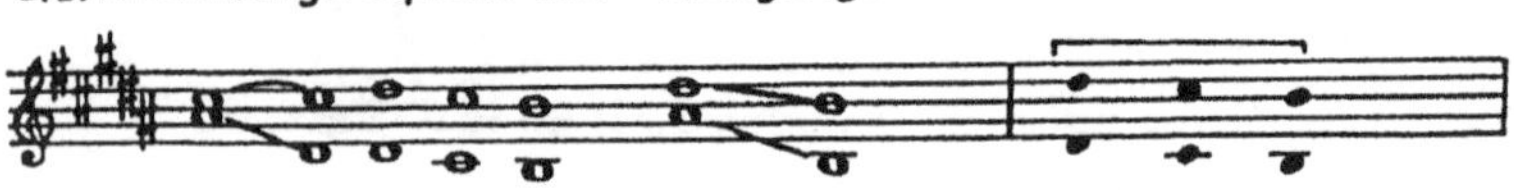

Abb. 11: Statistik der Intervallstruktur.

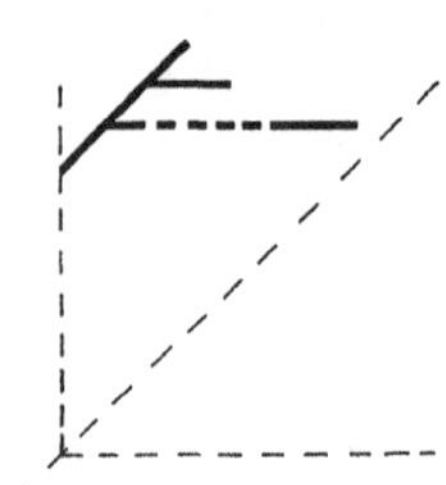

Abb. 12: Graphische Darstellung der Stimmbeziehungen.

Es sind nur einige Beispiele, die ich aus dem mediterranen Raum angeführt habe um Stile aufzuzeigen, die insbesondere die Engräumigkeit, das heterophon durchbrochene Unisono, die in Sekunden geführten parallelen Stimmen und den Borduneffekt beinhalten. Sie spielen in allen angeführten Stilen eine wichtige Rolle, gehören in ihrer individuellen Ausführung zu den regionalen Merkmalen der mehrstimmigen Singpraxis.

Diese Art der statistischen und graphischen Auswertung ist zeitaufwendig und für eine detaillierte Darstellung nur begrenzt anwendbar. Sie eignet sich aber besonders für analytische Sonden, aus denen ich hier einige Beispiele aufzeigte um ihre Anwendungsmöglichkeiten zu demonstrieren.

Die Mehrstimmigkeit als Klangphänomen

Ein weiteres wichtiges Verfahren ist die Klanganalyse, wie sie insbesondere in Wien von Franz Födermayr angewandt wurde, in den letzten Jahren auf die Jodel- und Borduntechnik bezogen (Deutsch-Födermayr 1997: 49). Denselben analytischen Weg beschritt auch Emil Lubej, insbesondere bei der Auswertung der sardischen Bordunmehrstimmigkeit und der Interpretation russischer Gesangsgruppen. Die bulgarische Mehrstimmigkeit aus dem Zentrum oberhalb von Sofia in Bistrica wurde in spektrographischen Analysen von Florian Messner (1980) untersucht und später detaillierter mit Hilfe des S_Tool-Programms von Jana Karastojanova (1995: 317). Schallaufnahmen, die in den letzten Jahren sich immer stärker auf neue und interessante Mehrstimmigkeitsformen konzentrieren, weisen die Bedeutung der Klangfarbe, des Singstils, der Singtechnik auf, die das ästhetische Klangideal als ein besonders wichtiges Element der traditionellen europäischen mehrstimmigen Singkultur bestimmen. Dies kann man an einigen besonders einprägsamen Vortragsformen dokumentieren, von denen ich auf einige hinweisen möchte. Es sind dies chorische Formen aus Portugal, jene der balkanischen Arumänen aus Dobrudscha und Klangbeispiele aus Sizilien, die vor allem in den letzten Jahren in das Interesse der Forschung rückten. Das besondere im Vortrag sind meist bestimmte Interferenzeffekte, die aus der Tonbeziehung zwischen den einzelnen Stimmen resultieren und bewusst physiologische Prozesse bei den Sängern und Perzipienten auslösen. Diese haben für den gesamten Vortragsprozess weitgehende Konsequenzen aus psycho-physiologischer Sicht, weil sie den Singvortrag stimulieren, das musikalische Lustgefühl und das sozialisierende Zusammengehörigkeitsgefühl fördern. Aus dieser Sicht ist Mehrstimmigkeit dann weit mehr als eine addierende Summe von Einzelstimmen, denn Koordinierung und Komplexität weisen einen ungeahnten synergetischen Effekt auf, der den Musikstil, das Musikverständnis und die traditionelle Musikentwicklung in ihrer Gesamtheit wesentlich beeinflusst.

Klangformen und Funktionen der Mehrstimmigkeit im südeuropäischen Raum

In den Stilen, die ich beschreibe möchte, stehen jeweils zwei bzw. drei Sänger im Vordergrund des Vortrags, die in der Regel durch einen Chor ergänzt und begleitet werden.

Ein portugiesisches Abschieds-Liebeslied der Fischer – „A Margarita, monde", stammt aus der Ortschaft Cuba (Castel-Branco 1994: Nr. 14) in Südportugal (Alentejo) und wird von einem sog. Erntechor vorgetragen. Dem ersten Sänger, *ponto*, folgt der in höherer Lage singende *alto*, nach dem sich gleich ein Chor einschaltet. Der Vortrag des Chors basiert überwiegend auf einer Terzstruktur, die in ihrer Intonation aber nicht der temperierten Stimmung entspricht, ebenso wie der über dem Chor mitsingende und zum Teil ornamentierende *alto*. Durch die Intonation und Stimmungsvarianz einsteht permanent eine neue tonale Spannung, die in der Beziehung zum Chor bewusst verstärkt wird. Dieser Gesangstil wird auch in weiteren Vortragsformen und Gelegenheiten der Alentejo-Region praktiziert, wie das auch aus weiteren Schallausgaben ersichtlich ist (Deloche 1994), und spielt auch in weiteren Gattungsstilen eine kennzeichnende Rolle (Daniélou 1988: Nr. 8).

Der mehrstimmige Chorvortrag im östlichen Mittelmeer wird meist durch zwei, gelegentlich drei Solisten ergänzt, die die strukturelle Grundlage der gepflegten Singpraxis bei den Albanern und in einer veränderten Vortragsart bei den Arumänen bildet. Das was im Falle der portugiesischen Singart ein relativ melodisch exponierter Chor, der sich mit dem Solisten z.T. in parallelen Motivformeln vereinte, war, tritt aber in einem typischen Chorbordun zurück. Die polyphone Stimmführung wird den sich ergänzenden und improvisierenden Solisten überlassen. So wie dies z.B. drei Vorsänger in einer expressiven, erzählenden und dramatischen Art des Vortrags im Hochzeitslied ausführen. Die Solisten sind voneinander weitgehend unabhängig, sowohl im Einsatz als auch in der individuellen Ornamentierung der Melodiemotive. Die Stimmen treffen und ergänzen sich harmonisch in den länger ausgehaltenen Kadenzformeln, in welchen der Bordun den Grundton verlassen kann. Das Lied wird beim Hochzeitstisch gesungen und beklagt sich über die finanziellen Schwierigkeiten, die mit einer Hochzeit verbunden sind. Diese Art wird bei den arumänischen Singgruppen, bzw. der Hochzeitsgesellschaft im Donaudelta des Dobrutscha-Gebiets praktiziert, wie das die Dokumentationen aus den 1980er Jahren belegen (Lortat-Jacob 1983).

Das dritte Beispiel, welches sich etwa in der geographischen Mitte der angeführten Beispiele befindet, stammt aus Sizilien. Es repräsentiert erneut den Mehrstimmigkeitstypus, der 2–3 Solosänger mit einer Chorbegleitung verbindet. Diesmal entstammt es nicht dem weltlichen, sondern dem geistlichen Volksgesangrepertoire. Es wurde im nordsizilianischen Dorf Barcellona vorgetragen. Der Text „Vexilla regis" stammt aus dem 7. Jahrhunderts und wird Venanzio Fortunato zugeschrieben. Die Melodie wird mit dem Gregorianischen Choral in Verbindung gebracht, wobei auf die Weise aus dem *Officium della Settimana Santa* verwiesen wird. Der Vortrag beruht auf zwei Solisten, denen später ein dritter hinzutritt. Nach den jeweils solistisch langen melismatischen Passagen, setzt der Chor ein, der Quinten und Quarten in die Rahmenstruktur der Oktave einfügt und in der parallelen Stimmführung erweitert. Diese modellartige Vortragsstruktur des Stückes ist in vielen Formen und Abweichungen in den Dörfern Siziliens anzutreffen (Leydi 1989: A.c.).

Diese Beispiele des Solo- und Chorgesangs der Männer sind für den Mittelmeerraum kennzeichnend, sowohl in den weltlichen Gattungen als auch den geistlichen Gesängen, die vor allem in Italien in zahlreichen regionalen Vortragsformen anzutreffen sind. Zugleich muss auch angeführt werden, dass diese Gesangsart typisch für Männer ist, wenn auch nicht ausschließlich. Der Gesang hat meist einen relativ großen Umfang, ist im Vortrag rhythmisch frei, breit und langsam, was für die Entfaltung der Mehrstimmigkeit günstige Voraussetzungen bildet. Dies ist vor allem bei den geistlichen Gesangsformen der Fall, die rhythmisch und metrisch frei von den Sängern gestaltet und von den Solosängern reich mit melismatischen Ergänzungen versehen werden. Spannung und Kontrast verlaufen zwischen den statischen Begleitstimmen und den beweglichen Solostimmen, die dann zu einer gemeinsamen und einheitlichen Kadenz zusammengeschlossen werden. Diese Merkmale finden wir in dem angeführten sizilianischen Beispiel, von dem eine gerüstartige Transkription angefertigt wurde (Abbildung 13).

Abb. 13: Aufzeichnung *Vexilla Regis* (Leydi 1989: 24).

Die Gesänge der Frauen sind bei dieser Singart unterschiedlich strukturiert, vor allem bei den Slawen des östlichen Mittelmeerraumes. Es sind meist Lieder, die mit dem Brauchtum zusammenhängen, eine engräumige Struktur besitzen und jene kennzeichnenden Sekund-Intervallbildungen betonen, die ihnen im europäischen Raum eine einzigartige Stellung verleihen.

Um die krassen Stilunterschiede in der Mehrstimmigkeitsstruktur von Südeuropa zu dokumentieren, sei auf einfache Stiltypen aus Serbien verwiesen, die in ihrer Grundstruktur ähnliche Modelle bilden wie wir sie aus den kroatischen Dörfern Istriens, aus dem Balkan-Gebirge in Bulgarien, Makedonien und bei slawischen Enklaven in Nordgriechenland kennen. Sie gehören zweifelsohne zu den bestens untersuchten Formen der Mehrstimmigkeit des Mittelmeerraumes.

Die Mehrstimmigkeit bildet in der europäischen Volksmusiktradition eines der aufregendsten und wertvollsten Musikphänomene und gehört zu den analytisch anspruchsvollsten Aufgaben der europäischen Musikforschung. Vor allem die Frage der gegenseitigen Beziehungen zwischen den Kunst- und Volksmusikformen, zwischen den sakralen und profanen Liedgattungen ist zu untersuchen. Sie können einen wichtigen Beitrag zur Lösung der Frage der Entstehung und Entfaltung der europäischen Mehrstimmigkeit leisten.

In der Forschung haben sich in den letzten fünf Jahrzehnten wichtige Schwerpunktunterschiede ergeben. In den 60er Jahren des 20. Jahrhunderts wurden vor allem am Balkan intensive Untersuchungen durchgeführt, die mit Hilfe von anspruchsvollen Aufnahmetechniken den Grundstock der Schalldokumente schufen. Sie ermöglichten eine wahrheitsgetreue Erfassung der Singpraxis. Aus diesen Quellensammlungen resultierten sowohl die ersten Schallausgaben, als auch monographische Veröffentlichungen und zahlreiche Spezialstudien. In Italien werden solche Forschungen erst ein Jahrzehnt später durchgeführt, wogegen die iberische Mehrstimmigkeit erst in den 1980er Jahren in Angriff genommen wurde. Unterschiede der Forschung ergaben sich aus den veränderten Zielsetzungen und den spezifischen Untersuchungsmöglichkeiten, verbunden mit Transkription, Melographie, Spektrographie, Klanganalyse, vergleichenden Stilzusammenfassungen und einer angestrebten Stiltopographie. Im letzten Jahrzehnt spielen Schallausgaben kommerzieller als auch nichtkommerzieller Natur eine immer entscheidendere Rolle. Schallausgaben, die nur unvollständige Transkriptionen und Analysen enthalten, begnügen sich in der Regel mit einfachen Beschreibungen und allgemeinen Kennzeichnungen des mehrstimmigen Gesangs. Eine synthetische Betrachtung setzt voraus, dass Schallaufnahmen ausgewertet werden und ihnen genaue musikalische und textliche Transkriptionen folgen. Die strukturelle und vergleichende Analyse hat zwischen den angewandten Methoden immer noch einen zu geringen Stellenwert. An ihrer Stelle stehen allgemeinere und musikalisch beschränkte Charakterisierungen der mehrstimmigen Vortragsstile, die mehr einem Schallplattenkommentar ähneln als ernst zu nehmenden Stilkennzeichnungen.

Literatur

Bezić, Jerko
1999 „The Dalmatian Islands – a Geographically Reconsidered Mediterranean Region – Showing Obvious Differences in the Musical Expression of their Inhabitants." *Narodna umjetnost* 36(1): 157–172.

Boiko, Mārtiņš
1992 „On the interaction between styles in Baltic folk music: Sutartinės polyphony and East Baltic refrain songs." In *European studies in ethnomusicology: Historical developments and recent trends*, hg. von Max Peter Baumann, 218–236. Wilhelmshaven: Florian Noetzel-Verlag.

Bratrij, Jurij A.
1989/1990 *Pesni severnogo Podmoskovska.* Moskva: Sovjetskij Kompozitor 1989; mit Schallplatte, hg. von I. Bogdanov. Moskva: Melodija 1990, M92 49077 003.

Castelo-Branco, Salwa El-Shawan
1994 *Musical Tradition of Portugal.* CD, Washington: Smithsonian Folkways, SF404235.

Collaer, Paul
1960 „Polyphonies de tradition populaire en Europe mediterranéenne." *Acta musicologica* XXXI, 51–56.

Daniélou, Alain
1972/1988 *Portuguese Traditional Music.* Berlin: Institute for Comparative Studies and Documentation. CD, Paris: Auvidis; AD 090, D 8008.

Deloche, Pierre
1994 *Les voix de l'Alentejo. Ensemble Vidigueira.* CD, Paris: Auvidis Ethnic AD 100, B6796.

Deutsch, Walter
1975 „Der Jodler in Österreich." In *Handbuch des Volksliedes 2,* hg. von Rudolf W. Brednich u.a., 647–667. München: Finck.

Deutsch, Werner und Franz Födermayr
1997 „Visualization of Multi-Part Music (Acoustic and Perception)." *Systematische Musikwissenschaft* 5(1), 49–68.

Devič, Dragoslav
1979 *Traditional folk music from various parts of Yugoslavija.* Schallplatte , Beograd: Ġ Radio-Televizija, A/8a LP 22-2570.

Elschek, Oskár
1963 „Teória a štylistická skladba ruskej vokálnej polyfónie" [Die Theorie und der musikstilistische Aufbau der russischen Volks-Vokalpolyphonie]. *Slovenský národopis* 11, 286–309.

Elscheková, Alica

1981 „Vergleichende typologische Analysen der vokalen Mehrstimmigkeit in den Karpaten und auf dem Balkan." In *Stratigraphische Probleme der Volksmusik in den Karpaten und auf dem Balkan,* hg. von Alica Elscheková, 159–256. Bratislava: Verlag der Slowakischen Akademie der Wissenschaften VEDA.

1993 „Kultúrna geografia tradičných foriem viachlasu so zreteľom na typy rozšírené na Slovensku." In *EthnoMusicologicum* 1(1), hg. von Oskár Elschek, 41–74. Bratislava: ASCO.

1996 „Mehrstimmigkeit in der europäischen Volksmusik." In *Die Musik in Geschichte und Gegenwart,* Sachteil Bd. 5, hg. von Ludwig Finscher, Sp.1782–1790. Kassel etc.: Bärenreiter; Stuttgart etc.: Metzler

1997 „Typologie der vokalen und instrumentalen Mehrstimmigkeit in der europäischen Volksmusik." In *Festschrift Walter Wiora zum 90. Geburtstag,* hg. von Christoph-Helmut Mahling und Ruth Seiberts, 61–88. Tutzing: Hans Schneider.

Emsheimer, Ernst

1951 „Schallaufnahmen georgischer Mehrstimmigkeit." In *Kongreßbericht der Deutschen Gesellschaft für Musikforschung,* 172–174. Kassel etc.: Bärenreiter.

Ewald, Zinaida Viktorina

1937 *Pesni Pineža.* Bd. II, Leningrad: Muzgyz.

Haid, Gerlinde und Hans Haid

1994/1999 *Musica Alpina. Volksmusik aus den Alpen.* Innsbruck und Wien: Institut für Volkskultur & Kulturentwicklung, Institut für Volksmusikforschung. (ARUNDA 50) Dazu 4 CDs, Fr 930923, 91705-2, 9706-2.

Hornbostel, Erich Moritz von

1930 „Phonographierte isländische Zwiegesänge." In *Deutsche Islandforschung* Bd.1, hg. von Wilhelm H. Vogt, 300–320. Breslau. Neuausgabe in *E. M. v. Hornbostel, Tonart und Ethos. Aufsätze,* hg. von Erich Stockmann und Christian Kaden, 287–314. Leipzig: Philip Reclam jun.

Jordanija, Iossif M.

1989 *Gruzinskoje tradicionojoe mnogoglosie v meždunardnom kontexte mnogoglosnych kultur.* Tbilisi: Tbilisskoj Universitet.

Karastojanova, Jana

1995 „Eine Klangfarbentypologie der vokalen Bordunformen aus der Region des Piringebirges." *Systematische Musikwissenschaft* III (2), 317–330.

Katzarova-Koukodova, Rajna

1962 „Phénomènes polyphoniques dans la musique populaire bulgare." In *Zoltán Kodály Octogenario Sacrum,* hg. von B. Szabolcsi, 161–172. Budapest: Akadámiai kiadó.

Leydi, Roberto

1986 „La Visilla e la tradizione musicale a Barcellona Pozzo di Gotto. Ricerche etnomusicologiche." In *Archivio Sonoro* 2. Università degli Studi di

Bologna. ICTM Comitato Nazionale Italiano. Giuliano Fugazzotto. Schallplatte Albatros VPA 8495. Platte A/1.

Listopadov, Michail A.
1949–1954 *Pesni donskich kazakov.* Moskva Leningrad: Gosudarstvennoje muzykalnoje izdatelstvo, 5 Bde.

Lortat-Jacob, Bernard
1983 „Rumania. Vocal polyphony of the Arumanians." Paris: Collection du CNRS et Musée de l'Homme. Schallplatte Le chant du monde, LDX 74803, A/3.

Lubej, Emil
1989 „Genres in the repertoire of the sardinian tenores." In *Ethnomusicologia II.* Atti del VI European seminar in ethnomusicology, hg. von der Accademia Musicale Chigiana. Siena Agosto.

Messner, Gerald Florian
1980 *Die Schwebungsdiaphonie in Bistrica.* Tutzing: Hans Schneider.

Narodna umjetnost. Croatian Journal of Ethnology and Folklore Research 36(1), 1999.

Račiunaite, D., D.Vičiniene, Martins Boiko und V. Sarv
1994 *Voix des pays Baltes. Chants tradionelles de Lettonie, Lituanie, Estonie.* CD, Paris: INEDIT - Maison des Cultures du Monde, AD 90, W 260055.

Ricci, Antonello und Roberto Tucci
1991 *Folk Music of Calabria.* CD, Berlin: International Institute for Traditional Music, Berlin: Musicaphon BM 55 803.

Schneider, Marius
1940 „Kaukasische Parallelen zur mittelalterlichen Mehrstimmigkeit." *Acta Musicologica* XII, 52-61.

Stockmann Doris und Erich Stockmann
1964 „Die vokale Bordun-Mehrstimmigkeit in Südalbanien." In *Ethnomusicologie III.* Les Colloques de Wégimont, hg. von Paul Collaer, 85–135. Liége: Université de Liége.

Svitova, K.
1966 *Narodije pesni brjanskoj oblasti.* Moskva: Izdatelstvo Muzyka.

Strajnar, Julian
1979 *Porabje. Slovene Music.* Schallplatte , Ljubljana: Helioon, FLP 03 008.

Vodušek, Valens
[1967] *Slovenske ljudske pesmi.* Schallplatte, Zagreb-Dubrava: Jugoton, LPY-V-682.

Zlatić Slavko
[1988] *Istra. Music and Tradition.* Schallplatte, Beograd: Radio-Televizija Beograd, LPV-191.

GIORGIO ADAMO, Cosenza

Aspekte der Zweistimmigkeit in der Volksmusik Italiens

Im Verlauf von fünfzig Jahren hat die ethnomusikologische Forschung in Italien eine große Mannigfaltigkeit an mehrstimmigen Musiktraditionen dokumentiert. Darunter befinden sich – besonders in der bäuerlichen und pastoralen Welt Zentral-Italiens – mehrere interessante Formen vokaler Zweistimmigkeit. Ich möchte die Aufmerksamkeit besonders auf zwei Formen lenken: auf den *canto a vatoccu,* wie er in Umbrien und den Marken verbreitet ist, und auf den *canto a pennese,* wie er sich in einem eng umgrenzten Gebiet von Lazio in der Nähe von Rom findet.

Diese beiden Gattungen sind in der ethnomusikologischen Literatur bereits des Öfteren behandelt worden. Es wurden musikalische Transkriptionen publiziert und in dem größeren Zusammenhang der Mehrstimmigkeitsformen in Italien Fragen der Klassifikation diskutiert. Was ich hier zeigen will, ist der Umstand, dass eine Beschreibung dieser Gattungen auf der Basis von Transkriptionen in europäischer Notenschrift und auf der Basis der Terminologie, wie sie in der westlichen Musikgeschichtsschreibung in Verwendung steht, Gefahr läuft, einige interessante strukturelle Aspekte zu übersehen.

Beginnen wir mit dem *canto a vatoccu.* Roberto Leydi hat in seiner Anthologie *I canti popolari italiani* 1973 diesen Mehrstimmigkeitstyp in Relation zu ähnlichen zweistimmigen Gesängen Istriens und der Insel Krk gesetzt und ein gemeinsames Verbreitungsgebiet im nördlichen Adria-Raum angenommen (Leydi 1973: 197–200). Nach Leydi ist der Bau dieser Gesänge ähnlich jenen des mittelalterlichen *Discantus* und bezeugt sehr wahrscheinlich das Fortleben eines alteuropäischen Mehrstimmigkeitsstils. Die Zusammenklänge der beiden Stimmen sind durch Terzen, Sexten, Oktaven und sehr häufig durch Sekunden und Quarten geprägt. Die beiden Stimmen werden bevorzugt von einer Männer- und einer Frauenstimme ausgeführt.

Unter Berücksichtigung der Wortbedeutung *a vatoccu* macht Leydi eine besonders interessante Beobachtung: der *vatoccu* oder *batoccu* ist der Klöppel einer Glocke, und die Bezeichnung *a vatoccu* wurde in den Abruzzen, in Umbrien und den Marken auf einen Gesangstyp übertragen, weil in diesem die beiden Stimmen gegeneinander schlagen wie der Klöppel einer Glocke auf den Glockenmantel. Es kommen einem hier die Beobachtungen von Rudolf Brandl zur Schwebungsdiaphonie in Epiros 1992 in den Sinn und der von ihm zitierte, aus allen diaphonen Gebieten von den Informanten verwendete Ausdruck, „es soll wie Glocken klingen“ (Brandl 1992).

Dieser in der Bezeichnung *canto a vatoccu* gelegene Hinweis hat bis heute zu keinen weiterführenden Untersuchungen angeregt. Die Aufmerksamkeit war vor allem auf das Problem der Analyse des Verhältnisses der beiden Stimmen zueinander gerichtet, wie es sich in den Notentranskriptionen darstellt. Sehen wir hier einige Beispiele solcher Transkriptionen (Abb. 1a u. b; siehe Anhang).

Die wichtigsten Studien zum zweistimmigen Gesang in Italien stammen von Serena Facci und Maurizio Agamennone. Im Bericht über ein 1980 zur frühen primitiven Mehrstimmigkeit in Friaul und Europa veranstaltetes Symposium schreiben Facci und Agamennone: „Der *canto a vatoccu* wirft das Problem der gegenseitigen Abhängigkeit der beiden Stimmen auf. In bordunalen Gesängen liegt das melodische Modell in der ersten Stimme, während die zweite unterstützende Funktion hat. Im *canto a vatoccu* hingegen gehen beide Stimmen auf eine einzige Keimzelle zurück, und man kann nicht sagen, welche Stimme die führende und welche die begleitende ist“ (Agamennone & Facci 1989: 331).

1985 spricht Serena Facci von einem „Diskant“ (Facci 1985: 229), und 1991 ordnet sie diesen Gesangstyp den homorhythmischen, nicht auf Parallelismus basierenden Mehrstimmigkeitsformen zu und zeigt, wie an einigen Stellen die beiden Stimmen in Gegenbewegung fortschreiten (Facci 1991: 229). Schließlich wird in einem rezenten Beitrag aus dem Jahre 1996 von Agamennone, Facci und Giannattasio unter dem Titel *Mehrstimmige Verfahren in der traditionellen Musik Italiens. Ein Vorschlag zur allgemeinen Taxonomie* (Agamennone, Facci & Giannattasio 1996) der *canto a vatoccu* der Kategorie "Vokaldiaphonie" zugerechnet mit der Spezifikation „homorhythmische Parts“ und mit einer Definition der Art, wie die zweite Stimme einsetzt.

Gehen wir nun zu einer akustischen Analyse einer von einer Männer- und einer Frauenstimme gesungenen Probe des *canto a vatoccu* (→ CD Musikbeispiel 1).[1] Die Analyse habe ich an der Discoteca di Stato in Rom mit einer unter Leitung von Werner Deutsch an der Österreichischen Akademie der Wissenschaften entwickelten S_TOOLS Arbeitsstation durchgeführt.

Eine erste Frage betrifft die Intonation der Intervalle, welche ein breites Variabilitäts- und Unregelmäßigkeitsband zeigt. Die Analyse des Beginns der

Frauenstimme mittels der Methode der Grundfrequenzextraktion weist zum Beispiel auf die Präsenz eines Intervalls von circa 350 Cent hin (Abb. 2). Wie wir sehen werden, kann diese Art der Intonationsabweichung von der westlichen Musik bedeutsame Konsequenzen für das Moment der Überlagerung der beiden Stimmen haben.

Betrachten wir jetzt ein Spektrogramm einer zweistimmigen Stelle (Abb. 3). Ich habe in dieser Phrase vier Intervalle untersucht. Der Zusammenklang der Quinte beträgt am Punkt der größten Schallenergie dieser Phrase 730 Cent (121,7 s – 121,8 s). Das bedeutet, dass hier keine wirkliche Übereinstimmung zwischen Teiltönen der beiden Töne des Zusammenklanges erfolgt – zu sehen zum Beispiel an der zweiten Harmonischen der Frauenstimme und der dritten Harmonischen der Männerstimme.

Eine weitere Konsequenz besteht in der Nähe der fünften Harmonischen der Frauenstimme und der achten Harmonischen der Männerstimme im Bereich von 1500 Hz im Anschluss an den zweiten Formanten des Vokals /e/. Beide Teiltöne sind mit ähnlicher Intensität ausgestattet und fallen in dieselbe sogenannte „kritische Bandbreite“. Ist es also vielleicht möglich, hier von einer dissonanten Quinte zu sprechen?

Eine Analyse des Phrasenschlusses zeigt eine Fortschreitung der Zusammenklänge in Form Septime – Oktave (Abb. 3: 123,5 s – 126,1 s). Der Parallelismus unter den Harmonischen der beiden Spektren ist evident. Der vorletzte Zusammenklang beträgt ca. 930 Cent (gemessen bei 123,3 s). Er liegt also auf halbem Wege zwischen einer großen Sext und einer kleinen Septime, während die kleine Septime, die dem Schlusston vorausgeht, zwischen 970 und 1020 Cent variiert.

Es ist auch interessant, die Charakteristika des Schlusszusammenklanges zu beobachten (Abb. 4: 131,6s – 134,8s). Es kommt hier zu einer vollständigen Verschmelzung zwischen Harmonischen der beiden Stimmen. Die beiden Töne differieren um ein bis zwei Hz. Es entsteht eine entsprechende Amplitudenmodulation (Abb. 5), die aber den Verschmelzungseffekt nicht beeinträchtigt. Wir haben daher eine reine Oktave, und man kann vielleicht die Hypothese aufstellen, dass es in diesem Gesang zu einer Realisation einer besonderen dialektischen Dissonanz/Konsonanz-Logik in der Homorhythmik der beiden Stimmen kommt: die Konsonanz wird nur im Schlusszusammenklang genau erreicht.

Wenden wir uns nun einer Analyse des *canto a pennese* zu. Dieser Gesangstyp ist charakteristisch für das Dorf Marcellina bei Rom und einer der interessantesten Fälle unter den zahlreichen Beispielen vokaler Mehrstimmigkeit in der Hirten- und Bauern-Tradition von Lazio.

In einer Studie aus dem Jahre 1985 hat Maurizio Agamennone folgende Aspekte herausgestellt:

- Die Bezeichnung *a pennese* ist ziemlich unklar, und es gibt keine plausiblen Herleitungen.
- Die Ausführung erfolgt fast ausschließlich durch Männerstimmen. Der Typus ist nicht mit bestimmten Anlässen und Orten verbunden, und es gibt hin und wieder echte Wettkämpfe unter den Sängern. Die traditionell häufigste Aufführungssituation bestand möglicherweise in den Pausen während der Feldarbeit, aber in den 1970er Jahren scheint er zum Teil in einen *canto da osteria* umgewandelt worden zu sein.
- Was die Ausführung betrifft, so ist zwischen einem vorwiegend syllabischen Teil für eine Stimme und einem zweistimmigen Teil zu unterscheiden. Letzterer ist reich an Variationen, welche sich erst im Zeitpunkt der Aufführung ergeben. In den Worten von Agamennone: „Die Sänger führen melodische Linien aus, welche auf einer begrenzten Anzahl von Tonstufen basieren. Die Überlagerung der beiden Stimmen erfolgt entsprechend einer bestimmten Reihe vertikaler Punkte. Die Variationsmöglichkeiten sind zahlreich und hängen substanziell von einer konstanten Tendenz zu innerer Ornamentierung der Tonstufen ab" (Agamennone 1985: 121; Übers. G. Adamo).

In dem genannten Taxonomie-Vorschlag von Agamennone, Facci und Giannattasio wird auch der *canto a pennese* der Kategorie „Vokale Diaphonie" zugeordnet, aber mit der Spezifikation „heterorhythmische Parts und Stimmeinsatz in Aufeinanderfolge". Vorher wurde für diese Gesangsgattung die Bezeichnung „Kontrapunkt" verwendet. So schreibt zum Beispiel Serena Facci 1991:

> In den Gesängen *a pennese* von Lazio alternieren die beiden Stimmen in der Funktion des Borduns, sie imitieren und in einigen Abschnitten schreiten sie homorhythmisch fort. Die Bezeichnung ‚Kontrapunkt' kann in ähnlichen Fällen passen, weil die beiden Stimmen eine lineare Entwicklung haben und keine der beiden Stimmen eine beherrschende Rolle spielt. (Facci 1991: 234; Übers. G. Adamo)

Betrachten wir eine von Maurizio Agamennone (1985: 126) publizierte Transkription eines *canto a pennese* (→ CD Musikbeispiel 2)[2] (Abb. 6). Wir können Melismen erkennen, das Auftreten intermittierender Töne, häufig Quartzusammenklänge und einen Sekundzusammenklang vor dem Schluss-Unisono.

Beobachten wir, wie es in der akustischen Analyse aussieht (Abb. 7). Ich möchte vor allem zwei Aspekte unterstreichen, welche meiner Meinung nach aus dem Hörerlebnis resultieren und, wie mir scheint, in einem Spektrogramm deutlicher zum Ausdruck kommen als in einer Transkription in europäischer Notenschrift, nämlich einerseits die Komplexität des Verlaufes der beiden Stimmen, anderseits der charakteristische, außerordentlich scharfe und rauhe Stimmenklang.

Was die Intonation betrifft, scheinen hier im Unterschied zum *canto a vatoccu* keine großen Besonderheiten vorzuliegen. Die Quart zum Beispiel bewegt sich hier um einen Wert von 498 Cent (gemessen bei 56,8 s). Auch das Fehlen von Vibrato, das Vorhandensein von Portamenti am Tonbeginn und Tonschluss und die Position der Vokalformanten können Interferenzzonen zwischen den Teiltönen verschiedener gleichzeitiger Spektren erzeugen. Der Tritonus zu Beginn des zweiten Teiles (68,8 s – 69,8 s), der in der Transkription von Agamennone als verminderte Quinte aufscheint, beträgt nach meinen Messungen um 620 Cent und zeigt beieinander liegende Harmonische zwischen 1500 und 1800 Hz. Wir können den zweiten Teil im folgenden Spektrogramm besser analysieren (Abb. 8).

Ich möchte auf die besondere Komplexität des Geflechts der beiden Stimmen hinweisen, besonders wenn man die Harmonischen in Übereinstimmung mit dem ersten Formanten der dominanten Vokale /e/, /o/, und /a/ im Bereich zwischen 500 und 1000 Hz betrachtet. Es ist interessant, den speziellen Gebrauch von Melismen festzustellen, an manchen Stellen (71,4s – 73,2s) fast wie richtige Tremoli, die an die *Tressene*-Figur erinnern, wie sie Födermayr (1995) in mehrstimmigen Gesängen Bulgariens analysiert hat. Ferner können wir bestimmte Formen des Stimmeinsatzes feststellen und Staccato-Töne, auch in Verbindung mit Glottisschlag. Es resultiert daraus an Stellen, an welchen die Teiltöne einander berühren und kreuzen, nicht nur eine besondere Rauheit, sondern es ist, wie wenn außer der heterorhythmischen Komponente, das heißt der Ungleichzeitigkeit der Stimmen, alle möglichen Verfahren verwendet werden, um die beiden Stimmen in der Wahrnehmung zu trennen und eine Art des Stimm-Widerstreites entstehen zu lassen. Es entsteht der Eindruck einer vokalen Virtuosität, was zu dem zitierten Hinweis von Agamennone auf die Wettkämpfe zwischen den Sängern passt.

Das andere Element, das mir wichtig erscheint, ist die Sforzato-Wirkung der Phonation mit einem Heiserkeitseffekt und einer generellen Rauhigkeit des Stimmklanges. Dieser Effekt tritt besonders deutlich an jenen Stellen in Erscheinung, die theoretisch Konsonanzen sein müssten, das heißt: beim

Quintzusammenklang am Ende des ersten Teiles und beim Unisono am Ende des zweites Teiles. Man könnte an einigen Stellen (Abb. 9: 77,7s – 78,2s und 81,2s – 83,6s) vielleicht von einer Diplophonie einer der beiden Stimmen sprechen. Der Effekt der Rauhigkeit wird dadurch noch verstärkt.

Betrachten wir ein Detail aus dem Schluss des Gesanges (Abb. 9). Wir sehen den Übergang von einem Sekundzusammenklang im Ausmaß von ca. 130 Cent (77s – 77,6s), das heißt von etwas mehr als einem Halbton, zum Unisono (nach 77,6). Theoretisch ist die Situation ähnlich dem Übergang vom Zusammenklang der Septime zur Oktave, wie wir ihn beim *canto a vatoccu* beobachtet haben, aber die Wirkung ist eine vollständig andere: die beiden Stimmen verschmelzen nicht, und es entsteht nicht der Eindruck einer Konsonanz wie beim *canto a vatoccu*, sondern es scheint, dass die Sänger die Rauhigkeitswirkung und den Effekt der Heiserkeit absichtlich beibehalten, besser gesagt: erhöhen. Man könnte in diesem Stimmklang ein Klangideal dieser Musikkultur sehen.

Wenn man ein Detail des Unisono-Klanges vor dem Eintreten des Diplophonie-Effekts betrachtet, kann man die nicht vollständige Übereinstimmung der beiden Stimmen sehen: die Grundfrequenz der beiden Stimmen ist um ungefähr 7 Hz verschieden (Abb. 10). Bei der siebten Harmonischen im Bereich von 1500 Hz beträgt dieser Unterschied ca. 50 Hz., was auch deutlich im Spektrogram zu sehen ist.

Man kann also annehmen, dass dieser Gesang, auch wenn er Aspekte zeigt, die jenen des *canto a vatoccu* ähnlich sind, ein unterschiedliches Prinzip der Dialektik zwischen den beiden Stimmen und des Gebrauchs der sensorischen Dissonanz zum Ausdruck bringt.

Zusammenfassend möchte ich folgende Punkte besonders herausstellen:

1) Die traditionellen Analysen, welche auf Transkriptionen in europäischer Notenschrift und der Terminologie der westlichen Musikgeschichtsschreibung basieren, sind zwar nicht wirklich falsch; sie zeigen oft wichtige Aspekte, wie zum Beispiel die Verwendung bestimmter Zusammenklänge oder die zeitliche Beziehung zwischen den beiden Stimmen (Homorhythmik *versus* Heterorhythmik).

2) Die akustische Analyse und die Bewertung von Daten entsprechend der psychoakustischen Theorie stellen aber eine wichtige Ergänzung dar, welche in manchen Fällen die Bewertung einiger wichtiger musikalischer Parameter signifikant modifizieren kann, wie zum Beispiel den Konsonanz- oder Dissonanzgrad von Zusammenklängen.

3) Die Kombination eines akustischen und psychoakustischen Ansatzes mit dem Studium der Terminologie sowie von Konzepten und Wahrnehmungsmodalitäten innerhalb der betreffenden Kultur gibt eine fundamentale Perspektive für eine bessere Beschreibung und ein besseres ethnomusikologisches Verständnis solcher Gesangstile.

4) Die Analyse eines zweistimmigen Gesanges aus der mündlichen Tradition kann wahrscheinlich nicht von einer Analyse des Modells der individuellen Dialektik, wie sie sich im Zusammen und Gegeneinander der beiden Sänger ausdrückt, absehen, auch nicht vom symbolischen Wert, den eine solche Dialektik ausdrücken kann: wir wissen noch nicht, ob und in welchem Ausmaß das Verhältnis der beiden Stimmen im *canto a vatoccu* und in *canto a pennese* in Bezug steht zu Modellen der Mann–Frau oder Mann–Mann-Beziehung in den entsprechenden Kulturen und Gruppen. Diesbezüglich erscheint die Anwendung des Konzeptes der *musikalischen Dialogie*, wie es von Izaly Zemtsovsky (1993) vorgestellt wurde, nützlich.

5) Die Aufgabe, die sich meiner Meinung nach heute für die ethnomusikologische Forschung stellt, besteht in der Integration von verschiedenen Ebenen der musikalischen Analyse, einschließlich akustischer und psychoakustischer Ansätze, mit verschiedenen Ebenen der semiotischen und anthropologischen Analyse. In solchen Untersuchungen, wie ich sie für die vokale Zweistimmigkeit in Italien in Zukunft weiterzuführen gedenke, wird man von Fall zu Fall entscheiden können, ob die Konzepte und Terminologien, wie sie von der Historischen Musikwissenschaft entwickelt wurden, adaptiert, modifiziert oder erneuert werden müssen.

Abbildungen

Abb. 1a[3]

Abb. 1b[4]

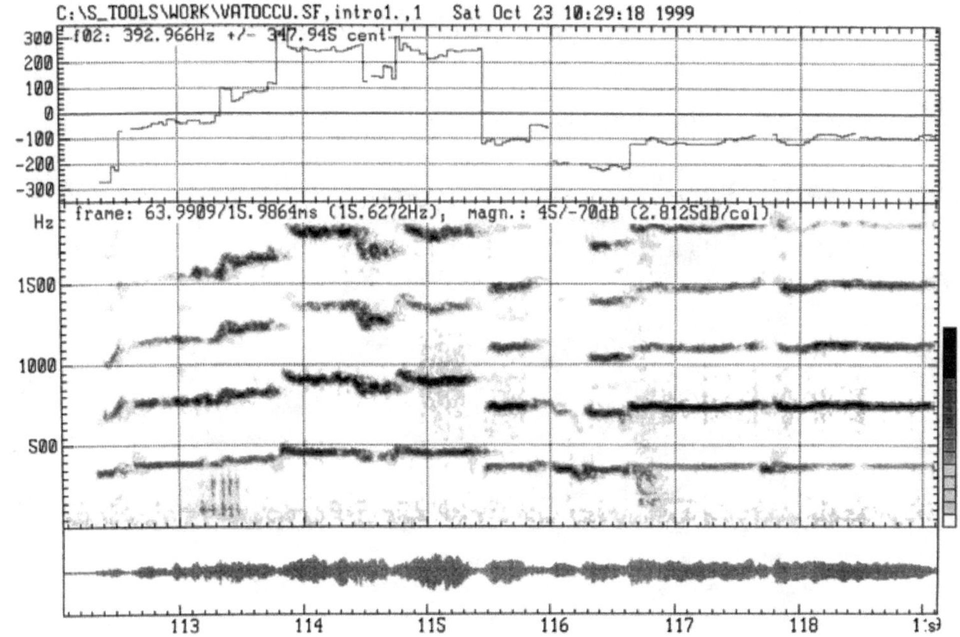
C:\S_TOOLS\WORK\VATOCCU.SF,intro1.,1 Sat Oct 23 10:29:18 1999
f02: 392.966Hz +/- 347.945 cent
frame: 63.9909/15.9864ms (15.6272Hz), magn.: 45/-70dB (2.8125dB/col)
Hz
1500
1000
500
300
200
100
0
-100
-200
-300
113
114
115
116
117
118

Abb. 2

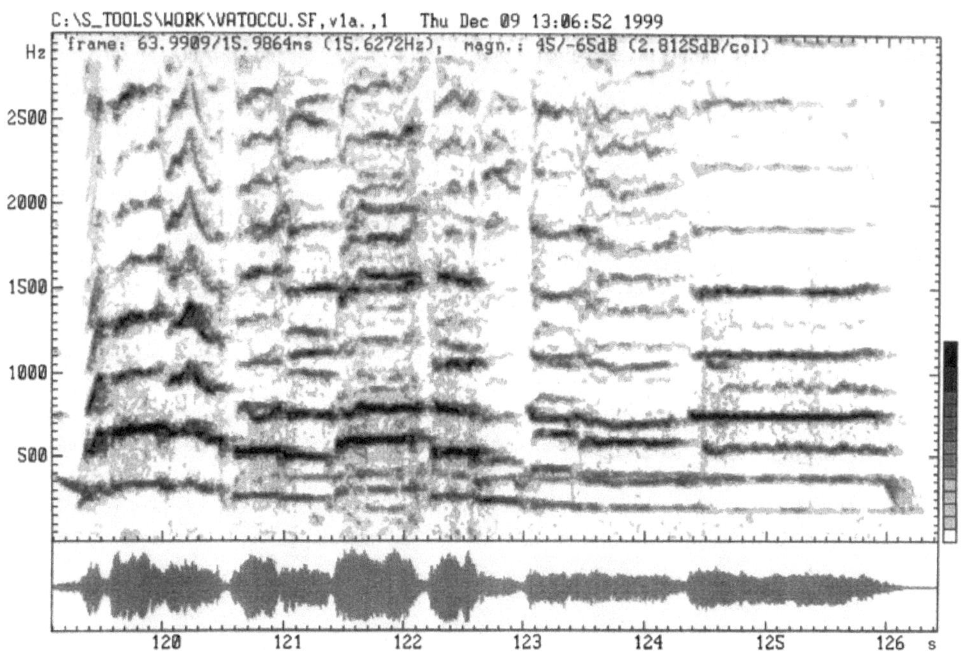
C:\S_TOOLS\WORK\VATOCCU.SF,v1a.,1 Thu Dec 09 13:06:52 1999
frame: 63.9909/15.9864ms (15.6272Hz), magn.: 45/-65dB (2.8125dB/col)
Hz
2500
2000
1500
1000
500
120
121
122
123
124
125
126
s

Abb. 3

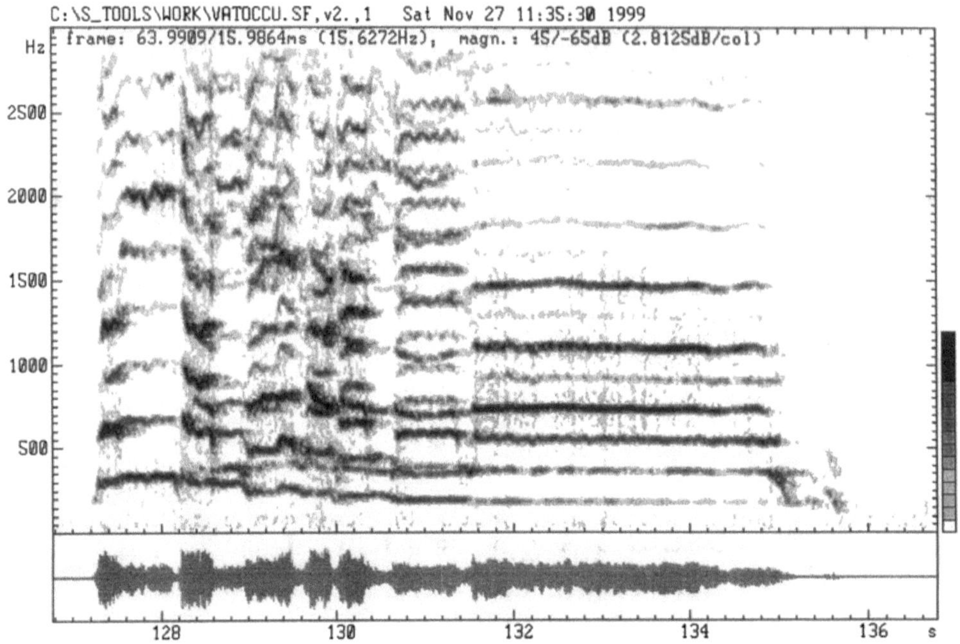
C:\S_TOOLS\WORK\VATOCCU.SF,v2.,1 Sat Nov 27 11:35:30 1999
frame: 63.9909/15.9864ms (15.6272Hz), magn.: 45/-65dB (2.8125dB/col)
Hz
2500
2000
1500
1000
500
128
130
132
134
136
s

Abb. 4

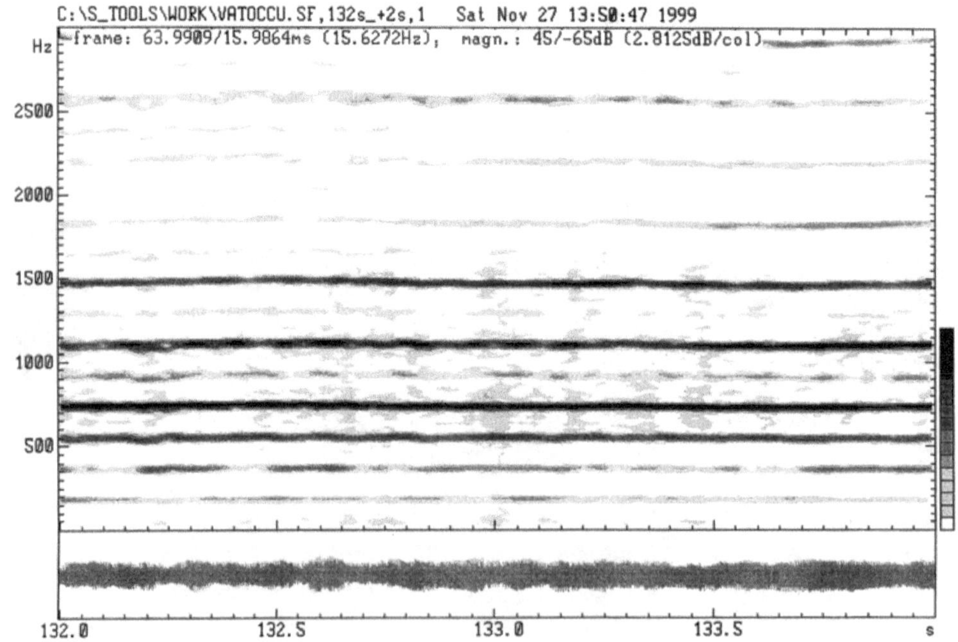
C:\S_TOOLS\WORK\VATOCCU.SF,132s_+2s,1 Sat Nov 27 13:50:47 1999
frame: 63.9909/15.9864ms (15.6272Hz), magn.: 45/-65dB (2.8125dB/col)
Hz
2500
2000
1500
1000
500
132.0
132.5
133.0
133.5
s

Abb. 5

Apri - tele sse po —— rte e sse - fine - stre
pausa
e fate sen —ti l'addo —— re —— a a a a a
enti l'addo —— re — e —— a ——
a a a ——
pausa
e madee -
- e ——lle - - - e - - e —— e o ro o
e le e - - - - - - e —— - - —— ro
o o —— e ——
- - —— se ——

Abb. 6

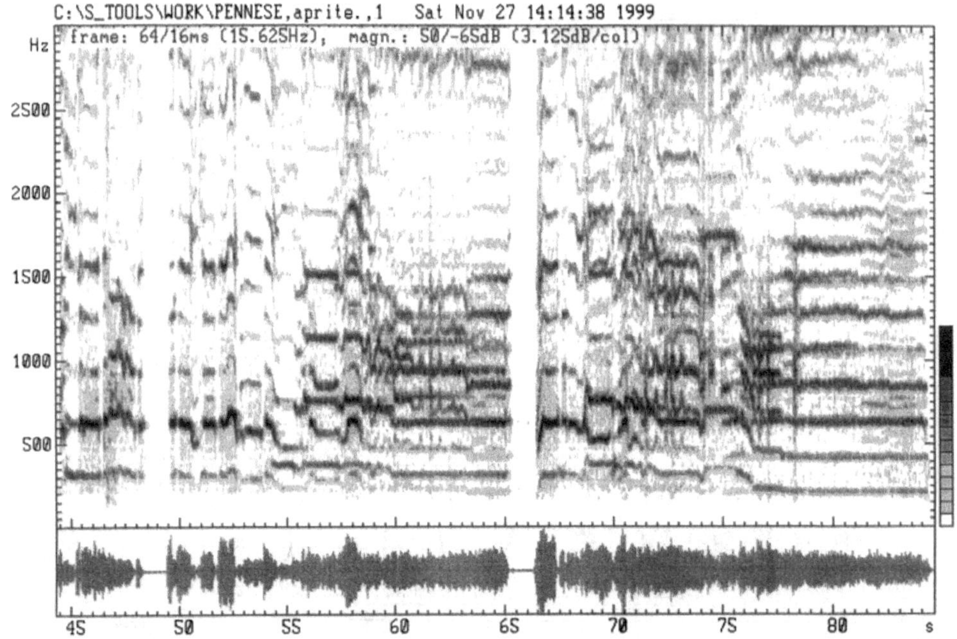
C:\S_TOOLS\WORK\PENNESE,aprite.,1 Sat Nov 27 14:14:38 1999
frame: 64/16ms (15.625Hz), magn.: 50/-65dB (3.125dB/col)
Hz
2500
2000
1500
1000
500
45
50
55
60
65
70
75
80
s

Abb. 7

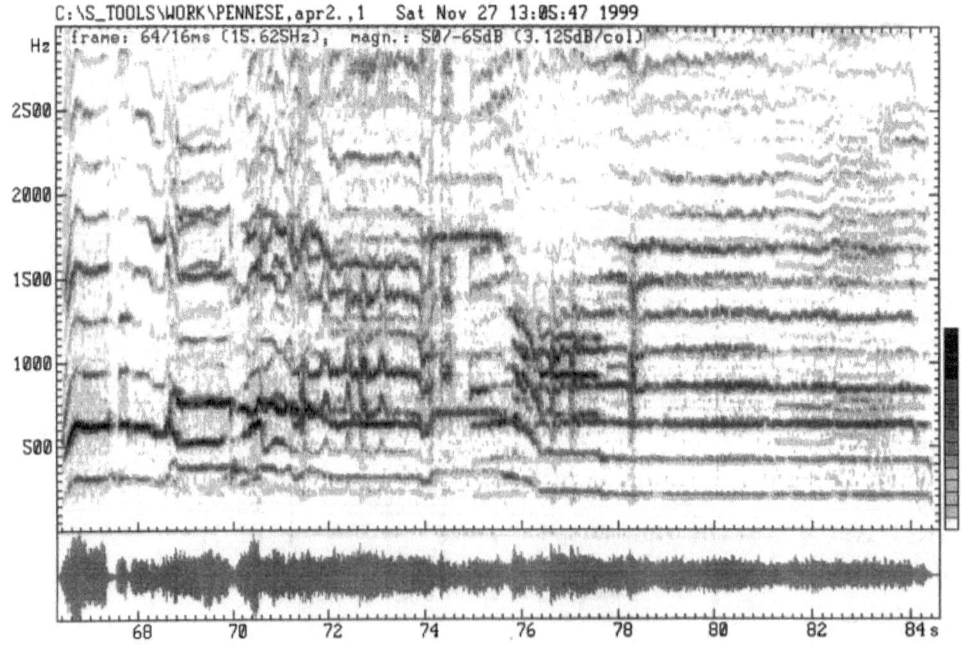
C:\S_TOOLS\WORK\PENNESE,apr2.,1 Sat Nov 27 13:05:47 1999
frame: 64/16ms (15.625Hz), magn.: 50/-65dB (3.125dB/col)
Hz
2500
2000
1500
1000
500
68
70
72
74
76
78
80
82
84 s

Abb. 8

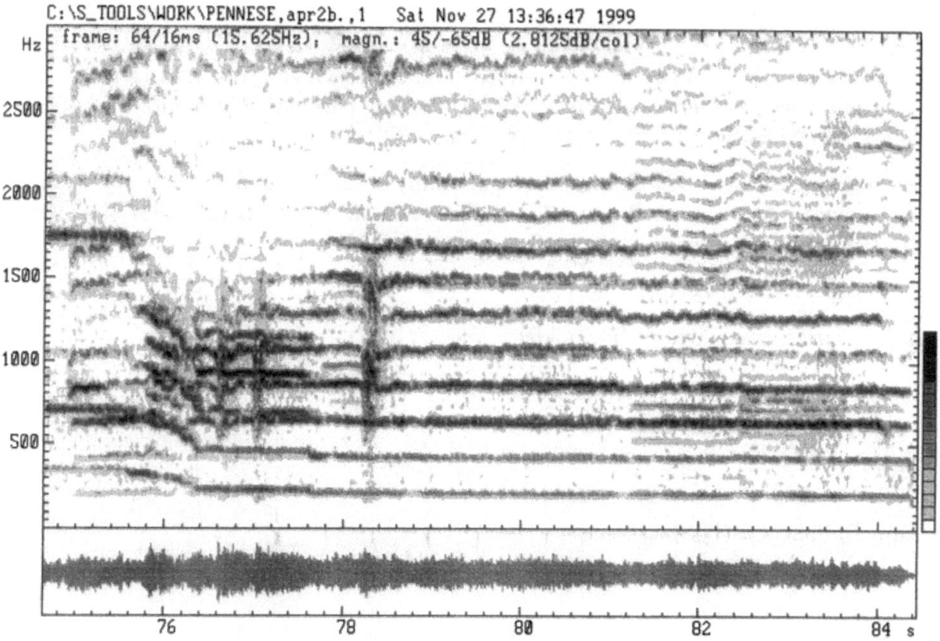
C:\S_TOOLS\WORK\PENNESE,apr2b.,1 Sat Nov 27 13:36:47 1999
frame: 64/16ms (15.625Hz), magn.: 45/-65dB (2.8125dB/col)
Hz
2500
2000
1500
1000
500
76
78
80
82
84
s

Abb. 9

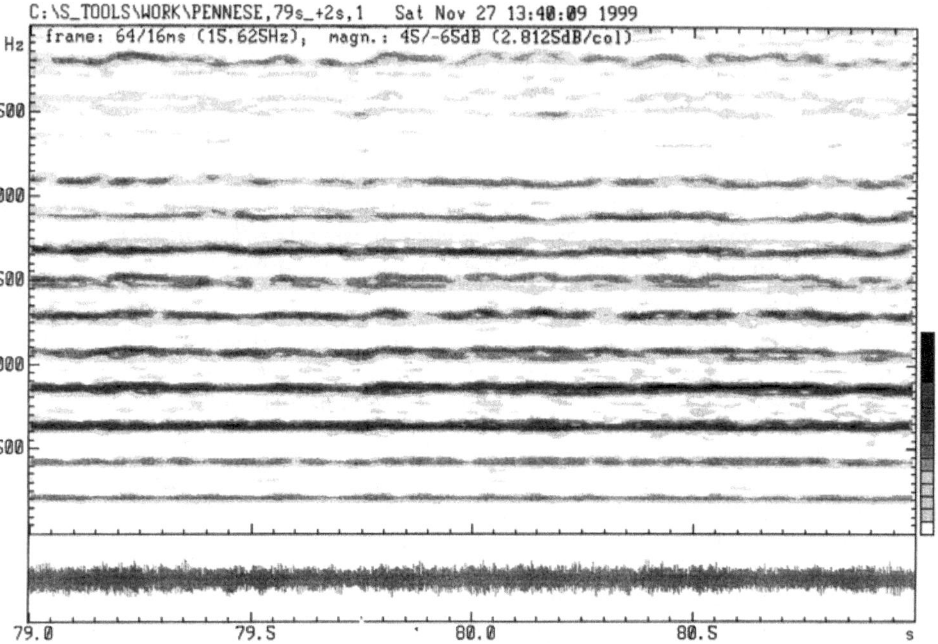
C:\S_TOOLS\WORK\PENNESE,79s_+2s,1 Sat Nov 27 13:40:09 1999
frame: 64/16ms (15.625Hz), magn.: 45/-65dB (2.8125dB/col)
Hz
2500
2000
1500
1000
500
79.0
79.5
80.0
80.5
s

Abb. 10

Anmerkungen

[1] „La bonasera pe' cominciamento", aufgenommen 1969 von P. G. Arcangeli in der Fraktion Vari der Gemeinde Pieve Torina, Provinz Macerata (Marken). Discoteca di Stato, AELM 68/35 (Track 1 auf beiliegender CD).

[2] „Apritele sse porte e sse finestre", aufgenommen 1982 von S. Facci und M. Agamennone in Marcellina, Provinz Rom. Discoteca di Stato, AELM 145/58 (Track 2 auf beiliegender CD).

[3] Transkription nach Leydi 1973: 198.

[4] Transkription nach Arcangeli, Booklet S. 8.

Literatur

Arcangeli, Piero G. (Hg.)
o.J. *Marche 1. Musica tradizionale del Maceratese.* LP, Cetra SU 5006.

Agamennone, Maurizio
1985 „Modalità di variazione in due forme vocali." In G. Adamo u.a.: *Forme e comportamenti della musica folklorica italiana. Etnomusicologia e didattica,* hg. von G. Giuriati, 95–154. Milano: Edizioni Unicopli.

Agamennone, Maurizio, & Serena Facci
1989 „Il cantare a coppia nella musica tradizionale italiana." In *Le polifonie primitive in Friuli e in Europa,* Atti del congresso internazionale, Cividale del Friuli, 22–24 agosto 1980, hg. von Pierluigi Petrobelli, 327–348. Roma: Torre d'Orfeo.

Agamennone, Maurizio, Serena Facci & Francesco Giannattasio
1996 „I procedimenti polifonici nella musica tradizionale italiana." In *Polifonie. Procedimenti, tassonomie e forme: una riflessione „a più voci",* hg. von M. Agamennone, 239–277. Venezia: Il Cardo.

Brandl, Rudolf M.
1992 „Die ‚Schwebungsdiafonie' im Epiros und verwandte Stile im Lichte der Psychoakustik." In *Von der Vielfalt musikalischer Kultur. Festschrift für Josef Kuckertz,* hg. von Rüdiger Schumacher, 43–79. Anif/Salzburg: Ursula Müller-Speiser.

Facci, Serena
1985 „Quindici esempi di polifonia tradizionale." In G. Adamo u.a.: *Forme e comportamenti della musica folklorica italiana. Etnomusicologia e didattica,* hg. von G. Giuriati, 45–93. Milano: Edizioni Unicopli.
1991 „Polifonia." In Maurizio Agamennone, Serena Facci, Francesco Giannattasio u. Giovanni Giuriati: *Grammatica della musica etnica,* 201–242. Roma: Bulzoni.

Födermayr, Franz
1995 „Concetti e metodi della musicologia sistematico-comparata.“ *EM. Annuario degli Archivi di Etnomusicologia dell'Accademia Nazionale di Santa Cecilia* 3: 55–76.

Leydi, Roberto
1973 *I canti popolari italiani.* Milano: Mondadori.

Zemtzovsky, Izaly
1993 „Dialogie musicale.“ *Cahiers de musiques traditionnelles* 6: 23–27.

SUSANNE ZIEGLER, Berlin

Mehrstimmigkeitsformen in Gurien (Georgien)

Die verschiedenen Formen mehrstimmigen Singens in der kirchlichen und weltlichen Gesangstradition Georgiens gehören zu den faszinierendsten Arten vokaler Mehrstimmigkeit. In dieser Region ist mehrstimmiges Singen seit dem Mittelalter belegt und nach wie vor verbreitet. Obwohl Georgien nicht unmittelbar an das Mittelmeer angrenzt, ist es doch durch seine Lage am Ostrand des Schwarzen Meeres seit dem Altertum mit den Kulturen des Mittelmeerraumes verbunden, die teilweise ebenfalls Mehrstimmigkeit kennen und denen andere Beiträge des Symposiums gewidmet sind. Eine wie immer geartete genetische oder historische Verbindung ließ sich allerdings bis jetzt nicht schlüssig nachweisen (vgl. u.a. Schneider 1940, Stockmann 1957, Jordania 1989, Traub & Ziegler 1990).

Die Sammlung und Erforschung der georgischen Mehrstimmigkeit hat in Georgien selbst eine lange Tradition (vgl. Ziegler 1995: 1272 f.). Seit Anfang dieses Jahrhunderts begann man sich auch in Europa für georgische Mehrstimmigkeit zu interessieren (Lach 1920, Nadel 1933), nachdem man durch Kriegsgefangene des 1. Weltkriegs zum ersten Mal damit in Berührung gekommen war. Die Mehrstimmigkeit georgischer Gesänge interessierte zunächst als theoretisches Konzept im Vergleich zur europäischen Mehrstimmigkeit. Das führte dazu, dass besondere Phänomene wie Quintparallelismus oder Bordun aus dem Zusammenhang der Lieder gelöst und isoliert betrachtet wurden. Die Komplexität georgischer Mehrstimmigkeit und ihre regionalen Besonderheiten im Einzelnen wurden dabei kaum wahrgenommen, denn keiner dieser Forscher war je in Georgien gewesen, und die zahlreichen in georgischer und russischer Sprache vorliegenden Arbeiten wurden weitgehend ignoriert.[1]

Seit der Öffnung Georgiens im Zuge der Perestroika hat seit Ende der 1980er Jahre eine neue Generation von Musikethnologen anhand eigener Feldforschungen versucht, das Phänomen der georgischen Mehrstimmigkeit wissenschaftlich zu bearbeiten. Die eigene Erfahrung – verbunden mit der Möglichkeit des unmittelbaren Hinterfragens – vermittelte dabei Erkenntnisse und Einsichten, die einem Betrachter der nur schriftlich vorliegenden Musik, sei es in Manuskripten oder Transkriptionen, verborgen bleiben mussten. Hinzu kommt, dass die während der

Sowjetzeit weitgehend isolierte musikethnologische Forschung im Land nun durch intensivere internationale Kontakte mit dem Stand der Forschungsarbeiten im Westen konfrontiert wurde und sich der Diskussion stellte. Arbeiten georgischer Kollegen sahen die einheimischen Mehrstimmigkeitsformen nach wie vor eher unter globalen historischen oder genetischen Aspekten (Jordania 1989, Garakanidze 1990), vielfach erschöpften sie sich in Detailstudien.[2]

Inzwischen liegen auch in westlichen Sprachen Veröffentlichungen zur georgischen Mehrstimmigkeit vor, die Zahl der CD-Veröffentlichungen – meist jedoch keine Feldaufnahmen, sondern Studioaufnahmen georgischer Ensembles – ist kaum mehr zu überschauen (vgl. Ziegler 1995: 1281f.). Selten sind jedoch Einzelstudien zu einer der lokalen Gesangstraditionen zu finden, eine Ausnahme bildet die von Bolle-Zemp unternommene Studie svanischer Mehrstimmigkeit (Bolle-Zemp 1994).

Der folgende Beitrag ist der Vielfalt und Komplexität mehrstimmiger Gesänge in einer speziellen Region Georgiens gewidmet, in der Provinz Gurien in Westgeorgien. Die gurische Mehrstimmigkeit wird von einheimischen Forschern oft als der „Gipfel der Polyphonie" bezeichnet (Garakanidze 1990). Der Untersuchung dieses Regionalstils galt eine Forschungsreise, die die Autorin 1991 zusammen mit Kollegen vom Konservatorium Tbilisi unternommen hat.[3] Zentrales Thema war die Suche nach Parallelen zu historischen Tonaufnahmen, die Ernst Emsheimer 1935 zusammen mit den russischen Musikethnologen Evgenij Gippius und Zinaida Evald von gurischen Sängern auf Edisonphonographen aufgenommen hatte.[4] In Anbetracht der veränderten politischen Situation in Georgien stellt inzwischen aber auch das Anfang der 1990er Jahre aufgenommene Material eine heute schon historisch zu nennende Quelle dar.

Die auf der damaligen Feldforschung zusammengetragenen Quellen bilden die Grundlage der folgenden systematischen Darstellung, in der die verschiedenen Typen gurischer Mehrstimmigkeit vorgestellt werden sollen. Dabei werden dreistimmige Formen im Mittelpunkt stehen, die heute eher seltenen vierstimmigen Lieder werden nur ergänzend erwähnt. Breiter Raum wird dagegen der einheimischen Terminologie der Stimmen gewidmet sein, die mit den Liedtypen in enger Verbindung stehen.

Gurien liegt im Westen Georgiens, es grenzt an das Schwarze Meer und ist eine der fruchtbarsten Landschaften Georgiens. Entsprechend der geographischen Lage unterscheidet man zwei Landesteile, Obergurien mit der Kleinstadt Tschochatauri als Zentrum und Niedergurien mit der kleinen Stadt Ozurgeti als Zentrum.

Nach Garakanidze (1990) ist die gurische Mehrstimmigkeit durch folgende Besonderheiten gekennzeichnet: (1) Es handelt sich um eine rein vokale Mehrstimmigkeit, wobei den einzelnen Stimmen große Freiheit gegeben wird, (2) die Stimmen sind häufig solistisch besetzt, (3) es existiert eine spezielle hohe Stimme *krimantschuli*, (4) besonders die Bassstimme zeigt melodische Beweglichkeit, (5) die drei bis vier Stimmen stehen zueinander in funktionaler Beziehung, (6) die harmonische Sprache ist sehr komplex, sie ist auf der Basis modaler Tonreihen aufgebaut.

Unsere Feldforschung, die sich auf Obergurien beschränkte, bot viele Gelegenheiten, unabhängig von der vorrangigen historischen Fragestellung mehrstimmige Lieder verschiedener lokaler Gesangstraditionen aufzunehmen, Sänger und Publikum zu den einzelnen Liedern eingehend zu befragen und einen Eindruck von der Einbettung der mehrstimmigen Gesänge in das alltägliche Leben zu gewinnen. Es wurde klar, dass mehrstimmiges Singen in Gurien eine höchst professionelle Angelegenheit ist und längst nicht alle diese Kunst beherrschen. Selbst in bekannten lokalen Ensembles, wie beispielsweise dem Ensemble GURIA, herrscht oft Mangel an wirklich guten Sängern. So konnte beispielsweise Ersatz für den guten *krimantschuli*-Sänger, der plötzlich erkrankt war, nicht herbeigeschafft werden. Bezeichnend war auch, dass erst ein aus Tbilissi angereister bekannter gurischer Sänger einen Eindruck von der Vielfältigkeit der Bassstimme *bani* vermittelte. Der solistische Basssänger des Ensembles war zwar ein sicherer, aber mittelmäßiger Sänger, der selbst kaum eigene Ideen in die Gestaltung der Bassmelodien einbrachte, sondern nur nachahmte.[5]

Bei unseren Befragungen wurde darüber hinaus deutlich, dass in Gurien unterschiedliche lokale Gesangstraditionen existieren, die oft mit den Namen berühmter Sänger verbunden sind. Mehrfach wurde in Interviews mit älteren Sängern auf diese Vorbilder hingewiesen, deren Gesangsstil und Interpretationen nicht zuletzt durch Schallplatte und Rundfunk seit den 1930er Jahren auch in anderen Gegenden Georgiens hinreichend bekannt waren. Ein guter Sänger genießt auch heute noch großes Ansehen unter der Bevölkerung und kann es zu Ruhm und Ehre bringen. So stammt beispielsweise der Leiter des Staatlichen Ensembles Rustavi, Anzor Erkomaishvili, aus einer seit Mitte des 19. Jahrhunderts bekannten Sängerfamilie aus Niedergurien, auf einer Schallplatte ist die Stimme seiner Großvaters Artem Erkomaishvili und seines Ensembles in Aufnahmen vom Anfang dieses Jahrhunderts zu hören.[6] Der Unterschied in den lokalen Gesangstraditionen besteht für Kenner noch heute, er äußert sich beispielsweise in der Vorliebe für bestimmte melodische Wendungen, Harmoniefolgen, eine bevorzugte Art der Textgestaltung, spontane Improvisationen u.a.m.

Mehrstimmiger Gesang in Georgien ist immer ein Kompromiss zwischen dem Zusammenklang aller Stimmen und der linearen melodischen Entfaltung der einzelnen Stimmen, zwischen vertikalem und horizontalem musikalischem Denken. In Gurien, wie auch in Gesangsarten anderer westgeorgischer Regionen, steht die lineare Entwicklung der einzelnen Stimmen im Vordergrund, der Zusammenklang tritt dagegen zurück. Entsprechend wichtig wird die einzelne Stimme, die der persönlichen Improvisation viel Raum gibt, typisch für gurische Gesänge ist das Gesangstrio. Viele Lieder, vor allem Lieder älterer Gesangsgattungen wie beispielsweise Arbeitslieder, werden antiphonal gesungen, wobei sich jeweils ein Chor und eine Gruppe von Solisten gegenüberstehen. Es überrascht in diesem Zusammenhang daher nicht zu hören, dass sich auch ein Chor immer als eine Gruppe von Solisten versteht.

Im Gegensatz zur westlichen klassischen Musik unterscheidet der gurische Volkssänger die Stimmen nicht nach ihrer Stimmlage, sondern nach ihrer Funktion. Jede Stimme hat in der Gesamtstruktur des Liedes eine besondere Funktion und trägt folglich auch einen besonderen Namen. Entsprechend der Gattung und der Funktion, die ein spezielles Lied hat, sind unterschiedliche mehrstimmige Konzepte verwirklicht, die jedoch von den einheimischen Sängern terminologisch nicht unterschieden werden. Die Struktur eines Liedes und sein Mehrstimmigkeitstyp werden darüber hinaus auch von der Person und der Fähigkeit eines Sängers bzw. eines Ensembles bestimmt. Es kann beispielsweise ein Lied, in dem eine *krimantschuli*-Stimme erforderlich ist, auch ohne *krimantschuli* gesungen werden, wenn gerade kein Sänger zur Verfügung steht. Das hat dann aber auch die Veränderung der Funktion der anderen Stimmen und entsprechend eine andere Benennung aller Stimmen zur Folge.

Der Reichtum der georgischen Mehrstimmigkeit kommt daher nicht nur in einer Vielfalt von Stilen, sondern auch in einer speziellen Terminologie zum Ausdruck. Eigene Namen tragen aber nur die einzelnen Stimmen, nicht die unterschiedlichen Liedtypen. Die Lieder selbst werden mit einem Titel bezeichnet, der sich auf den Inhalt oder die Funktion bezieht. 1973 hat ein georgischer Wissenschaftler 60 verschiedene Bezeichnungen für die Benennung von Stimmen in den einzelnen georgischen Regionalstilen gefunden (M. Jordania 1973). Eine große Zahl davon haben wir Anfang der 1990er Jahre für Gurien bestätigt gefunden, waren jedoch auch mit Hilfe einheimischer Sänger außerstande, alle zu erklären. Die unterschiedlichen Bezeichnungen erhellen nicht nur die Funktion der Stimmen und ihre Lage in der Gesamtstruktur eines Liedes, sondern tragen auch der Vielfalt der Mehrstimmigkeitstypen und ihrer gegenseitigen Beziehungen Rechnung.

Normalerweise findet man in der gurischen Mehrstimmigkeit Dreistimmigkeit, im Regelfall von Männern ausgeführt.[7] Die Benennung der einzelnen Stimmen in den verschiedenen Gesängen ist sehr kompliziert und nicht einheitlich, sie steht offensichtlich mit der Gesangsgattung und der jeweiligen lokalen Gesangstradition in Beziehung. Für die einzelnen Stimmen fanden wir folgende Bezeichnungen: Für die Bassstimme die einheitliche Bezeichnung *bani*, für die Hauptstimme die Termini *ts'cheba*, *damts'chebi* (Beginner), *mt'kmeli* (Erzähler) oder einfach *pirveli chma* (1. Stimme). Die größte Vielfalt findet sich bei der Bezeichnung der Oberstimme: *maghali bani* (hoher Bass), *modzachili* (Antwort), *meore chma* (2. Stimme), *krimančuli* (Falsett singen mit verzerrtem Gesicht), *gamqivani* (Krähen), *c'vrili* (dünn). Ein genauer Blick auf die einzelnen Termini soll den Zusammenhang zwischen Funktion und Benennung näher erläutern.

Die tiefste Stimme, die Bassstimme, trägt die Bezeichnung *bani*. Diese Bezeichnung findet sich schon in den ältesten Beschreibungen von georgischen Kirchengesängen im 12. Jahrhundert (Gwacharija 1977). Die Bassstimme hat eine wichtige Funktion, sie hat das Lied zu stützen und ihm Struktur zu geben. Der Sänger des *bani* beeinflusst nicht nur den Fortgang der Harmonik, er kann darüber hinaus die Stimme auch melodisch entfalten. Die Verflechtung von harmonischer Funktion und melodischer Improvisation macht viele gurische Lieder, vor allem wenn sie von guten Solisten gesungen werden, einzigartig. Von dem Sänger der Bassstimme wird erwartet, dass er kräftig singt und verlässliche harmonische Bezugspunkte setzt. Wenn er darüber hinaus noch ein einfallsreicher Improvisator ist, so ist ihm der Beifall des Publikums gewiss. In einigen Liedern wird der solistischen Bassstimme eine chorische Bassstimme gegenübergestellt, die traditionellerweise von mehreren Sängern ausgeführt wird, da allerdings sind Abweichungen von der vorgegebenen Bassmelodie nicht gestattet.

Die mittlere Stimme wird in der georgischen Volksmusiktradition als Hauptstimme angesehen, was sich z.B. auch darin zeigt, wie sich ein Ensemble aufstellt: der Sänger dieser Stimme steht immer in der Mitte. Die Hauptstimme hat mehrere wichtige Funktionen; je nachdem, welche Funktion besonders betont wird, wird sie auch unterschiedlich bezeichnet. In vielen Tischliedern und historischen Liedern beginnt traditionellerweise diese Stimme, sie wird daher *damts'qebi* oder *ts'cheba* (Beginner) genannt.

Diese Stimme ist die einzige, die den Text vollständig deklamiert, man nennt sie daher auch *mt'k'meli* (Erzähler). Dazu muss jedoch bemerkt werden, dass in den mehrstimmigen georgischen Liedern der Text grundsätzlich nur eine geringe Rolle spielt, man beschränkt sich auf kurze Sentenzen, die oft keinen Zusammenhang bilden und nur in wenigen Liedern eine vollständige Geschichte erzählen (Bsp. historische Lieder wie Alipascha, Chasanbegura u.a.). Der Sänger dieser Stimme ist gleichzeitig der Organisator des Liedes, er zeigt nicht nur den Beginn, sondern durch ein Zeichen von ritardando auch das Ende des Liedes an. Es versteht sich von selbst, dass der Sänger der Hauptstimme immer ein älterer Sänger sein muss, der nicht nur viele Lieder kennt, sondern auch Erfahrung haben muss, damit er, wenn seine Mitsänger unsicher sind, ein Lied trotzdem erfolgreich zum Abschluss bringen kann. Eine großartige Melodieentfaltung ist in dieser Stimme nicht möglich, zwischen den beiden Außenstimmen sticht sie melodisch kaum hervor, Tonwiederholungen sind häufig.

Die Beschreibung der dritten Stimme ist besonders schwierig, da sie in verschiedener Gestalt auftreten kann. Diese Stimme ist es, die den Charakter eines Liedes bestimmt, und dieser ist in starkem Maße wiederum abhängig von dem Sänger, der sie ausführt. Höchstes Ansehen genießt ein Sänger, wenn er *krimantschuli* singen kann, wörtlich „Falsett singen mit verzerrtem Gesicht". Zur *krimantschuli*-Stimme gehören sehr schnelle, ostinatohafte Motive, die aus absteigenden Septimen bestehen (Terz + Quinte oder Quinte + Terz). Diese Stimme hat rein ornamentierende Funktion, ihr ist auch kein Text beigegeben, sondern nur sinnfreie Silben. Kaum ein Sänger ist aber in der Lage, die anstrengenden Passagen ein ganzes Lied durchzuhalten, er wird daher ab und zu in die normale Stimmlage zurückkehren. Das Singen des *krimantschuli*-Parts erfordert nicht nur hohes technisches Können, sondern auch eine gute Kenntnis des Repertoires und Reaktionsfähigkeit. Nicht alle gurischen Lieder weisen eine *krimantschuli*-Stimme auf, in Kirchenliedern begegnet sie nie und auch in bestimmten Tischgesängen kommt sie praktisch nicht vor. Die *krimantschuli*-Stimme ist traditionellerweise mit historischen Gesängen verbunden, die meist von einem Solistentrio vorgetragen werden. Elemente von *krimantschuli* sind dagegen auch in Arbeitsliedern anzutreffen, in Preisliedern, Tischliedern oder anderen Gesängen. Heute gibt es nur wenige gute *krimantschuli*- Sänger, die besten Beispiele sind in historischen Aufnahmen zu finden.[8]

Eine dem *krimantschuli* ähnliche Funktion hat *gamqivani*, wörtlich „krähen", was an das Krähen eines Hahnes erinnert. Einen anderen Aspekt dieser Stimme zeigt die Benennung *c'vrili* (dünn). In allen drei Fällen liegt die Stimme deutlich höher als die Hauptstimme, sie erfordert ein großes Können und eine ungeheure Konzentration. Über die Unterschiede zwischen *krimantschuli*, *gamqivani* und *c'vrili* besteht auch bei einheimischen Wissenschaftlern keine Einigkeit (vgl. Voprosy 1988).

Ist kein *krimantschuli* vorhanden, so tritt eine andere Stimme auf und zwar zwischen Bass und der Hauptstimme, die jetzt automatisch zur höchsten Stimme wird. Der Wechsel in der Funktion bzw. die Relation zu den anderen Stimmen wird auch durch ihre Benennung angedeutet. Sie heißt dann *maghali bani* – hoher Bass und steht entsprechend melodisch mit diesem in lockerer Verbindung. Wird dagegen ihre Relation zur Hauptstimme betont, so heißt sie *modzachili* – Antwort, und in der Tat findet sich immer ein Frage- und Antwortspiel zwischen Oberstimme und Hauptstimme. In beiden Fällen entstehen häufig Stimmkreuzungen zwischen diesen beiden über dem *bani* liegenden Stimmen, ihre Funktion ist aber völlig klar und getrennt.

Natürlich ist dieses komplizierte System der Stimmfunktionen und ihrer Benennung heute nicht mehr allen Sängern bewusst, und so hilft man sich mit neutralen Bezeichnungen wie erste und zweite Stimme (*pirveli chma*, *meore chma*), wobei jedoch entgegen unserem Verständnis als erste Stimme die Hauptstimme, also die texttragende bezeichnet wird, nicht die höchste Stimmlage. Diese wird als zweite Stimme bezeichnet, da sie meist auch erst nach der ersten einsetzt. Der Bass bleibt jedoch immer *bani.*

Entsprechend der Verteilung der Stimmen und ihrer jeweiligen Funktion kann man in der gurischen Dreistimmigkeit drei Grundtypen unterscheiden:

Typ 1. Gleichberechtigung aller Stimmen, gemeinsame Textdeklamation
Typ 2. Funktionsteilung, Hervorhebung der Hauptstimme ohne Oberstimme
Typ 3. Funktionsteilung, Vorhandensein einer Oberstimme

In Liedern des ersten Typs ist keine der drei Stimmen hervorgehoben, alle sind gleichberechtigt, sie beginnen und enden gemeinsam. Der Text wird gleichzeitig deklamiert, die melodische Bewegung jeder der drei Stimmen ist relativ gering. Fragt man, welche der Stimmen als Hauptstimme angesehen wird, so erhält man hier zur Antwort: Die oberste Stimme. Georgische Musikwissenschaftler bezeichnen diesen Typ als „komplex-parallel" (Garakanidze, Jordania, u. a.), in der europäischen Musikterminologie hat sich die Bezeichnung „homophon" eingebürgert. Dieser Typ der Mehrstimmigkeit findet sich auch in der georgischen Kirchenmusik und in anderen Gegenden Georgiens, vor allem in den Bergregionen Westgeorgiens, in Svaneti. In Gurien findet er sich vielfach in Kirchenliedern sowie in Liedern neuerer Zeit.[9]

In Liedern des zweiten Typs ist eine größere melodische Entfaltung der Stimmen zu beobachten. Dabei ist eine deutliche Funktionsteilung der Stimmen erkennbar, eine Stimme beginnt, die anderen folgen nacheinander. Stimmkreuzungen zwischen den beiden oberen Stimmen sind häufig. Die Melodien der einzelnen Stimmen sind unabhängiger voneinander und gewinnen an Umfang und Beweglichkeit, ein guter Sänger kann hier sein improvisatorisches Können zeigen. Der Text verliert an Bedeutung, die Entwicklung der Melodie steht im Vordergrund. Passagen, in denen gemeinsam der Text deklamiert wird und die Stimmen relativ unbeweglich bleiben, wechseln ab mit solchen, in denen sich die beiden Außenstimmen entfalten können. Vielfach werden die Textpassagen von einem Chor übernommen, der mit ostinatoartigen Wendungen jeweils den Übergang zum nächsten Abschnitt markiert. Dieser Chor, *gadazachili* genannt, d.h. einander zurufen, ist chorisch besetzt mit der Hauptstimme *mtkmeli* (Erzähler) und *bani*. Durch den Wechsel erhält das Lied eine feste Struktur, es bleibt aber spannungsreich und aufregend selbst für diejenigen, die den Text nicht verstehen.

Als Beispiel für diesen Liedtyp sei „Me Rustveli" (Ich, Rustaveli) in einer Aufnahme von 1991 angeführt. Die Hauptstimme, hier *ts'cheba* (Beginner) genannt, wird von Washa Gogoladze gesungen, die Oberstimme *maghali bani* (hoher Bass) oder *modzachili* (Antwort) von Avto Macharadze, die Bassstimme *bani* von Ladimer Berdzenishvili.

Der dritte Typ zeichnet sich ebenfalls durch Funktionsteilung der Stimmen aus, hier ist es aber die Oberstimme, die das Lied dominiert und seinen Charakter bestimmt. Neben dem Bass und der texttragenden Hauptstimme, die als *ts'cheba*, *damts'qebi* (Beginner), *mt'k'meli* (Erzähler, Sagender) oder *pirveli chma* (1. Stimme) bezeichnet wird, ist die Oberstimme als *krimantschuli* (Falsett singen mit verzerrtem Gesicht), seltener als *gamqivani* (Krähen) präsent.

Lieder mit *krimantschuli* gehören meist zur Gattung der historischen Lieder. Während der Sänger der Hauptstimme die Geschichte erzählt, kann der Sänger der Oberstimme improvisieren und sein technisches Können zeigen. Bei einer Betrachtung des Repertoires gurischer historischer Lieder fällt auf, dass in einigen wenigen *krimantschuli* unbedingt erforderlich ist. So hört man praktisch kaum Fassungen der bekannten Lieder Ali Pascha, Chasanbegura oder Wachtanguri ohne *krimantschuli*. Es gibt aber auch Lieder wie das eben gehörte „Me Rustveli", die mal mit, mal ohne *krimantschuli* gesungen werden. Dafür sind heute in erster Linie wohl praktische Gründe die Ursache, auf die schmückende *krimantschuli*-Stimme muss man eher aus Mangel an guten Sängern als aus musikalischen Gründen verzichten. Es bleibt jedoch zu prüfen, ob diese Annahme auch bei historischen Aufnahmen zutreffend ist.

Die *krimantschuli*-Stimme zeigt sowohl Formen des Ostinato wie auch melodische Entwicklung. Faszinierend ist neben der anstrengenden stimmlichen Leistung vor allem das Gespür des Sängers für die Gesamtstruktur, er weiß, wo er seine falsettartigen Ostinatofiguren abbrechen oder aufhören muss, denn auch bei diesem Typ von Liedern gibt es eine einheitliche Struktur, die Binnenschlüsse erfolgen immer in allen drei Stimmen zur gleichen Zeit.

Im Regelfall tritt zu dem Trio von Solisten ein Chor *gadazachili* hinzu, der den Text deklamiert und die Übergänge zwischen den einzelnen Partien der Solisten bildet. Je komplizierter und ausgedehnter die Melodien des Solistentrios werden, desto wichtiger ist es, das Lied durch solche Passagen zu strukturieren.

Neben dreistimmigen Liedern findet man in Georgien gelegentlich auch vierstimmige Lieder. Dieser komplizierteste Typ der gurischen Mehrstimmigkeit sei an dieser Stelle der Vollständigkeit halber genannt. Er wurde bereits mehrfach ausführlich beschrieben (u. a. Achobadze 1964).

Vierstimmigkeit begegnet vor allem in den meist antiphonal gesungenen Arbeitsliedern, wo sich zwei Chöre mit jeweils vier Stimmen gegenüberstehen, also eine Besetzung von mindestens 8 Sängern erforderlich ist. Heute ist dieser Typ selten anzutreffen, da Arbeitslieder kaum mehr in ihrer ursprünglichen Funktion gesungen werden. Einige wenige Tonaufnahmen vermitteln einen Eindruck von der Kompliziertheit solcher Gesänge.

Der kurze Überblick über die verschiedenen Formen von Mehrstimmigkeit in gurischen Gesängen hat deutlich gemacht, dass selbst innerhalb eines regionalen Stils eine erstaunliche Vielfalt an mehrstimmigen Formen anzutreffen ist und ihre Terminologie äußerst kompliziert und fast unüberschaubar. Der Versuch, die einzelnen Typen anhand der Funktionen und Benennungen der einzelnen Stimmen zu beschreiben und voneinander abzugrenzen, ist hier auf theoretisch-empirischer Basis unternommen worden, in der Gesangspraxis wird es jedoch ständig Abweichungen davon geben.

Der Reichtum an Mehrstimmigkeitsformen in Gurien ist auch in historischen Tonaufnahmen vom Anfang dieses Jahrhunderts belegt. Ein Vergleich historischer Tonaufnahmen gurischer Lieder mit rezenten Aufnahmen zeigt aber, dass die Typenvielfalt im Laufe der Zeit immer mehr abgenommen hat. Bei der Feldforschung im Jahr 1991 stellte sich heraus, dass Typ 1 – die einfachste Form – überwiegt, er findet sich in Kirchenliedern, vielfach aber auch in Liedern, die nicht zum traditionellen Repertoire gehören, sondern in neuerer Zeit entstanden sind. Typ 2 ist auch häufig anzutreffen, vor allem fanden wir ihn in Liedern des traditionellen Repertoires, bei denen ein *krimantschuli*-Sänger nicht verfügbar war. Typ 3, Lieder mit *krimantschuli*-Oberstimme werden dagegen selten gesungen, da sie im Regelfall eine intakte Sängergemeinschaft voraussetzen, die heute nicht mehr anzutreffen ist. Vierstimmigkeit – Typ 4 – ist außer auf der Bühne in der Einstudierung von professionellen Ensembles im traditionellen Repertoire äußerst selten zu hören.

Die politischen Entwicklungen der letzten Jahre und Jahrzehnte haben für die georgische Mehrstimmigkeit tiefgreifende Umwälzungen gebracht. Feldforschungen, die 1990, 1991 – wenn auch unter teilweise schwierigen Bedingungen – durchgeführt werden konnten, waren während und nach dem Bürgerkrieg für längere Zeit unmöglich, denn die traditionellen Singgemeinschaften des Dorfes oder ihrer sozialistischen Pendants, der örtlichen Kulturhäuser, bestanden nicht mehr.

Die Perspektive für die gurische Mehrstimmigkeit lautet daher, dass wohl nur noch der jetzt vorhandene Bestand an Tonaufnahmen und die zahlreichen schriftlichen Sammlungen dieses Jahrhunderts für die Erforschung dieser faszinierenden Musik zur Verfügung stehen. Dessen ungeachtet gibt es viele Sänger, inzwischen auch ausländische, die versuchen, die großen Vorbilder gurischer Sänger zu imitieren. In diesem Zusammenhang ist die Veröffentlichung historischer Tonaufnahmen von großer Bedeutung. Die vielen offenen Fragen allerdings kann heute keiner der Sänger mehr beantworten.

Anmerkungen

1 Zur Geschichte der Erforschung georgischer Mehrstimmigkeit durch westliche Musikwissenschaftler vgl. Ziegler 1992.

2 Vgl. dazu auch die Kongressberichte Bordžomi (Voprosy narodnogo mnogogolosija 1985, 1986, 1988).

3 An der Forschungsreise waren von georgischer Seite beteiligt: Edischer Garakanidze als Leiter, Natalia Zumbadze, Ketevan Matiaschvili, Tinatin Zhvanija, sowie Artschil Baghaturia. Edischer Garakanidze ist im September 1998 bei einem Autounfall ums Leben gekommen. Seiner möchte ich in Dankbarkeit gedenken, wenn ich mich nach langer Zeit wieder unseren gemeinsamen gurischen Aufnahmen zuwende.

4 Erste Ergebnisse wurden in Ziegler 1993 veröffentlicht.

5 Darüber berichtete Edischer Garakanidze in seinem Vortrag über „Improvisation in der georgischen Vokalmehrstimmigkeit" auf der Tagung der ESEM im September 1995 in Rotterdam (Garakanidze 1995).

6 Die Schallplatte *Artem Erkomaishvili* mit Aufnahmen aus den Jahren 1907, 1933, 1950–1960 und 1966 (LP Melodija Mel. M30 48079 008) wurde in der Reihe *Unikaluri Chanatserebi – Early archive recordings from Georgia* 1988 von Anzor Erkomaishvili publiziert. Vgl. dazu auch meine Rezension in *World of Music* XXXI/3 (1989): 106–112.

[7] In den 1930er Jahren war das Trio der Schwestern Ischchneli sehr bekannt und hat auch Schallplatten aufgenommen (Melodiya Mel. M30-41693/4). Der Tradition georgischer Frauenlieder hat sich heute besonders das Ensemble Mzetamze verschrieben (vgl. auch die CD-Produktionen *Soinari - Folk Music from Georgia today, featuring Soinari, Mzetamze and Mtiebi.* Aufgenommen im April 1991 im Haus der Kulturen der Welt Berlin. Komm., Fotos dt. und engl. von Susanne Ziegler. Wergo SM 1510-2 sowie *Ensemble Mzetamze,* vol.1. Face Music FM 50016. Aufgenommen 1996, Tbilisi. Kommentar von Thomas Häusermann, Zürich.

[8] Ein Vergleich historischer Tonaufnahmen gurischer Ensembles mit heutigen zeigt deutlich, dass früher eine größere Virtuosität und Unabhängigkeit der einzelnen Stimmen anzutreffen war. Vgl. dazu auch Ziegler 1993.

[9] Auf Klang- und Notenbeispiele wird in diesem Beitrag verzichtet; es sei auf die zahlreichen Schallplatten- und CD-Editionen verwiesen.

Literatur

Achobadze, V. V.

1964 „Georgian Folk Work Songs ‚Naduri'." In *VII International Congress of Anthropological and Ethnological Sciences, Moscow 1964.* Nauka Publishing House. (Separatum ohne weitere Angaben)

Bolle-Zemp, Sylvie

1994 *Géorgie. Polyphonies de Svanétie.* Notice bilingue français/anglais (51 p). Collection CNRS - Musée de l'Homme, Le Chant du Monde LDX 274990.

Chikvadze, Grigol

1964 „Main types of Georgian polyphonic singing." *VII Intern. Congress of Anthropological and Ethnological Sciences, Moscow 1964.* (Separatum ohne weitere Angaben)

Garakanidze, Edischer

1990 *K'art'uli musikaluri dialek'tebi da mat'i urt'iert'mimart'eba* (Die georgischen musikalischen Dialekte und ihre Wechselbeziehungen). Tbilisi.

1994 „Improvisation in der georgischen Vokalmehrstimmigkeit." Vortrag auf der Tagung der ESEM September 1995 in Rotterdam.

Gwacharija, Washa

1977 „Die Mehrstimmigkeit in der alten gruzinischen (georgischen Musik)." In *Musica Slavica – Beiträge zur Musikgeschichte Osteuropas,* hg. von Elmar Arro, 414–427. Wien: Fritz Steiner Verlag.

Jordania, Joseph

1989 *Gruzinskoe tradicionnoe mnogogolosie v meždunarodnom kontekste mnogogolosnych kul'tur* (Die traditionelle georgische Mehrstimmigkeit im internationalen Kontext mehrstimmiger Kulturen). Tbilisi: Izdatel'stvo Tbilisskogo universiteta.

Jordania, Mindia
1973 „K voprosu ‚modzachili – maghali bani'" (Zur Frage modzachili – maghali bani). In *Sbornik trudov Tbilisskoj Gosudarstvennoj Konservatorii im. Saradzhischvili*, 103–126. Tbilisi. (Georg.)

Lach, Robert
1920 „Die Musik der turk-tatarischen, finnisch-ugrischen und Kaukasusvölker in ihrer entwicklungsgeschichtlichen und psychologischen Bedeutung für die Entstehung der musikalischen Formen." *Mitteilungen der Anthropologischen Gesellschaft in Wien* 50/1: 23–50.

Megrelidze, Joseph
1936 *Guriiskie pesni* (Gurische Lieder). Unveröffentlichtes Manuskript (russ.).

Nadel, Siegfried F.
1933 *Georgische Gesänge.* Lautabteilung Berlin.

Schneider, Marius
1940 „Kaukasische Parallelen zur mittelalterlichen Mehrstimmigkeit." *Acta Musicologica* 12: 52–61.

Stockmann, Erich
1957 „Kaukasische und albanische Mehrstimmigkeit." In *Bericht über den Internationalen Musikwissenschaftlichen Kongress Hamburg 1956*, hg. von Walter Gerstenberg, Heinrich Husmann und Harald Heckmann, 229–231. Kassel: Bärenreiter

Tschchikwadze, Grigol
1968 „Grundtypen der Mehrstimmigkeit im grusinischen Volkslied." *Beiträge zur Musikwissenschaft* 10/3: 172–188.

Voprosy narodnogo mnogogolosija (Fragen der Volksmehrstimmigkeit). Zusammenfassungen der Kongresse über Mehrstimmigkeit in Boržomi (Georgien) 1985, 1986, 1988.

Ziegler, Susanne
1992 „Kaukasische Mehrstimmigkeit im Spiegel der deutschsprachigen musikwissenschaftlichen Literatur." Vortrag in russischer Sprache in Boržomi (Georgien) im Okt.1988. Georgisch in *Sabčota Khelovneba* 1 (1989): 125–131; deutsch in *Von der Vielfalt musikalischer Kultur. Festschrift für Josef Kuckertz zur Vollendung des 60. Lebensjahres*, hg. von Rüdiger Schumacher, 587–596. Anif, Salzburg: Müller-Speiser, 1992. (Wort und Musik – Salzburger Akademische Beiträge, 12)
1993 „Une perspective historique sur la polyphonie géorgienne." *Cahiers de musiques traditionnelles* 6: 29–44.
1995 „Georgien." In *Die Musik in Geschichte und Gegenwart*, Sachteil Bd. 3, 1271–1282. Kassel etc.: Bärenreiter.

GERHARD KUBIK, Vienna

Multipart Singing in Sub-Saharan Africa: Remote and Recent Histories Unravelled*

The presence of specific and extremely diversified forms of vocal and instrumental multipart structures in the music of sub-Saharan Africa has been testified by sound recordings from numerous musical cultures. Among the earliest known sound recordings is a wax cylinder of homophonic multipart singing in parallel fifths and/or thirds made in 1905 at Missahöhe near Palimé in Togo, then under German administration.[1] This is a lament sung by two men in Ewe (a Kwa or I.A.4 language, cf. Greenberg 1966) with a symbolic text. The recording demonstrates a type of multipart singing that is also characteristic of speakers of the Akan group of languages in Ghana.

Multipart music is also attested by the very first sound recordings from other parts of Africa, for example those from the central Angolan highlands made by Alfred Schachtzabel whose research trip in 1913 has recently received new recognition. Multipart singing of the Babemba in Zambia on the border with the-then Tanganyika was first recorded on wax cylinder in 1908.[2]

Written references to the existence of African multipart music are abundant in the notes and reports of European travellers since Vasco da Gama's logbook entry at Malindi (Kenya) after his first circumnavigation of Africa in 1498. Peter Kolb described in his work *Caput Bonae Spei Hodiernum*, published in 1719, the music and the musical instruments of the Khoikhoi or Cape Hottentots (South Africa). In several places in this work he describes musical behaviour that reveals polyphonic multipart techniques, both in instrumental and vocal music, for example when several gourd-resonated musical bows called *gom-gom*, or different size and tuning, play together. He stated explicitly that "auch diejenigen so darauf spielen können, wohl zusammen harmonieren wissen".[3]

From the 19th century on we have, besides numerous detailed written reports, an increasing number of attempts at musical transcription, even complete scores showing African multipart forms. An outstanding example is the musical notation of Fanti, Asante and other multipart music in Ghana in Thomas

Edward Bowdich's *Mission from Cape Coast Castle to Ashantee*, published in London in 1819. Among these is what he calls "a very old Ashantee Air" showing chord clusters in both the vocal and instrumental parts (on a bridge-harp) in shifting parallel movement (Figure 1).

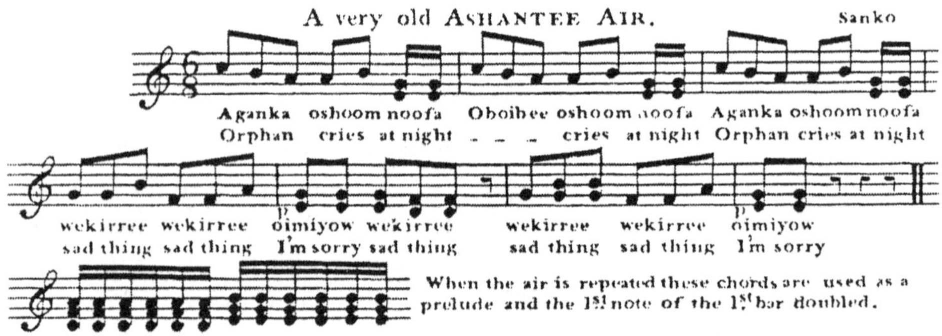

Fig. 1. Homophonic multipart singing among the Asante (to the accompaniment of a bridge-harp) notated at the beginning of the 19th century by Thomas Edward Bowdich (1819: 370) (reproduced from Kubik, Amagbenyõ et al. 1989: 34)

Text in modern orthography and translation kindly provided by Asante Darkwa:

Agyanka, osu anadwo (fa)	An orphan crying in the night
Abrɛbeɛ, osu anadwo (fa)	A bushcat crying in the night
Agyanka, osu anadwo (fa)	An orphan crying in the night
Yɛkyi(ri), yɛkyi(ri)	It is taboo, it is taboo
ɛyɛ me ya, yɛkyi(ri)	I am sorry, it is taboo
Yɛkyi(ri), yɛkyi(ri)	It is taboo, it is taboo
ɛyɛ me ya	I am sorry

Formidable sources from the late 19th century include a little known transcription of a boat song from the Tana river, north of Malindi in Kenya, by the missionary Alexander Le Roy (1890) showing parallel thirds, and the copious notations of Bafioti multipart singing in Congo/Cabinda by Pechuël-Loesche.[4] The Bafioti on the so-called Loango Coast of west-central Africa used a non-modal heptatonic system that created problems for musical ears trained in Western classical music with its major/minor modes; this is testified in Pechuël-Loesche's description, in which he speaks of "rubber melodies" and the "uncertainty" of the singers regarding major and minor chords. His description of Fioti harmonic patterns as seen in several of his notations (unfortunately without words) is extremely revealing for any music psychologist investigating cross-cultural musical understanding.

Fig. 2. Pechuël-Loesche's impressions of the vocal multipart music of the Bafioti on the Loango coast (Congo/Cabinda), reproduced from Pechuël-Loesche 1907: 129.

Extracts from Pechuël-Loesche's original descriptions (1907: 115–116):

> Bei unseren Eingeborenen fesselt vornehmlich die Harmonie ihrer Massengesänge. Sie haben schon Akkordgefühl, aber die Harmonie geht gar oft in die Brüche, fast wie unser modernes Kunstlied oder Orchesterwerk an zuviel Musik. Man weiss nicht, was sie wollen, was sie können. Recht bezeichnend ist, dass ein Kautschukmotiv, eine Tanzweise, keineswegs stets mit einem befriedigenden Akkord schliesst, vielmehr beliebig abbricht, sobald der Text abreisst oder ein neuer Vorsänger auftritt, während ein Rudergesang voll ausklingt [...]
>
> [...] genaueres Aufmerken lehrt, dass die Stimmen, in verschiedener Tonhöhe einsetzend, sich durchschnittlich parallel bewegen, dass leitereigene Akkorde die Hauptrolle spielen. Ausweichungen, Gegenbewegungen entstehen durch Zufall, durch Ungeschick, nicht Absicht. Besonders Veranlagte mögen es bei den bekanntesten Weisen hin und wieder glücklich treffen.
>
> Da den meisten Stücken der straffe Aufbau mangelt, haben die Mitwirkenden sie nicht fest im Gedächtnis. Sie singen daneben, was sie vielleicht merken, aber nicht verbessern können, denn der Sang geht weiter, und oft ahnen sie nur, wie er weiter gehen wird. Überdies sind sie gänzlich ungeschult. Sie setzen falsch ein, tasten nach den Tönen, gleiten hin und her, nehmen tempo rubato, fallen auf Zwischentöne, die wir gar nicht in Noten schreiben können. Sie singen wie unsere Kinder, wie Erwachsene in Dörfern, die keinen ordentlichen Kantor haben. Das gibt ein Gemisch von Schwebungen, gefälligen Akkordfolgen, greulichen Missklängen, wie man es daheim in Dorfschenken und Spinnstuben zu hören bekommt. Eben wegen dieser Unsicherheit der Sänger bleibt es meistens zweifelhaft, ob ein Stück in Moll oder in Dur zu nehmen ist. Das Tongeschlecht scheint den Leuten gleichgültig zu sein. Deshalb kann man nicht gut sagen, Moll sei oft nur ein missratenes Dur, und umgekehrt. Der nämliche Satz erklingt stundenlang bald so, bald so, und, wie bereits erwähnt, zugleich auch derartig abweichend in Tonfolge und melodischem Akzent, dass man nicht weiss, was man aufschreiben soll.

Many of the sources on African multipart singing from earlier centuries remain to be properly evaluated. From the abundance of reports, attempts at notation by European missionaries, travellers, etcetera, up to the factual evidence of sound recordings at the beginning of the 20th century, the compelling conclusion emerges that multipart music in some language zones of Africa has a history reaching back to the remote past. Particularly notable are several areas of the Niger-Congo language family (in Joseph Greenberg's 1966 classification) and many parts of the former Khoisan-speaking regions of southern and south-western Africa. There is evidence of several *multipart systems* in sub-Saharan Africa, and it can be taken for granted that they arose before any contact with European navigation (from the 15th century on) and independently of the history of polyphony in other parts of the world. At a later period, of course, particularly during the 19th century, numerous borrowings from church and other European music took place.

Richard A. Waterman, in a treatise published in 1952, has pointed to the possibility of wider contexts underlining an independent history for African multipart forms, independently of the evolution of Western polyphony. He wrote:

> In some respects, the western one-third of the Old World land mass is musically homogeneous, for it is set off from the other major musical areas by the extent of its reliance on the diatonic scale and by its use of harmony. Although the former appears sporadically elsewhere, as, for example, in China, it has not, except in the West, been used as the basis for musical development, and is to be distinguished sharply from the microtonal scalar system of the Indo-Arabic area. Harmony, on the other hand, appears in aboriginal music nowhere but in the western one-third of the Old World, where it is common in European folk music and African tribal music.
> [...] there exists a broad intrusive belt of Arabic and Arabic-influenced music which stretches across the middle of the western area, along both shores of the Mediterranean. Since the times of ancient history this alien musical outcropping has masked the fact of the previous existence of a continuous harmony-using bloc of cultures established earlier in the area.

Waterman's subtle hint that Arabic musical influence could have displaced and supplanted older African musical forms based on multipart singing in some areas – thereby giving rise to A. M. Jones' "Arab-style" of unison singing – has been confirmed at least for one West African culture area, that of the Ọyọ Yoruba.[5] Today the heavily islamicised Yoruba of the former kingdom of Ọyọ sing with a pentatonic scale and strictly in unison, while Yoruba-speaking communities just a bit further south, the Ekiti and Ijesha, use a heptatonic scale, singing in parallel three-part harmony.

Oldest Traditions of African Multipart Music

The extant sources do not permit us, unfortunately, to learn directly about African multipart forms from the era before European exploration. While archaeology and rock art have provided us with most valuable material on the history of musical instruments in Africa and even dance,[6] artefacts necessarily remain silent. However, it is possible to arrive indirectly at some conclusions about African music of the past by inference from present-day data, in particular the fact that so many specific types of multipart structures are found in cultures of sub-Saharan Africa, while they are characteristically absent in others.

To start with, it must be more than chance that the descendants of two age-old autochthonous, hunter/gatherer populations in Africa have a pronounced polyphonic music: Pygmies and the San (Bushmen).

A. **Pygmies** are scattered today across the rain forest in small communities: the Batwa in Rwanda, the Pygmies of the Ituri forest in eastern Congo, the Baaka (often mistakenly called Aka) southwest of Bangui in the Central African Republic, the Bangombe and Bambenjele of the upper Sangha river in Congo and Central African Republic, and other scattered groups in Cameroon and Gabon. The polyphonic singing styles of these peoples have been extensively documented by various researchers.[7]

B. **The San** include numerous sub-groups, among them the best ethnomusicologically studied: the !Kung' of Kwandu-Kuvangu Province in Angola and the !Ko of the Kalahari steppe (eastern Namibia and Botswana).[8]

Contrary to what can occasionally be read in the literature these descendants of ancient African populations are in no way related to each other, neither genetically nor, probably, in their languages (the Pygmies have lost their own), nor in music. Pygmies and San today practise vocal polyphonic styles that are so specific that a recent common genesis can be excluded.

In particular the type of polyphony practised by Pygmy groups across the rain forest, in communities that have had no recent contact with each other, shows a degree of homogeneity and resilience that can only be interpreted as representing a substratum of considerable antiquity. Pygmy polyphony was apparently so attractive to early Bantu-language speaking peoples who first penetrated the rain forest between 1000 and 200 B.C. from Central Cameroon/eastern Nigeria to southern Cameroon, Gabon and Congo, that it was soon adopted everywhere in the contact zones where an economic symbiosis between the Pygmy foragers and the Bantu agriculturalists emerged. Characteristic examples of this borrowing can still be traced today and evaluated from sound recordings.

Pygmy influence can be traced for example among the Mpyɛmɔ̃ population of the upper Sangha river, in *akindalo* and other song/dance genres.[9] It can be traced among the neighbours of the Ituri Forest Pygmies in eastern Congo regardless of whether they speak a Bantu or a Central Sudanic language. It can even be traced among the Tikar, neighbours of the northwestern-most Pygmies of central Africa, the Bøsaŋ or La-Mbondu, who are 'owned' by the Tikar chiefs of Ngambe, Nditam and Ga in the Cameroon grassfields. These are very small Pygmy groups who have long adopted the Tikar language, but stick tenaciously to their traditions in music. The Tikar obviously borrowed Pygmy polyphonic singing in their musical genres called *ngbanya, nswɛ̃* which, characteristically, are hunting songs.[10]

Culture contact between Pygmies and 'tall' Bantu-language speakers across central Africa, combined with economic symbiosis, has continued for more than two thousand years with diametrically opposed results:

1. The Pygmies have everywhere lost their original languages which belonged perhaps to a fifth superfamily of African languages totally unknown to us. They adopted Bantu languages of their respective neighbours which means that the Bantu languages now spoken by Pygmies are quite different from those of their present Bantu-language speaking neighbours.
2. By contrast they seem to have retained their music/dance style, including their remarkable polyphony, with incredible tenacity. Pygmy style radiated throughout the region and was adopted in certain musical genres, often connected with hunting, by their neighbours. The assimilation of Pygmy music by neighbours of often very different cultural and linguistic heritage is one of the most startling phenomena in the cultural history of central Africa, and is found with infallible regularity under the most diverse circumstances across the whole region.

The multipart singing systems of the descendants of these two most ancient African populations, the Pygmies in the equatorial rain forest, and the San with their click languages in the southern African and once also in the east African steppes are based (contrary to earlier hypothesis, cf. Grimaud 1956) on totally different and not necessarily comparable tonal-harmonic principles. This underlines their historical independence.

In spite of research carried out recently (Arom/Furniss 1992), the primary inspiration for Pygmy polyphony is still basically unknown. However, it seems highly likely that it did not originate in experiments with the natural harmonic series on musical instruments. On the contrary, we believe that it was inspired by vocal technique and recognition of partials produced in the cavity of the mouth. Among the San precisely the opposite seems to be the case. (CD track 3)

In this case, it was still being heatedly discussed at the beginning of the 20th century which of two tools was 'first', the hunting bow or the musical bow. Such 'either/or' issues have in the meantime not only become obsolete, but also scientifically irrelevant; in the universal history of human inventions and innovations one pattern stands out prominently, namely that inventions once accomplished lend themselves within a breathtakingly short time to the total exploitation of their inherent technical potential. The idea of the musical bow is already inherent in the hunting bow and vice versa. So it could have happened in some cultures on earth, like that of the ancient hunter/gatherers of southern Africa millennia ago, that the two parallel ideas occurred at once. Similarly it could have happened in other cultures, depending on circumstances, that only one idea took front stage, while the other became latent, ready to be discovered or rediscovered at any time.

The reciprocal use of the bow for hunting or for music was first researched by me in Angola in 1965[11] in a culture area where !Kung' hunter/gatherers have always used a hunting bow as a musical bow. For the !Kung' hunter roaming through the wilderness the bow had always been a multi-purpose instrument. The small operation of attaching a tuning noose could transform the hunting bow instantly into a mouth-resonated musical instrument, for solo use in the solitude of the bush. Our more recent work in the Okavango region on the Namibian side of the border in 1991–1993 has confirmed my earlier findings.[12]

Like everywhere else in Africa south of the Sahara, multipart structures and tonal systems among the !Kung' are interdependent. The following primary factors have played a historical role in structuring their tonal-harmonic system:

a. the ancestral discovery, thousands of years back, of the natural harmonic series in experiments with stretched strings on a bow;
b. the discovery of variable resonators: the cavity of the human mouth, or a fruit-shell or gourd with its back pressed against the bow stave, etc.[13] At some stage it was also discovered that through minute changes in the distance of the gourd's orifice from the naked chest of the performer, the spectrum of partials present in a sound could be modified deliberately. Among the present-day

!Kung' Bushmen the harmonic series is exploited by reinforcing partials up to the fourth harmonic only. It is likely that this was also the case for the bow music played by the remote ancestors of the !Kung'. The result is a tetratonic tonal-harmonic system;

c. the discovery that two alternating sounds could be obtained by dividing the bow string with a tuning noose, leading to the establishment of alternating fundamentals.

Some secondary factors could be cited which contributed to the rise of typical !Kung' polyphony as we know it. One was that the tuning noose can be placed at several points, allowing for different tunings of a bow according to the distance

Fig. 3. Mouth-bow tuned with fundamentals a whole-tone apart

Fig. 4. Mouth-bow tuned with fundamentals a minor third apart

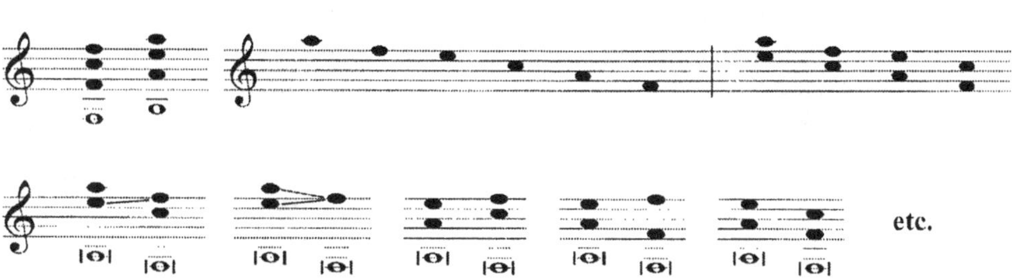

Fig. 5. Mouth-bow tuned with fundamentals a major third apart

Figs. 3-5: Tetratonic structures in the music of the !Kung' (southeastern Angola and northern Namibia) with the associated polyphonic patterns arising from each tuning system.

between the two fundamentals. Depending on this basic interval different columns of partials are produced, and therefore different tetratonic scales as used in individual songs, whether accompanied or unaccompanied (Figures 3 to 5).

One may ask why in !Kung' music tunings at such 'perfect' intervals came to prevail, because the tuning noose can in theory be placed anywhere; why are there no tunings at other arbitrary distances between the two fundamentals? The answer is to be found in the psychology of any system based on partials. Once it was discovered, through the reinforcement of partials over a single fundamental, that there are consonant intervals such as fifths and fourths, any expansion of the system – now using two fundamentals – would be based on the recognition by the ear, already conditioned to the sound of fourths and fifths, of similar consonant intervals. This is precisely what happens in the three 'perfect' tunings. More fourths and fifths relationships are thus created, also crosswise between the columns, as well as 'new' intervals such as second and thirds.

From the third tuning above (Figure 5) we get what seems at first a curiosity: a melodic semitone, and in the patterns derived from it a characteristic sequence of bichords. These not only characterise several !Kung' songs and those of other San populations, but also the multipart singing patterns in a number of Bantu-language speaking populations in south-central Africa, particularly in Zambia and Zimbabwe. Elsewhere I have suggested that in an earlier encounter between Bantu-language and Khoisan speakers from about 700 A.D. onwards, the former assimilated and reinterpreted certain elements of San polyphony.[14]

A further constituent of !Kung' polyphony as transmitted up to the present[15] – and incidentally also among the Pygmies – is the predilection for song texts consisting of syllables, quite often yodel syllables, combined with very rudimentary verbal text phrases by male or female singers. The vocal parts of all participants are of equal status.[16] Interlocking techniques are used, both in the vocal sounds and in the accompanying hand-clapping. Each participant has her own text/melodic line with her own starting and ending points (see transcription, Figure 6).

Among other San populations in the south-west of Africa, for example the !Ko of the Kalahari steppe (Namibia, Botswana) musical traditions were found in which partials are reinforced higher than the 4th, over a single fundamental. This had been observed in the Kalahari by Percival R. Kirby (1961:6) and was corroborated recently in a video of tuning and performance on a pluriarc (bow-lute) by a !Ko woman, Dina Pikenien.[17] The tuning of this six-stringed chordophone results from the projection of a pattern of intervals internalised by the performer, representing partials 4 to 8 over a single fundamental. Alternating between head and chest voice Mrs. Pikenien creates a tetratonic vocal and instrumental melodic line in disjunct intervals based on this series (relative notation, from top to bottom):

e''- c''- b'(♭) - g' - e' - c' (CD track 4)

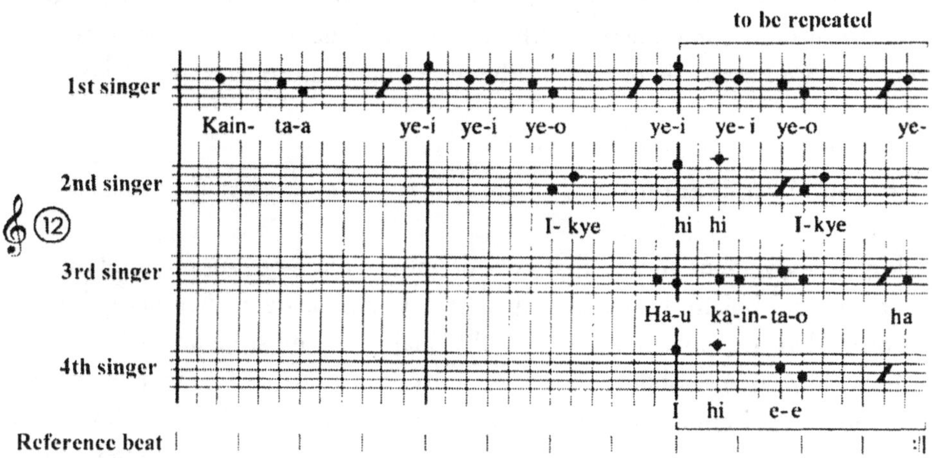

Fig. 6. "Kainta a!" – Song by a group of !Kung' women under the leadership of Thumba, about 50 years old, accompanied by a *bavugu* stamping tube played on the thigh. Recorded at !Kung' camp Vimphulu near Kwitu-Kwanavale, in December 1965 (orig. tape no. 76/II/9, Kubik). Absolute pitch: a' = A3 + 20 cents. Elementary pulsation: 270 M.M. Recording published on CD, track 27, accompanying G. Kubik: *Theory of African Music*, Vol. 1 (1994).

Systematic Overview of African Multipart Structures

Irrespective of the many intervals and simultaneous sounds found in the panorama of multipart forms in sub-Saharan Africa, the use of two very different approaches and procedures can be detected:

I. Multipart singing with analogous movement of individual voices, i.e. homophonic multipart structures, cf. Kubik 1968, 1989.

II. Multipart singing with interlocking of individual voices, i.e. polyphonic multipart structures.

A third procedure, on the fringe between unison and multipart singing was described by Marius Schneider (1934) under the term "Varianten-Heterophonie" (heterophony by variants). Here the same melody is sung by more than one singer in unison, but with slight deviations or variations. The resultant simultaneous sounds arise by chance. It seems that these forms occur predominantly in some parts of Ethiopia, in the Sudan, and in the Sahel zone across Africa, in areas where people otherwise sing in unison and parallel octaves.

I. Analogous movement

Analogous movement means that two or more voices are sung simultaneously but at different height, by individual singers, in an analogous manner. This does not imply that the movement of the individual voices must be parallel; it can be, but it can also involve oblique and contrary motion. The idea of analogy includes a most important criterion: a common text sung by all participants. Thus homophonic multipart singing in Africa, i.e. in analogous movement, can essentially be understood as a choral model in which an identical text is sung simultaneously at different pitch levels. In a few cultures where semantic and grammatical tone is particularly important in speech, e.g. in Yoruba, Nigeria,[18] strict parallelism is required. In other language areas where the tonal principle is more relaxed, parallel and oblique movement will be quite acceptable, the result being what Marius Schneider (1951:45) called "tonal-gebundener Parallelismus" (totally-bound parallelism). A case in point is the various Tanzanian types of multipart singing.[19] Finally, there are also musical cultures in Africa, for example the vast eastern Angolan area, where contrary as well as parallel and oblique motion, are prominent in vocal styles.[20] In the context of analogous movement, therefore, the participants all sing melodic lines that are rhythmically identical, carry the same text and begin and end at identical points (see transcription in Fig. 10). Depending on the culture area and the tonal system used, there can be bi-part or tri-part singing. However, in most cases, analogous movement appears in conjunction with another most important formal principle in sub-Saharan African music, namely that of responsiveness, antiphony or call and answer.

There is alternation, usually between one solo lead singer (male or female) and a chorus, responding with multipart singing. There are many variants of this scheme of course. One can find, for instance, a leader duet, to which the chorus replies, especially in northern Mozambique among the -Lomwe, -Shirima, -Makonde and others.[21] The overlapping call-and-response scheme is equally common in which the lead singer starts his next phrase before the unchanging chorus has completed its response. Various simultaneous sounds then arise, but – in contrast to the multipart nature of the chorus – these are not always based on the principle of consonance (although they may fit into the overall ideas of consonance in the musical cultures concerned.[22]

II. Interlocking

Interlocking of individual voices in sub-Saharan Africa is based on principles very different from the above explanation. In these purely polyphonic styles, the participants each sing rhythmically and melodically different lines with a different text and they combine these autonomous text-lines by interlocking. Consequently, each singer's individual part has its own starting and ending points, and its own specific length.[23]

The texts can carry verbal meaning, as is the case in several Shona, Manyika and Sena polyphonic rounds,[24] but they can also consist of syllables – occasionally ideophonic or onomatopoeic – strung together to form timbre/ accent patterns, and only occasionally interrupted with one or two key words, e.g. a name, as in the !Kung' song "Kainta a" in Fig. 6 above.

Most African multipart forms display analogous movement. Interlocking in the realm of vocal music is found much more sporadically across the continent – apart from the musical cultures of Pygmies and Bushmen – and is often limited to one or two specific song genres of an ethnic group. Hugh Tracey documented polyphonically organised threshing songs among the Shona of Zimbabwe (then S. Rhodesia) during the 1930s, and some of these have been transcribed by Andrew Tracey (Figure 7).

Fig. 7. Shona threshing song collected by Hugh Tracey at Gutu, S. Rhodesia, in 1932, transcribed by Andrew Tracey (courtesy of Andrew Tracey, I.L.A.M.).

Very similar forms were found by A. M. Jones (1949:12) among the -Manyika in the Zambezi valley. He called them "polyphonic rounds" and compared them – according to the spirit of the age with its evolutionistic ideas – with polyphony during the glorious Elizabethan period in England. Polyphonic forms within this category were also recorded by Maurice Djenda and myself among the Asena in the Lower Shire Valley of Malawi in 1967.[25]

In Tanzania in 1962 the research team Hillegeist/Kubik/Saprapason recorded impressive interlocking polyphonic multipart forms, combined with yodelling, among Wanyakyusa children, in the song genres *kibota* and *kimele*, and among Wagogo children and adults in *msunyunho* and *saigwa*.[26]

The Interdependence of African Multipart Forms and Tonal Systems

The simultaneous sounds that occur in the various forms of multipart singing in sub-Saharan Africa do not arise arbitrarily or by uncontrolled variation; they are the result of relatively strict functional interdependence between multipart behaviour (of one or the other kind) and the underlying tonal system. Understanding the regularities in African multipart music therefore begins with analysis of the associated tonal systems.

Although Percival R. Kirby had pointed in his article, "A study of Negro harmony" (Kirby 1930), to correlations between simultaneous sounds and the pentatonic tonal system of some Nguni groups in South Africa, the specific patterns of interdependence remained essentially unknown for most African musical cultures until the late 1950s. A.M. Jones used to divide the African peoples practising multipart music into "8-5-4 tribes" and "thirds tribes", and he devised his famous 'harmony map' of Africa,[27] in correlation with African language lines. The basis of Jones' segmentation was a community's overall preference for certain types of simultaneous sound, ie. those who prefer to sing in (parallel) thirds, those who use fourths and fifths, and those who sing in unison and/or octaves. Jones' attempt, as well as my own somewhat later,[28] with a more detailed map of the situation in central and east Africa, were interesting exercises, but they could not claim to be a typology. It so happens, for example, that the pentatonic multipart forms among the Wagogo of central Tanzania and among the Wapangwa of the southwestern Tanzanian highlands arise from totally different tonal-harmonic concepts, leading to different 'pentatonic' intervals. Equally, the fourths and fifths in the music of the Shona of Zimbabwe have a different genesis from the apparently 'same' intervals among the Manja, Banda and other ethnic communities in the Central African Republic. For this reason we no longer base our continent-wide comparisons on inconclusive or fragmentary phenomena such as 'intervals', 'scales' etcetera, but we try to crack the systems formed by these components.

The idea behind the Gogo multipart singing style is well-known. The Wagogo have had intensive historical contact with their various neighbours, for example the Maasai in the north (whose culture has notably influenced them in areas such as body decoration) and the Wanyamwezi during the substantial 19th century caravan trade from Bagamoyo on the Indian Ocean coast, via Tabora to Ujiji on Lake Tanganyika. Nevertheless, most Gogo music has remained so ethno-specific that it is radically distinct from that of their neighbours. Even the integration of many Wagogo musicians into the state-sponsored National Dance Troupe, sent on international tours as a show-piece for the government of Julius Nyerere, has not broken down the essential tonal-harmonic basis of Gogo music.

The tonal system of the Wagogo is based on the selective use of the harmonic series over a single fundamental, from partial 4 to 9 (occasionally 10). The characteristic Gogo descending sequence of simultaneous sounds from a fourth to a diminished fifth to a perfect fifth (sometimes expanded by a tri-chord consisting of both major third and diminished fifth) governs many of the impressive Gogo *nindo* and *msunyunho* choral songs. They are derived precisely from the tonal system described.

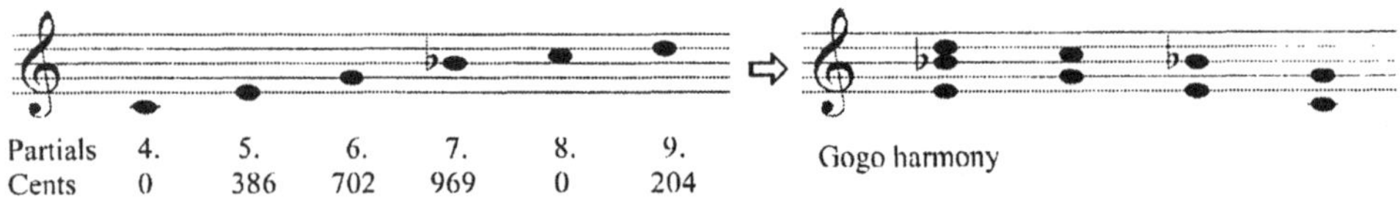

Fig. 8. Tonal system with the multipart patterns derived from it among the Wagogo of central Tanzania (from Kubik 1967: 30 and 1985: 43)

The same patterns also prevail on instruments such as the *ilimba* (lamellophone) and the *izeze* (formerly a two-stringed bowed lute, nowadays with four or more strings). They are obtained by a simple 'spanning' or 'skipping' process in which a second or third singer (whether vocally or on an instrument) obtains his part by singing an analogous melodic line on the next but one step (up or down) of the 'scale' formed by the notes representing partials 4 to 9.

Even in the 1950s the Gogo multipart singing system was still one of the riddles of east African ethnomusicology. The impressive bichords in the *nindo* songs were usually described as fourths/fifths progressions. Only after the copious documentation of Gogo music by our team (Hillegeist/Kubik/Saprapason) in Dodoma and Manyoni Districts from January 1, 1962, with the support of the now legendary Gogo paramount chief Mazengo at Mvumi, was it possible at last to get to the bottom of the system.

Not all Gogo songs follow this pattern; this would be surprising with regard to the many cultural contacts of the Wagogo. The Gogo multipart system is an interesting case, because quite obviously it did not originate from an instrumental basis. Musical bows are known among some of their neighbours, for example the Wanyaturu with their *donondo* gourd-resonated bow,[29] but seem to be a relatively recent import into this culture area. The Gogo multipart singing and tonal systems are most probably of vocal origin. It only became known in the 1970s that Wagogo musicians practise diphonic singing or 'overtone singing'.[30] Known to us principally from Mongolia these techniques have been documented in Africa among the Xhosa of South Africa (Dargie 1991) and then the Wagogo. Philip Donner, Helsinki, possesses a crucial recording of the Gogo musician Hukwe Zawose (which I heard when we visited him in 1988) in which the latter reproduces the Gogo scale (as shown in fig. 8 above) by purely vocal means.

Very little further has been found out so far about the background of the Gogo multipart system. Although there are clear stylistic relationships between Gogo choral singing and the vocal music of certain pastoral populations including the Maasai and even populations in Rwanda and Burundi, the central and western parts of Tanzania are too little explored ethnomusicologically to draw up a map of ethnic groups which might share the system. But on a more general scale it is striking that it is precisely in the internal drainage basins of northern Tanzania that small splinter populations survive, such as the Hatsa, formerly hunter/gatherers, and the economically and anthropologically very different Sandawe, both speaking languages that were classified by Joseph Greenberg (1966) as Khoisan. This could be mere coincidence; on the other hand a very ancient background to the strange Gogo tonal-harmonic system cannot be excluded. Linguistics and anthropologists presuppose for this part of Africa a San stratum thousands of years in the past, although, of course, the present remaining Khoisan speakers of east Africa have very little in common in their physical appearance with Khoisanids in southwestern Africa.

There are other tonal-harmonic systems in east Africa that seem to derive from the recognition and use of partials of the harmonic series; for example the hexatonic multipart singing style (now virtually extinct) of the Wakisi fisher people and potters at Lake Nyasa[31] using patterns which are also present in the instrumental music played on log xylophones in northern Mozambique. The tunings of *mangwilo* log xylophones among the Ashirima, for example, seem to be achieved simply by using a model, which musicians have internalised, comprising 7 to 11 (even 13) partials over a single fundamental.[32] How we discovered this is a particularly interesting story.

Players on *mangwilo* or *mangolongondo* xylophones base most of their compositions on a drone tone expressed by very fast interlocking strokes on the same key by two players sitting opposite each other. The idea of the drone obviously came to this area along with a number of Asiatic musical influences via the Indian Ocean trading network between the 10th and 19th centuries. But it was essentially reinterpreted in concept and in execution by using interlocking with a duple reference beat. Characteristically the drone then functions as a sort of harmonic fundamental for the music. While one hand of each performer plays the single notes forming the drone they can add complex rhythm patterns with their other hand using any chords, any kind of simultaneous sound.

When I realized that any struck note on these small xylophones concords with the interlocking drone line, it put me on alert, because the perception of such consonance can only arise if the other notes represent partials over a single fundamental (here the drone). Measurements seem to confirm my impression, although the 'fundamental' on these small, often high-pitched xylophones normally represents the 4th or even 8th partial of the series. But why is it possible even to play all the rest of the notes on a *mangwilo* together with the drone – in a thick chord cluster – and it sounds all right? In my opinion there is only one explanation of this euphony: if one strikes any two notes together that represent partials over the same fundamental the result is a vaguely audible so-called difference tone. The term comes from the acoustic fact that if the vibration number of the lower note is subtracted from the higher one, the difference (in Hertz) is identical with the vibration number of their common fundamental. Thus any chord combination on the *mangwilo* releases difference tones that confirm the drone (the fundamental). The result of this ingenious discovery in acoustics by young northern Mozambican xylophone players – who normally play all day out in the fields to chase birds and monkeys away from the maize crops – is that clusters of timbre values (the combined chordal strokes) can be processed in the ear into timbre-melodic cycles.[33]

This example also suggests that the segregation of vocal multipart music from instrumental polyphonic forms in most of the literature needs revision.[34] On musical instruments it is often possible to use polyphonic techniques that cannot be used by the voice, such as the consistent interlocking of long series of notes. To do that vocally would be impossible because of the limits of human breathing. But it can be done on panpipes, as demonstrated for example by the *enkwanzi* panpipe ensembles of Busoga, Uganda, in which tone-rows consisting of 24, 36 or more pulses are played in parallel octaves and combined in duple-division interlocking just as in the *amadinda* and *embaire* xylophone music of the same culture area. (CD track 5)

These tone-rows are continuosly interwoven like the threads in some textile techniques.[35] A third, and even a fourth musician in Busoga, then imitates inherent auditory patterns arising from the combination of the tone-rows, thus forming additional rhythmically irregular lines. It is worthy of note that the result of these southern Ugandan composition techniques, within a tempered equi-pentatonic tonal system, is impressive instrumental polyphony without any other simultaneous sound than octaves, and only occasional heterophony when small variations are played, usually by one musician alone. We encounter here in southern Uganda a tuning system and an appreciation of consonance that have a totally different audio-psychological base from that of African musical cultures in which the tonal system and multipart sounds are based on the recognition and use of extracts of the natural harmonic series. To summarise we can say that multipart structures in pentatonic, hexatonic or heptatonic African tonal systems can be based on distinctly different principles. The analogies across the continent cannot be ascribed to sounds alone, but must include the concepts of space and motion. So it has become clear today that irrespective of the particular tonal system used, many – though certainly not all – African multipart forms obtain their simultaneous sounds by a process where the singers act like a xylophone player would, holding two sticks parallel, ready to strike two notes with a gap of one note in between. If the xylophone is tuned pentatonically the result may be fourths, if it is tuned heptatonically the result will be thirds. Note that these different intervals are obtained by the same process.

This skipping process[36] has proved to be interculturally valid although its application to different tonal materials gives totally different simultaneous sounds. So for example among the Wagogo the chord sequences will be as shown in Fig. 8, while among the -Nkhumbi and -Handa of southwestern Angola, as well as the South African Xhosa, whose tonal systems are hexatonic, the multipart patterns will be as shown in Fig. 9 below. The tonal system of both these peoples derives from the harmonic series up to partial 6 over two fundamentals. In both cases (Nkhumbi/Handa and Xhosa) it was most likely to have been inspired by the experience of the musical bow.

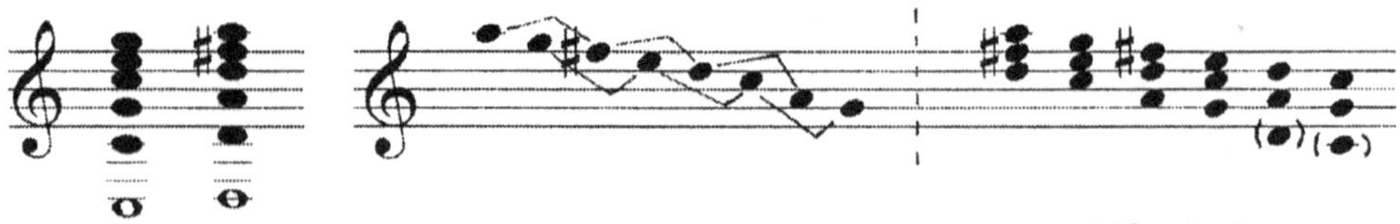

Fig. 9. Interdependence of tonal system and multipart singing among the -Nkhumbi and -Handa of southwestern Angola and the Xhosa of South Africa. (CD track 6)

There are also areas in which the experience of parts of the natural harmonic series is combined with the principle of non-modal equidistant temperament in tunings, and accordingly also in sung multipart structures. According to the Cameroonian researcher Pie-Claude Ngumu[37] the problem of equal temperament apparently became more acute with the introduction of a seventh note into some hexatonic musical cultures of west-central Africa, e.g. the Bulu, Fang' etc., where harmony is based on the mouth-bow.

Ngumu, who has researched the gourd-resonated xylophones of southern Cameroon, found that musicians were using the term *esandi* (spoilsport) for that seventh note in xylophone tunings. We do not know when the introduction of a seventh note happened in the west and west-central African cultures from eastern Nigeria, Cameroon down to Gabon, Congo and Angola, but in many areas of Africa the tendency was to accommodate this strange note through temperament, while maintaining the perfect chord clusters of mouth-bow harmony as much as possible. The result was a tendency towards equiheptatonic tunings (and correction of vocal intonation in that direction) in a number of cultures, such as the Bafioti of Cabinda and Congo, on whose music "between major and minor" Pechuël-Loesche reported so vividly at the beginning of the 20th century.

The 'spoilsport' must in fact have been an enormous challenge for musicians in these cultures. Two possible new directions may have been found to circumvent the problem: a.) development of diatonic, heptatonic harmony, as is perhaps the case in the music of the Bongili and Bakota in Congo;[38] b.) development of non-modal heptatonic harmony in which the original lush 'major' chord clusters derived from hexatonic systems, such as the one outlined in Figure 9, are maintained as often as possible in vocal performance, but when the voices move to a step including the ‚spoilsport' they have to be bent to some compromise intonation.

There are two culture areas where we have definite confirmation that the second solution was adopted: 1. the multipart vocal harmony in Baule ritual song in the Côte d'Ivoire, as demonstrated in some of Gilbert Rouget's magnificent recordings;[39] 2. the multipart vocal harmony in one of the widest harmony areas of Africa, eastern Angola into northwest Zambia and southern Zaire, with the -Cokwe, -Lwena/Luvale, -Lucazi, -Mbwela, -Nkhangala, -Mbunda and other peoples of this large population cluster. We have many recorded testimonies from this culture area, which has been intensively researched since the mid-60s,[40] especially in the songs from *mukanda* boys' initiation schools (see the transcription in Figure 10[41]), and from women's secret societies, notably *tuwema*.[42]

Multipart singing in this region is based on the principle of analogous movement. The tonal material is hexa- or heptatonic and the singers' individual parts tend to move by step, the compass of each part often no more than a fourth. The multiplication of the voices at different pitch layers in consonant intervals of fifths–plus-thirds or thirds-plus-fourths creates the overall impression of lush euphony. Moreover the tonal system at the base of this multipart singing style, using parallel, oblique and plenty of contrary motion (cf. Figure 10), shows clear tendencies towards equalising the intervals, so that these lush chords can occur more or less any step. This tendency towards tempered intonation often leads to long-held endings on bichords of neural thirds, especially on $^{+}\overset{F}{D}$ (as one point of repose) and $+\overset{E}{C}$ (as the other). The fact that individual singers move predominantly by step gives them remarkable control over chordal progressions, because the next chord thus always becomes more or less predictable. This is another trait of this impressive non-modal harmonic system which underlies the multipart singing patterns of eastern Angola.

Fig. 10. Transcription of "Samba papelo", a famous mukanda song performed by the initiates and their teachers and guardians in a boys' initiation school in eastern Angola.[43]

Some fifteen to twenty people assemble at night round the fire place inside the *mukanda* lodge and participate in the chorus, each holding *mingongi* concussion sticks in their hands and creating a 2 against 3 rhythmic basis for their songs. The singing may go on all night. Many different songs are sung to the same accompaniment.

The *mingongi* perform a distinctive motional pattern. In my notation, A means that the right hand stick hits the left hand one from the top. B means the opposite. The text is in the Mbwela language, a language of zone K, group 10 of the Bantu languages. *"Samba papelo"* has nothing to do with Brazilian Samba; *Samba* (also Tsamba) is a title meaning 'the first-born'. These songs have been transmitted almost unchanged for many generations.

The notational system used here expresses in visual form the underlying elementary pulsations, symbolised by the vertical lines crossing the stave. The circled number at the beginning of the score indicates the number of pulses in one period. In contrast to many other forms of African music these nocturnal *mukanda* songs (also referred to as *myaso ya kukuwa, kukuwa* = striking the *mingongi*) are strophic rather than cyclic. The chorus is interrupted by long solo vocal passages sung by the leader, and not transcribed here.

It is important to understand that duration in this notational system is expressed very accurately, though indirectly. The only symbol for a sung note is the dot. The note indicated by a dot is simply held on until it is revoked by another symbol: this can be another dot, for the next note, or the sign for stop: ⁄. One of the many advantages of this notation system is that it dispenses with 'syncopation' – an inevitable consequence of conventional European staff notation which is durational but quite misleading when it comes to notating certain African musical styles.

Notes

* Reproduced from *Symposium on Ethnomusicology,* No. 13/14, Grahamstown: International Library Of African Music, 1997.

1 Recording by Lt. Smend, Cylinder 77, Togo XV, 18, Department of Ethnomusicology, Museum für Völkerkunde, Berlin.

2 LP record *The demonstration collection of E. M. Hornbostel and the Berlin Phonogramm-Archiv*, Ethnic Folkways Library FE 4175, New York 1963.

3 Kolb 1719: 527–528; see also the analysis of Kolb's text in Mugglestone 1982 and Kubik 1987: 171–175.

4 1907: 115; see also the analysis in Kubik 1994a: 193–194.

5 cf. Kubik 1988a: 141–145.

6 cf. Kubik 1988.

7 cf. the recordings of Ituri forest Pygmies at Mbau-Mbili, Beni, Zaire, by Hugh Tracey, 1952, AMA TR-125, Tracey 1973: II: 281–283; Pygmies of the Upper Sangha, recorded by Gilbert Rouget in Congo 1946, in the Central African Republic by Maurice Djenda and myself in 1964 (cf. the *wunga* dance of the Bagombe, B 8741, Phonogrammarchiv Vienna) and 1966 (comprehensive documentation of the Bangombe and Bambenjele all along the Sangha river, rec. B 10774–10862 Ph. Archive). They were also documented by Simha Arom near Salo, Nola District (cf. *Ba-Benzélé Pygmies*, UNESCO Collection BM 30 L 2303, Kassel: Bärenreiter). Arom also recorded the Baaka (cf. *Aka Pygmy Music*, Philips 6586016) and most recently in 1995 Maurice Djenda has worked among them.

8 Nicholas England 1964, 1967; Heinz, H.J. 1975 etc.; the collection !Kung' bushman music of Angola 1965/Kubik in the Museum für Völkerkunde, Berlin, and the most recent recordings by Malamusi and Kubik of !Kung', Mbarakwengo, !Ko etc. music in Namibia, 1991–1993.

[9] cf. recordings Djenda/Kubik 1964, B 8705 and 8708, Ph.A. Vienna.

[10] cf. recordings B 8648–8649, Ph. A. Vienna and annotations in Kubik 1989: 44–55.

[11] cf. Kubik 1970, 1987.

[12] cf. Video document No. 6/Kubik/Malamusi, Namibia 1992, visit to a !Kung' camp near Bagani.

[13] On the acoustics of musical bows see, for example, Lawergren 1982.

[14] cf. Kubik 1988b, reprinted in Kubik 1994a: 210–248.

[15] See Namibia survey Kubik 1994b.

[16] See also Lomax 1968 on some sociological conclusions.

[17] Rec. on the Strydom farm near Gobabis, Namibia, video no. 6 Namibia survey Kubik/Malamusi 1991–1993.

[18] cf. Kubik 1988a: 145–147.

[19] cf. Kubik 1989, LP record, for examples.

[20] cf. Record *Mukanda na makisi,* Kubik 1982; etcetera.

[21] cf. recording B/19 of the -Makonde, record PHA LP 2, Kubik 1989.

[22] cf. also Waterman 1952: 208 on this point.

[23] Comparisons of these multipart structures with early European forms, e.g. motets or hocket (cf. Nketia 1962) are hardly helpful, because – apart from all the obvious differences – they may suggest relationships along evolutionistic lines which have never been proved. There is no evidence that these African forms of polyphony represent a 'stage' in a universal history of music.

[24] Jones 1949: 12, etcetera.

[25] cf. recording of *ntano* by the blind singer Mahomed Kawonza and his group, item B 3, double-album *Musicians from Malawi,* MC 15, Museum für Völkerkunde, Berlin, Kubik/Malamusi 1989.

[26] cf. LP record, Phonogrammarchiv Vienna, items B/11–12 and A/5, Kubik 1989.

[27] Jones 1959: 230.

[28] Kubik 1968: 22.

[29] cf. our recordings in the Ph.A. Vienna, B 7245–46.

[30] See also the general description in Tran Quang Hai 1994.

[31] cf. Kubik 1985: 43.

[32] cf. Kubik 1965: 38–39, Kubik et al. 1987: 33–46.

[33] For recordings of *mangwilo* see 1962/Kubik/Hillegeist Ph. A. Vienna B 8993–9003, of *mangolongondo* played by the –Yao, the published recordings tracks C1 – C3 on our double-album *Musicians from Malawi*, Kubik/Malamusi 1989.

[34] cf. also Arom 1985 on this topic.

[35] cf. Kubik 1991.

[36] Or 'span' process, cf. Kubik 1968: 29.

[37] cf. Kubik 1985: 33.

[38] cf. CD example in Kubik 1994a.

[39] cf. LP *Pondo Kakou*, recording I/1, Rouget/Koroma, n.d.

[40] cf. Kubik 1982, 1994a, Tsukada 1990.

[41] Also recordings on the double album *Mukanda na makisi*, MC 711, Kubik 1982.

[42] cf. recording published on the CD, track 41, accompanying Vol. 1 of my book *Theory of African music*, 1994a.

[43] cf. recordings on the double album *Mukanda na makisi*, MC 11, Kubik 1982.

References

Arom, Simha

n.d. *Ba-Benzélé Pygmies: an anthology of African music.* UNESCO Collection, BM 30 L 2303, Kassel: Bärenreiter Musicaphon.

n.d. *Aka Pygmy music.* UNESCO Collection, Musical Sources, Philips 6586016.

1985 *Polyphonies et polyrythmies instrumentales d'Afrique centrale: structure et méthodologie.* 2 vols., Paris: Centre National de la Recherche Scientifique.

Arom, Simha & Furniss, Susanne

1992 "The pentatonic system of the Aka Pygmies of the Central African Republic." In *European studies in ethnomusicology*, ed. M.P. Baumann, A. Simon & U. Wegner, pp. 159–73.

Bowdich, Thomas Edward

1819 *Mission from Cape Coast Castle to Ashantee.* London: John Murray.

Dargie, David

1991 "Umngqokolo: Xhosa overtone singing and the song Nondel'ekhaya." *African Music* 7/1: 33–47.

England, Nicholas

1964 "Symposium on transcription and analysis: a Hukwe song with musical bow." *Ethnomusicology* 8/3: 223–77.

1967 "Bushman counterpoint." *Journal of the International Folk Music Council* 19: 58–66.

Greenberg, Joseph H.
1966 *The languages of Africa*. Research Center for the Language Sciences, Indiana Univ. Bloomington: Indiana University Press.

Grimaud, Yvette
1956 "Note sur la musique vocale des Bochiman !Kung' et des pygmées Babinga." *Colloques de Wégimont* 13: 105–26.

Hai, Trân Quang
1994 "Le chant diphonique: description, historique, styles, aspect acoustique et spectral, démarche originale, recherches fondamentales et appliquées." *EM – Annuario degli Archivi di Etnomusicologia dell' Accademia Nazionale di Santa Cecilia* 2: 23–150.

Hansen, Deirdre
1981 *The music of the Xhosa-speaking people*. Ph.D. dissertation, Faculty of Arts, University of Witwatersrand.

Heintze, Beatrix
1995 *Alfred Schachtzabels Reise nach Angola 1913-1914 und seine Sammlungen für das Museum für Völkerkunde in Berlin. Rekonstruktion einer ethnographischen Quelle*. Köln: Rüdiger Köppe. (Afrika-Archiv, 1)

Heinz, H.J.
1975 *!Ko Buschmänner (Südafrika, Kalahari)*, 16 mm Filme No. E 2123–2128, Encyclopaedia Cinematographica, Göttingen: Institut für den Wissenschaftlichen Film.

Jones, Arthur M.
1949 *African music in Northern Rhodesia and some other places*. Manchester: Manchester University Press. (Occasional papers of the Rhodes-Livingstone Museum, 4)
1959 *Studies in African music*. 2 vols, London: Oxford University Press.

Kirby, Percival R.
1930 "A study of Negro harmony." *Musical Quarterly* 16: 404-414.

Kolb, Peter
1719 *Caput bonae spes hodiernum: das ist, vollständige Beschreibung des africanischen Vorogebürges der Guten Hoffnung*. Nuremberg: Peter Conrad Monath.

Kubik, Gerhard
1965 "Transcription of mangwilo xylophone music from film strips." *African Music* 3/4: 35–51; corrigenda in *African Music* 4/4 (1970): 136–137.
1967 "The traditional music of Tanzania." *Afrika*, Bonn, 8/2: 29–32.
1968 *Mehrstimmigkeit und Tonsysteme in Zentral- und Ostafrika*. Österr. Akademie der Wissenschaften, Sitzungsberichte 254, Band 4, Abhandlung 83, Mitteilung der Phonogrammarchiv-Kommission, Wien: Hermann Böhlaus Nachfolger.

1970 *Música tradicional e aculturada dos !Kung' de Angola.* Estudos de Antropologia Cultural 4, Lisboa: Junta de Investigações do Ultramar.

1982 *Mukanda na makisi – circumcision school and masks – Beschneidungsschule und Masken.* Berlin: Musikethnologische Abteilung, Museum für Völker–kunde. (Museum Collection MC 11)

1985 "African tone-systems: a reassessment." *Yearbook for Traditional Music,* 17: 31–63.

1987 „Das Khoisan-Erbe im Süden von Angola: Bewegungsformen, Bogen-harmonik und tonale Ordnung in der Musik der !Kung' und benachbarter Bantu-Populationen." In *Musikkulturen in Afrika,* ed. Erich Stockmann, 82–196. Berlin: Verlag Neue Musik.

1988a "Àló – Yoruba chantefables: an integrated approach towards West African music and oral literature." In *African musicology: current trends: a Festschrift presented to J.H. Kwabena Nketia,* ed. Jaqueline Cogdell Djedje & William Carter, Vol. 1, 129–82. UCLA Los Angeles: African Studies Center and African Arts Magazine.

1988b "Nsenga/Shona harmonic patterns and the San heritage in southern Africa." *Ethnomusicology,* 32 (2), Spring/Summer, pp. 39-76.

1989 *Vokale Mehrstimmigkeit in Ost- und Südostafrika* (text English/Deutsch) Ausgewählte Aufnahmen der Ostafrika-Expedition Helmut Hillegeist/ Gerhard Kubik, 7 August 1961–10 January 1963. Wien: Verlag der Österreichischen Akademie der Wissenschaften. (Tondokumente aus dem Phonogrammarchiv der Österreichischen Akademie der Wissenschaften PHA LP 2)

1991 „Theorie, Aufführungspraxis und Kompositionstechniken in der Hofmusik von Buganda. Ein Leitfaden zur Komposition in einer ostafrikanischen Musikkultur." *Hamburger Jahrbuch für Musikwissenschaft* 11 (Für Györgi Ligeti. Die Referate des Ligeti-Kongresses Hamburg 1988), 23–162. Laaber: Laaber.

1994a *Theory of African Music,* Volume 1. Wilhelmshaven: Florian Noetzel. (Intercultural Music Studies 7)

1994b „Namibia Survery 1991–1993, Gerhard Kubik, Moya Malamusi Landesweite Bestandaufnahme von Musiktraditionen und Oralliteratur." *EM – Annuario degli Archivi di Etnomusicologia dell'Accademia Nazionale di Santa Cecilia* 2: 151–209.

Kubik, Gerhard, assisted by Moya Malamusi, Lidiya Malamusi and Donald Kachamba

1987 *Malawian Music – A Framework for Analysis.* Zomba: University of Malawi, Department of Fine and Performing Arts.

Kubik, Gerhard, Dahin Amagbenyõ Kofi et al.

1989 *Musikgeschichte in Bildern: Westafrika.* Lieferung 11, Musikethnologie Bd. 1. Leipzig: Deutscher Verlag für Musik.

Kubik, Gerhard & Malamusi, Moya Aliya

1989 *Opeka Nyimba: musician-composers from southern Malawi.* Berlin: Musikethnologische Abteilung, Museum für Völkerkunde. (Museum Collection MC 15)

Lawergren, Bo
1982 "Acoustics of musical bows." *Acustica* 51/1: 63–65.

Le Roy, Alexandre
1890 "Au Zanguebar Anglais." *Les Missions Catholiques* 22, Janvier–Decembre: 473.

Lomax, Alan
1968 *Folk song style and culture.* Washington: American Association for the Advancement of Science. (Publ. No. 88)

Mugglestone, Erica
1982 "The gora and the 'grand' gom-gom: a reappraisal of Kolb's account of a Khoikhoi musical bow." *African Music* 6/2: 94–115.

Nketia, J.H. Kwabena
1962 "The hocket technique in African music." *Journal of the International Folk Music Council* 14: 44–52.

Pechuël-Loesche, Eduard
1907 *Die Loango-Expedition,* Stuttgart: Strecker & Schröder.

Rouget, Gilbert
n.d. *Musique Pygmée de la Haute Sangha,* Microsillon, BAM (Boîte à Musique, LD 325, Paris).
n.d. *Pondo Kakou.* Musique de la Société Secrète, Côte d'Ivoire/Dahomey/Guinée, enregistré par Gilbert Rouget avec l'aide de Jean Koroma, MC 20.141, Musée de l'Homme, Paris.

Schneider, Marius
1934 *Geschichte der Mehrstimmigkeit.* Band 1: Die Naturvölker. Berlin: Julius Bard.
1951 „Ist die vokale Mehrstimmigkeit eine Schöpfung der Altrassen?" *Acta Musicologica* 23: 40–50.

Tracey, Hugh
1973 *Catalogue, the Sound of Africa Series.* 210 long-playing records of music and songs from Central, Eastern and Southern Africa by Hugh Tracey, Vol. 1 & 2. Roodepoort: International Library of African Music.

Tsukada, Kenichi
1990 "Variation and unity in African harmony: a study of *mukanda* songs of the Luvale in Zambia." In *Florilegio Musicale. Festschrift Kataoka Gido zum 70. Geburtstag,* eds. Usaburo Mabuchi et al, 157–197. Tokyo: Onagaku no Tomo.

Waterman, Richard, A.
1952 "African influences on the music of the Americas." In *Acculturation in the Americas. Proceedings and Selected Papers of the XXIXth International Congress of Americanists,* ed. by Sol Tax, 207–218. Chicago: University Press.

Musical Examples on CD

CD track 3:
Yeli – polyphonic yodel as a lullaby *(wandeli)* performed by two Bangombe pygmy women: Bulu, ca. 30 and Mpelo Kuma, ca. 35 years old. Recorded in May 1966 by Maurice Djenda and G. Kubik at Mpuŋ Nyɔγɔ, a pymgy camp on the right bank of the Sangha river, opposite Linjombo, Nola District, Central African Republic. (Orig. tape no. 92/I/5) 2'45"

CD track 4:
Solo song with head voice, self-accompanied with a seven-stringed pluriarc (*too*) by (Mrs.) Dina Pikenien, ca. 25 years old, of the !Ko ethnic group. Recorded by Moya A. Malamusi and G. Kubik, November 25th, 1991, within the precincts of Mrs. Ansie Strydom's farm, east of Gobabis, Namibia. (Orig. tape no. 91/19/II/1) 3'12"

CD track 5:
Enkwanzi (panpipes). Representational music in Busoga performed by Tomasi Kikomeko, ca. 40 and his group of seven panpipe players. Recorded by Maurice Djenda and G. Kubik in January 1968 at Namisambya I village, north of Jinja, southern Uganda. (Orig. tape no. 118/I/10) 2'39"

CD track 6:
Ekwenje – boys' initiation song in the Lunkhumbi language, sung by a group of initiates striking concussion sticks (*nompompolo*) with their teacher and lead-singer Joaquim Francisco, ca. 25 who is using one *ŋɔma* (drum). Recorded on July 18th, 1965 at the circumcision camp near Ekukwe, Circunscrição Dinde/Quilengues, southwestern Angola. (Orig. tape no. 53/I/1) 4'41"

G. FLORIAN MESSNER, Chippendale

The Vanishing Presence of the Past

Three Musical Traditions of the Bismarck Archipelago in Papua Niugini: Manus, New Ireland and East New Britain[1]

Polyglottis, the Archipelago with the Many Languages

The existence of the island groups of the so-called Bismarck Archipelago, now part of the state of Papua New Guinea (Papua Niugini), has been known to the so-called West[2] at least since the early 17th century. Situated to the north- and south-east of the main island of New Guinea, veering away in a north-easterly and back again in a south-westerly direction, some of these islands, like Manus, reach close to the equator. They were, during the German colonial period, known as "Die Admiralitätsinseln" (Admirality Islands). Furthest away from the main island of New Guinea and closest to the equator is the St. Mathias group, belonging to the New Ireland Province. The island of New Ireland proper, which the Germans called "Neu Mecklenburg", lies to the southeast and south of it again is the island of New Britain (called by the Germans "Neu Pommern") that closes the island's semicircle northeast of New Guinea. The western end of New Britain is only about 60 kilometres away from New Guinea and the northeastern end (the Gazelle Peninsula) is only 25 kilometres from New Ireland.

To reach this "island paradise" one has to use Air Niugini, which presently flies from Port Moresby and other main cities of Papua New Guinea to the capitals of each island province – Lorengau (Manus), Kavieng (New Ireland), Rabaul (East New Britain) and Kimbe (West New Britain) – as well as in between them. For all the other routes and destinations one has to travel by way of the Bismarck Sea with its atolls and reefs. The traffic conditions are casual. Inter-island traffic is mainly operated by the communities and its schedules vary each time according to the transport and travel needs and demands of the interacting communities and individuals. As an outsider one either has to adjust to those conditions and wait until a boat happens along, or arrange individual travel which can become very costly. More dwellings are to be found on the island shores. Those in the vicinity of main centres or routes are easier to access than those in remote coastal parts of the island with difficult seasonal currents and very light traffic. Some islanders, referred to as *bus pipel* (Tok Pisin: people who dwell in the jungle), live often on the hill sides or on the high plateaux inland of New Ireland and are much more difficult to reach due to the extremely awkward terrain with its simple roads prone to quick deterioration in the fast changing, tropical maritime weather conditions.

Cultures and Their Languages

The three Island Provinces in the Bismarck Archipelago of Papua New Guinea consist of numerous larger, smaller and tiny islands. The inhabitants of this beautiful part of Oceania, generally referred to as Melanesians[3], are extremely diverse in appearance, language and cultural expression. A detailed description of each regional subculture would easily fill several large volumes. The languages spoken in this Archipelago belong predominantly to the Oceania branch of the

Austronesian[4] languages, while a minority belongs to the Non-Austronesian (also called Papuan-) languages.

Although some of these languages have already vanished and others are on the verge of disappearing, most of them are still more or less intact and allow valuable comparisons to be made which shed light on some aspects of the past, when cultural systems were fully operating and when different peoples, clans or whole tribes, travelled, sometimes quite remarkable distances, to settle in Oceania[5].

Within the area of our investigation, we can count some 90 individual languages, belonging to approximately 16 language groups, spoken by approximately 160,000 people in the three Provinces: Manus, New Ireland and East New Britain. Approximately 65,000 people speak Tolai, and 9,000 speak Lavongai (Tungak) on New Hannover; all other groups are significantly smaller. Thus Tolai and Tungak are by far the two largest language groups in this multilingual island region.

The people of Manus, East New Britain and New Ireland sporadically display slight but definite traces of Polynesian and Micronesian cultural impact, which become apparent in physical traits and language, as well as in other aspects of socio-cultural patterning. General Melanesian features, like the dominant socio-political "Big Men"[6] system in which "Big Women"[7] played the part of powerful assistants, apply to all societies in the Bismarck Archipelago, irrespective of the existence of either patrilineal or matrilineal clan systems (the latter characterises the Malanggan cult society in the New Ireland Province and, to a certain degree, the Tolai inhabited areas). Other cultural features differ completely and are sometimes even in opposition to each other. A hypothesis to explain how or when these islands were first settled by the people who now live there and how this diversity evolved has not yet been established. For this purpose, comprehensive and thorough archaeological, sociological and anthropological research based on oral history, and covering every individual ethnic group, is imperative. Taking into account the vast cultural diversity expressed in so many languages, the geographical remoteness and the inaccessibility of many settlements as well as the present global funding situation, it seems very unlikely that the research will be undertaken in the foreseeable future. The preliminary work has already been carried out, but much more would be needed to acquire a comprehensive picture of the very complex socio-cultural and ethnic fabric of the peoples inhabiting the Bismarck Archipelago. The need is urgent for as time passes, more and more of the oral history being lost.

Musical Idioms, Their Social Appurtenance and Research

The Transmutation of Traditions

Western concepts and models have here already swamped the musical activities for some time. This impact has changed the whole value system of these island cultures. After Western Christianity and other initially alien belief systems were imposed, the spiritual core of the ancient traditions, as usual, was drastically modified. Based on a specific construct of an indigenous consciousness[8] in conjunction with a peculiar indigenous perception, it was the very delicate and vulnerable heart of the socio-magico-spiritual community and, as such, the first to perish. This particular consciousness construct (Ornstein 1986) was achieved and maintained through a specific tribal education, through gradual, ritual initiation and the premeditated use of certain states of awareness, which Westerners today are, usually, either not aware of or treat as psychiatric disorders. Incapable of accessing them with officially accepted methods[9], Western (medical) science still classify them as pathologic or simply deviant and call them technically for example hypnogogic-, hypnopompic-, hyperalert-, expanded-, trance states or states of rapture, of hysteria, of fragmentation, reverie or stupor in contrast to the one state that is the so called "normal"[10] one. Similarly the Western intruders at first neither recognised nor understood these ways of perception and therefore considered them to be inferior, dangerous superstitions and, as such, evil (and, in this manner, invaluable indigenous knowledge has been lost). Today the cultural remnants, the debris of this impact are under the academic scrutiny of anthropologists, ethnomusicologists and others, and have become the busy target of research.

But are the crucial questions being asked? Are we adequately equipped, sensibly responsive enough (intellectually and emotionally) for this task? Are outsider researchers really unbiased, objective and open-minded enough to encounter the "other" in a truly responsible and respectful way? Do we acknowledge, for example, the fact that "natives", immediately after contact, had to be (and sadly still are) subject to our utterly restrictive, repressive, hypocritical "Western" double-standard moral codes, which we presumptuously think to be universal and globally binding. This includes our dress habits, our code of behaviour, our gender categories. Isn't it a significant display of our own stuffiness that as a first priority, "natives" in tropical areas were immediately forced to cover their so-called private parts (as if God had made a mistake), and were coerced into putting on clothes? Only when they obeyed were they allowed to paint the rest of the uncovered body, and permitted to sing, to dance and in general to perform their altered (not to say mutilated) "indigenous" culture, in a climate in which those Euro-American clothing habits were actually physically harmful and morally confusing.

Having thus mutilated the indigenous culture we then proceeded to study "the other", those more "primitive", those closer to the "origin". I freely admit that I am guilty on this score too. This is the *de facto* situation and I believe that the time has come when all our so-called research results need to be reviewed and judged from this kind of perspective[11].

Traces of the traditional past do, however, still exist in this new context. I have collected some of them together with Flip Lamasisi Yayii (1983: 33–48), a Kara speaker, and Ilaita Gigimat, a Tigak speaker from New Ireland. I would like to share some of our findings within the limitations of this publication.

Since music is one of the interactive elements of a cultural composite, it cannot really be extracted and studied in isolation. The kind of results produced under those circumstances may appear to be technically relevant but are in fact meaningless for the understanding of music within its indigenous, psychological, cultural matrix. We need much more contextualising, but since outsiders' field research time is limited and based on Western methodologies and strategies, even those intent on "responsible" research have inevitably constructed a Western picture of the non-Western event, no matter how neatly, carefully, knowledgeably, even intuitively they have proceeded. After all, the results ultimately have to be published in books or journals or presented at conferences. The Japanese teacher Yengo (1566–1644) said about "truth":

> [...] error has crept in. Much more so when it is committed to paper and ink, or given up to wordy demonstration or to logical quibble, then it slips further away from you. (Shah 1984: 364)

This is obviously a dilemma[12].

We know all too well, that music and its making play a vital part in the life of all human beings. Depending on the socio-cultural conditions of a society, its musical system can either be very susceptible to change, or it can evolve in a subtle and balanced way for centuries without ever drastically changing its structural and socio-spiritual core. The role of a music, its importance and its ranking within the interactive network of a socio-cultural system, varies from one cultural context to another. Music can either function as an emotionally stabilising factor, asserting the individual, affirming ethnic identity, reaffirming the existing socio-spiritual rules of conduct in the widest sense and enhancing communal interaction by fine-tuning, or it can be reduced to a socially ineffectual, aesthetic commodity, its powerful properties neglected or out of control. As such it becomes both commercially exploited and exploiting; a "wasteful" acoustic pollution on the one hand, a destructive vehicle on the other. Such a statement may be considered provocative but we can observe this trend evolving on a large scale. It is "contagious" and has already spread into the remotest corners of our globe. So-called "new music" does not come alone, it comes packaged with seemingly attractive ideas, addictive concepts and related material agents[13]. It is naive and dangerous to regard music generally as a harmless cultural "appendix" and the "appendicitis" it occasions as something of no consequence[14] as becomes obvious in many of the musicological writings.

Features of the Music in the Three Island Provinces

Traditional Culture

The traditional indigenous cultures in the Bismarck Archipelago and even beyond seem to rest on a common proto-Austronesian heritage base. Despite sometimes extreme phenomenological differences on the surface, the common concepts immediately become perceptible, even after a superficial comparison.

Each island cult/ure[15] as well as sub-cult/ure developed an ethno-dynamic core cult within which most of the magico-spiritual artistic activities were determined and performed, but ultimately this core cult/ure was or still is embraced by the larger and in fact universal cycle of the rites of passage, including the birth and pregnancy rituals, the rituals of the first menstruation, secret mating rituals and their love charms, the wedding and bride price ceremonies and the death rituals. All the cultures discussed here show similar concepts. Priority has been given to the rituals in connection with the deceased. The underlying notions of those rituals are strikingly similar to each other, although externally different in forms and procedures.

Hidden from the general public but omnipresent beneath the surface is what we would call sorcery: all the "personal" charms and spells which were targeted to harm or kill others, to retaliate for wrong-doing, to guarantee a successful hunt etc., to change aversion or neglect into infatuation or affection and to protect oneself from the "magic powers" of others and many more. It seems to be quite common that certain melodies and texts of "private" charms were made available for profane and public use, after the owner of the charms died. They then became dance songs for common festivities.

All this represented a profound social institution, which ultimately involved all individuals, without exception, males and females at all the different stages of their lives and beyond, in cult/ural activities and rituals. It was a fundamental achievement that provided cultural security, self-assurance and (as relative as this term here might appear to be) "fulfilment". We ritually deprived and socially "immature" contemporary Westerners once possessed all of this and were gradually forced to shed it, replacing it a long time ago with the concepts that enabled us to accumulate material wealth. Encountering these traditional socio-magico concepts again during our so-called voyages of discoveries, we should have tried to comprehend them and perhaps learn from them, before again destroying them. Joseph Campbell[16] (1988: 171) tried to communicate similar and related ideas, but even he has recently rather fallen out of favour.

During almost all those activities music in different forms played and, to a certain extent, still plays a central part. It was either performed in public; for initiates only; or exclusively for the spirits and demons or their representatives during secret magico-spiritual activities to support one's magical enterprise. In all three island Provinces traces of an old or ceremonial language with certain song-texts are still encountered; texts which are intelligible only to special people with a specific training and appropriate knowledge. The songs are still in use although in many cases the knowledge of the "old" or "spirit language" has been lost. Unintelligibility of texts[17] is obviously of less importance for them since the contexted melody alone seems to arouse "states of emotion and devotion", retrieves memories etc. This could be observed in Manus, New Ireland as well as in East New Britain.

Instrumental music exists side by side with vocal music. Instrumental music is either performed as a solo or provides an accompaniment for songs and dances. The exclusively solo instruments are most of the aerophones like the flutes, panpipes and jew's harps, used for so-called self-entertainment and serenading. A closer look, however, shows us, that self-entertainment and serenading was also part of the performance of certain "private" charms. Ribbon reeds, without exception, are used in conjunction with rituals, either as the only musical instruments or, occasionally, together with other instruments. A ribbon reed is a piece (200–300 mm) of dried bush rope, folded, with the open ends tied together and a blade of grass inserted. The instrument is held to the mouth with cupped hands and held fast between the thumbs. A sharp sound is produced by breathing in and out. In New Ireland this instrument is used in conjunction with the friction block, the bullroarer and ritual sobbing of males and females, indicating the presence of the ancestral spirits. In East New Britain the same instrument is used as part of the *tumbuan*[18] rituals, indicating the presence of these spirits in the bush thus warning uninitiated people to stay away. At the same time, when this instrumental "crying" sound is increased to a loud wailing at dawn and dusk, it informs the people that the *tumbuans* are hungry, and that food is to be sent to them by boys. Percussion instruments like the slit-gong (*garamut*) in all its diverse forms, and the small bamboo slit-gong are solo signalling instruments in all three-island provinces. The "thigh xylophone" (*tinbuk*) and the hour-glass drum (*kundu*) are used in this function only in East New Britain and Southern New Ireland. In Manus "slit-gong ensemble-music"[19] is very common and alternates at feasts with unaccompanied polyphonic singing, but it accompanies all dancing. The slit-gong is a wooden idiophone in use throughout the island provinces of the Bismarck Archipelago and is employed as a solo instrument except in Manus with its famous *garamut* or slit-gong ensembles. Other common instruments in the three provinces are flutes, raft and bundle panpipes (disappearing) and bull-roarers (disappearing, due to their secret ritual values related to pre-Christian magico-religious concepts.).

Vocal music[20] exists predominantly as group singing, either homophonic responsorial in New Ireland and East New Britain, where it often goes together with group dancing, or as multi-part-singing in Manus where it alternates with group dancing. This is the music for rituals, ceremonies, celebrations and feasts of all kinds and is public. Solo singing occurs more in the private sphere in all three island provinces and comprises: non-restricted genres like lullabies, children songs, story-telling songs, love songs and wailing songs, and restricted genres like love-magic songs, cursing charms and songs, maledictions, countermeasure and "antidote" charms and songs and ritual magic songs for "mana" transfer of all kinds or hunting magic songs as, for example, shark-calling songs in New Ireland, or dog-magic songs etc.

For most of the instrumental music as well as the vocal genres, predetermined performance procedures exist and, in accordance with the nature of a specific song genre, their observance is either based on very strict rules (ritual and ceremonial songs and dances) or a more flexible application (lullabies, children's songs, story-telling songs) is practised.

Musical structures, seen from a Western point of view such as melodic lines, "modes", homophony, polyphony, rhythm, solo singing, group singing, gender-specific or mixed antiphonal or responsorial performance practices, instrumental solos, instrumental accompaniment, instrumental ensembles etc., differ in many respects, sometimes considerably (e.g. Manus multipart singing, slit-gong ensemble) from tribal culture to tribal culture but are gradually vanishing.

The Vocal and Instrumental Two-Part Style of Baluan Island (Manus Province)

The vocal and instrumental two-part style of Baluan Island (Manus Province), an extremely interesting musical phenomenon, should be mentioned here in more detail. The Manus part singing and panpipe tradition (Messner 1998: 606) shows features that resemble remarkably those of songs from Flores Island in Indonesia, the Balkans, Nuristan/Afghanistan as well as East Africa, to mention a few. My intention is not to discuss here how this resemblance could be explained but to provide an insight into the structure of this so amazingly widespread polyphonic vocal style that I have identified as *Schwebungsdiaphonie* (Messner 1980a: 211–23). In Baluan/ Manus the standing position and the angle between the two (and sometimes more) singers are important for the performance of this vocal style, in order to master mentally and physiologically that very frequently occurring, style specific, narrow concord, an interval of about 80–165 cents (Messner 1980: 60–63) that in usual Western terms is considered to be an absolute dissonance. Spectrographic analysis revealed a concentration of sound energy in the second and fourth partial tone with female singers and in the fourth and sixth partial tone with male singers. Aside from these special features, the ambitus of the partial tone spectrum is comparatively narrow and reaches only 2000–3000 Hertz. Amazing as it is, this distinctive voice production is found with almost all performers of *Schwebungsdiaphonie.* Visualisation of multi-part music by applying methods of digital sound spectrography like S_Tools developed at the Acoustics Research Institute of the Austrian Academy of Sciences in Vienna (see http://www.kfs.oeaw.ac.at) is helpful for the recognition of structural and acoustic features especially of music of the kind of Baluan/Manus part-singing. All spectrograms of this style show the dominant presence of beats (["interferences"] *Schwebungen*), which are most significant for this vocal practice. Perceptional peculiarities are made obvious by the fact that the main musical activities are performed within the so-called critical bands (Deutsch & Födermayr 1997: 53f.). This again is typical of the tradition under discussion.

Teaching and So Called Magic Associated With It

The continuation of each island's music culture was based on specific intricate, elaborate and precise teaching procedures. A considerable knowledge of traditional "medicinal" applications exists in each of these cultures and governs the specific use of herbal remedies and psychotropic drugs to manipulate the states of awareness of composers, choreographers and performers. It also supports and "guides" the creation of songs, the creation of choreographies, the performance on instruments, the use of the voice and the performance of dances. Most of the methodologies involved are part of the heritage of the ancestors and show astonishing insights into a holistic nature, as they operate on several different levels: mnemonic, physiological, emotional, magico-spiritual and performance-technical. Just as specialisation in certain crafts is highly valued, so also it exists in all the performing arts. With regard to teaching and learning each craft, in connection with music making and dancing, a very precise traditional "curriculum" and its "syllabus" has been developed and cultivated. All this is framed and governed by locally defined magico-spiritual procedures. Moreover, it was reported to me, that there existed quite a precise knowledge of the pharmacological effect of certain bush plants that regulated physiological processes like the increase or decrease of saliva or the purifying of the whole body, cleansing the voice etc. This was considered to be highly important for flute playing, the performance of the jew's harp, the different types of panpipes, the beating of the drum and for singing. Breath exercises were taught as well and rhythmic exercises that existed in the form of combinations of words with specific syllables, which stood for the different rhythmic patterns, used within these cultures[21].

Due to the limited nature of this survey a detailed description of the foregoing processes cannot be provided[22] but, as will become obvious, there exists not only an incredible variety in languages but also in cultural and ritual matters and, in contrast to the languages, only very few of the latter have been identified and studied.

Ceremonies and Celebrations

At the beginning of each festivity in this part of the world there must be a sponsor or, as he is also referred to, an "owner of the feast". This "Big Man" provides the necessary resources and the motivation for a festivity. He then organises everything. Since a variety of intricate and complex interrelated ritual musical and dance activities exist in all three island provinces, the need for specialists becomes obvious. For the organization of different celebrations and ceremonies, responsible supervisors for the music, the dance, the costumes (including masks if needed) are required. The whole transmission of the traditional culture relies on these "Big Men" or masters of ceremonies. For those who are capable of obtaining this high social position, exceptional talent in conjunction with serious training and a high rank clan membership are indispensable prerequisites. The owners of feasts, who are themselves not masters of ceremonies, rely on these specialists and the whole success of a celebration depends on their capabilities. Sometimes one knowledgeable person can supervise and organise all cultural activities but needs assistants. More often, though, several specialists are at work. Each clan has its specialists. Also those who sing and dance and play the instruments have to be the most talented ones and also undergo a selection process. Ceremonies often show large elaborately sequenced substructures, which are strictly binding. Some ceremonial song cycles last all night. If the performance of one of those long cycles is interrupted because the singers run out of songs and have not been properly prepared, it is considered to be a "sacrilege" with harsh social consequences.

Contemporary Culture

From the point of view of contemporary cultural developments there are now many common socio-musical traits to be encountered which have their origin in a complex and comprehensive process.

Those ritual songs, dances, musical instruments, objects and artefacts which, during the years after the contact with the European colonisers and the following independence "luckily" passed the censorship of governmental and church authorities and survived, have already changed and will continue changing within and together with the new cultural context, expressing ever newer meanings. Meanwhile, indigenous ritual performances and their artistic magico-religious paraphernalia have become folklore and tourist attractions, to be performed during local festivities with the approval of the church authorities, at national celebrations and *singsings*[23], or even internationally at overseas festivals and gatherings before mixed audiences with different cultural backgrounds whose appreciation of what is offered depends on what they, from their own different cultural points of reference, assume to be of interest. This has in most of the cases nothing to do with the original traditional meaning of what is "performed". Access to the traditional meaning would require a high context awareness on the part of the audience. Unfortunately, due to the very nature of those events, this high context awareness no longer exists.[24] If the meaning producing agent in the mind of a random audience cannot instantly propel them in a particular perceptional direction, the spectators will immediately assign all kinds of personal, random and diverting meanings to events which otherwise would be specifically meaningful in their original cultural context. The reaction of the audience distorts folkloric events by stimulating the performers to stress those elements of their performance, which appeal most to the random hetero-cultural audience. If this is achieved, however, it causes the shift of the attention of the performers away from the traditional aim of the performed ritual, song or dance towards mere entertainment in order to receive a "positive" and therefore stimulating reaction. Thus the performers adjust to the very basic common denominator instead of striving to appeal to their own traditional and, within this tradition, more sophisticated audience. This development signals at the same time the loss as well as the change of traditional meaning and its values, and the evolving of new ones.

Taking into account the very complex traditional characteristics of musical features which we encounter in this region, it can be noticed that simplification of melodic as well as rhythmic structures, which are dominated by Western church hymn tunes, have become an important and common feature of almost all of the contemporary tunes.

The churches had an "extremely" unifying, conforming and levelling effect on every layer of the former tribal cultures. Now one can hear the same hymns and tunes from Lorengau (Manus) to Rabaul (East New Britain) and similar string bands, consisting mainly of various guitars and *ukuleles* used for instrumental performances as well as the accompaniment of songs. Subtle differences occur if the song texts are in the local indigenous idiom and not in Tok Pisin or Tolai, and if local traditional tunes have been used as raw material for a new adaptation.

Otherwise all these church songs/hymns show strikingly similar melodic/harmonic as well as rhythmic features besides their distinct local touch from Indonesia (especially from the catholic part of Flores Island) throughout Oceania to the Easter Island. Rock and pop, of course, with their specific electronic gear, can now also be heard on every island, in many different locally modified styles. Sad to say, the consummation of alcohol and other drugs is now generally considered an essential characteristic of the performance.

Conclusion

The necessary limitations of a publication of this kind allow only a relatively brief abstract of some aspects of very complex, diverse, intricate and highly developed and interactive musical traditions; traditions of which many unique phenomena and features have already disappeared and the rest is endangered, fated to vanish altogether and to be subsumed and shaped by coercive parameters of Western cultural conformism. Owing to inevitable developments, this trend is now powerfully promoted within the electronic global internet from which hardly any of the younger generation can be persuaded to escape.

Ritual re-establishes the presence of the past and harmonises the continuum of past, present and future. When ritual is rendered meaningless and vanishes, culture is lost. The result is an amorphous, un-individuated global society, which leaves us all impoverished. My work in Papua New Guinea made me aware of the rapidity of this contagion.

Notes

1 These unusual grouping of the island provinces had been chosen because the author had personally visited them several times during his research in PNG. Provinces and areas that also belong to PNG's Bismarck Archipelago area but were not visited by the author are not included.

2 The arbitrary use of colonial European names and their ultimate absurdity and inaccuracy become obvious already here at the very beginning.

3 See Kondratow 1979: 106–141.

4 Considering the enormous geographical area (from Madagascar to the Easter Island) within which such a large number (approximately 500–600) of Austronesian languages are spoken, amidst many Non-Austronesian ones, Austronesian is one of the world's largest language families. Several opposing classification systems with different sub-groupings and categories have been established and the dispute amongst scholars about each other's categorisations is still an ongoing process. For more information see: Malcolm Ross, Andrew Pawley, Meredith Osmond, eds., *The Lexicon of Proto Oceanic: The Culture and Environment of Ancestral Oceanic Society*. Vol. 1: Material Culture. Pacific Linguistics, C-152. Canberra: Australian National University, 1998, p. 8.

5 Several hypotheses have been put forward to explain the settlement of Oceania. In regard to Polynesia, the one developed by Te Rangi Hiroa became a classic but is now slowly losing favour. A more recent one that I would like to mention here is based on the discovery that the Pacific Ocean crust has for several thousand years been constantly and gradually sinking and many so-called underwater table mountains, Guyots (named in honour of the great French geographer, Arnold Guyot) exist at a depth of more than a thousand meters. Their formation is thought to have two different causes. On the surface of all of the underwater mesas, traces of coral have been discovered. Coral, as is well known, survives only down to 60 meters. Therefore, many more islands must have existed which are now submerged. To date, several hundred Guyots have been discovered in the Pacific basin reaching from the Aleutes near Alaska far down into the South Pacific. The Great Barrier Reef is a very prominent example of the sinking Oceanic plate: drillings have shown that at certain points it is approximately two thousand meters thick. For more details see Kondratow 1979: 98–135.
Where precisely the Proto-Austronesians developed is a "sticky problem", according to Paul Kekai Manansala. He wrote: "Some think the region of the Southern Philippines and Eastern Indonesia was the likely area, while others favour either Formosa [Taiwan] or south China. Around 5,000 B.C. blade stone technology reached the northern and central Philippines from the south. Wilhelm Solheim of the University of Hawai'i postulates that active maritime trade and migration was already going on in Insular and Mainland South Eastern Asia by between 4,500 and 5,000 B.C. Eusebion Dizon of the National Museum of the Philippines believes this date can be moved to between 6,000 and 7,000 B.C. based on the most recent radiocarbon dating. Sometime between 1,500 B.C., the Lapita culture of Fiji and Tonga developed. Therefore, we can safely assume that the Proto- or Pre-Austronesians had already

reached many areas of either Micronesia or Melanesia to the West. The presence of Austronesians in Madagascar has been confirmed to at least the beginning of the era, although Solheim states that work to find the earliest habitation has not yet been completed. The lack of iron and Hindu - Buddhist influences, suggest an even earlier date" (Manansala 1996: 2)

6 "Big Men" were/are men with a high social, economical and magico-spiritual status. Each clan had its Big Men: representatives from each subclan who were responsible for all socio- political/economic/spiritual affairs of their communities.

7 "Big Women" were wealthy women descended from a powerful clan. Obtaining the ownership of powerful magico-spiritual rites, they were powerful assistants either of their husbands (if they obtained a "Big Man" position) or of their clan relatives in a Big Men's position.

8 For more information on 'Consciousness Construction', see Ornstein 1986.

9 Are we not terribly offended when we read what an indigenous person in the form of a high ranking Hopi Indian told an anthropologist: I consider anthropologists to be educated idiots. How can they comprehend or fathom what it means to be a !Kung or an Arapaho without neither being a !Kung nor an Arapaho (Gruber 1982: 56)

10 See McClallan (1991: 148–167).

11 See also: Messner (1993: 81–95).

12 See also "The Judgement of Thamus" (Postman 1992: 3–20).

13 See: The film *The Shark Callers of Kontu*, Institute of PNG Studies, Boroko, PNG.; as well as "Characteristics of Attention and Observation" (Shah 1984: 85–88).

14 For more information see David Tame (1984) and Randall McClellan (2000).

15 There is a reason for writing "cult/ure" in this way which I would here like to explain. In one of my articles (Messner 1993: 81–95, see p. 95 endnote 1), I decided to use this form of spelling "cult/ure" throughout the whole text, namely to make sure that the reader is constantly reminded that the connotation of cult/ure as a cult activity is still valid even in the "technopoly" of the Euro-Americans.

16 Until now, the vast majority of humankind has been acting out a behaviour pattern which, for the Western world, has been so well documented in the Old Testament, particularly Deuteronomy, with its "an eye for an eye and a tooth for a tooth" rather than the New Testament "love thy neighbour as thyself"... "That is to say, love and compassion are reserved for the in-group, and aggression and abuse are projected outward on others. Compassion is to be reserved for members of your own group. The out-group is to be treated in a way described there in Deuteronomy. Now today there is no out-group anymore on the planet" (Campbell 1988: 171). The Internet is in fact the first faint indication of a global communication system with an enormously untapped benevolent potential. It gives a hint of our real state of inter-connectedness, and also indicates the imperative necessity for the abandonment of anachronistic behaviour continuously perpetrated as observed not too long ago in the Balkans, East

Timor, Northern Ireland amidst the Basques, in Tchechnya, Afghanistan and so ad infinitum.

[17] See Laade 1988: 116.

[18] Tok Pisin

[19] See Messner 1981: 433–466.

[20] The detailed study of the interrelationship of text and music will have to wait until each ethnomusicologist speaks some of the languages of the musical cultures under investigation which, in Papua New Guinea with so many different idioms, represents a formidable challenge indeed.

[21] See also, Neuhaus 1962: 30-41.

[22] For more details see Laade 1988; Messner 1980b: 221–312; 1981: 433–446; 1990: 49–82; Neuhaus 1962: 30–41.

[23] Tok Pisin (Melanesian Pidgin) for festival or cultural celebration.

[24] See E.T. Hall 1984: 59–77.

References

Campbell, Joseph
1988 *The Power of Myth.* New York: Doubleday.

Deutsch, Werner A. & Franz Födermayr
1997 "Visualization of Multi-Part Music (Acoustics and Perception)." Systematische Musikwissenschaft V/1: 49-68.

Hall, Edward T.
1984 *The Dance of Life, the Other Dimension of Time.* New York: Anchor Press/Doubleday.

Institute of PNG Studies
1980 *The Shark Callers of Kontu* (Feature/Documentary film). Institute of PNG Studies, Boroko, PNG

Kondratow, A. M.
1979 *Die Rätsel des Stillen Ozeans.* Leipzig: Teubner Verlagsgesellschaft.

Laade, Wolfgang
1988 "Music and Culture in South East New Britain, Report on Field Research in August–October." Unpublished manuscript at the University of Auckland.

Manansala, Paul Kekai
1996 *Austrics in India.* Web Address: http://www.he.net/~skyeagle/austrics.htm, 24/07/1996

McClellan, Randall
2000 *Healing Forces of Music.* Reprint San José, Calif.: ToExcel.

Messner, Gerald Florian
1980a *Die Schwebungsdiaphonie in Bistrica, Untersuchungen der mehrstimmigen Liedformen eines mittelwestbulgarischen Dorfes.* Tutzing: Schneider. (Wiener Veröffentlichungen zur Musikwissenschaft, 12.)
1980b "Das Reibholz von Neuirland, Manu Taga Kul Kas." *Studien zur Musikwissenschaft* 31.
1981 "The Two-Part Vocal Style on Baluan Island, Manus Province, Papua New Guinea." *Ethnomusicology* 25(3): 433–46.
1983 "The Friction Block LOUNUAT of New Ireland: Its Use and Socio-Cultural Embodiment." *Bikmaus* 4(3): 49–55.
1990 "The Shark Calling Ceremony in Paruai, New Ireland, Papua New Guinea." *The World of Music* 1: 49–82.
1993 "Ethnomusicological Research, Another 'Performance' in the International Year of Indigenous Peoples?" *The World of Music* 1: 81–95.
1998 *Australia and the Pacific Islands.* New York and London. (Garland Encyclopedia of World Music, vol. 9)

Neuhaus, P. K.
1962 "Beiträge zur Ethnologie der Pala in Neuirland." *Kölner ethnologische Mitteilungen 2*: 30–41.

Ornstein, Robert
1986 *The Psychology of Consciousness.* New York: Penguin Books.

Postman, Neil
1992 *Technopoly.* New York: Alfred A. Knopf.

Ross, Malcolm, Andrew Pawley & Meredith Osmond (eds.)
1998 *Lexicon of Proto Oceanic: The Culture and Environment of Ancestral Oceanic Society,* vol. 1: *Material Culture.* Pacific Linguistics, C-152. Canberra: Australian National University.

Shah, Idries
1984 *The Sufis.* London: Octagon Press.

Tame, David,
1984 *The Secret Power of Music.* New York: Destiny Books.

Tart, Charles T.
^{3}1990 *Altered States of Consciousness*, revised & updated. San Francisco: Harper Collins.

Yayii, Phillip Lamasisi
1983 "Some Aspects of Traditional Dance within the Malanggan Culture of Northern New Ireland." *Bikmaus* 4(3): 33–48.

Musical Examples on CD

CD track 7: Tolai song. 2'15"
CD track 8: Tolai song. 1'55"
These are two 'contemporary' multipart songs with improvised harmony in the style of church hymns. The idiom of the texts is Tolai, performed by the Male Youth Choir of Lambon. Recorded by G. F. Messner in April 1977 in Lambon, a village right at the southern tip of New Ireland in Papua Niugini

CD track 9: Manus. 1'52"
This is a male w(ei)ii, a male ritual song with an instrumental itroduction called kileng w(e)ii performed by a slit gong ensemble from Baluan Island, Manus Province in PNG. The leading vocal performers are Silikaka Buai and Sanauai Kileap. These songs are now performed at different festive occasions. Recorded by G. F. Messner in May 1977 on Baluan Island.

CD track 10: Manus. 1'51"
This is a female w(ei)ii, a female ritual song, performed by Alup Samalol (leading part) and Alup Pokut (following part) at a wedding on Baluan Island, Manus Province in PNG. Recorded by G. F. Messner in May 1977.

CD track 11: Manus. 3'07"
This is a kolorai, a male heroic ritual song, performed by Konda'i Lipamu (leading part) and Pokut Narumbuai (following part) on Baluan Island, Manus Province in PNG. Recorded by G. F. Messner in May 1977.

For more information about the Manus Province songs see:
Gerald Florian Messner in: *The Garland Encyclopedian of World Music*, volume 9: *Australia and the Pacific Islands*, eds. Adrienne L. Kaeppler and J. W. Love, pp. 602–607.

Table: The Most Common and Important Musical Instruments in the Three Island Provinces

Musical Instruments	Manus Province	New Ireland Province	East New Britain Province	Use
Idiophones				
bamboo slit gong	found among children	everywhere in the province	mainly East New Britain	rehearsal, substitute for *garamut,* teaching device, accompaniment of female dance, used also as children's instrument
lounuat (friction block)		only northern New Ireland		used by males: secret, ceremonial: death, cremation & commemoration rituals
garamut (slit gong)	four different sizes: ensembles of 6	north - central: one instrument: beaten by one/two, has two pitches. central-south and island groups: one, beaten by one only	one instrument, beaten by one	used by males: signalling, ritual music, dance music, accompaniment
taur (Tok Pisin): triton's trumpet: *Charonia tritonis* or 'conch shell horn'	in several areas	in use in the whole province	in use in the whole province	predominantly used by males: signalling, special function within the Malanggan cult society, important instrument for shark callers
tidir (wooden block and stick) or coral pieces, beaten onto each other		central-south and island groups	Gazelle Peninsula	secret ritual music and public feasting
tinbuk (a xylophone, two wooden plates are put onto bare thighs and beaten by two players)		central and southern N.I. Lihir, Tanga	Gazelle Peninsula,	used by males: initiation: secret male society, signalling

Aerophones				
bull roarers	were common	Malanggan cult society and other areas	in various parts of the province	used by males: in N.I. it was in use in Malanggan ceremonies together with the friction block, secret. In N.B. it became a children's toy, made from coconut leaves.
flutes	notched bamboo flutes and nose flutes	notched bamboo flutes with three holes: in various parts of the province	in various parts of the province	used by males: recreational, love charms and magic
grass reed		in the Malanggan area	Gazelle Peninsula and other parts of N.B.	used by males and females: ritual instrument; in the Malanggan area of N.I. it is used to accompany bull roarers and friction block
jew's harp, bamboo	common use	common use, vanishing tradition, illustrative	common use, vanishing tradition, illustrative	recreational, entertainment
mirlitons: splintered bamboo tubes into which the performers buzz and hum.		common in the Malanggan area, *Noatsi: apande(r)*		used by males: accompaniment of certain Malanggan songs.
pow-pow leaves with stalk; stalk is slit	?	in various parts	in various parts	children's instrument
raft panpipes of different sizes and numbers of pipes	in various parts of the province	were common throughout the province, most of this tradition has vanished or is in the process of declining.	in various parts of the Gazelle Peninsula and other parts of the province still in use	ritual as well as recreational instrument, semi-secret. Used by males: in Manus predominantly recreational, played in 'seconds' and 'thirds;' in N.I. Malanggan area: ritual signal instr. used by circumcised boys in the men's house for communication with their relatives; different types were also used for recreation in an illustrative way throughout the province; in N.B. ritual

bundle panpipes			in various parts of the Gazelle Peninsula and in other parts of the province still in use	and recreational. Ritually: removal of evil spells and curses, to call the beloved at night; to call spirits (Laade 1993:150 ff).
ribbon reed: a piece (20 - 30 cm) of dried bush rope, folded, with the open ends tied together and a blade of grass inserted. The instrument is held to the mouth with cupped hands and held fast between the thumbs. A sharp sound is produced by breathing in and out.		this instrument is used in conjunction with the friction block, the bull roarer and ritual sobbing of males and females, indicating the presence of the ancestral spirits.	this instrument is used as part of the *tumbuan* rituals, indicating the presence of these spirits in the bush warning uninitiated people to stay away. At the same time, when this instrumental 'crying' sound is increased to a loud wailing at dawn and dusk, it informs the people that the *tumbuans* are hungry, and that food is to be sent to them by boys.	It is a ritual musical instrument, although by Western definition it is classified as a mere sound producing instrument, which is wrong since the musico- logical-definition which distinguishes between what is considered as being music and what but mere sound has nothing to do with indigenous concepts and is a Western imposition.
Membranophones				
kundu (Tok Pisin): wooden hour glass drum with lizard skin.		especially in central and south N.I., Lihir, Tanga	in various parts of the province	used by males as a ceremonial instrument: in secret and sacred places, enclosures as well as final feasting with general audience participation.
Musical instruments for children: exist throughout all the island provinces. They are made from local materials like emptied palm seeds as whistles; coconut palm leaves as little bull roarers; small bamboo slit gongs; coconut leave or bark trumpets etc.				

STEFAN JENA, Wien

Multiphonics auf der Querflöte

Eine moderne Spieltechnik und ihre Anwendung*

Eine Geschichte des Instrumentenbaus in Europa, gäbe es sie denn, müsste Erstaunliches konstatieren: Von geringfügigen Ausnahmen abgesehen, befinden sich die Instrumente unserer Sinfonieorchester in demselben bautechnischen Zustand wie zum Ende des 19. Jahrhunderts. Auch Ensembles für zeitgenössische Musik verwenden vorwiegend Instrumente, die seit über 100 Jahren nicht mehr weiterentwickelt wurden. Während der Streichinstrumentenbau seine Blütezeit im 17. und 18. Jahrhundert hatte, wurden die meisten unserer heute gebräuchlichen Blasinstrumente im 19. Jahrhundert entscheidend umgebaut und in ihren Möglichkeiten erweitert: Die Einführung von Ventilen gab Trompete und Horn die heutige Gestalt, und Theobald Boehms ausgeklügeltes Klappensystem revolutionierte seit 1832 die Holzblasinstrumente, vor allem Querflöte, Klarinette und Saxophon.

Aber wenn das 19. Jahrhundert eine Zeit bautechnischer Neuerungen war, so ist das 20. Jahrhundert zweifellos eines spieltechnischer Innovationen. Vom sogenannten Bartók-Pizzicato über das präparierte Klavier John Cages bis zum mehrstimmigen Spiel auf Blasinstrumenten reichen die Versuche, den gewohnten Instrumenten neue Klänge zu entlocken. Dass diese Klänge, einer sich wandelnden Ästhetik entsprechend, auch geräuschhafter Natur sein durften, erweiterte das Spektrum verfügbarerer musikalischer Rohstoffe – wenn schon nicht des Materials im emphatischen Sinne – erheblich. Und so waren jene Klappengeräusche, die Edgard Varèse 1936 in seinem Flötenstück *Density 21.5* vorschrieb, mehr als bloße farbliche Nuancen; sie bezeichnen einen historischen Auftakt in der Flötenliteratur, in der seitdem neue Spieltechniken vielleicht stärker als bei allen anderen Instrumenten sich durchgesetzt und zur Erweiterung des Klangrepertoires beigetragen haben. Eine besonders interessante Expansion kompositorischer Möglichkeiten ergibt sich durch das akkordische Spiel auf der Flöte, dessen Technik inzwischen in Lehrbüchern (Dick 1975; Artaud 1995) ausführlich dargelegt und pädagogisch aufbereitet ist.

Die Flöte ist also zu mehrstimmigem Spiel befähigt. Ob von Polyphonie im musikalischen Sinne, die doch zumindest eine gewisse Eigenständigkeit der Stimmen und somit die Fähigkeit zur Kontrapunktik voraussetzte, zu sprechen ist, soll im Folgenden anhand von Beispielen der neueren Flötenliteratur erörtert werden. Die terminologische Unsicherheit bei der Bestimmung des Phänomens wird übrigens schon beim Blick auf einschlägige Lexikonartikel deutlich: *Multiple sonorities*, *multisounds* und *multiphonics* sind die im englischen Sprachgebrauch üblichen Begriffe. Obgleich „multiphon" nichts anderes ist als ein unschönes – da aus zwei Sprachen zusammengesetztes – Synonym für „polyphon", hat sich der Begriff auch im Deutschen weitgehend durchgesetzt, vermutlich weil er wegen seiner neutralen Färbung noch am einfachsten zu gebrauchen ist.

In der modernen Flötenliteratur finden sich zwei Arten von Mehrklängen: jene, die durch gleichzeitiges Singen und Spielen[1] hervorgebracht werden, und solche, die ausschließlich auf einer speziellen Anblas- und Grifftechnik beruhen. An dieser Stelle sollen nur die letztgenannten behandelt werden.

Historisches

Mehrstimmiges Spiel auf der Flöte ist keine Erfindung neuester Zeit. Um 1820 publizierte ein französischer Flötist namens Jamme eine Abhandlung mit dem Titel *Méthode de flûte harmonique à double partie*, die leider nicht erhalten ist. Nur wenig später, im Jahr 1825, veröffentlichte der seinen Zeitgenossen als herausragender Flötist bekannte Georg Bayr (1773–1833) im Selbstverlag eine vierteilige *Schule für Doppeltöne auf der Flöte*.[2] Dass seine ungewöhnlichen Fähigkeiten durchaus registriert wurden, zeigt eine Notiz in der *Allgemeinen Musikalischen Zeitung*:

> Der berühmte Virtuose, Professor Bayr, hat nun seine Erfindung, Doppeltöne auf der Flöte hervorzubringen, soweit vervollkommnet, daß sich diese Procedur auf alle Skalen erstreckt und jeder mit der Behandlungsart vertraute Flötenspieler im Stande ist, auf einem gewöhnlichen Instrumente reine, wohlklingende, auch unter Begleitung noch sehr vernehmliche Terzen, Quarten, Quinten und Sexten gleichzeitig hören zu lassen.[3]

Andere Flötisten dieser Zeit, von denen mehrstimmiges Spiel bezeugt ist – unter ihnen Gustave Le Bienvenu Dubusc, dessen Kunst von César Franck mit bewundernden Worten beschrieben wurde[4], oder der Graf de Poligny, der unter dem Namen Vogel eine schillernde Virtuosenkarriere machte –, dürften sich der Methode des simultanen Singens und Spielens bedient haben. In jedem Falle aber scheint die musikalische Öffentlichkeit das mehrstimmige Flötenspiel eher als Kuriosum denn als ernstzunehmende Technik zur Kenntnis genommen zu haben, und so fand dieses neue Klangelement keine Berücksichtigung in den Kompositionen dieser Zeit.

Im 20. Jahrhundert allerdings führen die Bestrebungen, das Bläser-Repertoire zu erweitern und dadurch insbesondere die Sololiteratur interessanter zu machen, zur Wiederentdeckung der Mehrklänge und ihrer systematischen Erschließung für den musikalischen Gebrauch. Bruno Bartolozzis Buch *New Sounds for Woodwind* (1967) macht den Anfang einer Reihe von Publikationen, die sich diesem Thema ausführlich widmen. Bartolozzi gibt auch bereits für alle Holzblasinstrumente einige Multiphonics samt entsprechenden Griffen an. Inzwischen waren diese neuen Klänge aber auch in die zeitgenössische Musik eingegangen: Luciano Berio hatte eine Reihe von Solowerken für verschiedene Instrumente unter dem Titel *Sequenza* begonnen, deren Komposition sich nahezu über seine gesamte Schaffenszeit erstreckte. Es war vielleicht mehr als nur Zufall, dass das erste Werk dieser Serie, die das Klangmaterial der Instrumente neu auszuloten sucht, der Flöte gewidmet war. *Sequenza I* wurde 1958 von Severino Gazzelloni in Darmstadt uraufgeführt und enthielt als erstes Werk der Flötenliteratur Multiphonics:

Abb. 1: Ausschnitt aus Luciano Berios *Sequenza I* für Flöte (1958).

Bevor nun jedoch Bedingungen, Möglichkeiten und Grenzen dieser neuen Technik diskutiert werden, mag es sinnvoll sein, in ein paar kurzen Abschnitten Grundlegendes zur Funktionsweise der modernen Querflöte in Erinnerung zu rufen.

Bauweise und akustische Grundlagen

Die heute gebräuchliche Querflöte besitzt eine zylindrische Bohrung mit einem Durchmesser von ca. 19 mm, hat eine Gesamtlänge von ca. 67 cm und besteht aus drei Teilen: Kopfstück, Mittelstück und Fuß. Das Kopfstück der Querflöte ist nach oben durch einen luftdichten Kork abgeschlossen und verjüngt sich im Inneren konisch bzw. parabolisch, das Mundloch ist im Allgemeinen oval. Am gebräuchlichsten ist die Flöte mit c-Fuß (Tonumfang c^1 bis c^4), ein h-Fuß mit zusätzlicher Klappe erweitert den Ambitus um einen Halbton nach unten. Die Flöte hat 12 oder 13 große und 3 kleine Seitenlöcher, wodurch es möglich ist, den gesamten chromatischen Tonvorrat auszuschöpfen. Der seit der Zeit seines Erfinders nur noch geringfügig verbesserte Mechanismus von Theobald Boehm, ein kompliziertes System von teilweise mit Kupplungen verbundenen Klappen, ermöglicht es, alle Löcher mit den 9 verfügbaren Fingern – der rechte Daumen wird zum Halten des Instruments benötigt – zu bedienen. Instrumente, bei denen 5 dieser Klappen als Ringklappen ausgeführt sind, werden gerade von Interpreten neuer Musik bevorzugt gespielt, weil sie ein größeres Spektrum an Multiphonics, mikrotonalen Wendungen und Glissandi erlauben.

Theobald Boehm baute noch, wie zu seiner Zeit gebräuchlich, Flöten aus Holz, aber auch bereits als erster Instrumente aus Metall, wie sie heute weitgehend üblich sind. In Verwendung sind zahlreiche verschiedene Metalle und Legierungen (Silber, Gold, Weißgold, Neusilber, Platin, Palladium u.a.).[5]

Die akustischen Eigenschaften der Querflöte gehorchen im Prinzip denen einer offenen zylindrischen Pfeife: Schallquelle ist die vom Rohr umschlossene Luft, die, angeregt durch am Mundstück entstehende Turbulenzen, longitudinale Schwingungen ausführt. An den offenen Enden (Mundloch und End- bzw. Seitenloch) der zylindrischen Röhre erfolgt ein Druckausgleich mit der Außenluft, daher befinden sich an diesen Stellen Druckknoten. Die Welle wird hier reflektiert, und es entsteht eine stehende Welle, deren Länge die Tonhöhe bestimmt. Die maximale Wellenlänge der Luftsäule – also jene des tiefstmöglichen Tons – entspricht folglich der doppelten Rohrlänge. Kürzere Wellen, und somit höhere Töne, werden erzeugt, wenn die Länge der eingeschlossenen Luftsäule durch offene Seitenlöcher abgeschnitten wird.

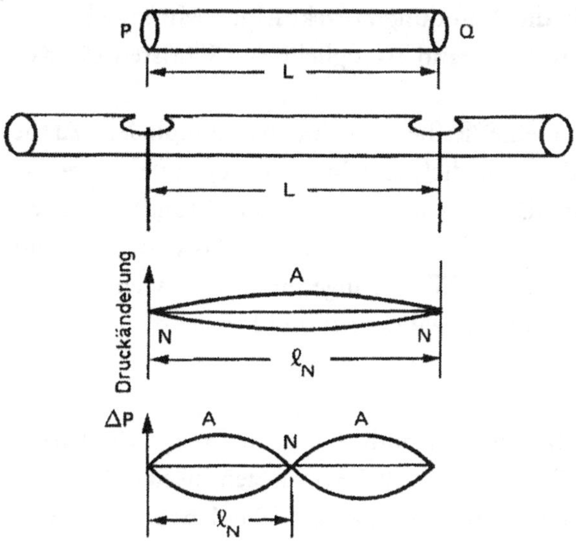

Abb. 2: Stehende Wellen in einer beidseitig offenen Röhre (nach Roederer 1977: 128f.).

Dies ist indes ein idealisiertes Schema – die Realität sieht u.a. aus folgenden Gründen ein wenig komplizierter aus:

1. entstehen die Druckknoten der Luftsäule nicht unmittelbar an den Enden des Rohres, sondern etwas außerhalb davon. Der Wert dieser sogenannten Mündungskorrektur hängt vom Radius r des Rohres ab. Levine/Schwinger (1948) geben ihn mit 0,61·r an, das entspräche – bei einem Rohrdurchmesser der Querflöte von 19 mm – einer Verlängerung der Welle auf beiden Seiten um je 5,8 mm;
2. ist die Mündungskorrektur an den Seitenlöchern wegen deren Lage parallel zur Rohrachse größer als an den Endlöchern. Dieser Effekt einer Vergrößerung der Mündungskorrektur ist umso stärker, je kleiner das Loch ist;
3. befindet sich das Mundloch nicht unmittelbar am Anfang des Flötenrohrs, sondern ca. 17 mm unterhalb eines luftdichten Korkens, der das Kopfstück verschließt. Dieser Teil des Rohres bewirkt ebenfalls ein Absinken der Tonhöhe;
4. wird das Luftvolumen innerhalb der Flöte durch die Bohrungen der Löcher, die sogenannten Tonlöcherkamine vergrößert;

5. verändert sich die Mündungskorrektur am Mundloch je nach Lippenstellung – dieser Umstand ermöglicht den Flötisten die Korrektur ihrer Intonation.

Letztlich führt also eine Reihe von äußerst kompliziert zu berechnenden Faktoren dazu, dass die tatsächlich schwingende Luftsäule in der Querflöte stets um einiges länger ist als der Abstand zwischen Mundloch und dem ersten geöffneten Seitenloch bzw. dem Endloch. Das lässt sich an einer Beispielrechnung demonstrieren: Die Wellenlänge eines Tones entspricht bekanntlich dem Quotienten aus Schallgeschwindigkeit und Frequenz:

$$\lambda = \frac{c}{f}$$

Setzen wir eine Schallgeschwindigkeit von 334 m/s (bei 21 °C Lufttemperatur) und eine Frequenz von 262 Hz für den tiefsten Ton der Flöte, das c^1 (bei a^1 = 440 Hz), voraus, ergibt sich eine Wellenlänge von λ = 1,275 m. Die Länge der schwingenden Luftsäule inklusive Mündungskorrektur muss somit $\lambda/2 \approx 64$ cm betragen. Der Abstand vom Mittelpunkt des Mundloches zum Endloch einer Flöte mit c-Fuß, beträgt hingegen nur ca. 59,8 cm, die Mündungskorrektur beläuft sich hier also auf etwa 4,2 cm.[6]

Spieltechnik

Flötisten unterscheiden zwischen Grundgriffen (engl.: standard fingerings) und abgeleiteten Griffen (engl.: cross fingerings). Die ersteren sind dadurch gekennzeichnet, dass bis zu einem Punkt vom Mundloch aus alle Klappen geschlossen sind und von diesem Punkt an alle weiteren Löcher geöffnet. Abgeleitete Griffe sind alle anderen, also jene, bei denen offene und geschlossene Löcher einzeln oder in Gruppen abwechseln. Durch Abkürzen der Luftsäule, also durch das Öffnen der Seitenlöcher mit den Grundgriffen, werden die Töne des tiefen Registers geblasen. Bei 15 vorhandenen Seitenlöchern sind somit 16 Töne möglich: die chromatische Skala von c^1 bis dis^2 (wobei aus klanglichen Gründen die beiden höchsten Töne, d^2 und dis^2, meist mit abgeleiteten Griffen gespielt werden). Alle weiteren Töne entstehen durch Überblasen.

Bei abgeleiteten Griffen im nichtüberblasenen Register endet die Luftsäule am ersten offenen Loch. Hinter dieser Öffnung liegende geschlossene Löcher erhöhen allerdings die Mündungskorrektur und machen den Ton daher ein wenig tiefer. Solche Griffe werden vorwiegend aus fingertechnischen Gründen, z.B. für Triller, verwendet.

Durch Überblasen der Grundgriffe in den zweiten Teilton werden die Töne des mittleren Registers von (d^2) e^2 bis cis^3 erzeugt. Überblasen erfordert eine Veränderung der Lippenstellung und des Anblaswinkels, insbesondere aber einen höheren Anblasdruck als bei den Tönen des tiefen Registers. Dieser Ansatz regt die Luftsäule zu mehrteiligen Schwingungen an. Überblasen ist etwa bis zum 8. oder 9. Teilton (7. oder 8. Überblasregister) möglich, auf diese Weise können vereinzelt auch noch Töne der viergestrichenen Oktave hervorgebracht werden.

Die große Zahl der abgeleiteten überblasenen Griffe erzeugt Luftsäulen, die über ein oder mehrere geöffnete Seitenlöcher hinwegreichen. Bei diesen Griffen bewirken die ersten offenen Löcher also nicht, dass die wirksame Rohrlänge abgeschnitten wird, sondern lediglich die Entstehung von Druckknoten in ihrer unmittelbaren Nähe:

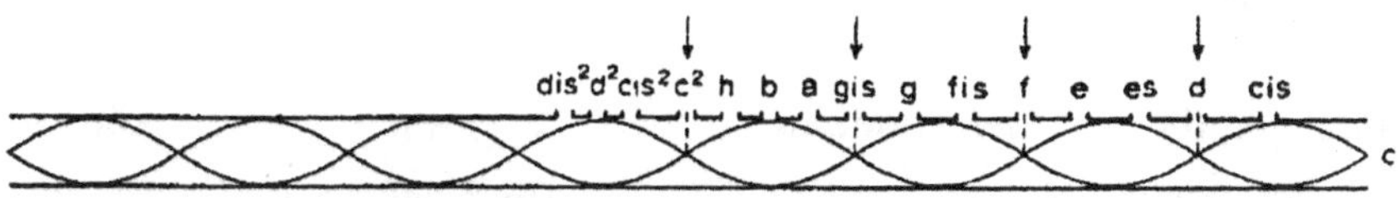

Abb. 3: Wirkungsweise eines abgeleiteten überblasenen Griffes: Die 4 offenen Seitenlöcher (↓) unterstützen die Bildung von Druckknoten und somit einer Welle, die dem Ton c^4 entspricht (aus Richter 1967: 35; die Mündungskorrektur ist in dieser Zeichnung nicht berücksichtigt).

Die Töne des hohen Registers (ab d^3) werden größtenteils durch solche Griffe erzeugt, die allerdings vielfach eine Alternative auch für tiefere Töne darstellen. Spieltechnische Gründe (möglichst geringe Veränderung gegenüber dem vorhergehenden oder nachfolgenden Griff) sowie die Möglichkeit dynamischer oder klangfarblicher Variationen können dazu führen, dass abgeleitete Griffe auch da benutzt werden, wo sie nicht unbedingt notwendig wären.

Zur Kennzeichnung der Griffe auf der Querflöte existieren verschiedene graphische, graphonumerische und numerische Notationsarten. Mit ein wenig Übung ist es aber nicht schwer, die beiden hauptsächlich konkurrierenden Notationen ineinander zu übersetzen. Von den zwei maßgeblichen Lehrbüchern für moderne Spieltechniken verwendet Dick (1975) die graphische Notation, Artaud (1995a, 1995b) hingegen die numerische:

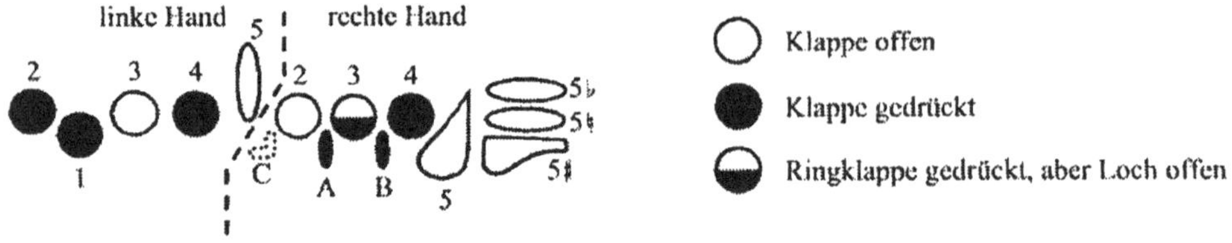

Abb. 4: In der graphischen Notation (Dick) sind stets alle Klappen repräsentiert. In der numerischen (Artaud) werden nur die Nummern bzw. Buchstaben jener Klappen angegeben, die gedrückt sind; halboffene (Ring-)Klappen sind mit durchgestrichenen Nummern gekennzeichnet. Die numerische Notation beginnt mit der linken Hand und markiert den Beginn der rechten Hand durch Zeilenumbruch oder Schrägstrich. In diesem Beispiel würde sie lauten: 124/A~~3~~B4.

Spielbare Multiphonics

Die Mehrklänge, die auf der modernen Querflöte gespielt werden können, reichen vom Zweiklang bis zum 4-stimmigen Akkord, sogar 5- und 6-stimmige Akkorde sind in Ausnahmefällen möglich. Dick (1975) und Artaud (1995a) listen für Hunderte von Multiphonics die entsprechenden Griffe auf und geben zusätzlich Informationen zur Spieltechnik (Anblaswinkel, Anblasdruck usf.) sowie zum jeweils möglichen dynamischen Umfang. Dick teilt die Multiphonics außerdem in 4 Klassen, unterschieden nach der Leichtigkeit ihres Ansprechens und der Stabilität des Klanges.

Generell gilt, dass Mehrklänge relativ instabil sind und schwerer ansprechen als Einzeltöne. Zudem ist ihre Intonation kaum beeinflussbar – jeder Klang muss so gespielt werden, wie er auf dem jeweiligen Instrument möglich ist. Allerdings gibt es für viele Multiphonics auch alternative Griffe, mit denen unterschiedliche Intonationen ermöglich werden.

Zu unterscheiden sind Multiphonics, deren Einzeltöne Bestandteile einer gemeinsamen Teiltonreihe sind, und Multiphonics mit zwei oder mehr Tönen, welche in einem nichtharmonischem Schwingungsverhältnis zueinander stehen. Die Multiphonics der erstgenannten Kategorie entstehen durch einen kontrollierten Überblaseffekt und werden mit dem konventionellen Griff des jeweiligen Grundtones erzeugt. Als Grundtöne eignen sich alle Töne des tiefen Registers. Diese Klänge sprechen umso leichter an und sind umso stabiler, je geringer die Ordnungszahlen der erklingenden Teiltöne – und mithin der Überblasregister – sind.

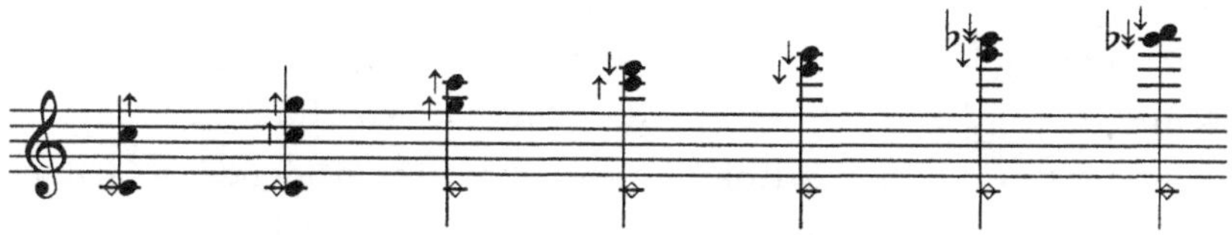

Abb. 5: Multiphonics des gemeinsamen Grundtons c[1] mit ansteigendem Schwierigkeitsgrad (nach Dick 1975: 84; die Pfeile zeigen leichte Abweichungen von der notierten Tonhöhe an).

Die zweite, weitaus umfassendere Gruppe von Multiphonics mit Tönen, die scheinbar nahezu beliebig aus der chromatischen Skala herausgegriffen werden können, ist akustisch nicht durch einen Überblaseffekt zu erklären. Spielbare Zusammenklänge wie:

Abb. 6: Multiphonics mit Tönen in nichtharmonischem Verhältnis. Die ersten 4 Akkorde stammen aus Dick (1975: 110), die zweiten 4 sind in Kent Olofssons *Treccia* (siehe unten) enthalten.

ließen sich nur auf einen gemeinsamen Grundton zurückführen, der unterhalb des von der Flöte erzeugbaren Tonumfanges läge. Die Teiltonreihe taugt daher nicht als Erklärung des Phänomens. Wie aber ist es sonst möglich, dass die Luftsäule in der Flöte zwei Töne generiert?

Backus (1978) hat Multiphonics auf Holzblasinstrumenten anhand von Aufnahmen untersucht, die mit Mikrophonen im Inneren des Instruments gemacht wurden. Er kommt zu dem Befund

> that multiphonic tones consist of two independently generated main components, one associated with the lowest resonance of the instrument, and the other with the third and fourth resonance. Furthermore, the higher-frequency component is amplitude modulated somewhat by the low-frequency component because of the nonlinearity of the air flow through the reed aperture. This results in two more components whose frequencies

> are given by the difference and sum, respectively, of the two main component frequencies. (Backus 1978: 591)

Die Feststellung, dass der höhere Ton mit der Frequenz des tieferen amplitudenmoduliert werde, gilt für Rohrblattinstrumente und ist auf die Flöte nicht ohne weiteres übertragbar, da der Effekt auf der periodischen Unterbrechung des zugeführten Luftstromes durch das Rohrblatt beruht. Entscheidend ist hier die Beobachtung, dass die zwei stärksten Töne eines Akkordes mit Resonanzen des Instruments zusammentreffen und allenfalls weitere hörbare Töne als Differenz- bzw. Summationsfrequenzen dieser beiden Töne erklärbar sind.

Die Resonanzkurve der Flöte wird natürlich durch die offenen Löcher, also die Länge der Luftsäule bestimmt: Jeder Griff, ob Grundgriff oder abgeleiteter Griff, vermag nur Töne zu produzieren, deren Frequenzen nahe den Resonanzfrequenzen liegen. Ein enger Zusammenhang besteht dabei zwischen Resonanz und Impedanz, und es zeigt sich, dass die Impedanz gerade für die Erklärung der Multiphonics von größter Bedeutung ist.

Impedanz

Als akustische Impedanz (Z) eines Instruments oder eines seiner Bauteile bezeichnet man den Quotienten aus Schall(wechsel)druck (p, Einheit: Pa) und Schallfluss (q, Einheit: m^3/s):

$$Z = \frac{p}{q}$$

Die Impedanz wird sinnvollerweise am Mundstück eines Blasinstruments gemessen und in logarithmischem Maßstab als Funktion der Frequenz angegeben, da sie über die Frequenz sehr stark variiert. Sie ist eine materialspezifische Größe, also unabhängig davon, wer das Instrument spielt. Aus diesem Grund besitzt die Impedanz eine gewisse objektive Aussagekraft über das Instrument und eignet sich dazu, selbst relativ subtile Unterschiede zwischen verschiedenen Instrumenten festzustellen.

Impedanzmessungen für Rohrblattinstrumente existieren seit längerer Zeit (siehe z.B. Backus 1978), für die Querflöte sind sie jedoch ungleich schwieriger durchzuführen. Die Probleme sind praktischer (Verbindung des Impedanz-Spektrometers mit dem Mundloch), insbesondere aber messtechnischer Art. Denn selbst wenn beim Spiel der Flöte das Mundloch teilweise von der

Unterlippe des Interpreten verdeckt wird, ist es doch offen zur Umgebung. Folglich ist der Druck am Mundloch sehr nahe dem herrschenden atmosphärischen Druck, der Schalldruck (p), als variierende Größe, nahe Null. Der Schallfluss wird durch den Luftstrahl versorgt, den der Spieler auf die Kante des Mundloches richtet. Schwingungen des Luftstromes innerhalb der Flöte können bewirken, dass dieser Luftstrahl nach außen oder nach innen gelenkt wird, so dass der Schallfluss (q) relativ groß ist. Die Tonerzeugung auf der Flöte beruht daher auf den *Minima* der akustischen Impedanz. Berücksichtigt man, dass die Extremwerte der Impedanz bei Holzblasinstrumenten um etwa 60 bis 70 dB – also um den Faktor 1000 und mehr – auseinanderliegen, wird verständlich, weshalb die exakte Messung der Impedanzminima um vieles schwieriger ist als jene der Maxima, auf die es bei den Rohrblattinstrumenten ankommt.[7]

An der School of Physics der University of New South Wales in Sydney ist es in den letzten Jahren gelungen, diese Probleme in den Griff zu bekommen und zuverlässige Impedanzmessungen an Flöten vorzunehmen.[8] Abbildung 8 zeigt die Impedanzkurven für eine einfache zylindrische Röhre von der Länge einer Querflöte und für den tiefsten Ton der Flöte im Vergleich:

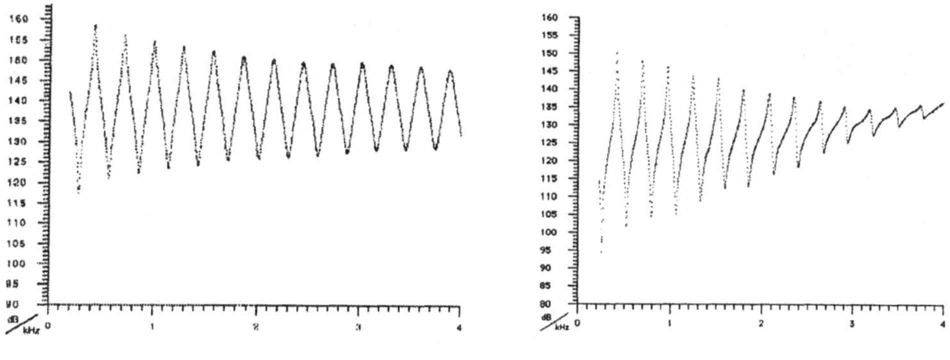

Abb. 7: Impedanzkurven Z(*f*) einer beidseitig offenen zylindrischen Röhre aus Edelstahl der Länge 596,7 mm (links) und einer modernen Querflöte (Pearl PF-661) mit c-Fuß für den Ton c[1], also allen Klappen geschlossen (rechts).[9] Die Impedanz ist in dB, bezogen auf 1 akustisches Ω angegeben: $Z\,(\mathrm{dB}) = 20 \lg \frac{Z}{Z_0}$, mit $Z_0 = 1\ \Omega = 1\ \mathrm{Pa \cdot s \cdot m^{-3}}$.

Die wichtigsten Charakteristika der Flötenimpedanz sind deutlich zu erkennen:

1. Maxima und Minima bewegen sich mit ansteigender Frequenz schneller aufeinander zu als bei der einfachen zylindrischen Röhre;
2. Die Werte der Minima steigen über den gesamten Frequenzbereich an;
3. Die Maxima liegen nicht, wie dies bei der zylindrischen Röhre der Fall ist, jeweils genau in der Mitte zwischen zwei Minima.

Vom simplen Modell einer Röhre unterscheidet sich die Flöte vor allem durch das Kopfstück: den zusätzlichen Raum zwischen Mundloch und Kork, die Beschaffenheit des Mundstücks und insbesondere des Mundlochs. In der Tat ist es dieser Teil der Flöte, der den größten Anteil am spezifischen Klang des Instruments, bzw. die stärksten Unterschiede zwischen Querflöten verschiedener Hersteller ausmacht.

Die Impedanzminima der Querflöte korrespondieren also mit der stehenden Welle im Instrument, seiner Resonanz. Da die Impedanzminima recht genau in harmonischem Verhältnis zueinander stehen, können Obertöne mitklingen bzw. unter Beibehaltung des Griffs durch Überblasen direkt ansprechen. Je schwächer ein Minimum ausgeprägt ist, desto schwerer ist der entsprechende Ton zu spielen. Amplitudenspektren von Flötentönen zeigen Spitzen entsprechend den Impedanzminima. Dort, wo diese ihr harmonisches Verhältnis verlieren (ab ca. 2 bis 3 kHz) weist der Flötenklang kaum mehr Teiltöne auf.

Impedanzkurven geben daher auch Aufschluss über die Klangeigenschaften spielbarer Töne. Da für fast alle Töne der Flöte mehrere Griffe existieren, deren Impedanzkurven sich natürlich unterscheiden, ist ein Vergleich zwischen diesen Alternativen besonders interessant (Abb. 8).

Die zwei hier abgebildeten Griffe des a^1 (von zumindest drei möglichen) unterscheiden sich im Klang deutlich; der abgeleitete wird nur in Ausnahmefällen zur Anwendung kommen. Er hat, da die Impedanzminima rasch unharmonisch werden und höhere Teiltöne sehr schwach sind, einen dunklen Klang, außerdem einen recht starken Geräuschanteil.

Beispiele dieser Art veranschaulichen den Zusammenhang zwischen der Impedanz und den Klangeigenschaften des Instruments. Über die Bedingungen für die Entstehung von Multiphonics geben Impedanzkurven in besonderem Maße Aufschluss.

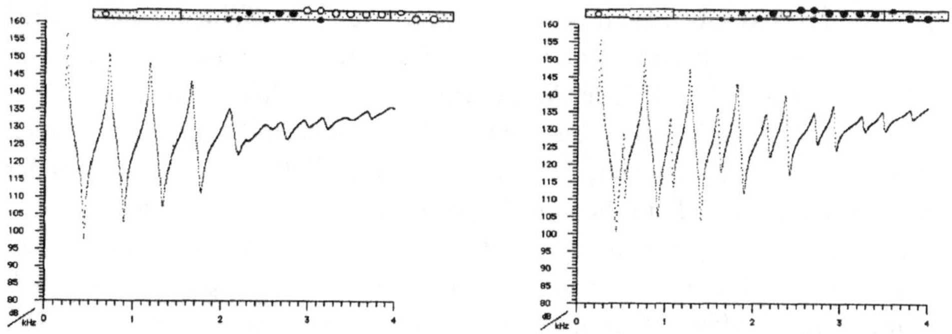

Abb. 8: Impedanzkurven Z(*f*) einer modernen Querflöte (Pearl PF-661) mit c-Fuß für den Ton a[1] mit Grundgriff (links) und einem abgeleiteten Griff (rechts). Beim Grundgriff sind die ersten vier Klappen geschlossen, alle weiteren offen. Die Länge der stehenden Welle λ/2 beträgt ca. 380 mm, das entspricht dem Abstand vom Mundloch zum ersten offenen Loch (ca. 324 mm) plus Mündungskorrektur. Beim abgeleiteten Griff entsteht ein Druckknoten in der Nähe des ersten offenen Loch, die Luftsäule wird jedoch nicht abgeschnitten. Bei diesem Griff betragen die Abstände Mundloch – erstes offenes Loch – Endloch in etwa: 300 mm – 293 mm. Der Druckknoten muss also ein wenig vom offenen Loch entfernt sein, was die Stabilität des Tones beeinträchtigt.[10]

Akustische Bedingungen für das Entstehen von (nichtharmonischen) Multiphonics

Abbildung 6 zeigte einige multiphone Klänge, deren Einzeltöne nicht auf einen gemeinsamen Grundton zurückzuführen sind. Theoretisch gibt es Hunderte solcher Klänge; in der Praxis sind viele davon freilich so instabil, dass sie kompositorisch kaum verwertbar sind. Wie an dem abgeleiteten Griff für a[1] (Abb. 8 rechts) bereits zu sehen war, können solche Griffe (cross fingering) Impedanzkurven erzeugen, die gleichsam zwei ineinandergeschobene Serien von Minima aufweisen. Diese Konstellation ist die Voraussetzung für die Entstehung von Multiphonics. Wenn eine Impedanzkurve zwei Minima mit Frequenzen f_1 und f_2 aufweist, die in einem deutlich nichtharmonischem Verhältnis zueinander stehen, können beide Resonanzen gleichzeitig angeregt werden: Wie oben beschrieben, muss ein offenes Loch nicht dazu führen, dass die Welle vollständig reflektiert und die Luftsäule abgeschnitten wird. Die konventionellen abgeleiteten Griffe beruhen nun im Allgemeinen darauf, dass sie das Entstehen von Druckknoten dort begünstigen, wo Teiltöne des gewünschten Grundtones liegen, so dass das Überblasen erleichtert wird (Abb. 3). Wählt man den Griff jedoch so, dass die offenen Löcher die Luftsäule an anderer Stelle beeinflussen, geschieht folgendes: Ein Teil der Welle wird am ersten offenen Loch reflektiert, ein anderer Teil läuft weiter bis zum nächsten offenen Loch. Diese beiden Reflexionen lösen zwei unterschiedliche stehende Wellen aus, die, einander superponierend, zwei Töne hervorbringen können. Da diese Wellen auf den anregenden Luftstrom zurückwirken, dessen Interaktion mit der Luftsäule im Instrument nichtlinear ist, können bei entsprechender Amplitude zusätzlich Summen- oder Differenzfrequenzen erster (und möglicherweise auch zweiter) Ordnung auftreten, so dass sogar ein 4- bis 6-stimmiger Akkord hörbar wird.

Impedanzkurven für solche Griffe zeigen, welche Multiphonics möglich sind:

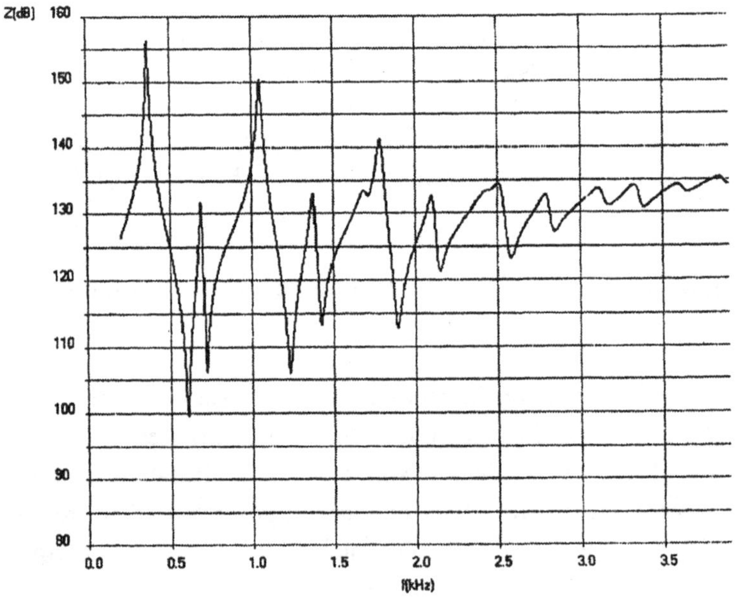

Abb. 9: Modellrechnung der Impedanzkurve Z(*f*) für den „multiphonen Griff" 1234/2AB. Die Kurve weist die ersten Minima bei den Tönen d² und f² auf, die bei geeigneter Anregung gleichzeitig (allerdings um jeweils ca. 50 Cent zu hoch) erklingen.[11]

Um Multiphonics zu spielen, muss der Flötist einen besonderen Ansatz wählen. Der auf die Kante des Mundlochs treffende Luftstrahl sollte möglichst breit sein, um nichtlineare Effekte zu verringern, außerdem ist eine sehr genaue Kontrolle des Anblasdrucks notwendig. Stärkere Nichtlinearitäten treten mit höherem Anblasdruck auf. Hierdurch wird das Entstehen von „mode locking", also die harmonische Bindung von Frequenz und Phase, begünstigt, was normalerweise erwünscht, dem Entstehen von Mehrklängen aber abträglich ist, da die Frequenzen ja unabhängig voneinander bleiben sollen (vgl. Fletcher 1978). Multiphonics sind daher meist nur mit relativ geringer Dynamik ausführbar.

Eine weitere Einschränkung ergibt sich aus der oben erläuterten „Teilung" der stehenden Welle, die für das Entstehen von Multiphonics Voraussetzung ist. Sie tritt fast nur bei hohen Frequenzen auf, während bei tiefen Frequenzen das erste offene Loch im Allgemeinen zur vollständigen Reflektion, d.h. zum Abschneiden der Luftsäule führt. Der Grund dafür liegt in der Trägheit des Luftpolsters, das sich im Tonlochkamin befindet. Damit eine Schallwelle durch das offene Loch austreten kann, muss sie die Masse dieses Luftpolsters beschleunigen, das Maß der hierzu benötigten Energie wächst mit dem Quadrat der Frequenz – kurze Wellen haben gewissermaßen weniger Zeit, dieses Luftpolster zu bewegen. Aus diesem Grund liegen die meisten spielbaren Multiphonics in den oberen Registern der Flöte, während in der eingestrichenen Oktave nur wenige Mehrklänge möglich sind.

Musikalische Beispiele

Durch Multiphonics und andere neue Spieltechniken bietet die Querflöte heutigen Komponisten einen Klangreichtum, der weit über das hinausgeht, was man vor einigen Jahrzehnten für möglich gehalten hätte. Es ist sicherlich diesen spieltechnischen Entwicklungen zuzuschreiben, dass das Solorepertoire für Querflöte in der jüngsten Vergangenheit so nachhaltig bereichert wurde. Auch wenn das Erlernen solcher Spieltechniken leider noch nicht zur Standardausbildung eines Flötisten gehört, gibt es doch eine Reihe von spezialisierten Musikern, die damit vertraut sind und die oft in enger Zusammenarbeit mit Komponisten neue Werke konzipieren und erarbeiten.

Der Einsatz von Multiphonics reicht dabei von sporadischem Einsatz als gleichsam klangfarbliche Variation bis hin zu längeren mehrstimmigen Passagen, für die der Begriff Polyphonie vielleicht nicht ganz unangebracht ist. Im Folgenden sollen zwei Beispiele aus der neueren Flötenliteratur präsentiert werden, in denen Multiphonics nicht bloße Farbtupfer sind, sondern grundlegender Baustein musikalischer Struktur.

1) Robert Dick: *Slow, „electric" Blues*

Robert Dick[12] hat nicht nur als erster eine systematische Darstellung der Multiphonics auf der Flöte vorgelegt, sondern auch zahlreiche Werke komponiert, in denen diese Technik zum Einsatz kommt. Aus dem 1987 veröffentlichten zweiten Band der Konzertetüden *Flying Lessons* soll die Nr. 6, *Slow, „electric" Blues*, hier kurz vorgestellt werden (der vollständige Notentext findet sich im Anhang, S. 259–264; eine von Robert Dick selbst eingespielte Aufnahme befindet als Track 12 auf der beiliegenden CD).

Das von der Musik Jimi Hendrix' beeinflusste Stück beginnt mit einer bluesartigen Introduktion und führt anschließend zwei Chorusse mit parallelen Stimmen durch. Dick operiert hier vorwiegend mit Oktav- und Dezimparallelen, die durch Überblasen entstehen. Darüber hinaus finden sich 2- bis 5-stimmige Akkorde, darunter auch einige Zusammenklänge, die nicht durch Überblasen erzeugt werden. Wie in der modernen Flötenliteratur üblich, notiert Dick für jeden Mehrklang den entsprechenden Griff.

Eine Analyse der CD-Einspielung dieser Komposition zeigt, dass die Intonation gleicher Akkorde immer dieselbe ist; Abweichungen sind praktisch nicht messbar. Der mehrfach wiederkehrende 3-stimmige Akkord, der gleichsam zum Skelett des Werkes gehört, erklingt wie in Abb. 10 dargestellt.

Das Spektrogramm zeigt, dass alle drei Töne, die in der Aufnahme klar zu vernehmen sind, tatsächlich im Signal vorhanden sind und nicht erst als aurale Kombinationstöne auftreten. Der Akkord ist in dieser Form nur mit einer Ringklappenflöte zu spielen, da eine Klappe niedergedrückt, aber nicht mit dem Finger abgedeckt wird. Auf diese Weise entsteht ein offenes Loch, das allerdings sehr klein ist. Wie zuvor erläutert, führt dies zu einer partiellen Reflektion der Schallwelle und einer an dieser Stelle besonders großen Mündungskorrektur. Der in diesem Werk mehrfach auftretende Akkordwechsel d^2/f^3 zu $des^2/g^2/e^3$ klingt trotz der aufgelisteten Frequenzabweichungen des letzteren musikalisch korrekt, weil auch der erste Akkord höher intoniert ist.[14] Eine Analyse der Amplitudenspektren zeigt generell, dass die Intonation bei Multiphonics zwar konstanter ist als bei Einzeltönen, dabei aber weniger genau dem Notat entspricht, was aufgrund der geschilderten akustischen Bedingungen nicht verwundert.

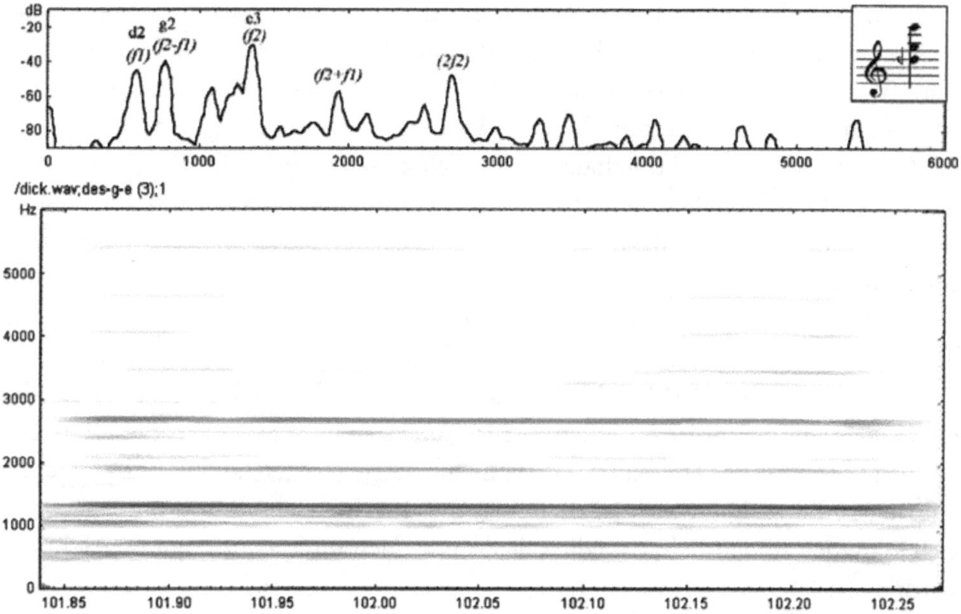

Abb. 10: Spektrogramm und gemitteltes Amplitudenspektrum des abgebildeten Akkordes (beim ersten Auftreten im letzten Takt des Stückes). Die Messungen ergeben, bezogen auf eine gleichschwebend temperierte Stimmung mit a^1 = 440 Hz, folgende Intonation: d^2 (-19 Cent), g^2 (-20 Cent), e^3 (+49 Cent). Der mittlere Ton, das g^2, ergibt sich als Differenzfrequenz aus den beiden anderen. Zu sehen ist im Aplitudenspektrum auch der Summationston. Das Spektrogramm zeigt einen relativ gleichmäßigen Klangverlauf und konstante Pegel der Einzeltöne, von denen der höchste immer deutlich am stärksten ist.[13]

Die Mehrstimmigkeit in diesem Stück beruht vor allem auf der Verwendung von Dezimklängen bzw. deren Kombination mit dem analysierten Akkord. Von Oktavparallelen abgesehen, kommt im ganzen Stück nur ein halbes Dutzend verschiedener Multiphonics vor, die allerdings so eingesetzt sind, dass in manchen Passagen (etwa den letzten 3 Takten) durchaus der Eindruck von Polyphonie entsteht.

2) Kent Olofsson: *Treccia*

Treccia ist eine Serie von instrumentalen Solowerken des schwedischen Komponisten Kent Olofsson[15], die in vielerlei Hinsicht als moderne Fortführung von Berios Werkreihe *Sequenza* aufgefasst werden kann. Wie in *Sequenza* geht es auch in *Treccia* stets um die Nutzung des erweiterten Klangrepertoires, die Auslotung aller technischen Möglichkeiten der Instrumente, ohne dass diese als pure Virtuosität zur Schau gestellt würden. Der direkte Vergleich mit Berio ermöglicht einen interessanten Überblick über die Entwicklungen der letzten 30 bis 40 Jahre. Es ist dabei durchaus erstaunlich zu sehen, wie sehr die Grenzen der Spieltechnik auf baulich unveränderten Instrumenten noch immer erweitert werden können und mithin das kompositorische Material in stetem Veränderungsprozess bleibt.

In *Treccia* für Flöte (Notentext im Anhang, S. 265–277; Aufnahme CD, Track 13) werden durch pointierte Rhythmik und geräuschhafte Effekte vor allem die perkussiven Möglichkeiten des Instruments erforscht. Aber auch alle anderen modernen Spieltechniken werden angewendet – es gibt in diesem Stück buchstäblich nicht ein einziges Mal auch nur zwei aufeinanderfolgende „normale" Töne. Das Stück ist dreiteilig, die einzelnen Abschnitte unterscheiden sich klanglich so deutlich, dass die Gliederung auch im Spektrogramm ersichtlich wird:

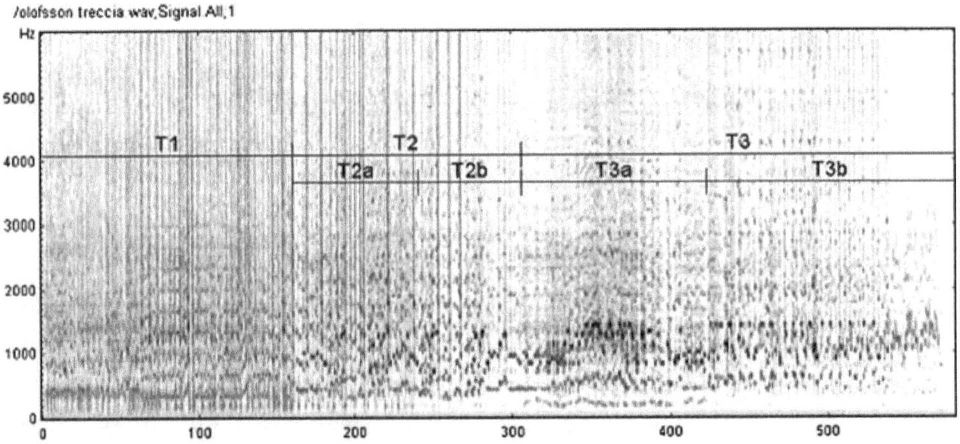

Abb. 11: *Treccia*. Spektrogramm über das gesamte Stück mit Gliederung.

Die 3 Abschnitte sind auch durch jeweils neue Tempovorschriften markiert. Eine weitere Unterteilung bietet sich an, so dass sich folgender Formplan ergibt:

<table>
<tr><th>Teil 1 (Takt 1-72)</th><th colspan="2">Teil 2 (Takt 73-127)</th><th colspan="2">Teil 3 (Takt 128-207)</th></tr>
<tr><td>vorwiegend geräuschhafte Tonerzeugung mit Zungenschlägen und Klappengeräusch</td><td colspan="2">Verwendung von Luftgeräusch, zunehmend mehr tonhafte Elemente, Multiphonics</td><td colspan="2">Gleichzeitiges Singen und Spielen, Multiphonics, multiphone Triller</td></tr>
<tr><td></td><td>Teil 2a
(T. 73–105)</td><td>Teil 2b
(T. 106–127)</td><td>Teil 3a
(T. 128–156)</td><td>Teil 3b
(T. 157–207)</td></tr>
<tr><td></td><td>häufige Verwendung von Zungenschlägen</td><td>keine Zungenschläge mehr, durchgehende Melodie (teils 2stimmig)</td><td>Singen und Spielen, 3stimmig</td><td>kein Singen mehr, 2stimmig, tonhaft</td></tr>
</table>

Diese Gliederung beruht ausschließlich auf der klanglichen Entwicklung des Stückes. Die melodische Struktur ist dabei noch nicht berücksichtigt – sie ist vor allem in den Teilen 2 und 3 zusätzlich formbildend. Die Fortschreitung von fast ausschließlich geräuschhaften Klängen zu mehr und mehr tonhaften und mehrstimmigen Klängen, die im Spektrogramm sehr anschaulich wird, gipfelt zu Beginn von Teil 3 in dem Einsatz von Dreistimmigkeit durch simultanes Singen und das Spielen von Multiphonics.

Olofsson verwendet in *Treccia* insgesamt 20 verschiedene, sämtlich 2-stimmige Multiphonics, die zu Beginn der Partitur aufgelistet und mit Griffen versehen sind. Es handelt sich um Intervalle zwischen Sext und Duodezime, die beiden Stimmen sind also immer deutlich getrennt, was den Eindruck von Polyphonie fördert. Auch hier gilt, was zuvor anhand der Aufnahme des Stückes von Robert Dick festgestellt wurde: Die Multiphonics sind sehr konstant intoniert; diese Intonation entspricht aber nicht immer exakt der Notation, bei der Olofsson auf die Vorzeichnung von Mikrointervallen verzichtet hat. Die Tabelle auf der folgenden Seite fasst die Messwerte für einige der Zweiklänge zusammen, wie sie sich aus der computergestützten Klanganalyse der Aufnahme ergeben.

Die für die Abweichungen angegebenen Werte beziehen sich auf gleichschwebend temperierte Stimmung mit $a^1 = 440$ Hz. Nimmt man $a^1 = 442$ Hz an, sind die Zahlen um 8 Cent nach unten zu korrigieren. Der für die

Amplitudenunterschiede zwischen beiden Tönen angeführte Wert gibt lediglich ein ungefähres Verhältnis wieder, er schwankt relativ stark. Jedoch ist der höhere Ton fast immer signifikant lauter ist als der tiefere – eine Relation also, die auch in der Aufnahme von Robert Dick feststellbar war.

notierter Klang	Frequenz in Hz	Abweichung in Cent	ΔA in dB (mit f_1 = 0 dB)
	947,5	ais^2 +28	+17
	430,7	gis^1 +63	
	1012,1	h^2 +42	+4
	430,7	gis^1 +63	
	1119,7	cis^3 +17	-5 bis +10
	516,8	h^1 +78	
	1248,9	dis^3 +6	+28
	559,9	cis^2 +17	
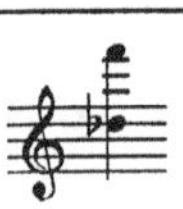	1421,2	f^3 +30	+12
	581,4	des^2 +82	
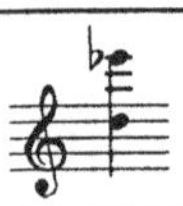	1270,5	es^3 +36	+15
	581,4	d^2 -18	

Ein recht interessantes Ergebnis der Klanganalyse ist, dass die als d^2 und des^2 notierten Töne in den beiden letzten hier angeführten Akkorden gleich hoch erklingen, also offenbar auf derselben Resonanz beruhen, obwohl die Griffe für beide Multiphonics ganz unterschiedlich sind. Mit dieser Feststellung ist selbstverständlich keine Kritik am Interpreten verbunden, dem hinsichtlich der Intonation keine Freiheiten gegeben sind.

Multiphon – polyphon – heterophon?

Es ist an dieser Stelle nicht der Platz, um Theorien der Polyphonie zu diskutieren. Zieht man sich auf grundlegende Kriterien zurück, wie sie in den meisten terminologischen Bestimmungen auftauchen, lässt sich festhalten, dass für

Polyphonie – als Abgrenzung zur Homophonie – stets ein Minimum an melodischer und rhythmischer Eigenständigkeit der Stimmen vorausgesetzt wird. Zweifellos verstärkt auch deren klangfarbliche Differenzierung den Eindruck von Autonomie. Lassen sich die Multiphonics der Flöte bei entsprechender Kompositionsweise zu einem polyphonen Ganzen zusammenfügen?

Artaud (1995b) präsentiert einige 3-stimmige Etüden, die allerdings keinen Anspruch auf musikalische Originalität erheben. Sie beruhen im Großen und Ganzen auf Akkorden von zwei oder drei Tonarten in verschiedener Lage. Andere Beispiele von Gérard Geay oder Brian Ferneyhough (siehe etwa Artaud 1995a: 126ff.) belegen ebenso die differenzierte Verwendung von Multiphonics wie sie in den beiden hier vorgestellten Werken zu beobachten war. Die Kombination von Multiphonics mit Trillern, Glissandi oder Mikrointervallik und natürlich das gleichzeitige Singen erweitern zusätzlich die Möglichkeiten, die sich Komponisten heute bieten. Die Werke Robert Dicks enthalten wohl die avanciertesten Versuche, die Palette der Multiphonics musikalisch zu nutzen – man vergleiche dazu neben den *Flying Lessons* auch Stücke wie *Afterlight*, *Flames must not Encircle Sides* oder Dicks Paganini-Bearbeitungen. Hier finden sich multiphone Passagen, die meist parallele Intervallführungen und einzelne mehrstimmige Akkorde kombinieren, so dass hier vielleicht am ehesten von Heterophonie im Sinne Carl Stumpfs gesprochen werden kann.

Die Grenzen multiphoner Spielweise sind durch die akustischen Eigenschaften der Flöte gegeben. Sie betreffen insbesondere den mangelnden Einfluss des Interpreten auf Intonation und dynamische Verhältnisse. Auch eine klangfarbliche Abstufung der einzelnen Stimmen ist natürlich kaum möglich. Da die Impedanzkurven von verschiedenen Instrumenten unterschiedlich ausfallen, müssen Komponisten auch mit enormen Intonationsabweichungen bei Multiphonics je nach verwendetem Instrument rechnen.[16] In der Praxis wird es daher sinnvoll sein, neue Stücke mit dem Interpreten der Uraufführung gemeinsam zu erarbeiten, um zumindest diese erste Interpretation kalkulieren zu können. In der Tat ist diese Vorgehensweise heute unter den meisten Komponisten gebräuchlich.

Auf der anderen Seite kann der Eindruck einer autonomen Bewegung von zwei oder mehr Stimmen verstärkt werden, indem man beide Stimmen kleinschrittig bewegt, aber durch große Intervalle trennt (wie beispielsweise in *Treccia*, T. 119ff. oder T. 128ff.). Zudem sind die Möglichkeiten der Multiphonics heute sicherlich noch nicht vollständig ausgereizt. Denkbar ist ja immerhin, dass in absehbarer Zukunft multiphones Spiel auf der Querflöte selbstverständlicher

Bestandteil des Instrumentalstudiums wird. Denkbar ist auch, dass Interpreten die Griffe für eine große Anzahl von Multiphonics ebenso selbstverständlich beherrschen werden wie die konventionellen Griffe. Denkbar ist, dass sie darüber hinaus sogar Griffalternativen für Multiphonics kennen, die zu jeweils anderen Intonationen führen.[17] Eine solche Weiterentwicklung der Spieltechnik würde auch entsprechend anspruchsvolle Kompositionen anregen. Ob diese Werke der Zukunft als multiphon, polyphon oder heterophon bezeichnet werden, ist letztlich unwichtig. Entscheidend ist die musikalische Bereicherung des Repertoires, wie sie in den letzten Jahren bereits zu beobachten war – und deren Ende nicht abzusehen ist.

Anmerkungen

* Der Verfasser dankt Eva Furrer vom Klangforum Wien sehr herzlich für ausführliche Auskünfte und Demonstrationen zum Thema Multiphonics.

1 Diese Technik existiert seit langem auf diversen Blasinstrumenten. Sie ist in der Volksmusik ebenso zu finden wie im Jazz – man denke etwa an den Posaunisten Albert Mangelsdorff, der diese Kunst perfektioniert hat. Ein bekanntes frühes Beispiel aus der Kunstmusik ist die Kadenz zu Carl Maria von Webers *Concertino* für Horn und Orchester, op. 45, aus dem Jahr 1806 (revidiert 1815; ob schon die originale Fassung Mehrklänge enthalten hat, ist nicht gewiss, sie ist verloren).

2 Näheres zu Bayr entnehme man: Hoppe (1992: 124–129).

3 *Allgemeine Musikalische Zeitung*, Leipzig, September 1825, Nr. 37, Sp. 618; hier zitiert nach Meylan (2000: 100).

4 „Nachdem ich diesen ‚Flötisten aus der Normandie' gehört und mehrmals mit ihm musiziert habe, […] möchte ich behaupten, daß er eine einmalige Begabung für dieses Instrument hat, […] wenn er zwei oder drei Töne gleichzeitig erklingen läßt […]." Zitiert nach Meylan (2000: 101).

5 Zum (vermeintlichen) Einfluss des Materials auf den Flötenklang siehe Linortner (2001).

6 Theobald Böhm fand in der Praxis einen Wert von insgesamt 51,5 mm, um den die Luftsäule über den Korkabschluss hinaus als verlängert zu denken sei. Seine Berechnungen basierten auf einer Stimmung mit a^1 = 435 Hz. Wegen des gegenüber dem 19. Jahrhundert angestiegenen Kammertons weichen die Werte für heutige Flöten von jenen Boehms allerdings geringfügig ab. Anschaulich wird das Phänomen der Mündungskorrektur auch, wenn man die Abstände zwischen Mundloch und c^2-Loch sowie zwischen c^2-Loch und Endloch an einer Flöte mit c-Fuß vergleicht. In der

idealisierten offenen Röhre müssten beide Längen gleich sein, denn das c^2-Loch teilt die Luftsäule in der Mitte. Tatsächlich weichen die Werte deutlich voneinander ab.

7 Bei Rohrblattinstrumenten ist die Luftröhre am oberen Ende durch den Mund des Spielers verschlossen, der Schallwechseldruck daher hoch. Der schwingende Anteil des Schallflusses am Rohrblatt ist jedoch gering. Infolgedessen beruht die Tonerzeugung auf diesen Instrumenten auf den *Maxima* der akustischen Impedanz. Ein interessanter Vergleich findet sich auf der Website http://www.phys.unsw.edu.au/music/flutes.v.clarinets.html: Hier ist an der Impedanz einer zylindrischen Röhre, die in der Länge den Maßen von Klarinette und Flöte entspricht, dargestellt, dass die Minima dieser Kurve die Teiltonreihe des tiefsten Tones der Flöte (c^1), die Maxima hingegen die Reihe der ungeradzahligen Teiltöne des tiefsten Tones einer entsprechenden Klarinette (c) repräsentieren.

8 Zur Messmethode siehe Smith et al. (2000) sowie Wolfe et al. (2001).

9 Die Abbildungen stammen von Smith et al. (2000: 1836; links) bzw. http://www.phys.unsw.edu.au/music/flute/modernC/C4.html (rechts).

10 Beide Abbildungen aus: http://www.phys.unsw.edu.au/music/flute/modernC/A4.html.

11 Diese Abbildung stammt von: http://www.phys.unsw.edu.au/music/flute/virtual/graph.php?fingering=12854&foot=C&splitE= Sie basiert nicht auf einer Messung, sondern auf einem theoretischen Modell, dessen hinreichende Genauigkeit allerdings durch Vergleich mit Messdaten gesichert scheint. Siehe dazu Botros et al. (2002).

12 Robert Dick (geb. 1950) ist als Flötist, Komponist, Improvisator und Autor bekannt. Seine Musik ist durch die virtuose Literatur insbesondere des 19. Jahrhunderts ebenso beinflusst wie durch Popularmusik und Jazz. So hat er Capriccios von Paganini für Flöte übertragen, aber auch Musik von John Coltrane oder Jimi Hendrix eingespielt. Seine Bücher und Kompositionen haben auf die moderne Flötenliteratur zweifellos maßgeblichen Einfluss. Robert Dick lehrt zurzeit Flöte an der New York University.

13 Die Klanganalysen wurden mit ST^X erstellt, einer Software des Instituts für Schallforschung der Österreichischen Akademie der Wissenschaften.

14 d^2 (+45 Cent) und f^3 (+29 Cent).

15 Kent Olofsson (geb. 1962) schrieb seine ersten Werke für die Symphonic-Rock-Gruppe *Opus Est*, der er als Gitarrist angehörte. Er studierte an der Musikhochschule in Malmö, wo er heute Musiktheorie und elektroakustische Komposition unterrichtet. In vielen Werken unterschiedlichster Besetzung verbindet Olofsson instrumentale mit elektronischen Klängen. Die unter dem Titel *Treccia* stehenden Solowerke entstanden jeweils in enger Zusammenarbeit mit den Instrumentalisten der Uraufführung. Im Falle der Querflöte ist dies Terje Thiwång, der das 1994 komponierte Werk auch eingespielt hat. Bis zum heutigen Datum existieren in der 1989 begonnenen Reihe 9 Werke (für Violine, Klavier, Gitarre, Violoncello, Querflöte, Kontrabassklarinette, Schlagzeug, Posaune und Blockflöte).

[16] Ein Wert hierfür von 10 Cent, wie ihn Wolfe angibt (http://www.phys.unsw.edu.au/music/flute/virtual/main.html), scheint noch bei weitem zu gering veranschlagt, tatsächlich dürften die Abweichungen zwischen verschiedenen Instrumenten bis zu einem Halbton betragen.

[17] Eine ausgezeichnete Möglichkeit zum Studium von Multiphonics für Flötisten und Komponisten gleichermaßen ist durch die Internet-Präsenz der School of Physics der University of New South Wales in Sydney gegeben. Vor allem das Modell einer „virtuellen Boehm-Flöte" (siehe die URL in der vorhergehenden Anmerkung) bietet eine Fülle an Informationen, inklusive der Impedanzkurven zu verschiedensten Griffen. Ein Überblick zur online verfügbaren Literatur dieser Forschergruppe findet sich unter: http://www.phys.unsw.edu.au/~jw/publications.html.

Literatur

Artaud, Pierre-Yves
1991 *Die Flöte.* Frankfurt am Main: Zimmermann.
1995a *Flûtes au présent. Traité des techniques contemporaines sur les flûtes traversières à l'usage des compositeurs et des flûtistes – Present Day Flutes. Treatise on contemporary techniques of transverse flutes for the use of composers and performers.* Paris: Gérard Billaudot.
1995b *La flûte multiphonique. Etude pour la flûte traversière – The Multiphonic Flute. A study for flute.* Paris: Gérard Billaudot.

Backus, John
1978 „Multiphonic tones in the woodwind instruments." *Journal of the Acoustical Society in America* 63: 591–599.

Bartolozzi, Bruno
1967 *New Sounds for Woodwind.* London: Oxford University Press.

Botros, Andrew, John Smith und Joe Wolfe
2002 „The virtual Boehm flute – a web service that predicts multiphonics, microtones and alternative fingerings." *Acoustics Australia* 30: 61–65.

Dick, Robert
1975 *The Other Flute. A Performance Manual of Contemporary Techniques.* London: Oxford University Press.

Fletcher, Neville H.
1978 „Mode locking in nonlinearly excited inharmonic musical oscillators." *Journal of the Acoustical Society in America* 64(6): 1566–1569.

Fletcher, Neville H. und Thomas D. Rossing
2000 *The Physics of Musical Instruments.* New York: Springer.

Gümbel, Martin
1974 *Neue Spieltechniken in der Querflöten-Musik nach 1950.* Kassel: Bärenreiter.

Heiss, John C.
1966 „For the Flute: A List of Double-Stops, Triple-Stops, Quadruple-Stops, and Shakes." *Perspectives of New Music* 5: 139–141.
1968 „Some Multiple Sonorities for Flute, Oboe, Clarinet and Bassoon." *Perspectives of New Music* 7: 136–142.

Hoppe, Georgia Charlotte
1992 *Die instrumentale Revolution. Entwicklung, Anwendung und Ästhetik neuer Spieltechniken für Rohrblattinstrumente.* Frankfurt am Main: Peter Lang. (Europäische Hochschulschriften, Reihe XXXVI: Musikwissenschaft, Bd. 75)

Howell, Thomas
1974 *The Avant-Garde Flute: A Handbook for Composers and Flutists.* Berkeley: University of California Press.

Levine, Harald und Julian Schwinger
1948 „On the Radiation of Sound from an Unflanged Circular Pipe." *Physical Review* 73(4): 383–406.

Linortner, Renate
2001 *Silber, Gold, Platin ... Der Materialaspekt bei Querflöten. Spiel- und Hörtests, Umfragen und Klanganalysen.* Schriftliche Hausarbeit an der Universität für Musik und darstellende Kunst Wien. (Verfügbar unter: http://iwk.mdw.ac.at/Forschung/pdf_dateien/2001d_Linortner-Querfloete.pdf, Stand: 10.11.2003)

Meyer, Jürgen
1999 *Akustik und musikalische Aufführungspraxis. Leitfaden für Akustiker, Tonmeister, Musiker, Instrumentenbauer und Architekten.* Frankfurt am Main: Erwin Bochinsky.

Meylan, Raymond
2000 *Die Flöte. Grundzüge ihrer Entwicklung von der Urgeschichte bis zur Gegenwart.* Mainz: Schott.

Richter, Werner
1967 *Die Griffweise der Flöte.* Kassel: Bärenreiter.

Roederer, Juan G.
1977 *Physikalische und psychoakustische Grundlagen der Musik.* Berlin: Springer.

Scheck, Gustav
1975 *Die Flöte und ihre Musik.* Mainz: Schott.

Smith, John, Claudia Fritz und Joe Wolfe
2000 „A new technique for the rapid measurement of the acoustic impedance of wind instruments." *Proceedings of the Seventh International Congress on Sound and Vibration*, 4-7 July 2000, Garmisch-Partenkirchen, vol. III: 1833–1840.

Smith, John R., Nathalie Henrich und Joe Wolfe
1997 „The acoustic impedance of the Boehm flute: standard and some non-standard fingerings." *Proceedings of the Institute of Acoustics* 19: 315–320.

Stokes, Sheridon und Richard Condon
1970 *Special Effects for Flute.* Culver City, CA: Trio Associates.

Thompson, Theresa
1996 *Neue Techniken des Querflötenspiels im 20. Jahrhundert und ihre Entwicklung.* Musikwiss. Diplomarbeit an der Universität Wien.

Wolfe, Joe, John Smith, John Tann und Neville H. Fletcher
2001 „Acoustic impedance spectra of classical and modern flutes." *Journal of Sound and Vibration* 243(1): 127–144.

Literatur im Internet

Die Publikationen der School of Physics der University of New South Wales in Sydney sind derzeit (Stand: Oktober 2004) auch online verfügbar. Ein komplettes Verzeichnis findet sich unter: http://www.phys.unsw.edu.au/~jw/publications.html.

Verzeichnis der Musikbeispiele auf beiliegender CD

CD Track 12:
Robert Dick, *Slow, „electric" Blues* (Nr. 6 aus *Flying Lessons II*); Robert Dick, Flöte. Die Aufnahme stammt von der CD *Ladder 5 of Escape* (Attacca; Babel 9158-1 DDD). 1'47"

CD Track 13:
Kent Olofsson, *Treccia*; Terje Thiwång, Flöte.
Die Aufnahme stammt von der CD *whiz* (dB Productions Sweden: DBPCD24). 9'32"

Der Verfasser dankt Robert Dick, Kent Olofsson und Terje Thiwång sehr herzlich für die Genehmigung zur Reproduktion dieser Aufnahmen für die vorliegende CD.

Anhang

Robert Dick, *Slow, „electric" Blues* (Nr. 6 aus: *Flying Lessons, Volume II: Six contemporary Concert Etudes*).

Signs and Symbols used in Flying Lessons

Intonation

‡ quarter sharp — ↑ slightly sharp

d quarter flat — ↓ slightly flat

Fingering Diagrams

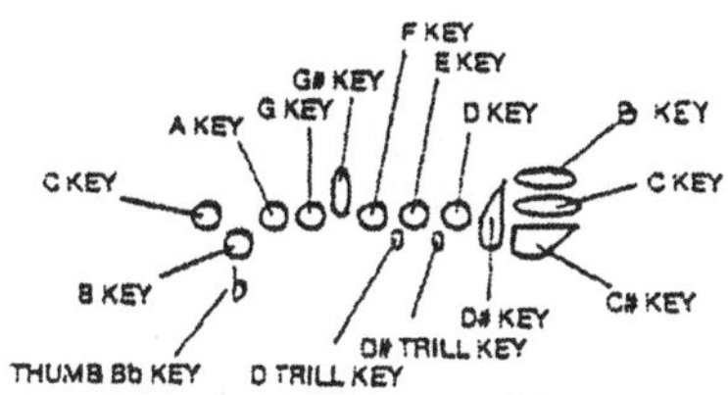

○ key up

● key depressed

ø key trilled

hold—| hold fingering until indicated

◐ open hole key with rim depressed and center hole completely open

●—►◐ slide finger off center hole of open hole key while keeping rim depressed, or vice versa (◐—►●).

Angle of the Flute

U · normal playing angle ↶ · slightly turned out ↷ · slightly turned in

Natural Harmonics

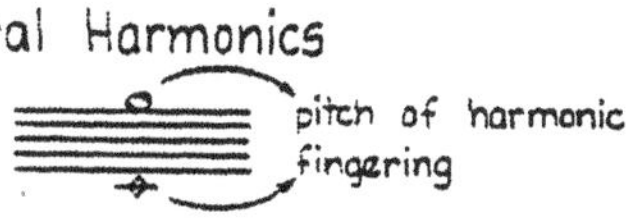

Multiphonics

Multiple sonorities are produced in two ways; when a regular fingering is used, the fingering is indicated by a diamond-shaped note next to one of the pitches sounding. When a non-traditional fingering is used, the fingering is given directly below the sonority; (when specific multiphonics are repeated closely together, the fingering diagram is not repeated).

VI

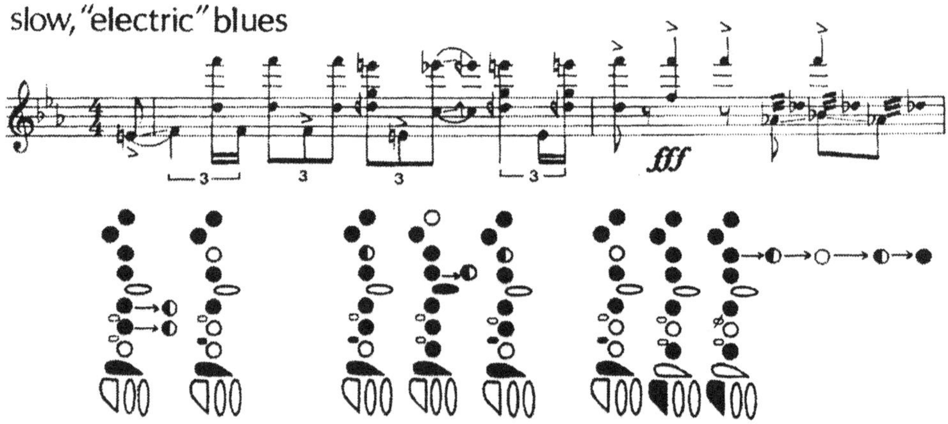

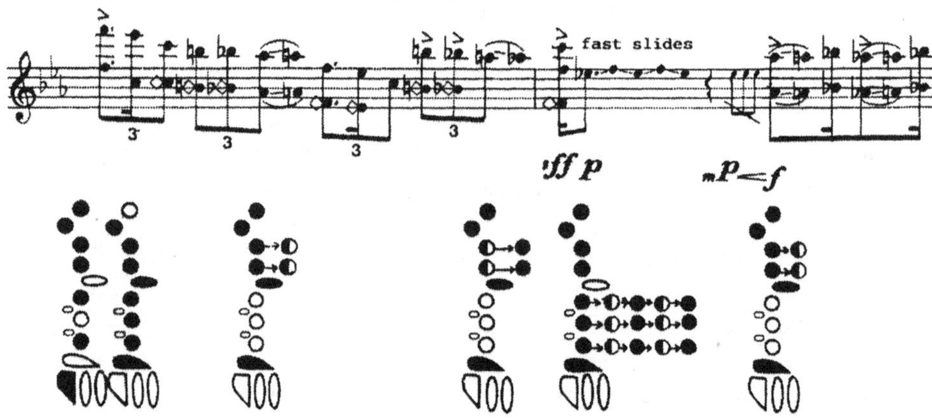

fast slideɛ

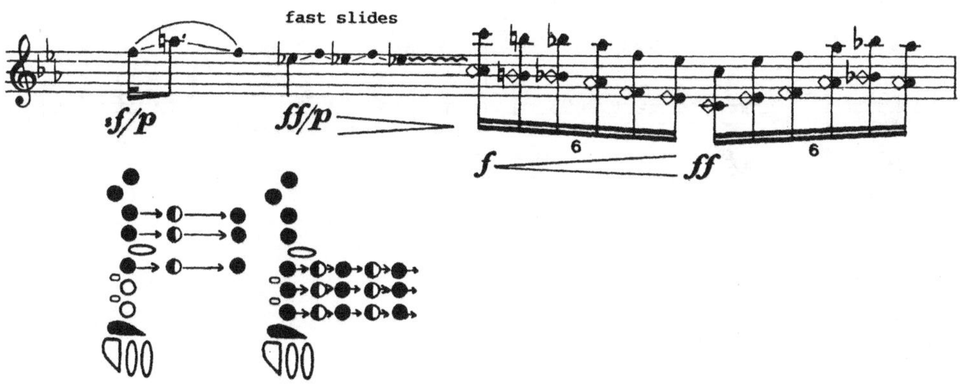
fast slides

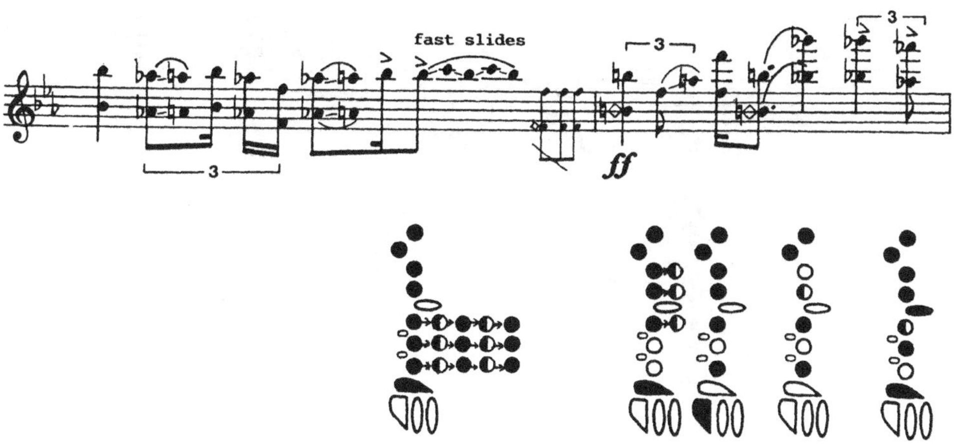
fast slides

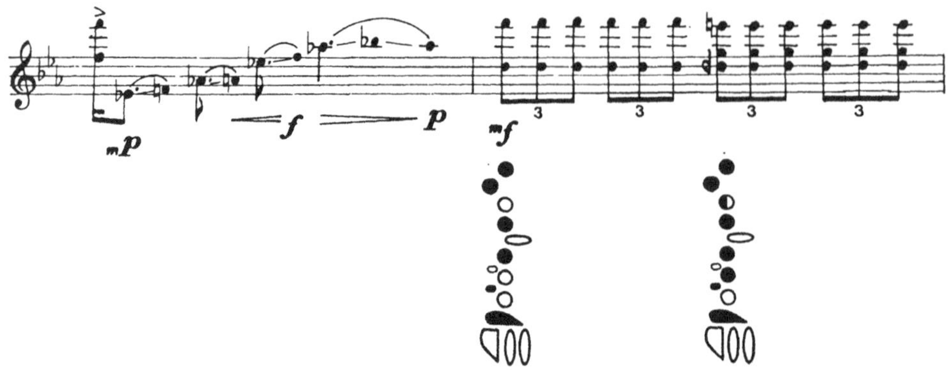
mp
f
p
mf

slow slides
ff
p
mp
f

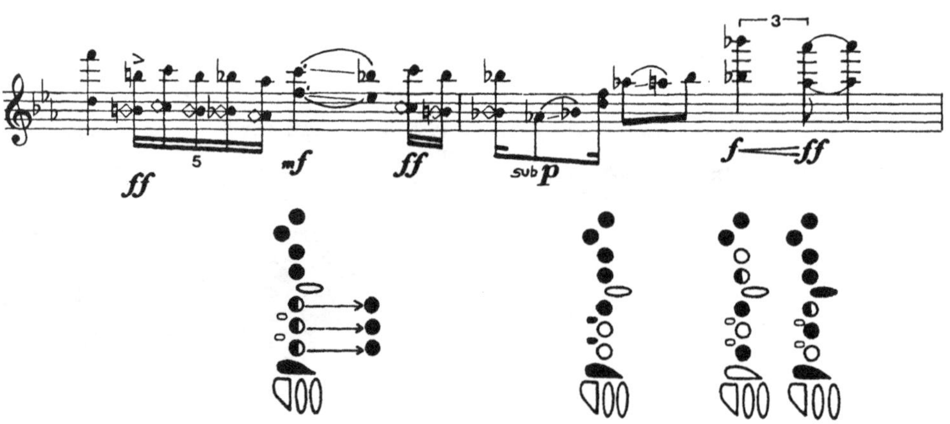
ff
mf
ff
sub p
f
ff

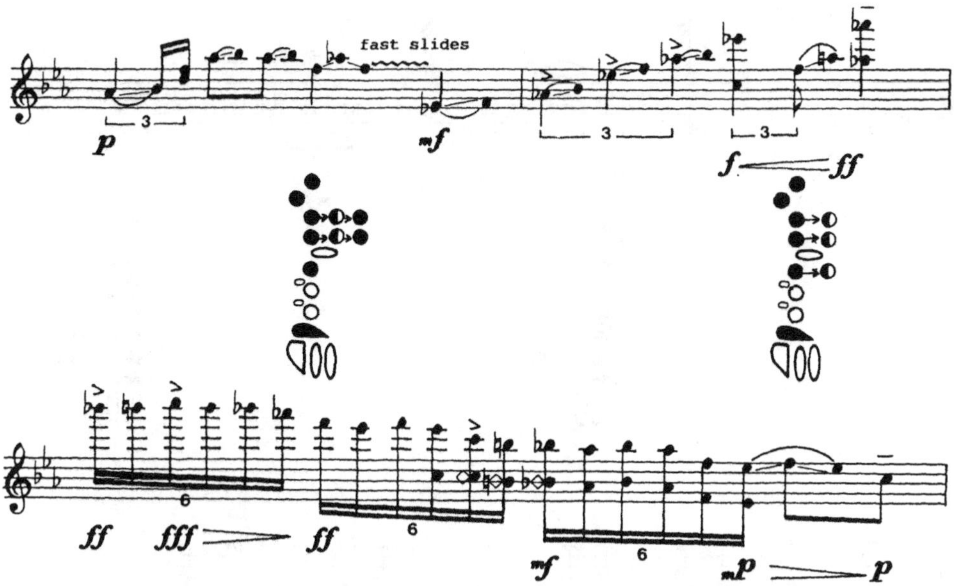
fast slides

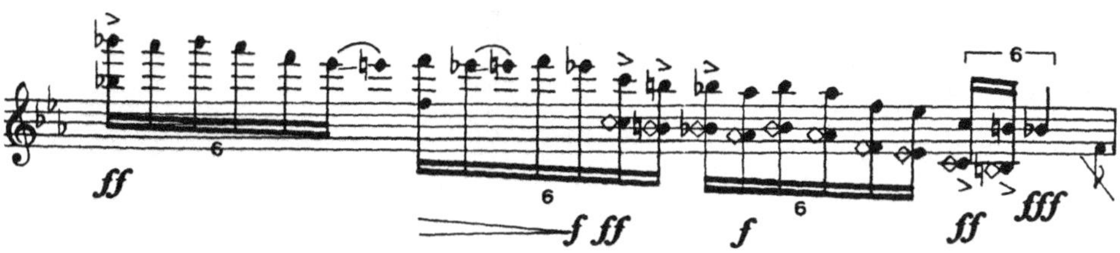

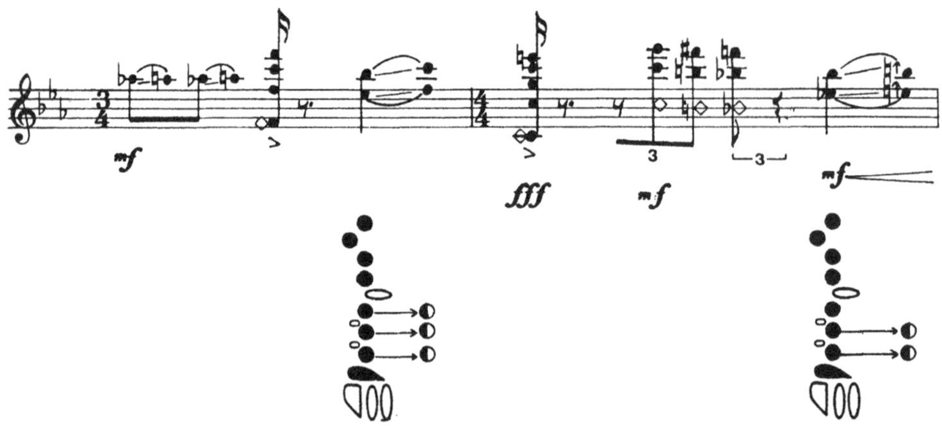

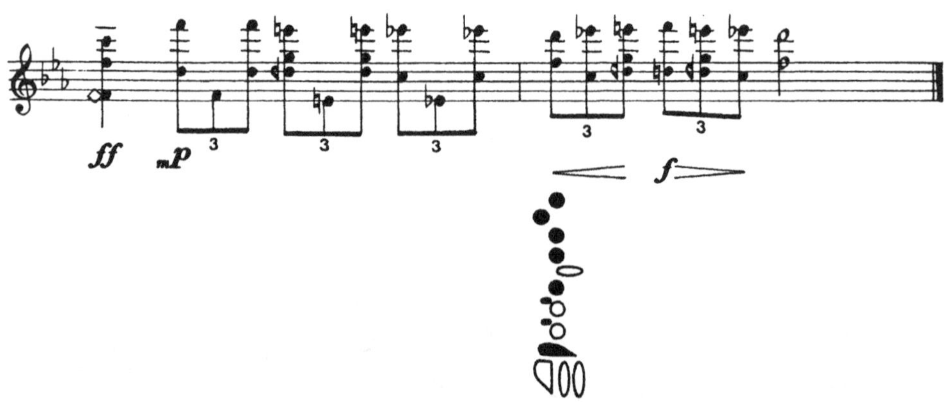

Kent Olofsson, *Treccia* für Flöte.

TRECCIA for flute

Performance notes

Wh. *Whistle-tones* *. *Wh.glissando* and *Wh.trill* should be made with the lips.

D-pizzicato *

Th-pizzicato, a sound with more air than the D-pizz.

Air with [ç]-sound (as in the word child).

sfz Combination of *Th-pizzicato and Air-sound.*

Tongue-ram *

Key-slap *

Fingering *

Quarter-tones, should be played with different fingerings *.

Multiphonics

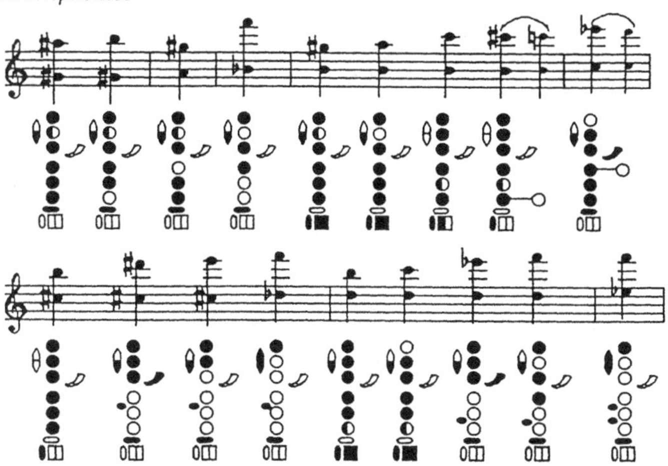

(* as described by Pierre-Yves Artaud in "Flûtes au présent", Paris 1980).

First performance by Terje Thiwång, 22 october 1995, Nutida Musikdagarna i Malmö.

Duration: ca 10 min.

for Terje Thiwång

Treccia

for flute

KENT OLOFSSON
1994

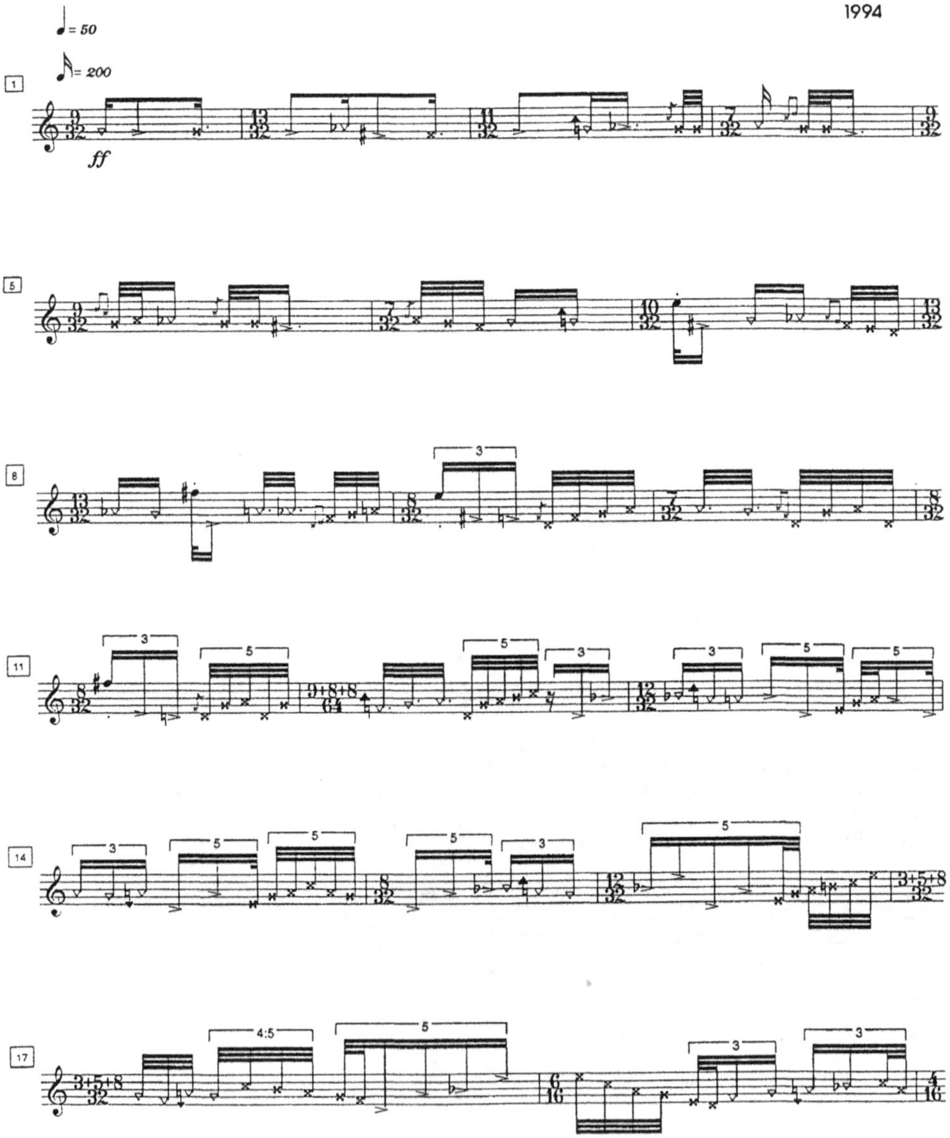

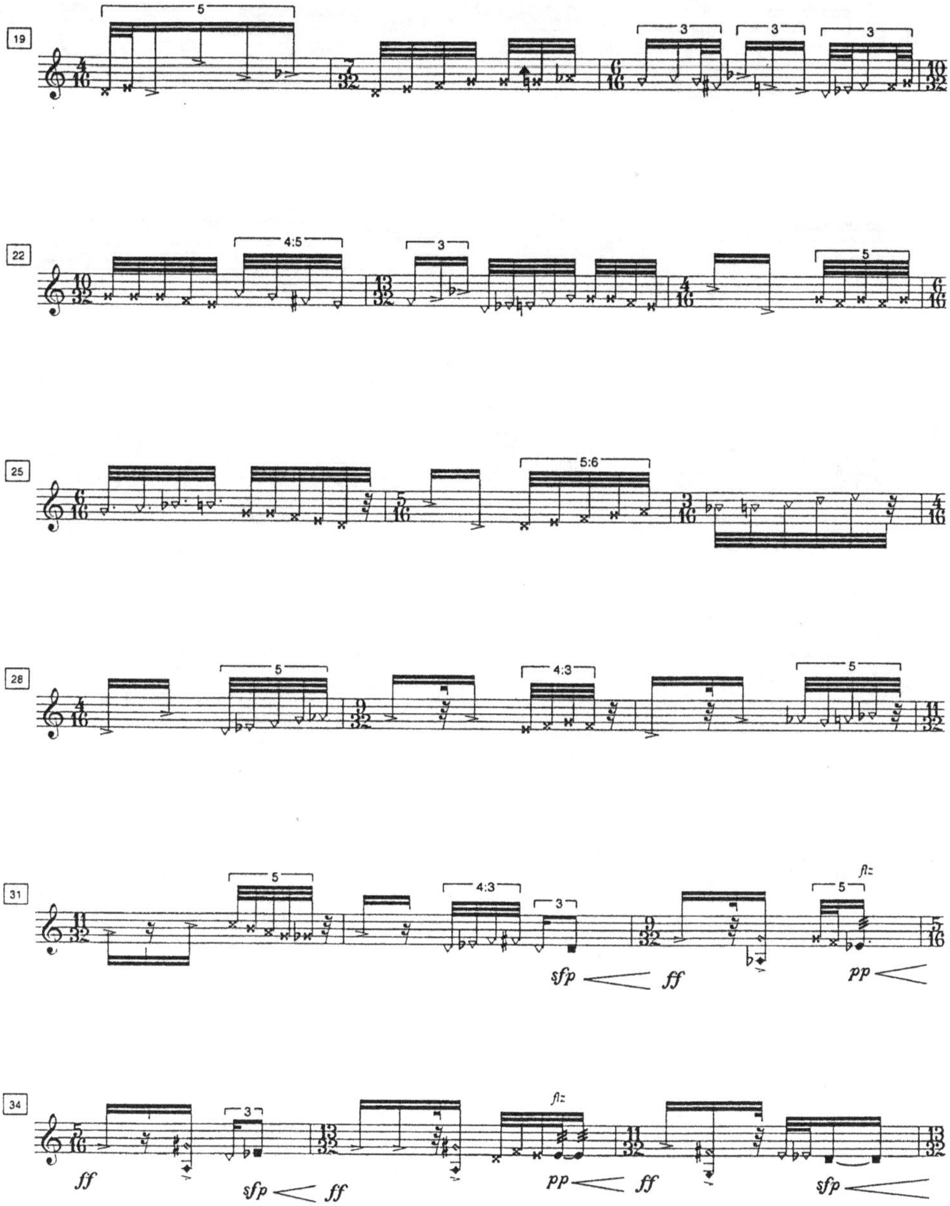
19
22
25
28
31
sfp ff pp
flz
34
ff sfp ff pp ff sfp
flz

37
flz
flz
ff
pp
ff
sfp
ff
pp
ff
39
flz
flz
pp
ff
sfp
ff
pp
ff
42
flz
flz
sfp
ff
sfp
ff
sfp
45
flz
ff
pp
ff
pp
ff
47
flz
flz
flz
sfp
ff
pp
ff
pp
ff
sfp
ff
pp
50
flz
ff
sfp
ff
sfp
ff

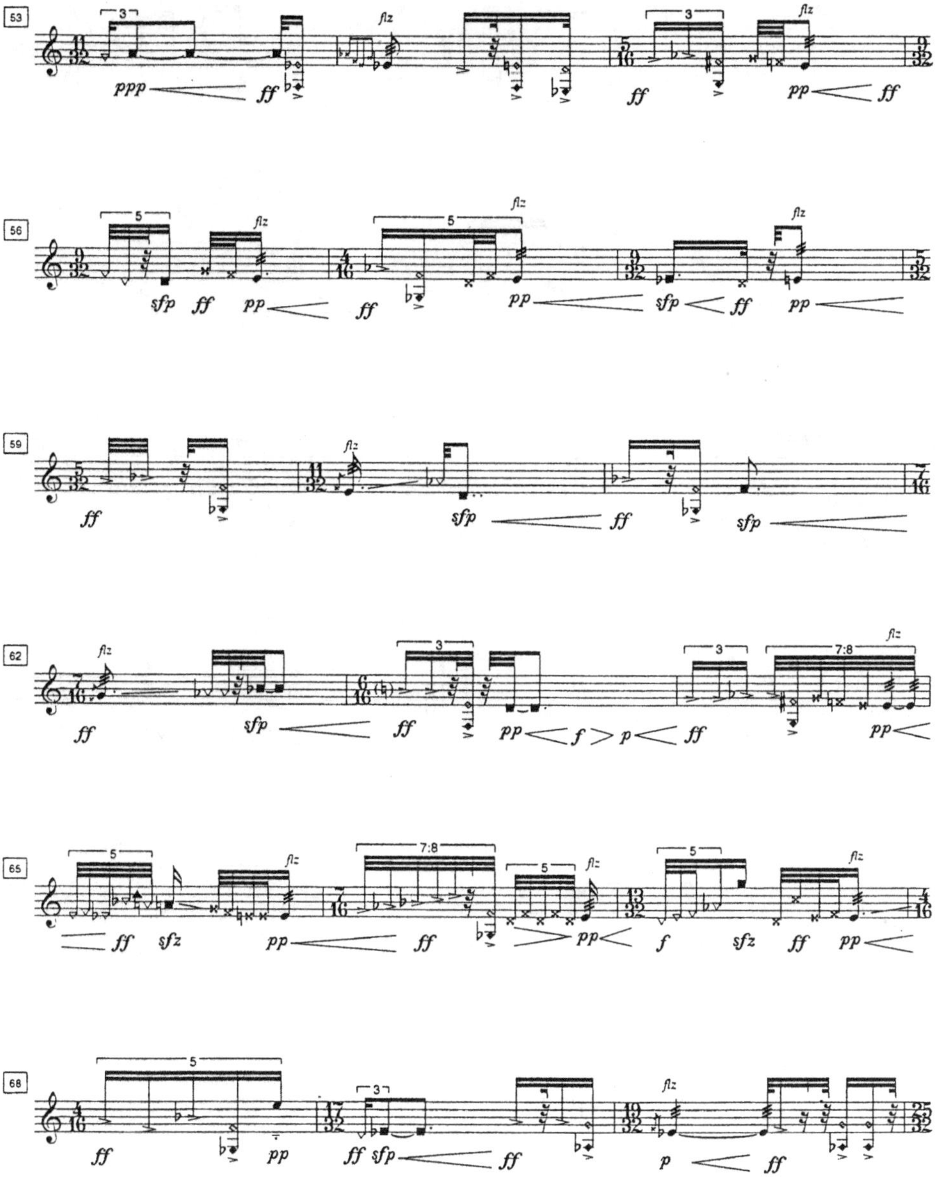
53
ppp ff flz ff pp ff
56
flz sfp ff pp ff flz pp sfp ff flz pp
59
ff flz sfp ff sfp
62
flz ff sfp ff pp f p ff flz pp
65
ff sfz flz pp ff pp flz f sfz ff flz pp
68
ff pp ff sfp ff flz p ff

71
3
ppp
ff
flz
pp
ff
73
♩= 60
♪= 120
sfz
pp
ff
pp
f
flz
p
ff
76
pp
sfz
pp
ff
p
79
flz
p
ff
pp
sfz
pp
82
flz
ff
niente
sfp
sfp
ff
flz
niente
ff
flz
niente
ff
85
flz
sfp
ff
pp
ff
niente
ff
sfz

88
flz
pp sfz pp ff sfz pp ff pp
91
flz
ff pp ff sfz pp ff niente f p mf pp
94
ff pp ff p ff pp ff
97
flz
sfz pp ff niente p ff p
100
ff pp ff p ff ppp
103
mp ff pp sfz

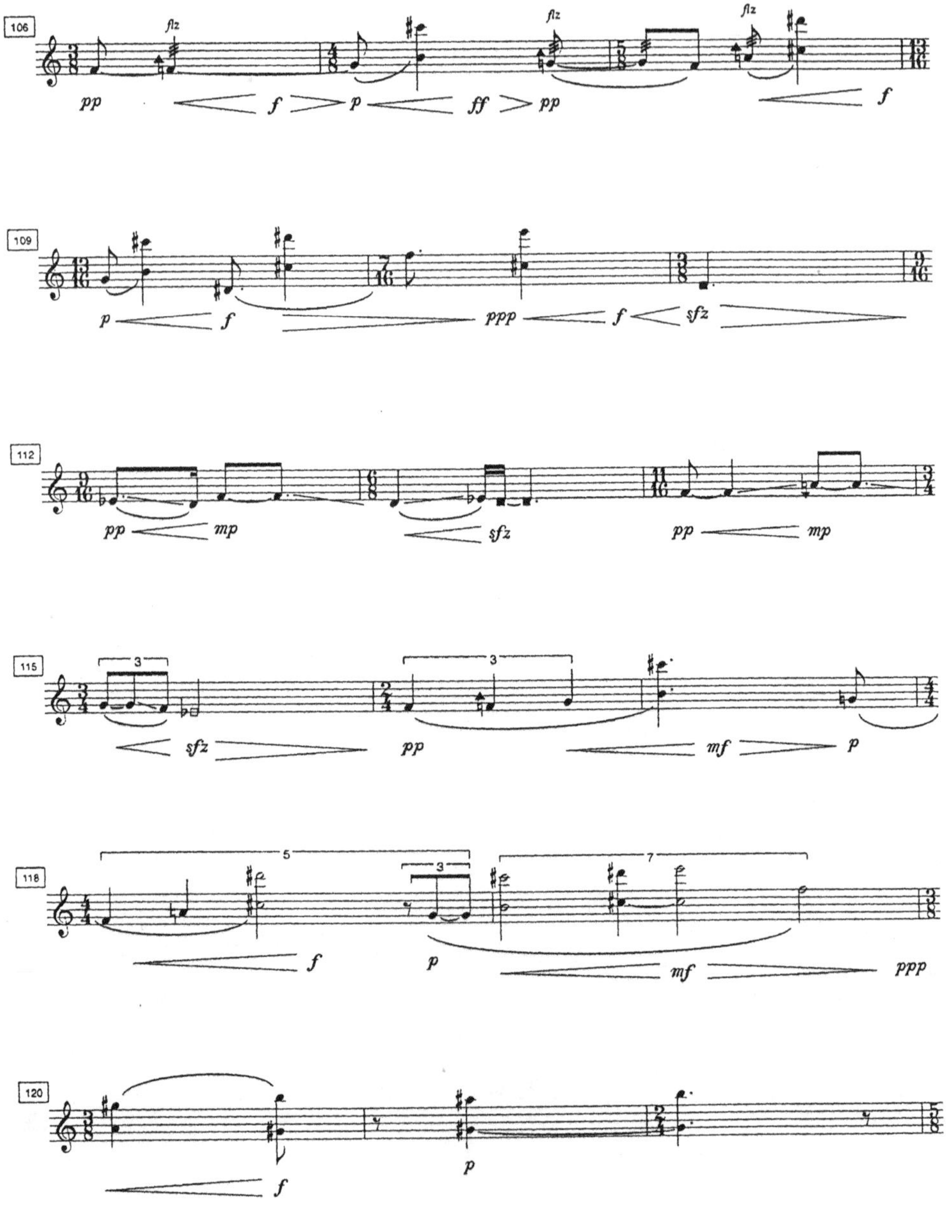
106
flz
pp f p ff pp f
109
p f ppp f sfz
112
pp mp sfz pp mp
115
sfz pp mf p
118
f p mf ppp
120
f p

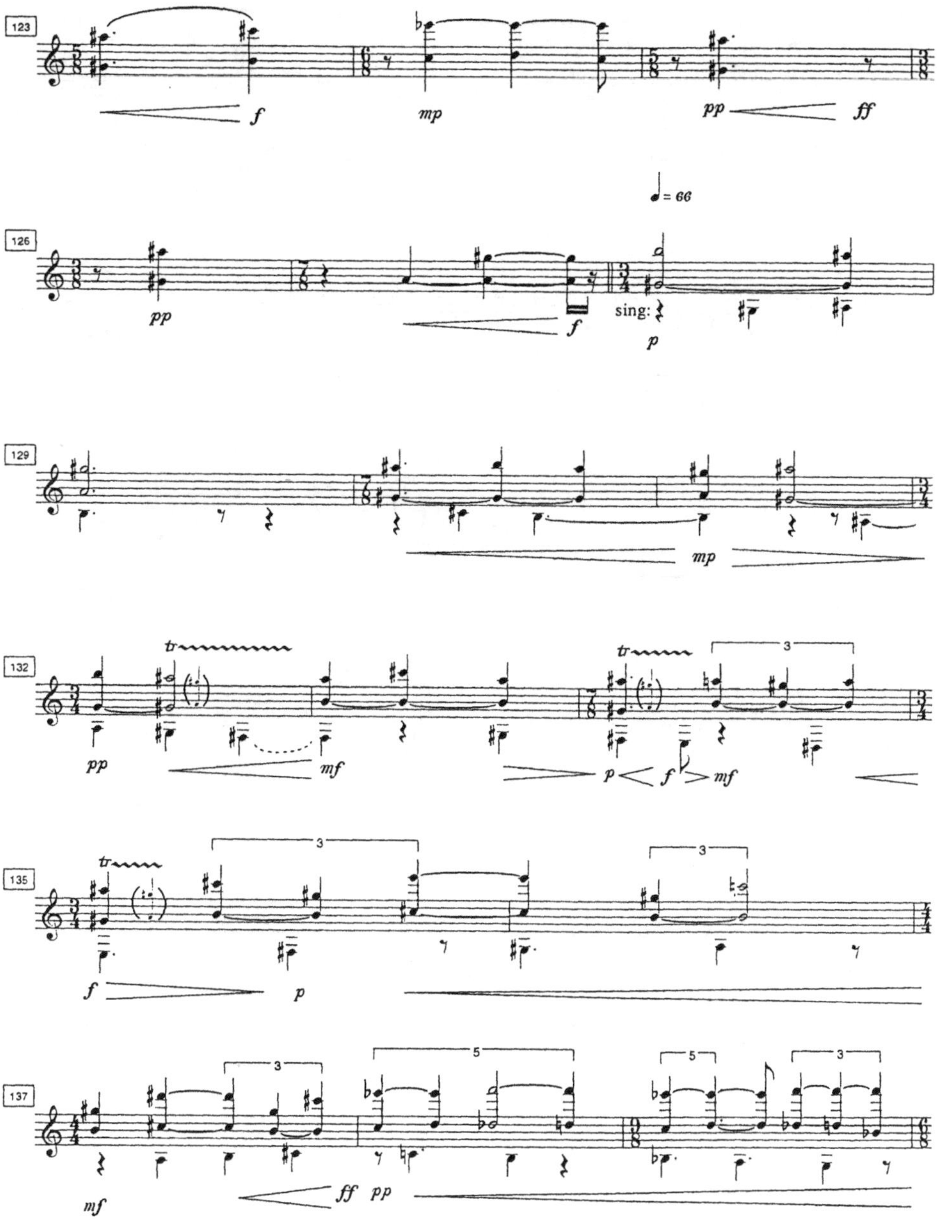
123
126
♩ = 66
sing:
129
132
135
137

140
ff mp ff
143
p ff mp f
146
p ff p f pp f
148
pp f ppp
150
mf pp mp
152
pp p

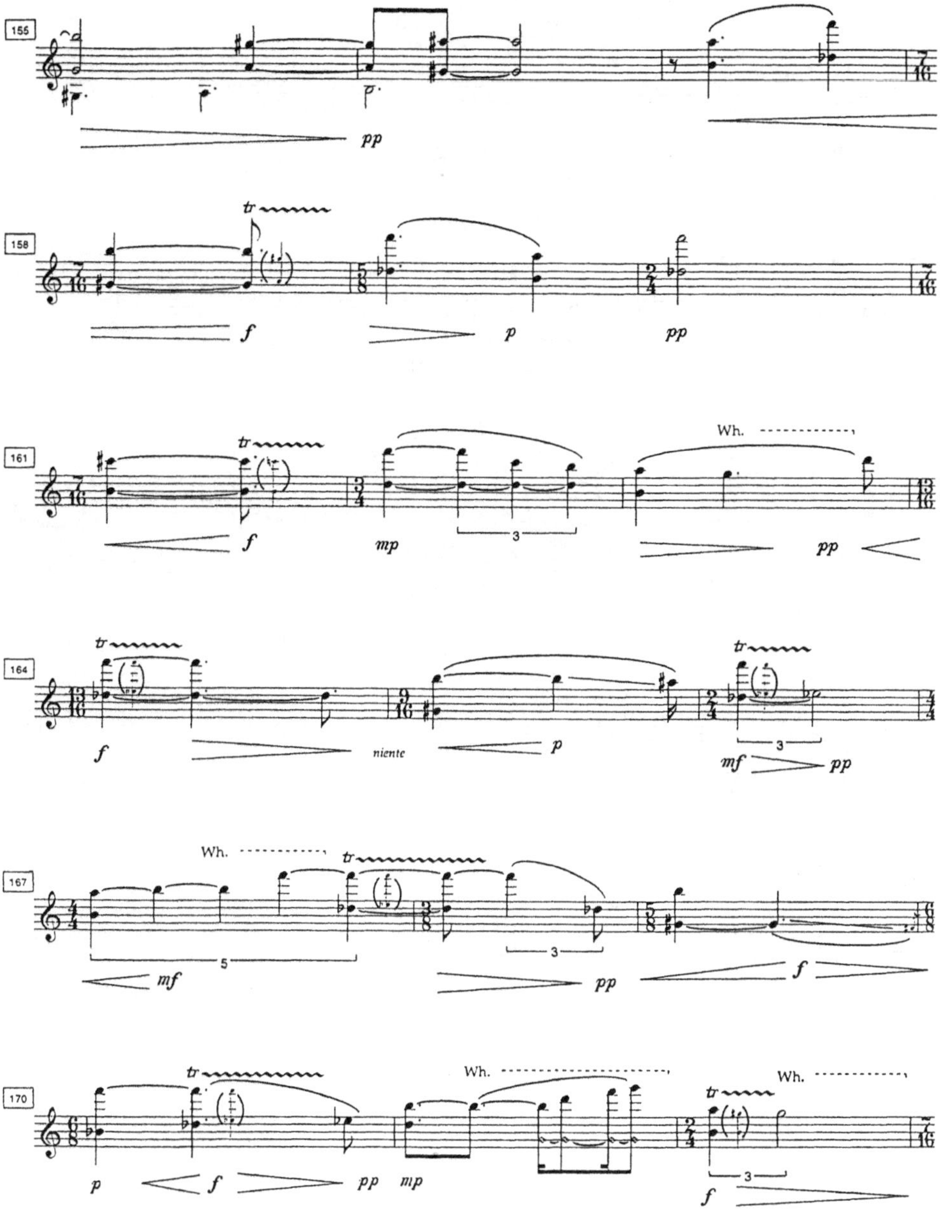
155
pp
158
tr
f
p
pp
161
tr
f
mp
3
Wh.
pp
164
tr
f
niente
p
tr
3
mf
pp
167
Wh.
tr
5
mf
3
pp
f
170
tr
p
f
pp
mp
Wh.
tr
Wh.
3
f

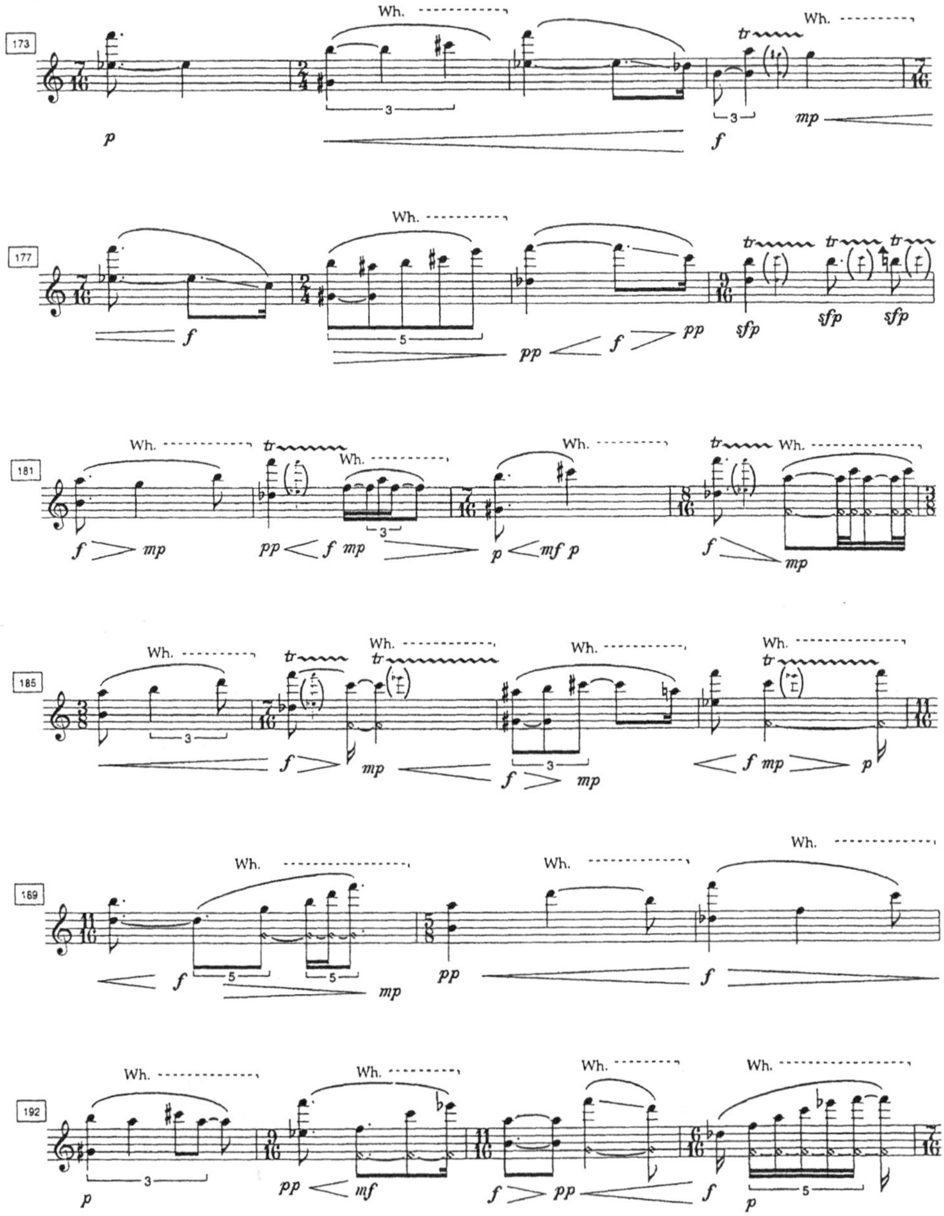
173
Wh.
tr
p
f
mp
177
f
pp
sfp
181
mf
185
189
192

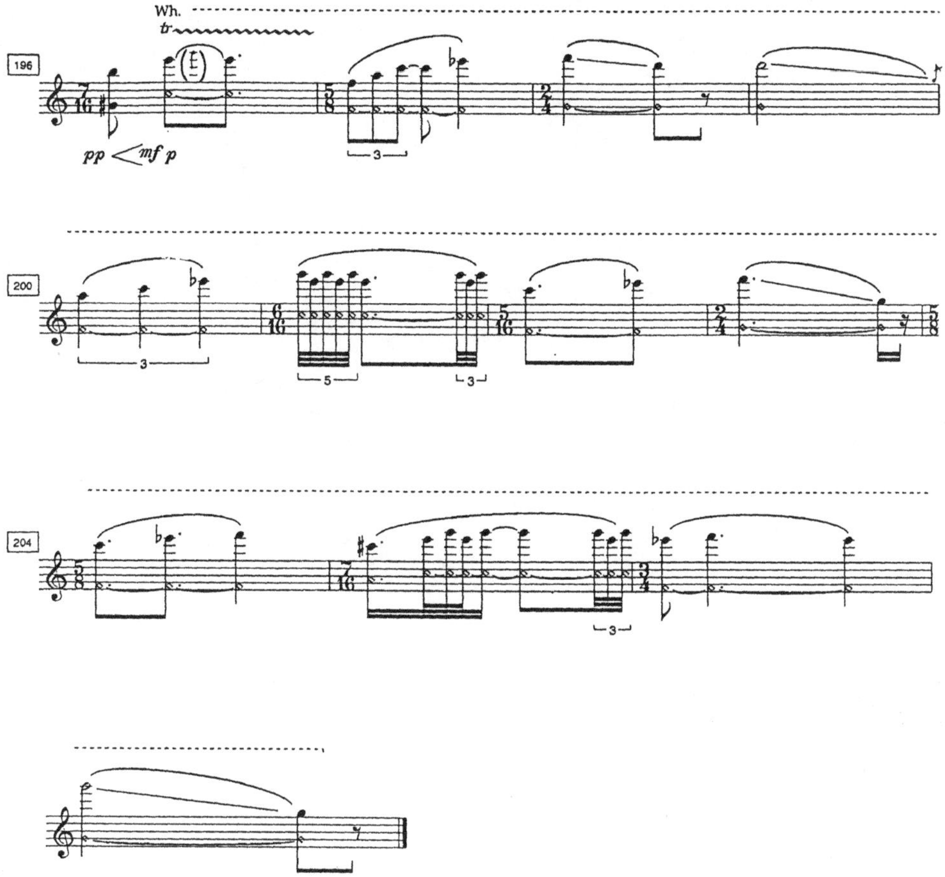
Wh.
196
pp mf p
200
204

MANFRED BARTMANN, Salzburg

Stilisierte Schreie in spanischen und nordwestafrikanischen Volksmusiken*

Inhalt

1. Einführung. Der gegenwärtige Erkenntnisstand

In Spanien pflegt man genau wie auf dem afrikanischen Kontinent Tänze und Musiken mit Stimmäußerungen zu begleiten, die vielfach nicht zu den eigentlichen traditionellen Konzepten zählen, gleichwohl aber für den Spannungserhalt eines Musik- und Tanzgeschehens unentbehrlich sind. Folgt man den Ausführungen Cunninghams (1980), so sind diese Rufe eine Domäne der Männer. Er reklamiert dafür die Sammelbezeichnung „grito viril“:

> The stylized shout, grito viril ('virile cry'), is a shrill vocal emission rather like a high trill or a cascading forced laugh; one of its names means ‚neigh‘ [= wiehern]. It is used as a cry of defiance (as to competing serenaders in a ronda) or simply as a shout of joy at the end of a song or a dance. It is frequently claimed to be of Celtic origin but it is not confined to northwestern Spain. It has different regional names: aturuxo (Galicia), ixuxú (Asturias), irintzi (Basque), jujío (Santander), rejijío (León), relinchio (Castile), renchillido (Aragon), reninys (Catalonia), ahúc (Ibiza), albórbola (Valencia), ajijido (Canary Islands). (Cunningham 1980: 793)

Die von Matos (1961, 1973) im Rahmen zweier umfangreicher Schallplattenanthologien veröffentlichten 12 Klangbeispiele[1] lassen Juchzer und Rufe vernehmen, die zumeist – wie schon von Cunningham festgestellt – an ein stilisiertes, wieherndes Lachen erinnern. Sie werden bis auf zwei Ausnahmen allerdings von Frauen dargeboten. Andere Klangunterschiede resultieren daraus, dass einigen Beispielen mehrere Herstellungsparts[2] zugrunde liegen, und zwar denen aus Cáceres (*„quililí“*, LP 1961: 5/2), Burgos (LP 1973: 6/12), Málaga (LP 1973: 4/4) aus León (*„rejijío“*), während der galizische *aturuxo* (LP 1961:2/1), der *jujío* aus Santander (LP 1961: 1/8) und bisweilen auch der *rejijío* (LP 1961: 3/3, 3/6, 3/8) solistisch vorgetragen werden. Dies gilt auch für den *aturrio* aus Zamora (LP 1973: 4/9).

Nach Marius Schneider handelt es sich bei den spanischen Freudenrufen um Nachahmungen von Tierlautäußerungen, wobei das Pferd besonders viele Imitatoren für sich verbuchen könne (Schneider 1946), während man auf Ibiza mit dem dort üblichen *ahúc* eine Art Wolfsgeheul verbinde (Larrea Palacín 1949: 124).

Meine Befragungen und Recherchen auf den Kanarischen Inseln erbrachten keine Anhaltspunkte, dass die dort üblichen Freuden- und Anfeuerungsrufe dem Tierreich entlehnt sind. Wiehern heißt auf Spanisch „relinchar“, woraus folgt, dass Cunningham seine Beschreibung der charakteristischen Geräuschkaskaden offensichtlich auf die kastilische Variante dieses Freudenrufs (*relinchio*) bezieht. Des weiteren sind den regionalen Bezeichnungen Hinweise auf die von Cunningham genannten Funktionen zu entnehmen: Bei der valenzianischen *albórbola* handelt es sich nach Langenscheidts Handwörterbuch um ein Beifallsgeschrei, während der *aturrio* aus Zamora genau wie der galizische *aturuxo* an das spanische Verb „aturullar“ (= verwirren, einschüchtern) erinnert.

Weil volksmusikalische Klangvorstellungen sinnvoll „nur auf der Grundlage der innerhalb einer Kultur entwickelten Konzepte beschreibbar“ sind (Brandl/Rösing 1993: 58), ist ein Vergleich der schrillen spanischen Vokalemissionen mit bestimmten Tierlautäußerungen quellenkritisch kaum zu vertreten, wenn weder diesbezügliche Angaben der Gewährsleute noch andere Anhaltspunkte vorliegen. Födermayr hat der Erforschung klanglich auffälliger Vokalstile schon vor mehr als 20 Jahren den Weg gewiesen:

> Finden sich in einem Gesang Schreie oder sonstige nichtgesangliche Stimmäußerungen, erhebt sich die Frage, ob diese bedeutungslos sind oder ob sie in einem inneren Zusammenhang mit dem betreffenden Gesang stehen und, wenn ja, welcher Art dieser Zusammenhang ist. Um dies festzustellen, können zwei Informationsquellen herangezogen werden: einmal die betreffenden Stimmäußerungen und der Gesang bzw. die Gesänge, in denen sie auftreten, selbst und zum anderen, falls vorhanden, entsprechende Angaben der Gewährsleute. Die praktische Behandlung des Problems wird so aussehen, dass man zuerst einmal einen solchen Gesang untersucht und feststellt, ob die betreffenden Schallereignisse wahllos auftreten oder an bestimmten Stellen des Gesanges, z.B. am Beginn, am Schluss oder an sonstigen festen Punkten. Dann wäre zu untersuchen, ob hinsichtlich der Art der Stimmäußerung eine Regelmäßigkeit besteht, also ob es sich immer um das gleiche Schallereignis (z.B. immer um einen bestimmten Schrei) handelt oder um verschiedenartige. Ist ein bestimmter Plan im Auftreten solcher Schallereignisse festzustellen, wird man wohl annehmen müssen, dass diesen Stimmäußerungen eine bestimmte Bedeutung oder Funktion zukommt. Aber auch im Falle des regellosen Auftretens derartiger Schallereignisse wird man eine solche Funktion (Bedeutung) nicht a priori ausschließen, insbesondere wenn es sich um eine, selbstverständlich innerhalb einer gewissen Variationsbreite, gleichartige Stimmäußerung handelt. (Födermayr 1971, Bd. 1: 98)

Födermayr hat 1970 eine Typologie der afrikanischen Ololyge vorgelegt, wie man den Frauentriller[3] auch nennt. Der Afrikaforscher Gustav Nachtigal versteht darunter ein „Zungenschlaggeräusch, das vom Atlantischen Ozean bis nach Persien und vom Mittelmeer bis fast zum Äquator bei den Frauen einer gehobenen Stimmung Ausdruck zu verleihen bestimmt ist und im Arabischen zalrhûta heißt." (Nachtigal 1879: 101; zit. nach Födermayr 1970: 57)

Die Ololyge finden wir schon bei Herodot erwähnt. Födermayr sieht eine enge „Parallele zum Frauentriller des antiken Griechenland und des Nahen Orients" (Födermayr 1970: 64). Seine Typologie ist als eine Klassifikation der resultierenden Klangstrukturen zu verstehen, sie basiert auf der sonagraphischen Untersuchung von 50 Proben aus afrikanischen Verbreitungsgebieten. Ein Sonagramm ist die komplexeste Form der Darstellung eines Schallsignals auf der Reizebene. Es handelt sich dabei um eine graphische Darstellung der physikalischen Realität nach erfolgter Transformation vom Zeit- in den Frequenzbereich. Damit können Partialtonlinien gegen die Zeit veranschaulicht werden, wobei der Schwärzungsgrad ihrer Intensität entspricht (Fig. 1–2, Abb. 1–12). Sonagramme ermöglichen insbesondere eine Untersuchung der sogenannten feinmodulatorischen Vorgänge, anhand derer Födermayr sein Material in vier Typen gliedern konnte (im folgenden FöTyp 1 bis FöTyp 4 genannt, vgl. Födermayr 1970: 63–64):

FöTyp 1: Klangverlauf ohne Höhen- oder Stärkeschwankungen (vgl. Fig. 1)

FöTyp 2: Modulationen des Klanges durch ein ausgeprägtes Frequenzvibrato (FV; vgl. Fig. 2)

FöTyp 3: Ein deutliches Amplitudenvibrato (AV). Intensitätsschwankungen bzw. Unterbrechungen mit 8.6–20 Perioden/sec.

FöTyp 4: Die meisten Proben der Födermayr'schen Erhebung ließen ein Zusammenwirken von AV und FV vernehmen. Beide Modulationsarten erfolgten in den meisten Fällen synchron mit 6–9 Perioden/sec.

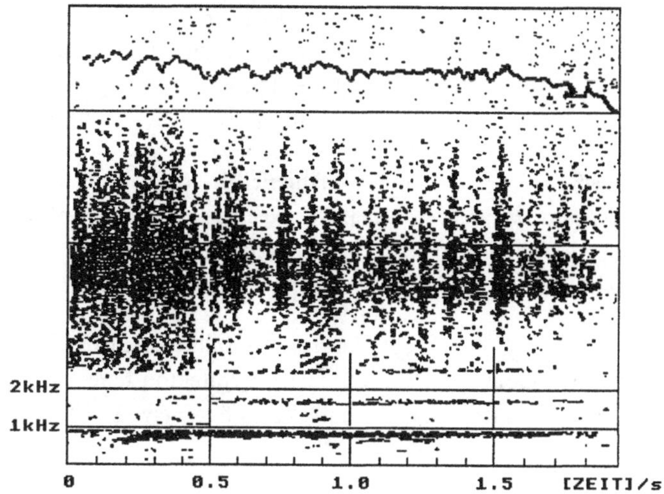

Fig. 1: Die Ololyge der Fon (Dahomey) nach Födermayr 1970:64. „Flacher Klangverlauf ohne nennenswerte Höhen- bzw. Stärkeschwankungen. Sie kommen bei diesem Typus gelegentlich zwar vor, erreichen aber nicht die Grenzwerte, von denen an eine Mitbestimmung des Höreindruckes erfolgen würde – Frequenzvibrato (FV) mit einem Frequenzhub von etwa 25 bis 75 Cent, Amplitudenvibrato (AV) mit 26 bis 43 Schwankungen/sec. Die Unterbrechung des Schallflusses durch eine Zungenbewegung entfällt hier offenbar, so dass es sich nur der Funktion nach um einen Frauentriller handelt, nicht aber hinsichtlich des Erscheinungsbildes." (Födermayr 1970: 63).

Im Folgenden soll – ohne Anspruch auf Vollständigkeit – von regionalen Ausprägungen sowohl spanischer als auch nordwestafrikanischer Schreiformen die Rede sein (vgl. Fig. 3). Da es sich dabei um jeweils „innerhalb einer gewissen Variationsbreite [...] gleichartige Stimmäußerung[en]" (Födermayr 1971, Bd. 1: 98) handelt, kann von stilisierten Schreien gesprochen werden.

Untersuchte Klangbeispiele:

	Ort/Region/Staat (Ethnie)	Emische Bezeichnung/Geschlecht (m,f)/Beleg(e)	Verwendung
1	Sabinosa/El Hierro/Spanien	*ajiji*; *hijiz*/f eigene Aufnahme vom 27.10.1990 LP Valentina 1972: A/2	anlässlich der Prozessions- und Volkstänze, als Anfeuerung beim Mähen

2	Icod el Alto/ Teneriffa/ Spanien	*jiji*/f LP Los Alzados B/1	als Anfeuerungsruf beim Mähen, am Ende einzelner Liedstrophen („formal-architektonische Aufgabe“, Födermayr 1970: 64)
3	-/Fuerteventura /Spanien	*ajiji, arureo*/f CD *El folklore de Fuerteventura* Nr. 21; eigene Aufnahmen vom 24.04.1993	als Anfeuerungsruf beim Mähen, am Ende einzelner Liedstrophen („formal-architektonische Aufgabe“, Födermayr 1970: 64)
4	-/Madeira/ Portugal	-/f Privatarchiv M. Gonzáles Ortega (Las Palmas de Gran Canaria)	am Ende einzelner Liedstrophen („formal-architektonische Aufgabe“, Födermayr 1970: 64)
5	Orense/Gali-zien /Spanien	*aturuxo, uturuxu*/f LP García Matos 1973: 2/1	bei Tänzen
6	-/Asturien/ Spanien (Vaqueiros de alzada)	*ixuxú, ijujú*/f LP García Matos 1961: 4/12	Freudenruf als Abschluss eines Tanzliedes
7	Santander/ Kantabrien/ Spanien	*jujío, relincho, turuar*/f LP García Matos 1961: 1/8	zwischen den Strophen eines Ernteliedes
8	-/Baskenland/ Spanien	*irintzi, irrinche, sánso*/m LP García Matos 1961: 8/3	um Tänzer und Musiker des *fandango vasco* anzufeuern
9	Burgos/ Kastilien/ Spanien	-/m LP García Matos 1973: 6/12	der Freudenruf markiert Anfang und Ende eines Hochzeitsliedes
10	Val de San Lorenzo/León/ Spanien	*rejijío*/f LP García Matos 1961: 3/3	im Verlauf eines Ständchens *(ronda)*
	Zamora/ León/Spanien	*rejijío*/f LP García Matos 1961: 3/6	beim Roggendrusch
	Zamora/ León/Spanien	*rejijío, aturrio*/f LP García Matos 1961: 3/8	im Verlauf eines Ständchens *(ronda)*

	Zamora/ León/Spanien	*aturrio*/m, f LP García Matos 1973: 4/9	beim Mähen
11	Cáceres/ Extremadura/ Spanien	*quililí*/f LP García Matos 1961: 5/2	bei Tänzen
12	Murcia/ Spanien	*ajujú*/f LP García Matos 1961: 8/13	bei Tänzen
13	Málaga/ Spanien	-/f LP García Matos 1973: 4/4	um einen Singwettstreit anzufeuern
14	Jahjouka/ Rifgebirge/ Marokko	?/f Fernsehfilm Medizza 1984 LP Brian Jones 1971 N.N. 1993 (Hessischer Rundfunk: *Musik...grenzenlos*)	Freudenrufe anlässlich des Hennahfestes
15	Marrakesh/ -/Marokko (Gnawa)	?/f Rost 1993 (Hessischer Rundfunk: *musica mundi*)	religiöse Zusammenkunft *(hadra)*
16	Tassli/Hoher Atlas (Berber)	?/f LP Lortat-Jacob 1979: B (*ahwach)*	anlässlich von drei simultanen Hochzeitsfeierlichkeiten
17	-/-/ Mali (Tuareg)	?/f Fernsehfilm Banuls/Heller 1991	bei Festen

In allen Verbreitungsgebieten sollen die Jubelrufe vor allem Aufmerksamkeit erregen. Dafür eignen sich Schalle, deren Energie sich in einem Frequenzbereich mit niedriger Hörschwelle konzentriert. Darüber hinaus reagiert das Ohr besonders empfindlich auf steile Druckflanken mit kurzen, starken Intensitätsschwankungen, wie sie in Afrika vermittels lateraler Zungenbewegungen hervorgebracht werden, sowie auf Schwebungen oder Rauhigkeiten (Brandl 1992, Födermayr/ Deutsch 1992; vgl. die Klangbeispiele Nr. 1, 9, 10, 11, 13 und 14). Aber auch die amplitudenmodulierten Schreie erklingen vielfach simultan, wie anderen Klangbeispielen (Nr. 2, 3 und 4) zu entnehmen ist. Für eine Beschreibung sowohl der resultierenden Klangunterschiede als auch der intendierten Klangwirkungen ist es von entscheidender Bedeutung, ob eine traditionelle Stimmäußerung eine oder mehrere Vokalist(inn)en erfordert.

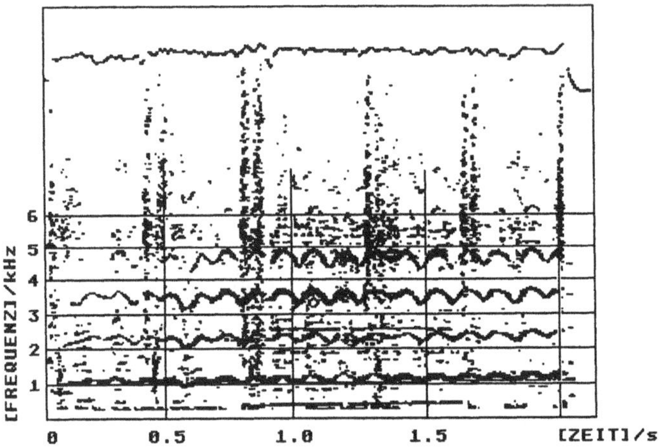

Fig. 2: Die Ololyge der Sanaga (Kamerun, Aufnahme: G. Kubik) nach Födermayr 1970:65. „Modulierung des Klanges durch FV [Frequenzvibrato] [...] Das Bild der durch das FV modulierten Partialtöne ist annähernd sinusförmig." (Födermayr 1970: 63, FöTyp 2) Die Abb. gibt die Schwärzungsgrade der Spektralkomponenten (Födermayr 1971: 20–21) nur unzureichend wieder. Über dem Spektrogramm ist die Amplitudenkurve zu erkennen.

Im Folgenden soll der Versuch unternommen werden, die Födermayr'sche Typologie unter Berücksichtigung der Möglichkeiten und Grenzen einer inzwischen technisch verfeinerten, ehemals sonagraphischen Methode zu erweitern. Dabei geht es zum einen darum, nicht nur bloße Schallbilder, sondern – mit Hilfe der in Wien entwickelten sogenannten Relevanzspektrographie (Eckel 1989; Deutsch/Eckel/Noll 1990, Deutsch 1994: 37ff.) – perzeptiv relevantere Darstellungen bereitzustellen. Zum anderen geht es um das Problem, ob und unter welchen Bedingungen die Bilder resultierender Klänge Rückschlüsse auf deren Herstellungsprozess erlauben.

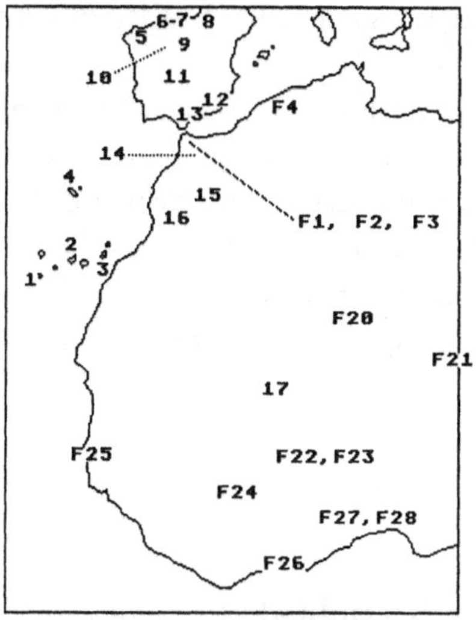

Fig. 3: Stilisierte Schreie aus Spanien und Nordwestafrika. Die Ziffern Nr.1–17 verweisen auf die Liste der untersuchten Klangbeispiele (siehe oben), die Bezeichnungen F1–F4 und F20–F28 auf nordwestafrikanische Zeugnisse, die Födermayr 1970 untersucht hat (1970: 58–60). Födermayr standen lediglich die Belege F3, F20, F22–F25 und F27–F28 als Tonaufnahmen zur Verfügung, bei den anderen handelt es sich um Literaturnachweise. Anders als die Klangbeispiele 1–17 belegen die Födermayr'schen Proben „die eigenartige Polarität in der Verwendung der Ololyge als Jubel- und Klageruf" (Födermayr 1970: 64). Sie gilt nicht nur für Afrika, sondern auch für das antike Griechenland (Födermayr 1970: 64).

Um auf diese Weise Anhaltspunkte für eine erweiterte Typologie dieser Schreiformen zu gewinnen, sollen zunächst die auffälligen Rauhigkeitsphänomene untersucht werden. Darüber hinaus werden bisher wenig beachtete Klangfarbenvibrati (Klangbeispiel Nr. 3, 17) im Mittelpunkt des Interesses stehen.

Diese Untersuchungen sollen mithelfen, eine Diskussion zu versachlichen, die auf den Kanarischen Inseln seit den Arbeiten des Altkanarierforschers Dominik Josef Wölfel (1965) anhält. Für eine separatistische Intellektuellenbewegung, die man *bereberistas* nennt, sind die Schreiformen des Archipels ein weiterer Beweis für eine ursprünglich berberische Abstammung der Kanarier. Zusammen mit vermeintlichen Jahrhundertfunden einiger Archäologen[4] sollen die archaisch anmutenden Frauenrufe die *africanidad* der heutigen Inselbevölkerungen belegen und auf diese Weise eine enttäuschte Abkehr von der Politik der spanischen

Regierung und nicht zuletzt vom europäischen Einigungsgedanken legitimieren helfen.

Um die Gründe für eine offensichtliche Verwechslung der kanarischen mit den afrikanischen Schreiformen näher zu bestimmen, werden sich die nachstehenden Untersuchungen zunächst einer Variante des kanarischen *ajiji*-Rufs widmen, die der Autor auf El Hierro (vgl. Klangbeispiel 1) aufzeichnen konnte. Um die Funktion und eigentümliche Ausführungsart dieses Mehrpart-Schreis besser zu verstehen, muss zunächst auf das musikalische Geschehen, zu dem er gehört, näher eingegangen werden.

2. Rauhigkeiten

2.1 Erregtes, „schmutziges" Spiel auf der kanarischen Insel El Hierro. Die *ajiji*-Stimmäußerung im Rahmen des *Baile de la Virgen*

Auf El Hierro, der kleinsten und westlichsten der Kanaren, markieren kollektive Frauenrufe, nach den benutzten Lautsilben *ajijides* oder *hijides* genannt, die tänzerischen und musikalischen Höhepunkte der Heiligenumzüge, deren Musik- und Tanzgeschehen man unter dem Namen *Baile de la Virgen* zusammenfasst.[5]

Der kanarische Ethnograph Lorenzo Perera (1981) führt aus, dass die *hijides* oder *ajijides* den Älteren, die nicht mehr an den Prozessionen teilnehmen können, das Vorüberziehen der Inselpatronin kundtun sollen:

> Son muy tipicos los gritos de alegria como los „hijides", acostumbrados a lanzar cuando la Virgen pasa por algun pueblo y no entra en el; entonces, un grupo de personas gritan „hijides" para que los viejecitos que no han podido acudir a la fiesta sepan que va pasando su Madre Sagrada, la Virgen de los Reyes. (Lorenzo Perera 1981: 68)

Die *ajijides* vermögen das Getriebe des *Baile de la Virgen* noch zu übertönen. Das ist bemerkenswert, denn letzterer bietet ein gewaltiges Klangbild aus gegeneinander verstimmten, sechslöchrigen Plastikquerflöten (*pitos*, vgl. Fig. 4), begleitet von wuchtigen Schlägen auf großen, zweifelligen Zylindertrommeln (*tambores*) und den Kastagnetten (*chácaras*) der Tänzer. Auffällig ist das flächig-angerauhte, parallele Zusammenspiel der *pitos*, das von zwei oder mehr Solisten bestritten wird. Nicht gepflegter Wohlklang, sondern maximale Rauhigkeit, erregtes „schmutziges“ Spiel im Sinne Felix Hoerburgers (1966: 62) ist das Klangideal dieser wilden, aufregenden Musik.

Im folgenden soll gezeigt werden, dass nicht nur die *piteros*, sondern auch die Frauen bei den *ajijides* intuitiv die sogenannte kritische Bandbreite nutzen, innerhalb derer zwei Frequenzen auditiv nicht mehr getrennt werden können. Normalerweise nehmen mindestens drei Flötisten eines jeden Dorfes an den Heiligenumzügen teil, von denen immer zwei zusammenspielen müssen.

Weil sowohl die Länge als auch die Grifflochabstände der *pitos*, heutzutage meist aus Plastik, sonst aus Metall und noch früher aus Holz, bei der Herstellung den individuellen Körpermaßen des jeweiligen Spielers angepasst werden, ist der erwünschte Effekt auch ohne bewusste Manipulation einigermaßen gesichert. Die für den *Baile de la Virgen* typischen Tonhöhenabweichungen wirken vor allem aufmerksamkeitserregend (Graf 1980, Deutsch/Födermayr 1986, Brandl 1989a: 163):

> Das Gehör fasst also die Schalleistung zusammen, die in Frequenzbänder von ganz bestimmter Breite fällt. (Hesse 1985b: 94)

Auf genau diesen Effekt haben es die *herreños* abgesehen. Die Tanzmelodien (*toques*) sollen sich deutlich vom übrigen Geschehen abheben und vor allem von weitem noch deutlich zu vernehmen sein (mündliche Mitteilungen in den Inseldörfern El Pinar, Valverde und in Sabinosa im 0ktober 1990).

Fig. 4 veranschaulicht die Melodiekonturen, die anlässlich einer Prozession im südlichen Inseldorf La Restinga am 19.07.87 von zwei *piteros* auf verstimmten Flöten hart aneinander vorbei intoniert wurden. Die errechneten Centwerte beziehen sich auf Frequenzbereiche zwischen etwa 1000–1450 Hz. Das untere System zeigt die zeitparallele Darstellung der Tonhöhendifferenzen in Cent. Es lässt sich ablesen, dass sich die Unterschiede in einem Rahmen von etwa 1/2 bis 1/4 Ton bewegen. Diese Differenzen bewirken, dass sich die Tanzmelodien (*toques*) vom psychoakustischen Standpunkt aus betrachtet auf optimale Weise gegen die begleitenden Klänge durchsetzen. Berücksichtigt man, dass die Trägerfrequenzen in einem Bereich von etwas mehr als 1000 Hz verlaufen und Modulationsfrequenzen in etwa 70 Hz betragen (vgl. die Frequenzwertmarkierungen an den rechten Ordinaten der Fig. 4), so lässt sich das Zusammenspiel der beiden *piteros* als ein Spiel mit der maximalen Rauhigkeit interpretieren (vgl. Zwicker 1982: 106):

> Maximale Rauhigkeit erhält man [...] bei mittleren Frequenzen um 1 kHz. Zu höheren Trägerfrequenzen hin nimmt sie für alle Modulationsfrequenzen gleichmäßig ab. [..] Zu tieferen Trägerfrequenzen hin nimmt die maximale erzielbare Rauhigkeit ebenfalls deutlich ab. (Aures 1984: 38f.)

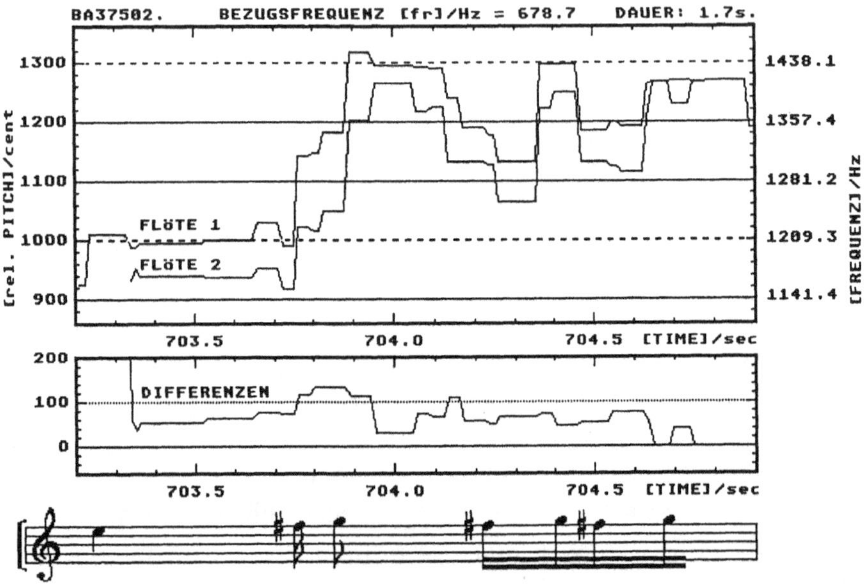

Fig. 4: Das parallele Zusammenspiel zweier (gegeneinander verstimmter) *pitos* von der Insel El Hierro. Die Melodielinien wurden in ein Koordinatensystem gegen die Zeit aufgetragen. Die Konturen sind das Ergebnis vieler Einzelmessungen, die mit Hilfe der Wiener Arbeitsstation S_TOOLS© (Deutsch 1989, 1994) an digitalen Spektrogrammen vorgenommen wurden. Als Ordinate dient eine Centskala. Auf der rechten Seite wurden die Halbtonschritte zusätzlich mit Frequenzangaben versehen. Letztere sollen lediglich die Frequenzabstände einschätzen helfen, sie können naturgemäß nicht als Markierungspunkte einer linearen Frequenzskala gelten. In dem zeitparallelen System darunter wurden die Tonhöhendifferenzen der beiden Flöten in Centwerten gegen die Zeit aufgetragen. Das Fünfliniensystem verdeutlicht den resultierenden, stark angerauhten Melodieverlauf auf eine stark vereinfachende Weise.

Das Zusammenspiel individuell gestimmter Plastikquerflöten (Fig. 4) ist Männersache. Wie schon angedeutet, warten die Frauen anlässlich der Prozessionen mit einer besonderen Vokaltechnik auf. Konsequenter noch als die

Männer legen sie es darauf an, weithin hörbare, rauh und wild anmutende Klänge beizusteuern.

Hinter dem Freudenschrei *ajiji* verbirgt sich eine Stimmtechnik, die nicht so ganz einfach ist. Drei oder vier Frauen bilden dafür einen Kreis, eine jede legt die Arme um die Schultern ihrer Nachbarin und gemeinsam senken sie daraufhin die Köpfe, um die Silben „a-ji-ji“ (sprich „a-chi-chi“) zwar zusammen, aber doch mit geringen Tonhöhenunterschieden ganz knapp aneinander vorbei zu schreien, wobei sie das übrige Musikgeschehen an Wildheit und vor allem an Reichweite übertreffen. Am 27.10.90 habe ich mich im Inseldorf Sabinosa anlässlich eines Heiligenfestes („*Noche de San Simon*“) bei den Sängerinnen nach ihrer Meinung über die Herkunft dieser Stimmtechnik erkundigt:

> - Das ist eine sehr alte Tradition, sie stammt von unseren Vorfahren. Das ist nichts weiter als ein Jubelschrei, mit dem wir die Fiesta begleiten.
> - Und warum müssen Sie dafür die Köpfe in dieser Art und Weise zusammenstecken ?
> - Das tun wir, damit wir unsere Schreie gleichzeitig hinkriegen, damit es klingt wie ein einziger. Dadurch verleihen wir unserem Ausruf eine größere Intensität und Reichweite. (Aus dem Tonbandinterview vom 27.10.92 in Sabinosa. Übersetzung durch den Autor).

Nach Sánchez (1947) diente dieser Schrei in früheren Zeiten nicht nur dazu, die *bailarines* anzufeuern, sondern begleitete auch jene Inseltänze[6], die in jedem Dorf für gewöhnlich von einer angesehenen Frau fortgeschrittenen Alters („la danza“, vgl. Lorenzo Perera 1981: 47, Bartmann 1992) angeführt wurden.[8] Sánchez führt aus, dass die Tänzerinnen und Tänzer ihre sitzende *tamborirera* zu Beginn und nach Abschluss ihres Tanzes in der beschriebenen Weise umrundeten, die Köpfe senkten und gemeinsam den Ruf „jijiji... jijiji... jijijiiii... jiiiiijijiiii“ ausführten:

> En este baile, como en casi todos los bailes herreños, destacan sus ajijides, que son los que precisamente enardecen a los danzarines. Sus jijijijijii... jijijijijiiii... y sus jajajajajaaa... jajajajajaaa... responden a esos ajijides guturales, ajijides que tienen además su momento ritual al comenzar o terminar una danza. En este caso, los compentes de la danza, *hombres y mujeres,* rodean a la tamborirera, inclinándose ante ella de forma que las cabezas de todos casi descansen en el cuerpo de aquélla, en tanto que todos prorumpen con ese grito gutural y ritual de jijiji... jijiji... jijijiiii... jiiiiijijiiii. (Sánchez 1947: 309–310)

Die besondere Aufstellung dient vor allem dazu, dem gemeinsamen Schrei geballte Wucht und maximale Rauhigkeit zu verleihen. Dabei ist den Frauen vollkommen bewusst, dass es möglichst enger Intervalle bedarf, um ein Höchstmaß an Aufmerksamkeit zu erregen.

Die *ajijides* lassen drei Phasen erkennen: einem einleitenden Halteton folgt die Wiederholung einer mit starken Geräuschturbulenzen einsetzenden Schlussphase, ein wieherndes Lachen, das in ein Abwärtsglissando mündet. Letzteres zeigt einen ähnlichen Teiltonaufbau wie der Halteton. Diesen zeigt das Spektrogramm (vgl. Abb. 1) mit nur einer Schlussphase. Die Hauptenergie liegt bei den *ajijides* auf P1; auf P3 tritt ein Nebenformant auf (Abb. 1). Anders als die obertonarme Ololyge mit höchstens vier Partialtönen (Födermayr 1970: 62) zeigt das Spektrogramm der *ajijides* (Abb. 1) immerhin 6 Teiltöne. Erst oberhalb der 4500 Hz-Marke ist ein deutliches Abnehmen der Intensitäten festzustellen. Quellenkritisch bleibt anzumerken, dass die Mehrzahl der von Födermayr untersuchten Ololygeproben eher zufällig anlässlich von Tondokumentationen anderer Schallereignisse entstanden sein dürfte (Födermayr 1970: 58–62). So zeigen einige der Sonagramme Födermayrs (1970) Geräuschanteile (vermutlich Trommelschläge; vgl. Fig. 1–2), die dem Anschein nach nicht zum eigentlichen Klangbild der Ololyge zählen. Deshalb liegt es nahe, dass die in der Regel am Rande des Geschehens intonierten Frauentriller mit einem eher großen Mikrofonabstand aufgezeichnet worden sind. Umgekehrt dürften sich auch die höheren Partialtöne der *ajijides* mit zunehmendem Mikrofonabstand kaum mehr aufzeichnen lassen. Ähnlich wie bei der Ololyge liegt die Hauptenergie bei den *ajijides* auf P1; auf P3 tritt ein Nebenformant auf (vgl. Abb. 1). Die *ajiji*-Vokalistinnen hingegen müssen das Gros der Schallenergie auf ein relativ schmales Frequenzband konzentrieren, um den Rauhigkeitseffekt zu erzielen. Ähnliches konnten Födermayr und Deutsch im Rahmen ihrer Untersuchung einiger Gesangsbeispiele aus der Tradition der balkanischen Schwebungsdiafonie feststellen:

> Durch diese Konzentration der Schallenergie erhalten die Zusammenklänge, die sich im Bereich maximaler Rauhigkeit bewegen, eine besondere Klarheit und Präsenz. Die Anwendung eines Tiefpassfilters [...] erbrachte nur eine ganz leichte Abdunkelung der Klangfarbe und bestätigte somit dieses Frequenzband als Träger des Stilmerkmals. Bei einer gleichmäßigeren Verteilung der Schallenergie über das gesamte Spektrum würde dieser Effekt verschwinden. (Födermayr/Deutsch 1992: 381–384)

Auch das tiefpassgefilterte *ajiji*-Signal (Obergrenze bei 1400 Hz, vgl. Abb. 1) lässt die intendierten Rauhigkeiten mit nahezu unverminderter Wucht vernehmen. Umgekehrt stellte sich keine Rauhigkeitsempfindung ein, nachdem dieser Frequenzbereich abgeschnitten und nur das obere Frequenzband (1400–8000 Hz) zu Gehör gebracht worden war.

Meine *ajiji*-Aufnahme vom 27.10.90 im Inseldorf Sabinosa verdanke ich einer besonderen Situation. An einem der Prozessionshaltepunkte nahmen drei Frauen auf meinen Wunsch eigens für die Tonaufnahme die übliche Aufstellung ein. Der Mikrofonabstand von dem Mittelpunkt dieses kleinen Kreises betrug lediglich 1,5 Meter. Weil man den Flötisten und Trommlern gerade eine Pause gönnte, wurden keine nennenswerten Hintergrundgeräusche mit aufgezeichnet. Während der Aufnahme eilte von links eine vierte Sängerin herbei. Sie fiel zwar noch rechtzeitig in den gemeinsamen Schrei mit ein, konnte von ihren Freundinnen allerdings nicht mehr rechtzeitig vor dem gemeinsamen Einsetzen in den engen Kreis mit aufgenommen werden.

Angesichts der Tatsache, dass den Frauen an dieser speziellen Formation besonders liegt, erhebt sich die Frage, ob das verspätete Eintreffen der vierten Vokalistin Auswirkungen auf die resultierende Klangstruktur hat. Dabei gilt es zu berücksichtigen, dass Spektrogramme wie Abb. 1 lediglich rein physikalisch zu betrachtende FFT-Spektren der zu untersuchenden Klänge zeigen (Deutsch 1985: 110–113; 1994: 25ff.) Streng genommen erlauben solche Darstellungen allenfalls Rückschlüsse auf die perzeptive Realität. So gilt es zu bedenken, dass sich zwei frequenzmäßig benachbarte Teiltöne gegenseitig beeinflussen:

> Erklingen zwei verschieden hohe Töne gleichzeitig, so setzt jeder von beiden die Hörschwelle für den anderen hinauf. Ist einer der Töne hinreichend stärker als der andere, so empfindet man nur diesen, der leisere wird verdeckt. (Hesse 1985b: 94)

Die Verdeckung oder Maskierung ist eine der wichtigsten auditorischen Funktionen. Weil sie grundsätzlich jede Wahrnehmung komplexer Klänge beeinflusst, läuft eine Analyse komplexer Klanggemische immer Gefahr, sich auf Spektralkomponenten zu konzentrieren, die im psychoakustischen Sinne gar nicht relevant sind. Deshalb sind gehöradäquate Signalanalysemethoden für die Musikwissenschaft von größter Bedeutung:

> Mit dem Ziel der Datenreduktion von digitalen Audiosignalen wurden in den letzten Jahren einige Algorithmen entwickelt, die auf der Basis der auditorischen Simultanverdeckung, irrelevante, d.h. nicht hörbare Frequenzkomponenten eliminieren. In einem von Eckel (1989) implementierten Verfahren [...] können [...] nunmehr Spektrogramme hergestellt werden, in denen insbesondere bei musikalischen Signalen, jeweils nur die perzeptiv relevanten Spektralanteile im Sinne einer Relevanzspektrographie enthalten sind. Die unter auditiver Kontrolle erfolgende Dekomposition des zusammengesetzten Signals in [...] relevante und irrelevante Spektralanteile, ermöglicht einen neuen Zugang zur Analyse und Resynthese komplexer auditorischer Signale. (Deutsch/Eckel/Noll 1990: 699)

Mit der Arbeitsstation S_TOOLS© (Deutsch 1989; 1994) können solche Signaldekompositionen vorgenommen werden. Das Eckel'sche Verfahren beruht auf einem Modell der Mehrfachverdeckung (Eckel 1989).

Damit wurde ein Segment untersucht, das den *ajiji*-Halteton sowie die erste Geräuschkaskade enthält. Aus diesem Signal (o. Abb.) wurden die irrelevanten spektralen Amplituden (ca. 40% der FFT-Punkte, entsprechend der von Eckel 1989 bestimmten Relevanzschwelle) herausgerechnet. Das Entfernen dieser spektralen Anteile veränderte den Höreindruck in keinster Weise. Der Vergleich des ungefilterten Signals (vgl. Abb. 1) mit dem irrelevanz-gefilterten (o. Abb.) förderte allerdings überraschende Details zutage: Das Spektrogramm des Differenzsignals (o. Abb.) offenbart außer Geräuschanteilen verdeckte Teiltonlinien. Messungen an den einzelnen FFT-Spektren des ungefilterten Signals (Abb. 1) ergaben, dass die untere Kontur (vgl. Abb. 2) der Grundfrequenzspur jenes Parts entspricht, welcher zufällig von dem Kreis der drei anderen ausgeschlossen blieb.

Anhand dieser Spektrogramme habe ich die Tonhöhenverläufe der Parts einzeln ausgemessen, in Centwerte umgerechnet und in einem Koordinatensystem veranschaulicht (Fig. 5). Deren Abstände voneinander offenbaren – wie schon das Flötenzusammenspiel (vgl. Fig. 4) – die intuitive Nutzung der kritischen Bandbreite. Überdies bewegen sich die Konturen – genau wie die der Instrumente (vgl. Fig. 4) – in einem Frequenzbereich mit sehr niedriger Hörschwelle. Die punktierten Linien in Fig. 5 bedeuten, dass wesentliche Spektralkomponenten dieses Parts der Simultanverdeckung anheim gefallen sind. Die Zusammenschau zeigt, wie sehr es bei dieser Vokaltechnik darauf ankommt, Maskierungen tunlichst zu vermeiden, um die geballte Wucht dieser Stimmäußerung zu garantieren. Jene Vokalistin, die nicht mehr rechtzeitig in den engen Kreis der anderen aufgenommen werden konnte, finden wir auch im psychoakustischen Sinne ausgeschlossen, ihre wesentliche Partialtonlinie spielt im resultierenden Hörbild keine Rolle. Um die untere Teiltonlinie, die einen wesentlichen spektralen Anteil des ausgeschlossenen Parts repräsentiert, hörbar zu machen, muss man sich des Differenzsignals (Abb. 2) bedienen. Die besondere Aufführungspraxis dieser kollektiven Stimmäußerung wird vor dem Hintergrund dieses psychoakustischen Befundes verständlicher. Des Weiteren ist zu berücksichtigen, dass Schwebungen und Rauhigkeiten gewöhnlich monaural sind. Sie treten bevorzugt dann auf wenn „zwei Primärschälle (z.B. Sinustöne) [...] gleichzeitig einem oder beiden Ohren dargeboten" werden. „Die Rauhigkeit monauraler Schwebungen ist am stärksten bei Tönen über 1000 Hz. Binaurale Schwebungen dagegen sind oberhalb von 1000 Hz kaum hörbar." (Parncutt 1993: 673).

Genau wie die balkanischen Diafonie-Sängerinnen legen deshalb auch die *ajiji*-Vokalistinnen Wert auf eine punktuelle Schallabstrahlung (Brandl 1989a: 162–163; 1992: 51). Die spezielle Aufstellung erleichtert den Frauen die Intonation der engen Intervalle. Ähnlich wie die Lieder im Stil der balkanischen Schwebungsdiafonie basieren auch die *ajijides* auf „gehörpsychologischen Faktoren (kritische Bandbreite, Erniedrigung der Unterschiedsschwelle für Tonhöhen und modulatorische Vorgänge)" (Messner 1980: 62). Auch die Flötisten erklärten, die geringen Tonhöhenabweichungen (Fig. 4) ermöglichten ihnen, genauer zu hören, was der andere *pitero* spiele: „Las diferencias entre las tonalidades sirven para oír mejor que toca el compañero. [...] Se oye mejor, se oye la música más perfecta." (Gregorio Chinea Bello, mündliche Mitteilung am 15.10.90 in Valverde)

Wie mir die Sängerin Aurora Quintero Monteverde aus dem Inseldorf El Pinar im Rahmen eines ausführlichen Interviews[9] erklärte, orientieren sich die *ajiji*-Ruferinnen El Hierros an einem Binnenbordun (Brandl 1995), dem es sich sowohl von oben als auch von unten zu nähern gelte. Zur Verdeutlichung ihrer Aussage führte sie den Bordunpart (vgl. die mittlere, annähernd waagerechte Kontur in Fig. 5) mit konstanter Tonhöhe aus, während sie mir gegenüber gleichzeitig die sich nähernden Konturen der anderen Ruferinnen durch Handbewegungen andeutete. Demzufolge funktioniert dieser Bordunklang als ein „konstantes, tonales (bzw. geräuschhaftes klangliches) Gerüst (Strukturelement)". Er bildet zusammen mit den anderen Parts „eine – sowohl für den Musiker wie für den Hörer – kognitiv untrennbare Einheit. Dieser Borduntyp ist rezeptiv auf Verschmelzung" angelegt „und hat meist eine stimulierende Wirkung auf Musiker und Hörer" (Brandl 1995: Sp. 71). Für diese Bordunform schlägt Brandl (1995) folgerichtig den Terminus „Gerüstbordun" vor. Eine typische Form des Gerüstborduns ist – wie im Falle der *ajiji*-Rufe – der Binnenbordun. Er fungiert als „ein psychophysisches Hilfssystem (sog. Ankerreiz), auf das alle Töne [...] fortwährend bezogen werden" (Brandl 1995: Sp. 71).

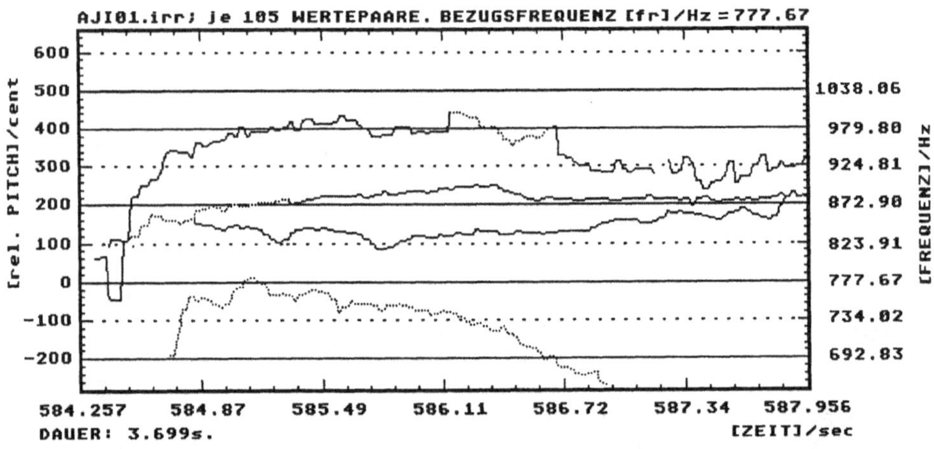

Fig. 5: Der erste Abschnitt der *ajijides* (vgl. die Legende zu Fig. 4). Die Grundfrequenzspuren der vier Parts sind das Ergebnis vieler S_TOOLS© - Einzelmessungen, die an digitalen Spektrogrammen (vgl. Abb. 1) vorgenommen wurden. Die Konturen wurden mit Hilfe des Programms F0_PLOT (Bartmann 1991) in ein Koordinantensystem geplottet. Die Frequenzwertmarkierungen (siehe rechts) zeigen, dass die *ajiji*-Vokaltechnik Rauhigkeitseffekte hervorruft, die denen der parallel gespielten, verstimmten Flöten ähneln. Die resultierenden Klänge der *ajijides* belegen, dass die Sängerinnen es mit ihrer Technik auf eine maximale Rauhigkeit abgesehen haben. Die Frequenzspanne, in dem die Tonhöhenlinien angesiedelt sind (700–1000 Hz), entspricht in etwa jenem Bereich, in dem sich die angerauhten Flötenmelodien bewegen (vgl. Fig. 4). Punktierte Linien bedeuten, dass in diesen Zeitabschnitt wesentliche Spektralanteile dieses Herstellungsparts der Simultanverdeckung zum Opfer fallen. Die mittlere, fast waagerechte Linie (die zweite von oben) fungiert als Binnenbordun, eine typische Form des Gerüstborduns (Brandl 1995).

Die Organisation einer gemeinsamen, punktuellen Schallabstrahlung ist für die Klangwirkung der rauhen *ajiji*-Schreie aus El Hierro entscheidend. Diese

Erkenntnis birgt Konsequenzen im Hinblick auf eine quellenkritische Untersuchung von Tonaufnahmen, die oberflächlich gehört, ähnliche Hörbilder repräsentieren.

Insgesamt erscheint es sinnvoll, für eine Typologie solcher Stimmäußerungen nicht nur die resultierenden Klangresultate bzw. deren Reizgrundlagen, sondern darüber hinaus Einzelheiten der jeweiligen Vokaltechnik und vor allem deren Aufführungs- bzw. Abstrahlungsmodus, d.h. die Aufstellung der Vokalistinnen und nicht zuletzt des Aufnahmemikrofons zu berücksichtigen. Diese Daten sind erforderlich, um kollektive Rufformen, die Rauhigkeiten vernehmen lassen, dahingehend beurteilen zu können, ob und inwieweit diese Schallwirkungen intendiert sind. In erster Linie haben es die Frauen der kleinsten Kanareninsel darauf abgesehen, große Reichweiten zu erzielen. Konsequenterweise legen sie es darauf an, ihren Schrei mit geballter Wucht vorzutragen. Des weiteren wusste Aurora Monteverde aus El Pinar mitzuteilen, dass man sich mit diesem Jubelschrei in früheren Zeiten bei der gemeinsamen Feldarbeit gegenseitig anzufeuern pflegte, zum Beispiel wenn es galt, das kollektive Mähen durch eine letzte gemeinsame Anstrengung endlich zum Abschluss zu bringen (Tonbandinterview vom 12.07.93). Über ähnliche Intentionen und Wirkungen berichteten Gewährsfrauen aus Fuerteventura.

2.2 Rauh klingende Ausprägungen dieser Schreiformen auf dem spanischen Festland

2.2.1 Mehrpartschreie aus León (*rejijío*), Cáceres(„*quililí*“) und Burgos (Abb. 3–5)

Als kollektive Stimmäußerung hat der *rejijío* aus León (Abb. 3) die größte Ähnlichkeit mit dem *ajiji*-Ruf der kleinsten Kanareninsel aufzuweisen, wenngleich die sich dem Halteton anschließenden Lachgeräusche anderer Natur sind als die von El Hierro. Die Amplitudenkurve zeigt, dass das festländische Gelächter deutlich langsamer pulsiert als das kanarische. Zu berücksichtigen ist, dass die unter der Nummer 10 verzeichneten Klangbeispiele sämtlich den Matos-Anthologien entstammen, somit eher von gestellten Aufnahmen auszugehen ist. In der Tat wirken die solistisch vorgetragen *rejijíos* (vgl. Klangbeispiel 10, o. Abb.) alle ein wenig gekünstelt. Dasselbe gilt für die Matos-Aufnahme des Einzelrufs *jujío* (Klangbeispiel 7, o. Abb.), der im kantabrischen Gebirge in der Nähe Santanders im Rahmen eines Ernteliedes von einer Frau angestimmt wurde (LP García Matos 1961: 1–8, Montañesa). Auch der *jujío* besteht aus einem Halteton, an den sich ein Lachgeräusch anschließt, das dem der *rejijíos* ähnelt. Alle solistischen Ausführungen weisen eine geringe Anzahl Obertöne auf. Demgegenüber lässt das Spektrogramm der *rejijío*-Mehrpartausführung sieben Partialtöne erkennen. Eine Tiefpassfilterung hat ergeben, dass allein der erste als Träger des Stilmerkmals Rauhigkeit gelten kann. Anhand einer Reihe von Messungen an einzelnen Amplitudenspektren des Signals (Fig. 6 zeigt derer zwei) ließen sich im Frequenzband um 1 kHz die typischen Centdifferenzen nachweisen, die einen rauhen Höreindruck verursachen. Laut García Matos (1961: 3–8) wird dieser Ruf in einigen Gegenden Leóns *aturrio*, das Rufen selbst *aturriar* genannt. Damit beabsichtigen auf Freiersfüßen wandelnde junge Männer ihre Nebenbuhler zu verwirren und einzuschüchtern (vgl. García Matos 1961, Schallplattenbeiheft). Bei den Frauen ist der aturrio zuweilen als lautstarker Abschluss der Erntelieder zu vernehmen (LP 1973: 4–9, La Siega).

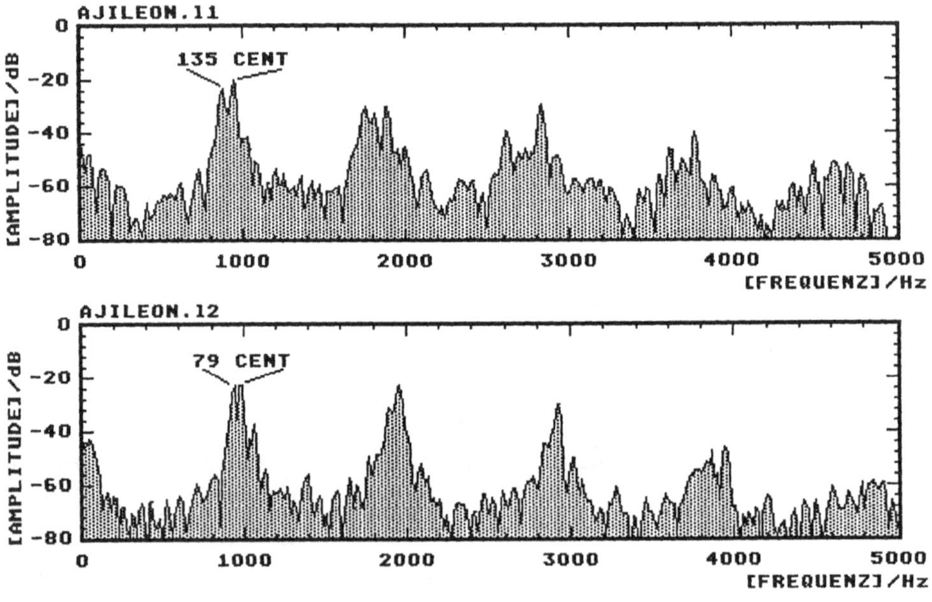

Fig. 6: Zwei Amplitudenspektren aus dem Spektrogramm „ajiLEON" (Abb. 3) zeigen Peaks, die im Frequenzbereich um 1000 Hz innerhalb der kritischen Bandbreite liegen. Eine Filterung des Signals „ajiLEON" (Abb. 3) hat ergeben, dass der rauhe Zusammenklang im Wesentlichen auf Abstände dieser Größenordnung im Frequenzband 800–1100 Hz zurückzuführen ist.

Die geschilderten Erfahrungen mit der Aufnahme des *ajiji*-Rufs auf El Hierro legen nahe, dass die Produktion rauher Zusammenklänge in jedem Fall eine enge Formation der Vokalist(inn)en erfordert, wenngleich sich anhand der Matos-Aufnahmen sowie anderer Tondokumente Einzelheiten der Aufstellung und Mikrofonplatzierung nicht mehr eruieren ließen. Den Irrelevanzfilterungen der anderen rauh klingenden Klangbeispiele (Nr. 9, 10, 11, 13, 14) nach dem Modell der Mehrfachverdeckung von Eckel (1989) fielen lediglich Geräuschanteile zum Opfer. Berücksichtigt man, dass der Rauhigkeitseffekt bevorzugt dann auftritt, wenn die konstituierenden Parts annähernd gleich stark sind (Födermayr/Deutsch 1992: 381, Anm. 10), so lässt sich denken, dass es den Vokalist(inn)en möglich war, die Bedingungen im Aufnahmestudio im Hinblick auf das notwendige Lautstärkeverhältnis zu optimieren. Sind mehrere Mikrofone verwendet worden, können eventuelle Intensitätsunterschiede auch im Nachhinein mittels eines Mischpultes nivelliert worden sein.

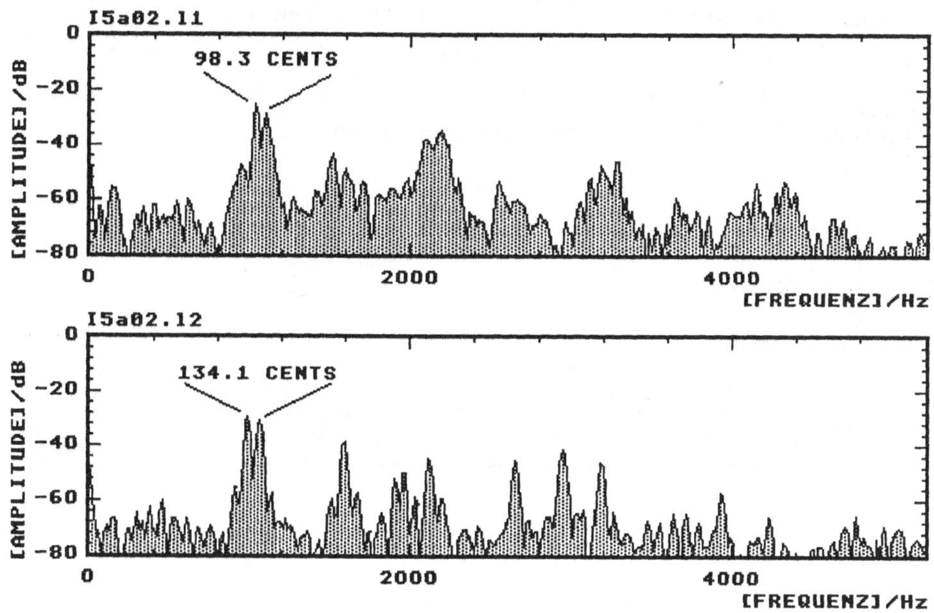

Fig. 7: Zwei der vielen FFT-Spektren, aus denen sich das Spektrogramm des *quililí* zusammensetzt (vgl. die Markierungen I5a02.11 und I5a02.12 in der Abb. 4). Die Centdifferenzen der Größenordnung um 100 Cent, die in einem Bereich mit sehr niedriger Hörschwelle angesiedelt sind, wirken in besonders starkem Maße aufmerksamkeitserregend.

Das Spektrogramm des *quilili*-Rufs (Abb. 4, vgl. Fig. 7) mehrerer Frauen aus Cáceres (LP García Matos 1961: 5/2; La Rama, Klangbeispiel 11) zeigt nur wenige Teiltöne, die sämtlich in einem Frequenzbereich mit niedriger Hörschwelle angesiedelt sind. Dieser kollektive Schrei aus der spanischen Provinz Extremadura klingt wie ein durchdringendes, sehr schnell und unregelmäßig pulsierendes Gelächter. Den Klangeindruck bestimmen hauptsächlich die ineinander verwobenen Teiltonlinien im Bereich von etwas mehr als 1kHz, ca. 2 kHz sowie zwischen 2.5 und 3.5 kHz. Somit ist auch aus diesem Spektrogramm die Intention herauszulesen, den gemeinsamen Ruf „wie einen einzigen" erklingen zu lassen und dabei möglichst knapp aneinander vorbei zu schreien. Das resultierende Hörbild ist voller Rauhigkeiten. Demgegenüber bestimmen die resultierenden, sehr unregelmäßigen Amplitudenmodulationen (vgl. Abb. 4, RMS-Kurve) den Höreindruck weit weniger. In den FFT-Spektren, aus denen sich das digital errechnete Spektrogramm zusammensetzt, wurden nur an zwei Stellen (vgl. die Markierungen I5a02.l1 und I5a02.l2 in der Abb. 4) je zwei Messungen vorgenommen (vgl. Fig. 6). Indes zeigen die beiden Spektren deutlich, dass die Sängerinnen den größten Teil ihrer Schallenergie auf den Bereich um 1 kHz konzentrieren. Dieser Bereich ist auch für den Tonhöheneindruck verantwortlich, den dieser Schrei hervorruft.

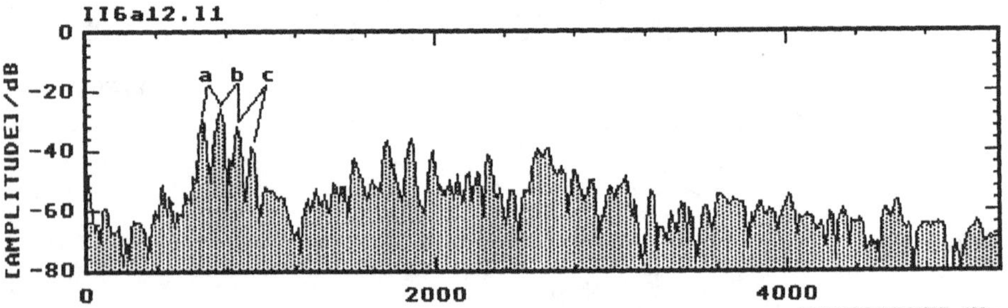

Fig. 7a: Ein einzelnes FFT-Spektrum (vgl. die Markierung II6a12.l1 in der Abb. 5) lässt erkennen, dass mindestens vier Männer ihre Schreie hart aneinander vorbei intonieren, was einen flächig angerauhten Klangeindruck hervorruft. Die eingezeichneten Tonhöhenabstände betragen an der in der Abb. 5 markierten Stelle a=246.7 Cents; b=211.1 Cents; c=156.4 Cents.

Freudenschreie aus Burgos (LP García Matos 1973:6/12; La Boda, Abb. 5, vgl. Fig. 7a), zunächst von einem, dann simultan von mehreren Männern angestimmt, klingen wegen der tieferen Tonlage der beteiligten Stimmen weniger durchdringend. Allerdings verursachen die ineinander verwobenen Teiltonlinien des zweiten Jubelrufs, die sich im Bereich zwischen 500 und 1000 Hz bewegen, wiederum einen stark angerauhten, bandähnlichen Höreindruck. Ein FFT-Spektrum (vgl. die Markierung II6a12.l1 in der Abb. 5; vgl. Fig. 7a) zeigt, dass sich dieser Schrei aus mindestens vier Einzelparts zusammensetzt, deren geringe Tonhöhenabstände (vgl. die Werte a, b, c in Fig. 7a) ausgeprägte Rauhigkeiten verursachen. Lachgeräusche bilden den Abschluss dieses Freudenrufs.

2.2.2 Frauenrufe aus Málaga (vgl. Klangbeispiel 13: LP García Matos 1973: 4/4, El Columpio)

In Andalusien richten die jungen Leute vom Beginn der Fastenzeit bis in die letzten Karnevalstage hinein vielerorts Schaukeln für die heiratsfähigen Mädchen her. Das Hin- und Herschwingen der jungen Frauen wird von sogenannten Schaukelliedern begleitet. Sie zählen im weitesten Sinne zu den Passionsliedern (Larrea Palacín 1949: 105–106). Dieser Brauch dürfte vornehmlich der Ehe- und Partnerschaftsanbahnung gedient haben, heute ist er beinahe verschwunden. In Málaga werden diese Lieder (und womöglich auch andere) von kollektiven Frauenrufen unterbrochen, wie der LP García Matos (1973: 4/4) zu entnehmen ist:

> [La] función [de los cantos del columpio] es la de acompañar el divertimiento de mecerse las mozas unas a otras en los columpios de soga que hacen en el campo, y aun en las calles de algunos pueblos, los dias festivos que se hallan dentro del tiempo que va del 20 de enero a los finales días del Carnaval. Mientras se columpia a una moza, otra canta las canciones, [...] en la[s] que se oye los gritos que, de tradición, las muchachas lanzan al aire en puntos determinados del canto. (García Matos 1973: 26, Schallplattenbeilageheft; LP García Matos 1973: 4/4)

Quellenkritisch ist anzumerken, dass auch diese Aufnahme allem Anschein nach unter studioähnlichen Bedingungen entstanden ist. Wie bei allen Tondokumenten der Matos-Anthologien (LPs 1961 und 1973) bleibt fraglich, ob und inwieweit die Klangvorstellungen der Akteure bei der Produktion berücksichtigt wurden. So bleibt unklar, ob die Frauen für ihre Schreie – ähnlich wie auf El Hierro – eine spezielle Aufstellung eingenommen haben. Immerhin dokumentiert die Aufnahme die gemeinsame Intention der Frauen, ihre Rufe nicht vereinzelt, sondern zusammen und mit voller Wucht anzustimmen. Bemerkenswert ist ferner, dass auch die Funktion dieser Stimmäußerungen im Brauchgeschehen Parallelen zur kanarischen Variante aufweist. Nach Larrea Palacín dienen die Schaukelliedrufe in erster Linie dazu, den Anwesenden neue Herausforderungen entgegen zu schreien. Man will damit zu einer Art Singwettbewerb anstacheln. Jedenfalls soll verhindert werden, dass das musikalische Geschehen vorzeitig erlahmt. Auf El Hierro funktionieren die *ajijides* als Anfeuerungsrufe für die Tänzer. Larrea Palacín verweist in diesem Zusammenhang auf Marius Schneider (1946: 74), wonach das absehbare Ende der Columpio-Strophen für gewöhnlich mit einem Schrei quittiert werde, dessen regionale Bezeichnungen sich zumeist auf tierische Lautäußerungen (wiehern, vgl. Cunningham 1980) beziehen:

> No podemos olvidar que, según M. Schneider, ese final de las coplas de columpio concide con los rejincho, iyuyú, aturuxo, irrintzi, grincho y aúc de diversas regiones españolas, con preferencia nórdicas, y que, en su denominación se refieren a gritos de animal; de caballo en mayoría de los casos, de lobo en Ibiza, y tienen una significación de desafío, aun en este caso, pues muchas de las coplas de columpio lo son de ‚pique'. (Larrea Palacín 1949: 124)

Larrea Palacín und Marius Schneider haben seinerzeit die emischen Hör- und Verstehensweisen nicht einbeziehen und darüber hinaus die klanglichen Unterschiede und Besonderheiten der verschiedenen regionalen Ausprägungen nicht in dem Maße berücksichtigen können, wie es heute mit den Mitteln der digitalen Signalverarbeitung möglich ist (Födermayr/Deutsch 1992, Deutsch 1994).

Um die Ursache für die geballte Wucht der beiden Columpio-Frauenrufe zu ergründen, wurden die beiden Tonbandproben mit Hilfe von S_TOOLS© untersucht. Die Abb. 6 und 7 zeigen Spektrogramme der beiden Schreie.

Anders als bei den bisher untersuchten Rufen ruht die Hauptschallenergie nicht auf P1 (vgl. Abb. 1), sondern verteilt sich relativ gleichmäßig auf mehrere Teiltöne (Abb. 6–7). Außerdem lassen die malagensischen Jubelrufe einen geräuschhaften, gleichsam „wiehernden" Abschluss vermissen. Ebensowenig sind in den Spektrogrammen (Abb. 6–7) ausgeprägte Haltetonphasen auszumachen.

Ähnlich wie die *ajijides* von El Hierro (Abb. 1) lassen auch die andalusischen Stimmäußerungen (Abb. 6–7) drei Phasen erkennen: einem einleitenden Schrei (sie erscheinen in den Spektrogrammen als bogenförmige Glissandi) folgt eine Phase ineinander verwobener (Abb. 6) oder auch paralleler Teiltonlinien (Abb. 7), die in gemeinsame Abwärtsglissandi münden. Lachgeräusche fehlen.

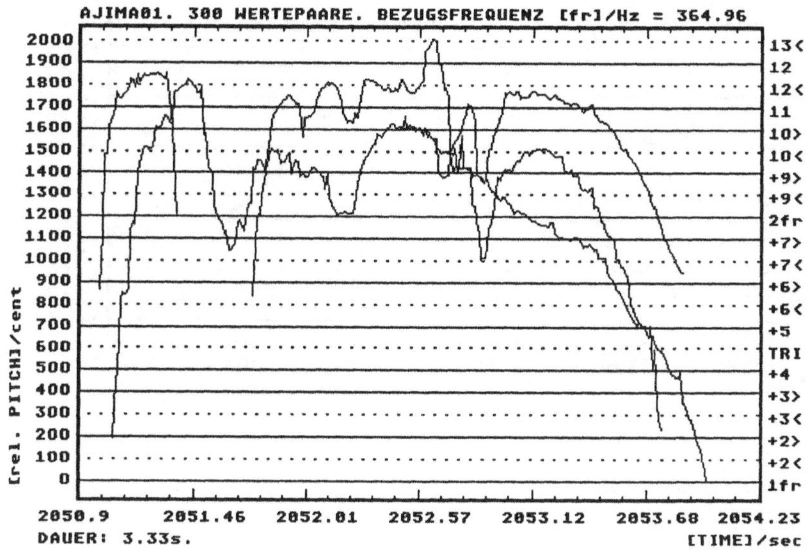

Fig. 8: Der erste Frauenruf, der im Verlauf eines malagensischen Schaukellieds angestimmt wurde (vgl. Abb. 6; vgl. die Legende zu Fig 5). Die Grundfrequenzspuren dieser Parts sind das Ergebnis vieler S_TOOLS©-Einzelmessungen, die am digitalen Spektrogramm (vgl. Abb. 6) vorgenommen wurden. Es lässt sich ablesen, dass Wucht und Reichweite dieses Schreis zumindest teilweise auf die Rauhigkeit der resultierenden Klänge zurückgeführt werden können. Die Frequenzspanne, in dem die Tonhöhenlinien hauptsächlich angesiedelt sind, entspricht in etwa jenem Bereich, in dem sich auch die Parts der anderen Rufe bewegen (70–1000 Hz).

Die beiden Spektrogramme zeigen, dass sich die Klangfarben der andalusischen Schreiphasen im Vergleich zur kanarischen Variante (vgl. Abb. 1 mit Abb. 6–7) weniger deutlich voneinander abheben. Deshalb klingen die Schaukelliedrufe eher wie Jubelschreie auf die Silbe „ay“, die lediglich hinsichtlich ihres Einsatzes und ihres gemeinsamen Schlussglissandos koordiniert wurden. Auch die Unterschiede der beiden mittleren Phasen (vgl. Abb. 6–7 bzw. Fig. 8–9) belegen, dass die Stilisierung der andalusischen Schreie weniger deutlich ausfällt als die der *ajijides* von El Hierro. Um die Parts dieser beiden Phasen genauer zu bestimmen, wurden die wesentlichen Teiltonlinien einzeln ausgemessen. Dargestellt wurden die Grundfrequenzspuren einiger Parts (vgl. Fig. 8–9).

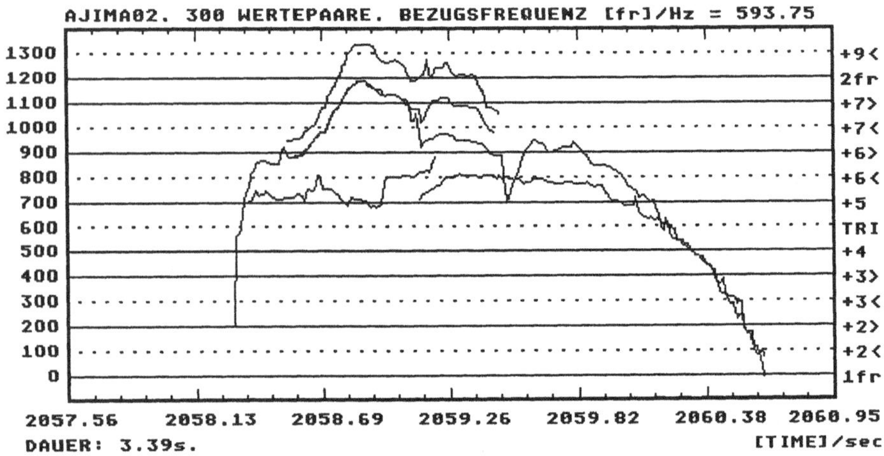

Fig. 9: Die mittlere Phase des zweiten Anfeuerungsrufs, der im Verlauf eines malagensischen Schaukellieds angestimmt wurde (vgl. Abb. 7; vgl. die Legende zu Fig. 5). Deutlicher noch als bei der ersten Probe aus Málaga (Fig. 8) lässt sich ablesen, dass eine ausgeprägte Rauhigkeit für die Wucht und Reichweite der resultierenden Klänge verantwortlich ist. Die Frequenzspanne, in der die Tonhöhenlinien hauptsächlich angesiedelt sind, entspricht wiederum jenem Bereich (700–1000 Hz), in dem mit geringen Schallenergien größte Aufmerksamkeit erzielt werden kann.

Auch bei den malagensischen Schreien spielen geringe Tonhöhendifferenzen der Parts eine Rolle, so dass die resultierenden Klänge Rauhigkeiten aufweisen. Der Klangeindruck der zweiten Probe aus Málaga wird noch deutlicher als der der ersten von Sekundreibungen bestimmt. Fig. 9 veranschaulicht die Grundfrequenzlinien einiger Parts der mittleren Phase (vgl. Abb. 7). Berücksichtigt man, dass es sich bei diesem Tondokument vielleicht um eine Studioaufnahme handelt, so lässt sich denken, dass sich die Sängerinnen erst beim zweiten Mal richtig „eingeschrieen" hatten, die Probe AJIMA02 (Fig. 9) somit eher geeignet ist, den beabsichtigten Effekt zu dokumentieren. Ein unmittelbarer Hörvergleich der beiden Proben vermochte diese These zu stützen. Die zweite Probe aus Málaga hinterlässt einen durchdringenderen Höreindruck.

2.3 Stilisierte Frauenrufe in Jahjouka (Marokko; vgl. Klangbeispiel 14, Abb. 8)

Auch die Schreie, mit denen die Frauen in den Bergen von Ibala im Nordwesten Marokkos während des Hennah-Festes ihrer gehobenen Stimmung Ausdruck verleihen, klingen rauh und durchdringend. Bei diesen Festlichkeiten sind die Frauen unter sich. Die untersuchten Klangbeispiele entstammen einem Fernsehfilm aus dem Jahre 1984 (Medizza 1984) über die Musiktraditionen des Bergdorfes Jahjouka. Diese Musiken waren teilweise schon Anfang der siebziger Jahre durch das Interesse und Engagement des amerikanischen Schriftstellers Timothy Leary sowie des englischen Rockgitarristen Brian Jones (LP Jones 1971) einer breiteren Öffentlichkeit vorgestellt worden. Leider erlaubt es die Kameraführung des Medizza-Fernsehteams nicht, die rufenden Frauen bei der Ausübung ihrer Stimmtechnik direkt zu beobachten.

Der Abb. 8 ist zu entnehmen, dass in diesem Beispiel zwei Frauen nacheinander einsetzen. Hin und wieder wird dieser Schrei auch solistisch vorgetragen (Hessischer Rundfunk: N.N. 1993), die Mehrzahl der Beispiele aus dem genannten Film lässt aber Rauhigkeiten vernehmen, die von zwei annähernd gleich starken Parts verursacht werden. Selbst wenn die Vokalistinnen in Jahjouka keine besonderen Vorkehrungen zur Organisation einer punktuellen Schallabstrahlung treffen sollten, so darf vor dem Hintergrund der bisher geschilderten Befunde immerhin gefolgert werden, dass sich die Frauen bei diesem gemeinsamen Ausruf in einer unmittelbaren räumlichen Nähe zueinander befinden müssen. Bei Distanzen von etwas mehr als einem Meter müssen sie sich zumindest gegenüber stehen und selbstredend auch mit der für Jahjouka offensichtlich typischen Art des simultanen oder auch sukzessiven Anstimmens vertraut sein.

Die Stimmäußerung beginnt gewöhnlich mit mehreren Juchzern, die sich im Spektrogramm als auffällige Frequenzmodulationen abbilden (Abb. 8; vgl. das Intervall $654s < t < 655s$). Die Frequenzmaxima gehen mit Amplitudenmaxima einher, wie dem Beginn der RMS-Kurve (Abb. 8) zu entnehmen ist. Im weiteren Verlauf ergeben sich Haltetonphasen, die dann voneiner oder von beiden Vokalistinnen (Abb. 8; vgl. das Intervall $656s < t < 659s$) mit neuen Juchzern verziert werden. Diese resultierenden Amplitudenmodulationen fallen im Vergleich zu den anfänglichen weit weniger deutlich aus. Aufgrund der gegenseitigen Überlagerungen beleben sie den rauhen Klangverlauf zusätzlich auf eine unregelmäßige Art und Weise. Die aufmerksamkeitserregende Wirkung dieser Schreiform beruht einerseits auf Rauhigkeiten, andererseits auf Überlagerungen auffälliger Modulationen, die sowohl die Frequenz als auch die Amplitude betreffen. Das zeitliche Zusammentreffen dieser Modulationen bleibt dabei offensichtlich dem Zufall überlassen.

Es fällt auf, dass diese Schreiform im Gegensatz zu den spanischen kaum eine zeitliche Gliederung aufweist, ausgeprägte Phasen sind nicht zu erkennen. Das mag als ein Indiz dafür gewertet werden, dass sich eine Anführerin bei Festlichkeiten, die die Frauen und Männer in räumlicher Trennung voneinander zelebrieren, darauf verlassen kann, dass in ihrer unmittelbaren Nähe eine Mitstreiterin in den Schrei mit einfallen wird. Anzumerken bleibt, dass die anderen Musiktraditionen Jahjoukas, die zum einen in diesem Film, zum anderen auf Schallplatten (LP Jones 1971) dokumentiert wurden, keine ausgeprägten Rauhigkeiten dieser Art bieten. Dies gilt sowohl für die angestimmten Lieder als auch für das Zusammenspiel der Kegeloboen (*gaitas*). Die *gaitas* verursachen zwar ein überaus lautes und durchdringendes Klangbild, sind aber nicht gegeneinander verstimmt. Vielmehr werden sie, wie dem Fernsehfilm (Medizza 1984) zu entnehmen ist, vom dortigen Instrumentenbauer sorgfältig aufeinander abgestimmt. Letzterer erteilt auch Instrumentalunterricht. Der Filmmitschnitt einer Unterrichtsszene belegt, dass das Zusammenspiel der Blasinstrumente von Lehrer und Schüler keine Rauhigkeiten aufweist. Erklingen mehrere *gaitas* gleichzeitig, so entsteht eine Klangverbreiterung, die man als „chorischen Effekt" bezeichnet (Fricke 1988: 71–72). Festzuhalten bleibt, dass es die „Meistermusikanten von Jahjouka" (Medizza 1984) genau wie ihre Frauen in erster Linie auf durchdringende Klänge von großer Reichweite abgesehen haben. Kegeloboen sind dafür besonders geeignet. Die Frauen bedienen sich zum einen flächig rauher, bandähnlicher Simultanklänge, zum anderen auffälliger Juchzer, die als ein Zusammenwirken von Frequenz- und Amplitudenmodulation gedeutet werden können. Neben ausgeprägten Rauhigkeiten vereinigen die Jubelschreie aus Jahjouka die Stilmerkmale zweier Ololygetypen (vgl. FöTyp 1 und 4, Födermayr 1970: 63–64). Lachgeräusche fehlen. Eine Irrelevanzfilterung der Frauenstimmäußerungen aus Jahjouka (Eckel 1989, Deutsch/Eckel/Noll 1990, Deutsch 1994) ergab lediglich verdeckte Geräuschanteile. Das liegt daran, dass die sich überlagernden Vokalparts immer von einer annähernd gleichen Intensität sind, was die Rauhigkeitsempfindung begünstigt.

2.4 Frauenrufe auf Madeira (vgl. Klangbeispiel 4, o. Abb.)

Kollektive Frauenrufe auf Madeira klingen im Vergleich zu den bisherigen Beispielen deutlich weniger rauh. Sie rufen außerdem deutlich tiefere Tonhöhenempfindungen hervor. Des Weiteren verläuft die Schallenergiekurve im Vergleich zu denen der vorherigen Beispiele auf einem niedrigeren Niveau, obwohl das Volkslied aus Madeira mit vergleichsweise geringem Mikrofonabstand aufgezeichnet wurde (freundliche Mitteilung von Manuel González Ortega aus Las Palmas de Gran Canaria). Auch andere Freudenschreie, die Ortega auf dem portugiesischen Archipel im Verlauf anderer Lieder aufzeichnen konnte, klingen eher verhalten, so, als hätten sich die Sängerinnen dabei gleichsam zurückgenommen. Ob diese gebremst anmutende Stimmgebung auf Madeira üblich ist oder ob es sich um einen Versuchsleitereffekt handelt, konnte nicht geklärt werden. Wie die Beispiele von El Hierro, aus Santander und León (Klangbeispiele 1, 7 und 10) zeigt das Spektrogramm zwei Phasen: Einem Halteton folgt ein Lachen. Dessen Klangfarbe ist deutlich vom u-Formanten geprägt.

3. Auffällige Amplitudenmodulationen

3.1 Vorbemerkungen

Zwicker verweist darauf, dass „das Gehör […] bei gleicher spektraler Zusammensetzung des Schalls gegen Frequenzmodulation wesentlich weniger empfindlich ist als gegen Amplitudenmodulation". Deshalb werden bei Schwebungen, die ja „eigentlich […] eine Kombination aus Amplitudenmodulation und Frequenzmodulation" sind, hauptsächlich Amplitudenschwankungen wahrgenommen (Zwicker 1982: 17). So nimmt es nicht wunder, dass eine Anzahl traditioneller Schreiformen auf Stimmtechniken beruht, mit denen sich „steile Druckflanken mit kurzen, starken Intensitätsschwankungen" erzeugen lassen. Schalle dieser Qualität „können besonders gut geortet (lokalisiert) werden". Demgegenüber sind Klänge „mit hohem, eingeschwungen weichem, langsam schwankendem Spektrum äußerst schlecht lokalisierbar". (Brandl 1992: 62).

Die ausgeprägte Empfindlichkeit des Gehörs amplitudenmodulierten Schallen gegenüber erklärt die Tatsache, dass die Wirkung solcher Schreie in deutlich geringerem Maße von der Aufstellung der Vokalist(inn)en abhängt, als bei den Rauhigkeiten festzustellen war. Dies gilt besonders für den afrikanischen

Frauentriller, für den laterale Zungenbewegungen typisch sind (FöTyp 3). Solche Triller sind in Goulimin üblich, einer Stadt im Süden Marokkos, die für ihren Dromedarmarkt bekannt ist. Eigenen Beobachtungen beim Regentanz der dort ansässigen Schwarzafrikaner im März 1983 zufolge begleiten einzelne Frauen das übrige Geschehen mit ihren Trillern in der Regel von ihren Sitzplätzen oder Standorten aus, ohne zusammen mit anderen eigens dafür eine besondere Aufstellung einzunehmen. Die Ausführenden saßen oder standen teilweise mehr als 50m voneinander entfernt, weil die Tänzerinnen und Tänzer fast den gesamten Platz für sich beanspruchten. Eine im Fernsehen gezeigte Filmaufnahme von einer Besessenheitszeremonie in einer entlegenen Kairoer Gasse zeigte ebenfalls eine solistische Aufführungspraxis der Zungentriller (Marre 1992). Nach den Beobachtungen des Göttinger Ethnologen Peter Fuchs erfolgen die Frauentriller in den von ihm bereisten Gegenden Nordafrikas spontan, ohne dass man dafür irgendeine besondere Form der Aufstellung einnimmt. Geräuschkaskaden, die an ein ritualisiertes Lachen oder an ein Wiehern erinnern, sind ihm nirgendwo aufgefallen.[10] Einschränkend bleibt anzumerken, dass Musik- und Tanzgeschehen in der Regel besondere Formationen voraussetzen (vgl. Fig. 10). Festzuhalten bleibt jedoch, dass die spontanen Zungentriller in Nordwestafrika keine besondere Verabredungen oder Vorkehrungen erfordern.

Födermayr hat festgestellt, dass sich eine Zuordnung der von ihm erforschten Ololygetypen zu bestimmten Verbreitungsgebieten nicht vornehmen lässt (Födermayr 1970: 63). Die Aufnahmen des französischen Ethnomusikologen Lortat-Jacob (LP 1979, Seite B, *ahwach*, Klangbeispiel 16) aus dem Hohen Atlas belegen, dass man dort gelegentlich ganz verschiedene Schreiformen (FöTyp 1 und 3) unmittelbar nacheinander anstimmt (vgl. Fig 10).

Ahwach ist die Gattungsbezeichnung für die nach Lortat-Jacob repräsentativste musikalische Ausdrucksform der Gegend namens Tashlhiyt im Südwesten Marrakeshs. Typisch für ein *ahwach*-Geschehen sind allmähliche Rhythmusveränderungen, mit denen eine Temposteigerung einhergeht (LP Lortat-Jacob 1979, Schallplattentext). Das Plattencover zeigt die besondere Aufstellung der Beteiligten: Frauen und Männer bilden, der Größe nach aufgestellt, lange Reihen, die sich spiralförmig fortbewegen.

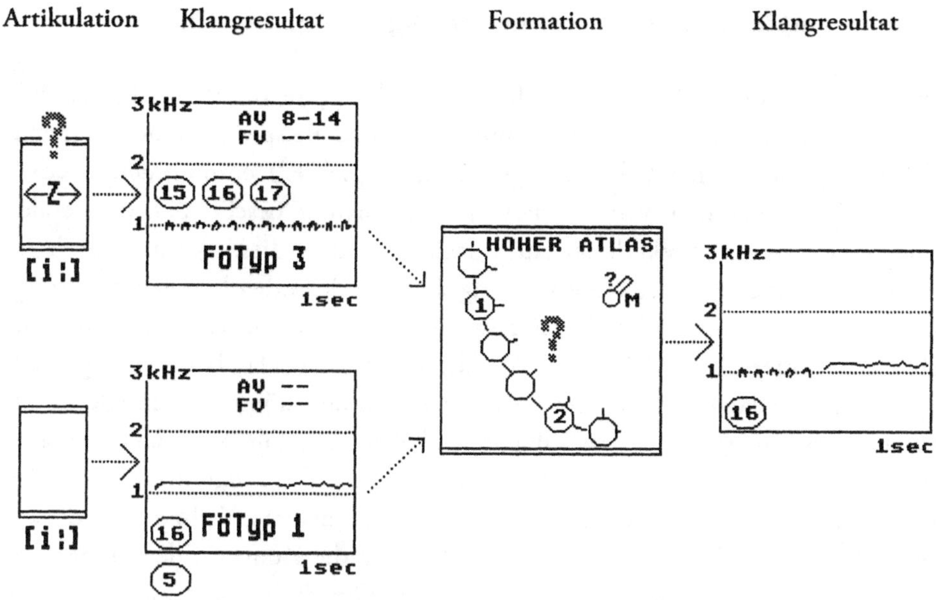

Fig. 10: Zwei sehr verschiedene Ololygeformen (FöTyp 3 und 1) erklingen im Verlauf eines *ahwach*-Geschehens nacheinander (LP Lortat-Jacob 1979, S. B). Die Darstellung berücksichtigt die Artikulationsarten (links) und Formationen (Mitte) mit den jeweiligen Klangresultaten, letztere in Form stilisierter Spektrogramme, die lediglich die prominentesten Teiltonkonturen zeigen (AV- und FV-Werte in Hertz). *Links oben:* Z verweist auf laterale Zungenbewegungen, vermittels derer die Berberfrauen vermutlich trillern (s. Fragezeichen). *Links unten:* das leere Rechteck symbolisiert die Tatsache, dass Angaben über ausgeprägte Zungen- oder Kehlkopfbewegungen fehlen. Eingekreiste Ziffern verweisen auf weitere Belege, die der Liste der Klangbeispiele zu entnehmen sind. *Mitte:* Die mutmaßliche, indes nicht verbürgte (s. Fragezeichen) Formation der Ausführenden aus der Vogelperspektive. Die numerierten Köpfe mit den stilisierten Nasen symbolisieren die Reihenfolge des Einsetzens. „?M" bezeichnet einen möglichen Standort eines Mikrofons mit Nierencharakteristik, welches das im Spektrogramm (o. Abb.) dargestellte Monosignal aufgezeichnet haben könnte. Diese fiktive Anordnung setzt voraus, dass die Aufzeichnung der Freudenschreie das Hauptanliegen des Feldforschers war. Davon ist in den meisten Fällen (Klangbeispiele 2–17) allerdings nicht auszugehen, weil die meisten Aufnahmen nicht Jubelschreie, sondern vielmehr das gesamte übergeordnete Musikgeschehen dokumentieren sollen, wofür man zweckmäßigerweise mit mindestens zwei Mikrofonen arbeitet. *Rechts:* das vereinfachte Spektrogramm der resultierenden Klangstruktur.

3.2 Nordwestafrikanische Frauentriller (Klangbeispiele 14–17)

Den bildsynchronen Abschnitten der Originaltonspur des Fernsehfilms von Banuls und Heller (WDR 1991) konnten mehrere Beispiele für den Zungentriller der Tuaregfrauen (Abb. 9; vgl. Klangbeispiel 17) entnommen werden. Dieser Film bietet den Vorteil, dass sich die häufig beschriebenen lateralen Zungenbewegungen direkt beobachten lassen, so dass diese Stimmtechnik im Hinblick auf eine genauere Untersuchung der resultierenden Parameter verbürgt ist. Das Spektrogramm (Abb. 9) zeigt zwei nacheinander einsetzende Triller, die sich im Zeitintervall (669.8s < t < 670.6s) überlagern. Das Beispiel zeigt, dass dabei Simultanklänge von kurzer Dauer vorkommen können, wenngleich die Frauen es erkennbar nicht darauf abgesehen haben. Die Filmszene lässt sich eher dahingehend interpretieren, dass die Sängerin Nr. 2 die Sängerin Nr. 1 ablöst. Als ein „Abwürgen" lässt sich diese Ablösung nicht deuten. Vielmehr ist diesem wie auch anderen Beispielen zu entnehmen, dass die Zungentriller immer von annähernd gleicher Dauer (ca. 3–5 sec) sind. Die Stimmäußerungen kontrastieren ein komplexes Klangbild aus vielen gesummten Haltetönen, das durch Klatschformeln eine interessante Rhythmisierung erfährt und ein Repertoire tänzerischer Bewegungen aktiviert. Die Frauen stehen dafür relativ dicht beieinander. Die reitenden Männer lenken ihre Dromedare um die Gruppe herum, wobei sie die Bewegungen der Tiere offensichtlich auf die Tänze und Rhythmen der Frauen abzustimmen verstehen.

Abb. 9 zeigt die gewohnte Konzentration der Schallenergie auf den ersten Partialton des Trillers. Dessen Intensitätsschwankungen verlaufen zu denen des zweiten und dritten Teiltons annähernd synchron (vgl. t > 669.8s). Födermayr attestiert diesem Ololygetypus Amplitudenschwankungen mit 8.6–20 Perioden/sec. Messungen an verschiedenen Proben der Klangbeispiele 14–17 ergaben eine Bandbreite von 7.8–14.4 Perioden/sec. Die nachstehende Zusammenfassung enthält Durchschnittswerte, denen jeweils 3 Messungen zugrunde liegen:

Klangbeispiel		Probe	Perioden/sec
17	Mali	TUAR1311 (Sängerin Nr. 1, vgl. Abb. 9)	12.4
17		TUAR1345 (Abb. 9; Sängerin Nr. 1)	8.2
17		TUAR1345 (Abb. 9; Sängerin Nr. 2)	13.9
15	Marrakesh	GN020693 (o. Abb.)	11
16	Hoher Atlas	oloAHW1	12.6

16	oloAHW21	11.7
16	oloAHW41	12

Die Amplitudenschwankungen verlaufen häufig unregelmäßig. Darüber hinaus enthüllen die Messungen ein interessantes Detail: Die Sängerin Nr.1 (vgl. Abb. 9) lässt in der ersten Probe um die 12 Perioden/sec vernehmen. Eine halbe Minute später trillert sie mit nur 8 Perioden/sec hörbar langsamer. Damit bewegt sie sich an der unteren Grenze der von Födermayr ermittelten Größenordnung, während ihre Kollegin 12–14 Perioden/sec erzeugt. Das Beispiel zeigt, wie unterschiedlich die Trillergeschwindigkeiten der Frauen im Verlauf weniger Minuten ein und desselben Musikgeschehens ausfallen können. Dies gilt selbst für einzelne Realisationen dieser Stimmtechnik. Die Amplitudenmodulationsfrequenz vermag diesen Stil demnach nur unvollkommen zu beschreiben, wenngleich die an der nordwestafrikanischen Küste bevorzugte Trillerfrequenz sich anscheinend in einer Größenordnung von 12–14 Perioden/sec bewegt. Weil die Modulationsfrequenzen, wie schon Födermayr mitteilt, großen Schwankungen unterliegen (Födermayr 1970: 63–64), soll im folgenden die zeitliche Entwicklung der RMS-Werte im Mittelpunkt des Interesses stehen (vgl. Fig. 11 und 13).

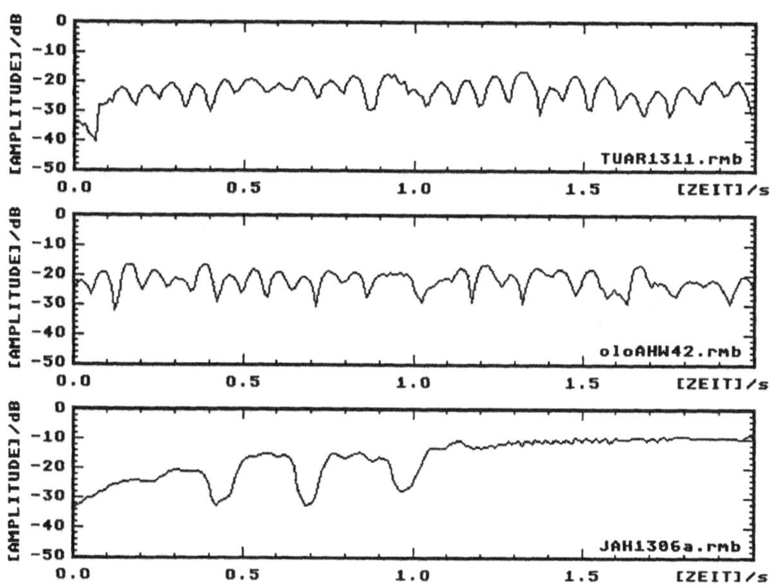

Fig. 11: Die zeitliche Entwicklung der RMS-Werte dreier nordwestafrikanischer Proben im Vergleich. Gezeigt werden die ersten 2 Sekunden der Teilamplitudenkurven des

ersten Teiltons. Alle Vokalistinnen pflegen das Gros der Schallenergie auf den ersten Partialton zu konzentrieren, dessen Kontur sich zumeist in einem Frequenzband um 1 kHz bewegt. *Oben:* Ein vergleichsweise regelmäßiger Zungentriller bei den Tuareg in Mali. *Mitte:* Die Ololyge der Berberfrauen im Hohen Atlas fällt demgegenüber deutlich unregelmäßiger aus. Dennoch legt der ähnliche Kurvenverlauf nahe, dass man auch im Hohen Atlas vermittels lateraler Zungenbewegungen trillert. *Unten:* Die Freudenrufe der Frauen in Jahjouka beginnen mit deutlich größeren Amplitudenschwankungen. Dahinter verbirgt sich eine ganz andere Stimmtechnik.

Die ersten beiden Teilamplitudenkurven der Fig. 11 ähneln sich besonders in der ersten Hälfte des Zeitabschnitts. Sie weisen annähernd dieselbe Modulationsfrequenz und darüber hinaus Schwankungsbeträge derselben Größenordnung auf. Auch die Intensitätsschwankungen anderer Beispiele aus Mali, dem Hohen Atlas und Marrakesh (Klangbeispiel 15) zeigten ähnliche Bilder, so dass gefolgert werden darf, dass auch in den letztgenannten Regionen laterale Zungenbewegungen als die bevorzugte Ololygetechnik gelten.

3.3 Kanarische Triller (Klangbeispiele 2 und 3, vgl. Abb. 10–12)

3.3.1 Eine historische Quelle

Auf den Kanaren sind die Freudentriller ganz anderer Natur. Im vorigen Jahrhundert hat sich der Arzt Juan Bethencourt Alfonso an einer musikethnologischen Transkription versucht (vgl. Fig. 12). Dies geschah zur Illustration seines Werkes „Historia del pueblo guanche“, woraus folgt, dass der Arzt die archaisch anmutenden Schreie und Lachsalven den Altkanariern zuschreibt. Für ihn hat das Kriegs- und Triumphgeschrei der kanarischen Ureinwohner in den *ajijides* überlebt. Folgerichtig möchte er auch die verwandten Schreiformen der Basken, Asturier, Galizier und Kantabrier als Zeugnisse vorchristlicher Zeiten gedeutet wissen. Alfonso hebt besonders auf den mehrdeutigen Charakter der vielfältigen Klangfärbungen ab. Letztere, so der Gelehrte, spiegeln die Gefühlswelt des gemeinen Volkes wider, wobei sie gleichermaßen Wut- und Freudengeschrei zu signalisieren vermögen. Die Schilderung dieser Ambivalenz erinnert an die von Födermayr mitgeteilte Doppelfunktion der Ololyge als Klage- und Freudenruf. Es fällt auf, dass sich der kanarische Forscher jeglichen Hinweises auf vermeintlich nordafrikanische Wurzeln dieser Schreiform enthält:

> Era el ajijide el grito de guerra de triunfo y de alegría del pueblo guanche. Cuando cargaba al enemigo, retornaba vencedor de los Juegos Beñesmares, acudía a las festividades o celebraba acontecimientos de interés colectivo, los ajijides atronaban por valles y laderas. Sus diversos matices interpretaba fielmente las emociones de la muchedumbre. Por esto siendo un mismo acto, un fenómeno único, llevaba en sus vibraciones misteriosas unas veces los espasmos del coraje, ya las exaltaciones de la victoria o la jubilosa algazara de la dicha. [...] Equivale al irrinche o sánso de los vascos, al ijujú de los astures, al uturuxu gallego y al relincho y tururar de los montañeses de Santander, sus hermanos en época precristiana. (Alfonso 1991: 155–156)

Alfonsos handschriftliche Transkription (Fig. 12) lässt auf eine Anführerin schließen (oberes System), deren Schrei von allen anderen Anwesenden beantwortet wird (unteres System). Das Notenbild lässt aufmerksamkeiterregende Pulsationen und Glissandi erkennen. Um genauer zu ermesse welche Höreindrücke diese Modulationen in dem angegebenen Tonhöhenbereich hervorrufen, wurde die Verschriftlichung probehalber verklanglicht, d.h. resynthetisiert.

Fig. 12: Die handschriftliche Transkription eines kanarischen *ajiji*-Rufs, die der Arzt Juan Bethencourt Alfonso im vorigen Jahrhundert angefertigt hat. Sie erscheint in der 1991 nachgedruckten „Historia del pueblo guanche" als Faksimile (Alfonso 1991: 155). Die eingezeichneten Glissandi, Staccati und Akzente (unteres System) lassen ein Bemühen um eine möglichst deskriptive Notation erkennen. Die klangliche Resynthese offenbart Stilmerkmale, die an den *arureo*-Schrei erinnern, welcher auf Fuerteventura üblich ist.

3.3.2 *Arureos* (vgl. Klangbeispiel 2, Abb. 10–12) und *jijides* (vgl. Klangbeispiel 3, Abb. 12)

In Anlehnung an die Tatsache, dass die Schallenergie in allen Rufbeispielen auf den ersten Partialton konzentriert erscheint, beschränkt sich die Resynthese der Transkription Alfonsos (Fig. 12) auf eine einzige spektrale Komponente. Wegen der Pulsationen, die sich aufgund der Staccato-Notierung (Fig. 12) ergeben, erinnert das resynthetisierte Klangbild an die sogenannten *arureo*-Rufe von der Kanareninsel Fuerteventura, Nachbarin der Sahara (Abb. 10, 11). Der Vergleich der Spektrogramme lässt ähnliche Formverläufe erkennen. Der einleitenden Pulsationsphase folgen zwei glissandierte Juchzer, die im Schallbild der resynthetisierten Transkription sehr großzügig ausfallen. Den Abschluss bildet jeweils ein Abwärtsglissando, das der Transkribent wieder mit einem regelmäßigen Staccato versehen hat. Im Spektrogramm einer eigenen Aufnahme eines *arureo*-Schreis der Sängerin Margarita Betancourt Guardia (Abb. 10) erscheint diese Schlussphase, die als ein abwärts gerichtetes Juchzen zu vernehmen ist, mit dementsprechend unregelmäßigen Schwankungen des Druck-Zeit-Verlaufs (vgl. die in Abb. 10 über dem Spektrogramm abgebildete RMS-Spur).

Nach Auskunft der genannten Sängerin animierte dieser Schrei in früheren Zeiten die Feldarbeiterkolleginnen und -kollegen, die gemeinschaftliche Arbeit dahingehend zu beschleunigen, auf dass sich bald ein Ende abzeichnete. Auf Fuerteventura pflegte man die Saaternte mit Romanzen zu begleiten, die von einem Vorsänger ausgewählt und angestimmt wurden und in deren Refrains alle anderen einfielen (vgl. CD *El folklore de Fuerteventura* Nr. 21). Die genannte CD belegt ferner, dass ein solcher Ruf auch das Ende einzelner Liedstrophen markierte. Ich hatte in Las Palmas de Gran Canaria Gelegenheit[11], mich bei Frau Guardia zum einen nach der Stimmtechnik, zum anderen nach der typischen Formation der Beteiligten zu erkundigen. Letztere war allein von der gemeinsamen Feldarbeit bestimmt, für den Schrei oder das Lied nahm man keine besondere Aufstellung ein:

> ¿Se mueve la lengua, no?
> Sobre todo la garganta. (Demonstriert die Anfangsphase eines *arureo*-Schreis). Y la lengua, la punta de la lengua (zeigt auf ihre sich auf und ab bewegende Zungenspitze).
> ¿Qué significa ese grito?
> Eso (sirve) para darnos ánimo para trabajar, claro, cuando estamos arrancando la sementera.

¿Hay que reunirse de una forma especial para sacar este grito?
Estamos en el suelo arrancando la sementera. Todas parejas. Todos están en fila para llevar el corte parejo para adelante. Y si cae alguna punta por un lado, "venga chiquillo a arrancar, a coger aquella punta para adelante para sacar todo en peso".
¿Y se grita de esta manera para que se den prisa los otros?
Claro, claro y para dar ánimo, para sacar fuerza y para acelerar el trabajo.
(Aus dem Tonbandinterview vom 24.04.93)

Die besonderen Amplitudenmodulationen im Verlauf der ersten Phase prägen den Charakter der *arureo*-Schreie. Margarita Betancourt Guardia demonstrierte, dass diese traditionelle Rufvariante Kehlkopfbewegungen bei gleichzeitigen vertikalen Bewegungen der Zungenspitze erfordert. Diese Technik bewirkt ein sehr prägnantes Amplitudenvibrato bei gleichzeitiger Frequenzmodulation, wobei letztere gehörmäßig allerdings deutlich weniger ins Gewicht fällt. Hörbar wird vielmehr ein fortlaufendes Klangfarbenvibrato, welches ganz anders klingt als die berberischen Varianten. Die Amplitudenmodulationsfrequenz beträgt vergleichsweise nur etwa die Hälfte, sie bewegt sich zwischen 6 und 7 Hz. Dasselbe gilt für das Beispiel aus Teneriffa, wo man allerdings auf ausgeprägte Kehlkopfbewegungen verzichtet. Dort bewegt man die Zunge auf und ab[12], um eine annähernd periodische Änderung des Schalldruckspitzenwertes zu bewerkstelligen. Fig. 13 erlaubt, die ersten 2 Sekunden der Druck-Zeit-Verläufe der in Rede stehenden Proben (vgl. Abb. 10 und 12) zu vergleichen. Die auf Fuerteventura übliche Stimmtechnik (Fig. 13 Mitte) verursacht steilere Druckflanken und einen größeren Schwankungsbetrag als die Proben, die sich auf laterale Zungenbewegungen zurückführen lassen (Fig. 11). Interessanterweise zeigt der *jiji*-Ruf aus Teneriffa (Fig. 13 unten) eine annähernd gleiche Modulationsfrequenz bei deutlich schwächeren Auslenkungen der Amplitudenkurve. Dies ist ein Indiz für die Effektivität der Kehlkopftechnik im Hinblick auf die gewünschten Schallqualitäten.

Anzumerken bleibt, dass die kanarischen Varianten vornehmlich amplitudenmodulierter Schreiformen anders als die afrikanischen nicht spontan realisiert, sondern vermittels vereinzelter Rufe auf die Silbe „gur" gleichsam vorbereitet werden (Abb. 11, 12). Die sogenannten *gurguseos* verursachen eine wachsende, erwartungsvolle Unruhe, eine Atmosphäre, die den eigentlichen *arureo* gleichsam gebiert.

Das Ambiente dieser Mehrpartrufe aus Fuerteventura (Abb. 11) und Teneriffa (Abb. 12) wird auf diese Weise schon im Vorfeld von unzähligen juchzenden und seufzenden *gurguseos* angereichert. Schließlich überlagern sich *ajijides* und *gurguseos* und erzeugen so ein belebtes, dichtes Klangbild, aus dem die markanten Amplitudenmodulationen herausragen. Alfonso weist darauf hin, dass die *gurguseos* den Freudentriller oft auch beantworten (vgl. Fig. 12 unteres System):

> El ajijide antes de lanzarlo la muchedumbre o rancho va precedido del gurguseo, grito preventivo para anunciarlo dado por cualquiera de la colectividad, que consiste en repetir la sílaba gur, gur, gur..., con dos sobrealientos finales, a los que sigue el coro del ajijide a manera de carcajadas breves y ruidosas, repitiendo asimismo la palabra ji, ji, ji... formando como ondulaciones, cual aún se oye a lo romeros de Candelaria, etc. (Alfonso 1991:156)

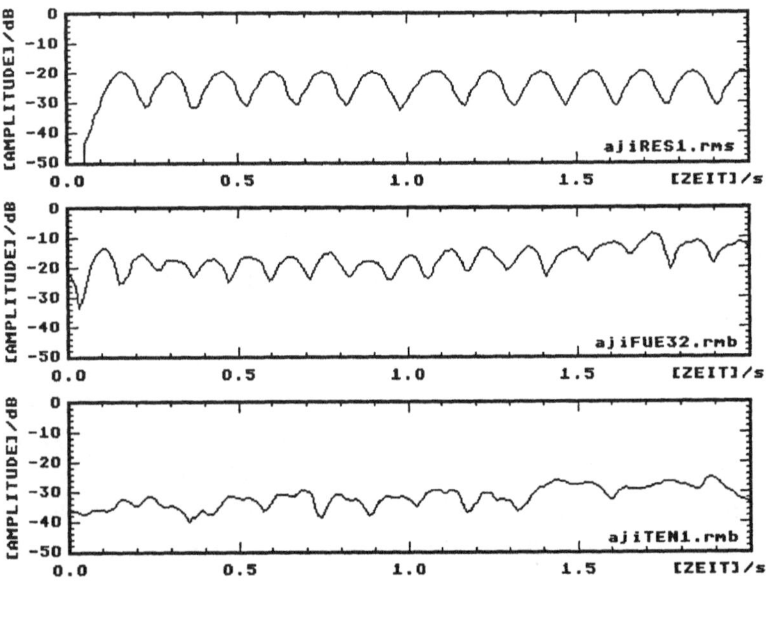

Fig. 13: Die zeitliche Entwicklung der RMS-Werte im Vergleich (vgl. die Legende zu Fig. 11). Oben: Die anfängliche Amplitudenkurve der klanglichen Resynthese einer kanarischen Schreiform, die nach einer handschriftlichen Transkription (Alfonso 1991: 155) vorgenommen wurde. Mitte: Die Anfangsphase eines solistisch vorgetragenen *arureo*-Schreis von der Insel Fuerteventura. Die Kehlkopfbewegungen verursachen steile Druckflanken. Unten: Die Teilamplitude (vgl. Fig. 11) des *jiji*-Rufs von der Insel Teneriffa. Dieser Schrei wird ohne ausgeprägte Kehlkopfbewegungen ausgeführt. Die Amplitudenschwankungen fallen deutlich geringer aus.

3.4 Klangfarbenvibrati (Abb. 9 und 10)

Ausgeprägte Zungen- und Kehlkopfbewegungen sind die wesentlichen Merkmale der Ruftechniken, vermittels derer die Frauen aufmerksamkeitserregende, periodische Veränderungen der Schalldruckspitzenwerte zu erzielen verstehen. Im Folgenden soll geklärt werden, ob und inwieweit dabei von einer Unterbrechung des Schallflusses gesprochen werden kann. Von einem Aussetzen kann zumindest weder bei den nordwestafrikanischen noch bei den kanarischen Varianten die Rede sein, weil die Signalsegmente, die den Amplitudenminimen zugeordnet sind, nicht so kurz ausfallen, dass man ihnen keine Tonhöhe und Klangfarbe zuordnen könnte. Dies gilt sowohl für die Ololyge der Tuaregfrauen (Abb. 9) als auch für den *arureo*-Schrei von der kanarischen Insel Fuerteventura (Abb. 10). Mit der Arbeitsstation S_TOOLS© des Instituts für Schallforschung der Österreichischen Akademie der Wissenschaften ließen sich die Segmente gleicher Klangfarbe und Tonhöhe isolieren und dann sowohl einzeln als auch in beliebiger Reihenfolge zu Gehör bringen. Die Analyse der verschiedenen Triller erfolgte über die gängige Methode zur Berechnung der Übertragungsfunktion der Vokaltrakts (Fant 1960, Sundberg1987: 93ff). Auf diese Weise konnten die Formantfrequenzen analysiert werden (Fig. 15). Des Weiteren wurden Grundfrequenzmessungen vorgenommen. Die sich abwechselnden Klangsegmente stehen bei beiden Trillern in einem Sekundzusammenhang, wenngleich die periodischen Amplitudenstöße diesen in den Hintergrund treten lassen. Wegen der doppelt so hohen Pulsationsfrequenz (12–14 Hz) gilt dies besonders für die Ololyge der Tuaregfrauen. Fig. 14 gibt einen Überblick über die gemessenen Grundfrequenzen der einzelnen Trillersegmente. Es fällt auf, dass die berechneten Centdifferenzen der beiden Proben entgegengesetzte Vorzeichen haben. Beim lateralen Zungentriller der Tuaregfrauen fallen die Amplitudenmaxima mit Grundfrequenzminima zusammen, beim *arureo*-Schrei von der kanarischen Insel Fuerteventura ist es umgekehrt.

Probe	Amplitudenminimum	-maximum	Tonhöhenabstand
TUAR1345a	1153.65 Hz	1093 Hz	92.1 Cent
	1158.00 Hz	1070 Hz	136.8 Cent
ajiFUE31	912.11 Hz	968.58 Hz	-104 Cent
	895 Hz	964.9 Hz	-130 Cent

Fig. 14: Tabellarische Zusammenfassung der in einzelnen Trillersegmenten gemessenen Grundfrequenzen. Je Probe wurden zwei Messungen durchgeführt. Oben: Die Ololyge der Tuaregfrauen in Mali (Klangbeispiel 17). Unten: Der *arureo*-Schrei von der kanarischen Insel Fuerteventura (Klangbeispiel 3).

Die genauere Untersuchung eines kleinen Zeitsegments der Ololyge aus Mali hat gezeigt, dass die seitlichen Zungenbewegungen ein Amplitudenvibrato provozieren, das wiederum einen trillerartigen periodischen Klangfarbenwechsel bewirkt. Weil die Zungenbewegungen nur mittelbar zu vernehmen sind, bedarf die Nachtigal'sche Definition, wonach wir es mit einem Zungenschlaggeräusch zu tun haben, der Präzisierung.

Bei der Ololyge der Tuaregfrauen und noch mehr beim arureo aus Fuerteventura kann sogar von Klangfarbenvibrati gesprochen werden. Darunter sind nach Födermayr periodische Modulationen zu verstehen, bei denen mit jeder „Änderung der Schwingungsfrequenz eine Änderung der Stimmqualität verbunden ist. [...] Das wesentliche Kennzeichen einer solchen Klangfarbenmodulation besteht darin, dass mit jeder Periode des Vibratos auch ein Wechsel der Klangfarbe verbunden ist." (Födermayr 1971: 135)

Beim afrikanischen Zungentriller wechseln sich verschiedene Vokalqualitäten ab. Betrachtet man den Übergang von einem beliebigen Schalldruckpegelminimum zum Maximum, so verlagern sich die Intensitätsmaxima auf höher gelegene Klangkomponenten. Im Anschluss daran erfährt das schrille /i:/ durch die Intensitätsreduktion der höheren Formanten wieder eine Eintrübung (Fig. 15 oben). Diese Intensitätsverlagerungstendenzen entsprechen dem zweiten der Schumann'schen Klangfarbengesetze, dem sogenannten akustischen Verschiebungsgesetz (Mertens1975: 31, 82). Legt man die Formantstreckentabelle nach Födermayr (1971, Band 2: Tabelle 21) zugrunde, so bewegen sich die Spitzen zum einen innerhalb des F2[i]-Bereichs, zum anderen von der F3[i]-Obergrenze zur F4[i]-Untergrenze. Diese Klangfarbenunterschiede stehen somit mit den fortlaufenden Amplitudenstößen in einem engen Zusammenhang. Auf die Tatsache, dass Intensitätsunterschiede keinesfalls nur Empfindungen sich ändernder Lautstärken bewirken, hat Fricke schon Anfang der 1970er Jahre hingewiesen:

> Selbst das Piano und Forte, die dynamischen Schattierungen der Musik, sind nicht nur Erscheinungen aus dem Bereich der Lautstärke; sie sind eigentlich eher Erscheinungen aus dem Bereich der Klangfarbe, denn spezifisch klangliche Unterscheidungsmerkmale, die in den Schumannschen Klangfarbengesetzen beschrieben werden, dienen dem Erkennen der dynamischen Abstufungen. (Fricke 1973: 93–94)

Beim *arureo*-Schrei von der Insel Fuerteventura wird ein /ɯː/-Vokal periodisch zu einem /yː/ umgefärbt (Fig. 15 unten; vgl. dazu Födermayr 1971, Band 2: Tabelle 21). Die dort übliche Kehlkopftechnik vermag den Klangfarbenwechsel auf eine im Vergleich zum afrikanischen Frauentriller prägnantere Weise zu Gehör zu bringen. Zusammen mit gleichfalls vertikalen Bewegungen der Zungenspitze bewirkt diese Technik härtere Amplitudenstöße mit lediglich 6–7 Perioden/sec. Sundberg und Nordström (1983) haben den Einfluss vertikaler Larynxpositionen auf Vokalqualitäten und Formantfrequenzen systematisch untersucht (Sundberg 1987: 113–115). Ausgangspunkt ihrer Arbeit war die Feststellung:

> The general impression is that the vowel quality becomes dark when a speaker's larynx has been depressed, while the voice sounds more shrill when the larynxis elevated. In other words, there seems to be a relationship between larynx height and voice timbre. This comes as no surprise; a change in the larynx height changes the vocal tract length, and hence the formant frequencies. (Sundberg 1987: 113)

Demzufolge hängen die Amplitudenmaxima des *arureo*-Schreis vornehmlich mit den periodischen Kehlkopferhöhungen zusammen. Diese Vermutung deckt sich mit dem Befund, dass jeder Amplitudenstoß die beiden ersten Formanten auf höhere Frequenzen verschiebt und gleichzeitig deren spektrale Energie erhöht. Weiters werden im Frequenzbereich 3600–7200 Hz drei neue Intensitätsmaxima generiert (Fig. 15 unten).

Die beiden resultierenden Formantmuster lassen sich den (in der genannten

Formantstreckentabelle benachbarten) Vokalen /ɯ:/ und /y:/ zuordnen (Fig.15 unten). Eine weiterführende Interpretation der periodischen Veränderung der Resonanzfunktion des Vokaltraktes müsste das Zusammenspiel von Kehlkopf und Zungenspitze berücksichtigen. Dies erforderte allerdings genauere Untersuchungen der artikulatorischen Bewegungen und somit einen Aufwand, der den Rahmen einer musikethnologischen Feldforschung sprengt.

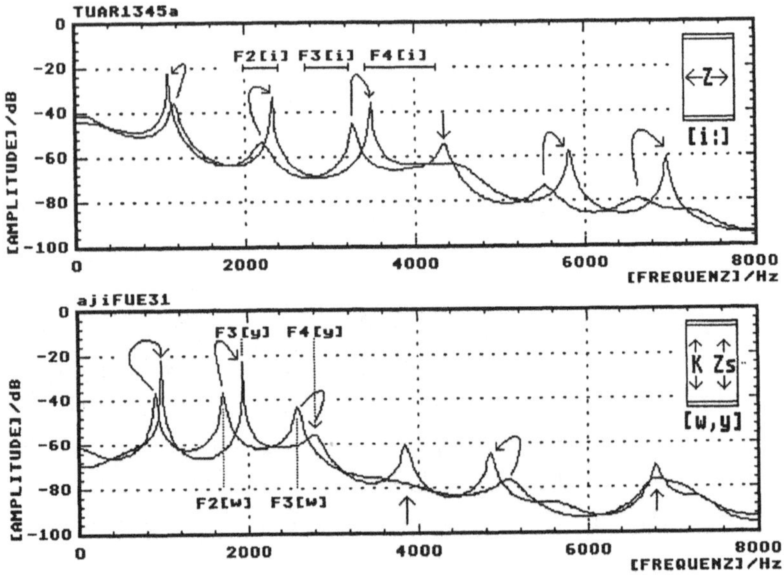

Fig. 15: Die Ololyge der Tuaregfrauen aus Mali (oben), für die laterale Zungenbewegungen typisch sind, lässt im Vergleich zu einem kanarischen *arureo*-Frauentriller aus Fuerteventura (unten), der Kehlkopfbewegungen und gleichzeitige vertikale Bewegungen der Zungenspitze erfordert, ganz andere Klangmodulationen vernehmen. Beide Trillerarten verursachen ein Amplitudenvibrato, die obere Variante im Vergleich zur unteren ein doppelt so schnelles. Die kleinen Pfeile sollen veranschaulichen, wie sich die Formantspitzen bewegen, wenn man den Übergang von einem Amplitudenminimum zum -maximum betrachtet. Oben: Die periodischen Veränderungen betreffen die /i:/-Vokalqualität. Unten: Die kanarische *arureo*-Technik bewirkt einen Klangfarbenwechsel, bei dem ein /ɯ:/ und ein /y:/ unterschieden werden können.

Die Sängerin Margarita Bethancourt Guardia von der Insel Fuerteventura erklärte, dass die *arureo*-Technik sehr anstrengend sei. Wenn sie sowieso schon unter Halsschmerzen leide, hätte es sich bewährt, ihrem Kehlkopf diese

Belastung zu ersparen (Tonbandinterview vom 24.04.93). Anzumerken bleibt, dass dieser Freudenruf ja auch ganz besonderen Situationen vorbehalten bleibt: Wie auf El Hierro pflegt man damit die letzten Kraftreserven zu mobilisieren, um die langwierige Feldarbeit des Mähens glücklich zum Abschluss zu bringen. Der Hör- und Sprachheilkundler Robert T. Sataloff aus Philadelphia weist darauf hin, dass man den Kehlkopf gewöhnlich unbewusst auf und ab bewegt, wenn man die Stimme hebt und senkt. Für Sänger abendländischer Kunstmusik ist dabei folgendes bedeutsam:

> Solche erheblichen (Kehlkopf-)Positionsverschiebungen wirken sich [...] auf die Feinkontrolle der Stimmfalten störend aus, die für eine geschmeidige Tonbildung und einen angenehmen Klang unerlässlich ist. Deshalb lernen Sänger gewöhnlich, mit den äußeren Muskeln den Kehlkopf möglichst auf einer Höhe zu halten; so vermögen sie über ihre gesamte Stimmlage Töne einheitlicher Qualität zu erzeugen. (Sataloff 1993: 74–75)

Frau Bethancourt Guardia und ihre Mitstreiterinnen beabsichtigen mit ihrer Stimmgebung das genaue Gegenteil des kunstmusikalischen Klangideals, wohl wissend, dass die Kehlkopfmuskulatur nur in Ausnahmefällen stark beansprucht werden darf. Die Folgen wären sonst „eventuell Funktionsstörungen, schnelle Erschöpfung, Schmerzen und sogar anatomische Veränderungen wie Knötchen an den Stimmfalten.“ (Sataloff 1993: 76)

4. Zusammenfassende Überlegungen

Ein Vergleich mehrerer Stimmäußerungen, die in Spanien und Nordwestafrika als Jubelrufe gebräuchlich und zumeist Frauensache sind, offenbart Klangunterschiede, die auf ganz verschiedene Stimmtechniken und Aufführungsmodi zurückzuführen sind. Die spanischen Ausformungen unterscheiden sich insofern von den Spielarten der afrikanischen Ololyge, als dass laterale Zungenbewegungen im spanischen Hoheitsgebiet nicht vorkommen, während in Afrika stilisierte Lachgeräusche zu fehlen scheinen. Es ist bemerkenswert, dass sich diese beiden Jubelruf-Stilmerkmale nicht vermischt haben.

Gemeinhin werden die verschiedenen Prozessionstänze der kleinsten und westlichsten Kanareninsel genau wie die *ajiji*-Rufe, der Baile del Tango (vgl. Bartmann 1992) und die Querflöte *pito* als Relikte aus vorspanischer Zeit angesehen. In diesem Sinne äußerten sich mir gegenüber die meisten Musiker und Tänzer, so auch der Sänger und *pitero* Gregorio Padrón aus dem Inseldorf Frontera: „El pito [es] de los guanches." (Gregorio Padrón, aus dem Tonbandinterview vom 28.07.87)

Mit „los guanches" sind die Ureinwohner der Kanaren gemeint. Der Musikwissenschaftler Lothar Siemens Hernández aus Las Palmas de Gran Canaria hat sich mit den wenigen Funden und Quellen beschäftigt, die sich unter großen Vorbehalten als Zeugnisse einer altkanarischen Musik- und Tanzkultur deuten lassen (Siemens Hernández 1977b). Im Hinblick auf die Existenz musikalischer Überbleibsel in den kanarischen Musiktraditionen von heute stellt er jedoch fest:

> Las raíces de nuestro folklore actual son fundamentalmente hispánicas. (Siemens Hernández 1977b: 360)

Entgegen dieser Auffassung ist man auf den Kanaren vielfach bestrebt, Elemente der eigenen Folklore auf die Altkanarier zurückzuführen. Verbreitet ist die Ansicht, die Kanaren seien ursprünglich von Nordwestafrika aus besiedelt worden (Lorenzo Perera 1989: 9).[13] Auf Teneriffa ist das Bemühen erkennbar, für traditionelle Musikformen El Hierros berberische Ursprünge zu reklamieren (Lorenzo Perera 1981: 80).[14]

Das Engagement, das die Suche nach nordwestafrikanischen Elementen in der Musik El Hierros antreibt, erinnert an verschiedene Selbstfindungs- und Revitalisationsbewegungen[15], die die Ethnologie als eine verbreitete Reaktion auf das Eindringen und Aufdrängen einer fremden Kultur gedeutet hat. Mit dem stimmt überein, dass sich Teile der kanarischen Bevölkerung vor allem in wirtschaftlicher Hinsicht von der Madrider Zentralregierung im Stich gelassen fühlen und sich deshalb von den Musik- und Tanztraditionen des spanischen Festlandes distanzieren möchten.

Dazu ist festzustellen, dass die in diesem Zusammenhang genannten Autoren Bemühungen um einen ethnomusikologischen Vergleich der Vielzahl nordwestafrikanischer Musiktraditionen mit denen des Archipels vermissen lassen. Dabei ist durchaus nicht auszuschließen, dass eine gründliche Erforschung der zahlreichen kanarischen Musik- und Tanztraditionen in ähnlicher Weise, wie es beim *tango herreño* festzustellen war (vgl. Bartmann 1992: 267, 292–293), ganz verschiedene Einflussbereiche zutage fördert. Mit dem bloßen Auffinden vermeintlich gemeinsamer „Anklänge" ist es dabei allerdings nicht getan, vielmehr gilt es zum einen, deren Bedeutung im Rahmen der jeweiligen Musikkonzepte zu erforschen, zum anderen, historische Zeugnisse dahingehend zu untersuchen, ob es sich um Niederschläge eines historisch gewachsenen Einflusses handeln kann. Zu bedenken ist ferner, dass die in Rede stehenden traditionellen Stimmäußerungen einander allein deshalb in gewissen Grenzen ähneln müssen, weil sie unbedingt Aufmerksamkeit erregen sollen. Aus diesem Grunde ist den beeindruckenden Vokalemissionen eine gewisse Nähe zum allgemein-menschlichen Potential nicht abzusprechen. Vor diesem Hintergrund müssen zu erwartende Ähnlichkeiten spanischer Schreiformen mit bestimmten Zeugnissen „berberischer" Musiktraditionen gesehen werden.

Indes ließen selbst zweifelsfreie Belege für solche Parallelen selbstredend nicht auf eine „berberische" Abstammung der Altkanarier schließen, sondern erlaubten allenfalls Rückschlüsse auf eine vielschichtige und verwickelte Populationsgeschichte der sieben Inseln, an der auch Berber – womöglich sowohl vor als auch nach der Eroberung – ihren Anteil hatten. Betrachtungen über Alter und Provenienz einer Musik- und Tanzkultur, die sich nicht auf umfassende musikbzw. tanzethnologische Untersuchungen der z.T. recht verschiedenen Inseltraditionen stützen können, müssen sich deshalb zwangsläufig auf einem sehr schmalen Grat bewegen. Weil Inselmonographien mit genauen Musik- und Bewegungstranskriptionen und -analysen noch ausstehen, nimmt es nicht wunder, dass die Literatur hinsichtlich möglicher Einflüsse und Ursprünge der Musiktraditionen El Hierros zu allerlei Missverständnissen Anlass bietet:

So haben sich nach Sánchez (1947) auf der kleinsten Kanareninsel galizisch-portugiesische, berberische und altkanarische („del autóctono pueblo bimbache") Einflüsse überlagert, wobei er die beiden letzteren als mehr oder weniger identisch ansieht. Um diese Verallgemeinerung zu belegen, führt er einerseits den *Baile de la Virgen*, andererseits die festlichen Freudenrufe (*ajijides*) an, mit denen die Frauen tänzerische Höhepunkte zu begleiten pflegen. Nach Sánchez (1947) legen die stürmischen Tänzerbewegungen noch heute von „äußerst primitiven Inselautochthonen" Zeugnis ab, denen er obendrein „berberischen Afrikanismus" nachsagt. Alles in allem erinnern ihn die Prozessionstänze genau wie die Frauenrufe an Auftritte „primitiver Völker" und an „Szenen aus dem Urwald":

> A través de sus coplas, romanceos y danzas, apreciamos una marcada influencia galaico-portuguesa, del alto Aragón y bereber, flotando todo sobre un sustrátum de canariedad guanche prehispánica, que a su vez acusa la presencia del autóctono pueblo bimbache. [...] Su primitivismo isleno autoctono y su africanismo bereber se pone de manifiesto en el subyugante „Baile de la Virgen", danza ritual, plena de fantasmagoría, que llama la atención por sus cabriolas, giros, ajijides (jijijijijiiii...jijijijiji... y

> jajajajajaaaa… jajajajajaaaa…) y movimientos violentos; es una danza que nos trae el recuerdo deescenas de pueblos primitivos y de la selva. (Sánchez 1947: 303)

Die sogenannten *bimbaches* oder *guanches*, wie die Altkanarier auch genannt werden (vgl. Biedermann 1983: 6–7), dürften sich zu einem geringen Teil mit den spanischen Eroberern vermischt haben. Zumindest hat sich die Auffassung, dass die Altkanarier im Jahr der Kolonialisation (1402) einem Genozid zum Opfer gefallen wären, als unhaltbar erwiesen (Biedermann 1983: 8–9). Talavera (1978) gibt zu bedenken, dass die sieben Inseln seit ihrer Eroberung immer als eine Art Brücke zwischen den Kontinenten fungierten (Talavera 1978: 30). Die Tatsache, dass die Kanaren jahrhundertelang eine Stätte vielfältiger kultureller Begegnungen waren, hat bislang wenig Beachtung gefunden. Ob der Baile de la Virgen, die *ajijides* und verwandte kanarische Schreiformen als rezente Zeugnisse „berberischer" Einflüsse („un indiscutible africanismo bereber subyugante"; Sánchez 1947: 309) gelten können, dürfte sich kaum mehr feststellen lassen.

Festzuhalten bleibt, dass sich die These von den „berberischen" Ursprüngen (Sánchez 1947: 303, Lorenzo Perera 1989: 9) auf ebensowenige Anhaltspunkte stützen kann wie die von der keltischen Abstammung des Freudenrufes *ajiji* (Cunnigham 1980:793). Gegen letztere spricht, dass die Volksmusiktraditionen der keltischen Restvölker diesen Schrei nicht kennen[16], gegen erstere, dass die Freudenrufe der Berber der afrikanischen Ololyge (=Frauentriller) zuzurechnen sind (Födermayr 1970), die den wiederholten geräuschhaltigen Abschluss der *ajijides*, [the] „cascading forced laugh; one of its names means ‚neigh'" (= wiehern; Cunningham 1980: 793) vermissen lässt. Die wiehernden Lachgeräusche belegen, dass die kanarischen Varianten dieser Vokaltechnik eher nach Spanien denn nach Nordwestafrika zeigen.

Demgegenüber zählt der Ethnograf Lorenzo Perera die *ajijides* von El Hierro – wie schon Sánchez (1947: 303) – zu den „elementos culturales africanos" (Lorenzo Perera 1989: 9). Naheliegend ist, dass die kanarischen Gelehrten diesen Ruf aufgrund der diesen Schreiformen gemeinsamen aufmerksamkeitserregenden Schallwirkungen mit dem afrikanischen Frauentriller („Ololyge") verwechseln, wie Födermayrs Klanganalysen nahelegen. Seine Untersuchungen haben insgesamt ergeben,

> dass es sich bei der afrikanischen Ololyge um einen Klang (im akustischen Sinn) handelt, dessen charakteristische Zusammensetzung drei bis vier Partialtöne (P) aufweist (60% der untersuchten Proben). […] Hinsichtlich

> der Stärkeverteilung der Partialtöne ist eine Konzentration der Schallenergie auf P1 festzustellen und ein Abnehmen derselben mit aufsteigender Ordnungszahl der Teiltöne. Diese Tendenz führt bei 15% zur Ausbildung von überhaupt nur eines beziehungsweise zweier Partialtöne. In mehreren Fällen tritt auf P3 ein Nebenformant auf. Diese Obertonarmut und die Lage der Hauptenergie auf P1 sind Kennzeichen der Kopfstimme. Da die Grundtonhöhe zwischen a'' und d''' liegt mit einem Maximum der Verteilung zwischen h'' und cis''' (nur einige wenige Proben haben tiefere Grundtonhöhe), ist die Verwendung dieses Registers auch zu erwarten. (Födermayr 1970: 62–63)

Den Ausführungen Födermayrs ist der wichtigste Grund für die Verwechslung der Frauentriller mit den *ajijides* und anderen kanarischen Schreiformen zu entnehmen: Die erwähnten Grundtonhöhen der Ololyge zwischen a'' und d''' verweisen auf eine Frequenzspanne (880–1174 Hz; vgl. Födermayr 1970: 65), in der auch die den kanarischen Rufformen zuzuordnende Tonhöhenempfindung angesiedelt ist (vgl. Abb. 1). Weitere Gründe dürften darin zu sehen sein, dass solche Stimmäußerungen als Jubelrufe eingesetzt werden[17] und von einer beträchtlichen Reichweite sind. Letztere hängt damit zusammen, dass man mit beiden Vokaltechniken einen Großteil der Schallenergie auf einen Frequenzbereich mit sehr niedriger Hörschwelle (Hesse 1985a: 59) konzentriert. Darüber hinaus können die von Födermayr näher beschriebenen Klangmodulationen (1970: 63; FöTyp 1–4) als aufmerksamkeitserregend gelten.

Der Ololyge kann ein hohes Alter bescheinigt werden, sie wird schon von Herodot erwähnt (Cernet 1932, Födermayr 1970: 64). Doris Stockmann hält die Schreiformen mit den Lachsalven, die in Spanien begegnen (vgl. Fig. 16), für noch älter. Ihrer Ansicht nach handelt es sich dabei „um eine noch relativ wenig erforschte, aber ebenso grundlegende und weit in die Frühgeschichte zurück reichende Form rituellen Gebarens […] wie bei der Klage.“ (Stockmann 1992: 90) Spindler hebt hervor, dass das Lachen zu den elementarsten Verhaltensweisen des Menschen zählt (Spindler 1988: 279). Der universale Charakter des Lachens ist vielfach belegt, allerdings wird jeder Feldforscher bestätigen, dass jede Art des Lachens darüber hinaus kulturell geprägte Konventionen enthält, die Angehörigen einer anderen Kultur nicht immer verständlich sein müssen. Dies betrifft besonders Formen des Auslachens. Die Klangbeispiele (Nr. 1, 2, 7, 9, 10 und 11) lassen ahnen, dass bei dieser aufmerksamkeitserregenden Form der Einzel- oder Gruppenselbstdarstellung, wie sie uns als eine der spanischen Schreiformen begegnet, etwas von dieser „milden […], ritualisierten Form der

Aggression" mitschwingen könnte (Spindler 1988: 279). Die untersuchten Tonproben lassen allerdings erhebliche Klangunterschiede vernehmen. Letztere sind darauf zurückzuführen, dass einige dieser Schreie solistisch, andere indes gemeinsam angestimmt werden. Für eine Untersuchung ist es von großer Bedeutung, ob diese Zusammenklänge zufällig erfolgen oder ob sich dahinter die gemeinsame Intention verbirgt, Reichweite und Wirkung der gemeinsamen Vokalemission zu optimieren, etwa indem man sich der kritischen Bandbreite bedient, um weithin hörbare, angerauhte Klangflächen hinzubekommen. Allein wegen der rauhen Zusammenklänge in Marokko (Klangbeispiel 14) musste die von Födermayr vorgeschlagene Typologie der afrikanischen Ololyge erweitert werden. Dabei bot es sich an, die Untersuchung dieser auffälligen Stimmäußerungen nicht auf deren Klangresultate zu beschränken. Ein multimethodischer Ansatz erwies sich im Hinblick auf eine weiterführende Bestandsaufnahme dieser Phänomene als geeigneter.

Um solche Klangstrukturen vor dem Hintergrund ihrer bisweilen eigentümlich anmutenden Aufführungsarten untersuchen und vor allem deuten zu können, muss man wissen, wie das gemacht wird. Dies gilt besonders für ausgeprägte Bewegungen der Artikulationsorgane. Allerdings dürfte sich deren Dokumentation in vielen Fällen nicht nur als schwierig, sondern im Rahmen musikethnologischer Feldforschung in der Regel als undurchführbar erweisen. Immerhin können schon diesbezügliche Hinweise und Erklärungen der Ausführenden im Hinblick auf eine adäquate Interpretation der Schallbilder von entscheidender Bedeutung sein. Fehlen solche Angaben, so sind Videoaufnahmen, die in vielen Fällen Einzelheiten des Herstellungsprozesses solcher Klänge dokumentieren, bloßen Tonaufnahmen vorzuziehen. Gelingt es, Relationen zwischen Aufführungsweise und resultierendem Schallbild zu verifizieren, die als typisch für eine spezifische Stimmäußerung gelten können, so sind damit u.U. Anhaltspunkte für eine Interpretation von Tonaufnahmen gewonnen, deren Dokumentation sich im Hinblick auf weiterführende Fragestellungen als unzureichend erweist. Diese Erwägungen motivieren, bei der zusammenfassenden Beschreibung der Stimmäußerungen – soweit möglich und sinnvoll – deren spezielle Artikulations-, Abstrahlungs- und Aufführungsmodi zu berücksichtigen (Fig. 16–18).

Bei den spanischen Jubel- bzw. Anfeuerungsrufen handelt es sich um mehr oder weniger stilisierte, nicht-gesangliche Stimmäußerungen, die dem Spannungserhalt eines Musik- und Tanzgeschehens dienen. Sie beginnen zumeist mit einer mehr oder weniger ausgeprägten Haltetonphase und enden mit einem

Abwärtsglissando oder aber mit Geräuschkaskaden, die an ein wieherndes Lachen erinnern. Werden diese Rufe – wie in einigen Gegenden üblich – von mehreren Akteuren gleichzeitig angestimmt, so fällt dem Zuhörer ihre geballte Wucht und Reichweite auf.

Dies ist bei den sogenannten *ajijides* auf der Insel El Hierro der Fall. Die kleinste und westlichste der Kanaren hat noch andere klangliche Auffälligkeiten zu bieten, so das flächig-angerauhte, parallele Zusammenspiel der Inselflöten, das von zwei oder mehr Solisten anlässlich der Prozessionstänze bestritten wird. Nicht gepflegter Wohlklang, sondern maximale Rauhigkeit, erregtes „schmutziges" Spiel im Sinne Felix Hoerburgers(1966: 62) ist das Klangideal dieser wilden, aufregenden Musik. Klanganalysen sowohl der Tanzmusik als auch der Frauenschreie (Abb. 1) belegen übereinstimmend, dass die *herreños* intuitiv, aber folgerichtig mit der sensorischen Erscheinung „maximale Rauhigkeit" (Terhardt 1968) umzugehen verstehen, einem Phänomen der kritischen Bandbreite, innerhalb derer das Ohr zwei Frequenzen nicht voneinander trennen kann. Sie bestehen auf Klängen, die aufregend und von großer Reichweite sein sollen. Um die dafür erforderlichen engen Intervalle genauer zu treffen, stecken die Vokalistinnen eigens die Köpfe zusammen. Sind nur zwei Sängerinnen beteiligt, intonieren sie den *ajiji*-Ruf Wange an Wange. Mit der Organisation einer punktuellen Schallabstrahlung optimieren die Frauen die Bedingungen für die Verwirklichung eines Klangideals, das dem der Flötisten genau entspricht.

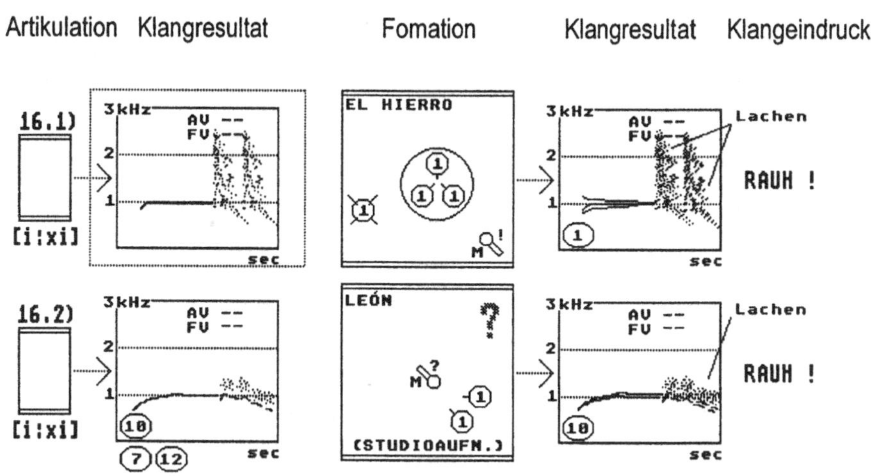

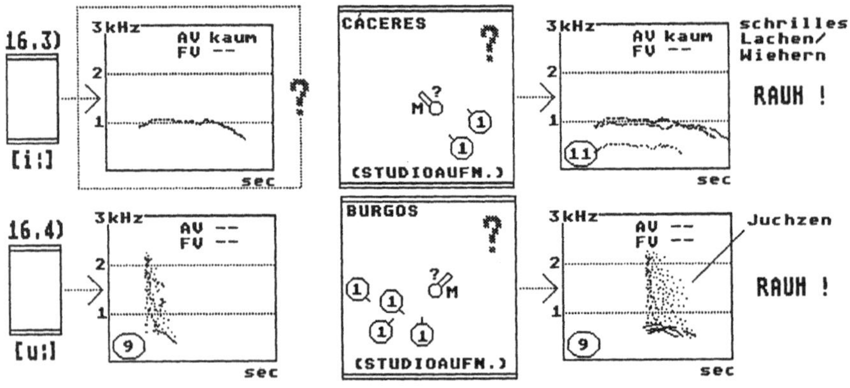

Fig. 16: Wie schon Fig. 10 berücksichtigt die zusammenfassende Darstellung (vgl. auch Fig. 17, 18) soweit wie möglich die Art der Lautbildung (links) und die Formationen (Mitte) mit den jeweiligen Klangresultaten, letztere in Form stilisierter Spektrogramme (rechts), die lediglich die prominentesten Teiltonkonturen zeigen (AV- und FV-Werte in Hertz, die Zeitachsen entsprechen denen der Spektrogramme). Die punktierte Umrandung (vgl. El Hierro) bedeutet, dass die solistische Ausprägung in der genannten Region gar nicht vorkommt. Links: Die leeren Rechtecke symbolisieren, dass ausgeprägte Zungen- oder Kehlkopfbewegungen nicht belegt sind. Eingekreiste Ziffern meinen weitere Klangbeispiele (vgl. Liste auf S. 283–285). Mitte: Die mutmaßlichen, indes nur teilweise verbürgten (s. Fragezeichen) Formationen der Ausführenden aus der Vogelperspektive. Die nummerierten Köpfe symbolisieren die Reihenfolge des Einsetzens. „?M“ bezeichnet einen möglichen Standort eines Mikrofons mit Nierencharakteristik, welches das im Spektrogramm dargestellte Monosignal aufgezeichnet haben könnte. Diese Skizzen sind (bis auf El Hierro) rein hypothetisch aufzufassen (vgl. dazu die Legende zu Fig. 10). Rechts: Das vereinfachte Spektrogramm der resultierenden Klangstruktur.

Weitere Erläuterungen zur Fig. 16:

16.1 (vgl. Abb. 1): Auf El Hierro beeinflusst die besondere Formation der Ausführenden die intendierte Schallwirkung ganz entscheidend. Wesentliche spektrale Anteile einer Vokalistin, die nicht mehr rechtzeitig in den gemeinsamen Kreis mit aufgenommen werden konnte, fielen der Simultanverdeckung zum Opfer. Als Einzelruf kommt diese Schreiform auf El Hierro bezeichnenderweise nicht vor.

16.2 (vgl. Abb. 3): Die Leóneser Beispiele belegen sowohl eine solistische als auch eine kollektive Aufführungspraxis. Die hypothetische Aufstellung der Vokalistinnen wurde aufgrund der auf El Hierro gemachten Erfahrungen entworfen. Weil die den Höreindruck bestimmenden Partialtonlinien im Spektrogramm gleich stark ausfielen, dürften sich die Frauen in mehr oder weniger gleichen Abständen vom Aufnahmemikrofon aufgehalten haben. Die rechnerische Simulation der Simultanverdeckung nach Eckel

(1989) zeigte lediglich verdeckte Geräuschanteile. Auch das Spektrogramm des *jujío* aus Santander (Klangbeispiel 7, o. Abb.) zeigt einen Halteton, an den sich die typischen Lachgeräusche anschließen. Auffällig ist die geringe Zahl der Obertöne. Dieser Frauenruf ist u.a. Bestandteil eines kantabrischen Ernteliedes.

16.3: Der Höreindruck des kollektiven Freudenrufs aus Cáceres erinnert an ein schrilles, wieherndes Lachen voller Rauhigkeiten. Die Amplitudenschwankungen sind zwar vorhanden, vermögen aber nicht von dem vorherrschend rauhen Klangeindruck abzulenken. Die verwendeten Tonträger (vgl. Verzeichnis) erbrachten keine Belege für eine solistische Aufführungspraxis dieser Schreiform. Im Hinblick auf die mutmaßliche Formation der Vokalistinnen gilt das unter 16.2 Gesagte.

16.4: Der in Burgos übliche Freudenjuchzer der Männer hat einen starken /u:/-Charakter. Er wird sowohl von einzelnen als auch von mehreren Vokalisten angestimmt (Abb. 5).

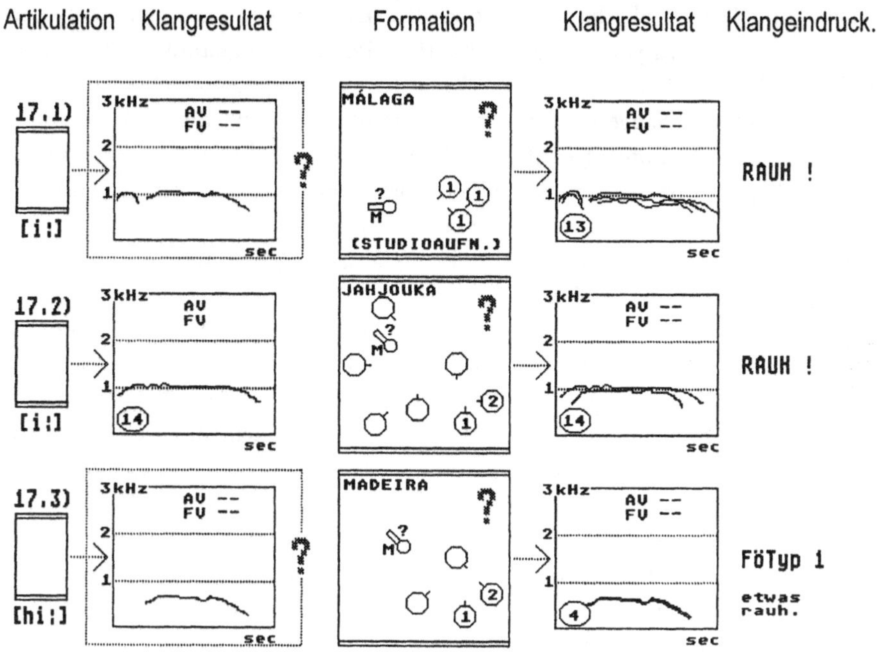

Fig. 17: Vgl. die Legenden zu Fig. 10 und 16.

Erläuterungen zur Fig. 17:

17.1 (Abb. 6–7): Andalusische Schreie, die anlässlich eines Schaukelliedes in Málaga von mehreren Frauen gleichzeitig angestimmt werden, weisen im Gegensatz zu den *ajijides* aus El Hierro und dem *rejijío* aus León (16.1; 16.2) eine weniger ausgeprägte Stilisierung auf. Die dort üblichen Schreiphasen (Halteton und Schlussphase) sind nur noch eben erkennbar. An Stelle der Lachgeräusche treten ausgeprägte Abwärtsglissandi. Es konnte gezeigt werden, dass auch die Wucht und Reichweite der andalusischen Schreie auf die Hörempfindung Rauhigkeit zurückzuführen ist. Deshalb ist von einer relativ engen Formation der Vokalistinnen auszugehen. Den Spektrogrammen ist zu entnehmen, dass die spektralen Anteile der einzelnen Parts im resultierenden Signal in etwa gleich starkem Maße vertreten sind. Die Sängerinnen verdecken besonders im Frequenzbereich um 1000 Hz die meisten Geräuschanteile, aber keine Teiltonlinien. Die mittleren Phasen der beiden untersuchten Realisationen geraten den Vokalistinnen ganz verschieden (vgl. Abb. 6 mit Abb. 7). Diese Schreiform wird dem Anschein nach in Málaga immer von mehreren Frauen gleichzeitig angestimmt, als Einzelruf entspräche sie dem FöTyp 1. Als dessen spanische Variante kann der galizische *aturuxo* (Klangbeispiel 5, LP García Matos 1961:2/1, Foliada de Allariz) gelten. Dabei handelt es sich um einen Schrei, mit dem eine Frau aus dem galizischen Orense eine an sich schon mitreißende und vor allem laute Tanzmusik, die auf traditionellen Instrumenten (u.a. dem galizischen Dudelsack *gaita*) dargeboten wird, mühelos übertönt. Das Spektrogramm (o. Abb.) lässt immerhin 4 Teiltöne erkennen, davon die ersten drei deutlich. Das Gros der Schallenergie richtet die Sängerin auf den Frequenzbereich um die 1000 Hz. Die Intensität dieses ersten Teiltons übertrifft die der anderen Partialtöne, insbesondere die der Dudelsackspielpfeife, bei weitem. Auffällig ist, dass dieser Schrei in seinem zeitlichen Verlauf kaum periodische Frequenz- oder Amplitudenmodulationen erfährt. Deutlich sind wieder zwei Phasen auszumachen: einem ausgeprägten Halteton folgt ein Abwärtsglissando. Lachgeräusche fehlen.

17.2: Aus dem marokkanischen Bergdorf Jahjouka lagen mehrere Beispiele vor (Medizza 1984). Die Spektrogramme zeigten – anders als die malaguensischen Proben – sehr ähnliche Formverläufe. Ausgeprägte Rauhigkeiten zeichnen diese Art der Stimmäußerung aus. Einzelrufe dieser Art sind dünn gesät, wie dem Quellenmaterial (LP Brian Jones 1971, Medizza 1984) zu entnehmen war. Genau wie die Mehrpartversionen beginnen sie mit ausgeprägten, glissandierten Amplitudenmodulationen, die eine Verwechslung mit FöTyp 1 ausschließen. Überdies bevorzugt man rauhe Zusammenklänge. Es darf gefolgert werden, dass man entweder relativ eng zusammenrückt, um diesen Schrei in dieser Art und Weise zu realisieren, oder sich bei größeren Abständen voneinander zumindest gegenüber steht.

17.3: Die Freudenrufe, die zwei Ruferinnen vom portugiesischen Archipel Madeira im Verlauf eines Volksliedes anstimmen, klingen deutlich weniger rauh. Das liegt daran, dass sich die prominentesten Teiltonlinien in einem Frequenzbereich (um 500 Hz) bewegen, in dem die erzielbare Rauhigkeit im Vergleich zu höheren Trägerfrequenzen (bis 1000 Hz) deutlich geringer ausfällt. Dieser Ruf kann mit der Ololyge-Spielart vom FöTyp 1 verwechselt werden.

Ausgeprägte Rauhigkeiten begegnen auf El Hierro (Fig.16), in mehreren spanischen Gegenden (Fig. 16–17) sowie in Jahjouka, einem marokkanischen Bergdorf südlich von Tanger (Fig. 17). Die *ajijides* der kleinsten Kanareninsel finden ihr Pendant in der Provinz León, dort scheint der Frauenruf mit den charakteristischen Lachkaskaden auch solistisch aufgeführt zu werden (Fig. 16). In Andalusien (Málaga) und in Jahjouka fehlen Lachgeräusche (Fig. 17). Dieser Befund findet in der historischen Tatsache, dass der größte Teil der Eroberer der iberischen Halbinsel Berber waren, eine interessante Entsprechung. Zusammen mit Marius Schneider ist davon auszugehen, dass neun Jahrhunderte, in denen verschiedene Völker, Sprachen und Religionen zusammenkamen, zumindest Spuren hinterlassen haben. Zu klären bleibt die Frage, ob die vorgestellen rauhen Frauenschreie auch anderswo ein Klangideal widerspiegeln, wie für die Musikkultur El Hierros gezeigt werden konnte. Anzumerken bleibt, dass die anderen Musiktraditionen Jahjoukas nicht von einem Bemühen um maximale Rauhigkeiten geprägt sind (LP Brian Jones 1971; Medizza 1984).

In diesem Zusammenhang ist erwähnenswert, dass in der spanischen Provinz Kastilien in der Regel schwebende bzw. rauhe Kirchenglocken vorkommen. Die traditionellen spanischen Glockengießer verstehen sich noch heute auf die Fertigung besonders rauh klingender Glocken, so wie sie von der kastilischen Bevölkerung ausdrücklich gewünscht werden (mündliche Mitteilungen eines spanischen Glockengießers anlässlich des ersten Congreso Internacional de Campaneros de Europa am 13.–15.12.1991 in Segorbe, Spanien).

Brandl verweist darauf, dass sich schwebende oder angerauhte Klänge besonders gut lokalisieren lassen. Sie „erwecken die Empfindung eines prägnanten, aufmerksamkeitsheischenden dichten, aber engen Raumes.“ (Brandl 1989b:63) Nach Sinz bewirken Schwebungen vegetativ eine Aktivierung der Herzfrequenz (Sinz 1978:258ff). Dieser Befund erklärt die Funktion der *ajijides* auf El Hierro, die auf den Feldern dazu dienen, Kräfte für den gemeinsamen, abschließenden Arbeitseinsatz zu mobilisieren. Der Musikethnologe Milosevic beschreibt die emotionale Wirkung der Schwebungsdiafonie dementsprechend:

> [...] the singers revel in the very tone itself [...] Its force affects the nervous system, and this leads to emotion. [...] The intensity of the sound effect is strong, and incites a feeling of exaltation, a feeling of something elevated, especially heroic and resolute. (Milosevic, zit. nach Krader 1987:14).

Feldforscher, die sich in verschiedenen balkanischen Regionen den Ausprägungen der Schwebungsdiafonie gewidmet haben, berichten in Zusammenhang mit diesen besonderen Gemeinschaftserlebnissen immer von einer Exaltiertheit und freudigen Erregtheit. Des Weiteren ist immer von einem erhabenen Ausdruck der resultierenden Klänge die Rede (Brandl 1992: 61). In diesem Sinne müssen auch die flächig-rauhen Schreiformen als eine besonders expressive emotionale Kommunikationsform gelten, die den Anlässen eine soziale Bedeutung (Aufmerksamkeit) verleiht.

Will man die spanischen Rufe zusammen mit Doris Stockmann als eine archaische Form rituellen Gebarens deuten, so lassen die elaborierten Techniken zur Erzielung maximaler Rauhigkeiten immerhin Zweifel an einer frühzeitlichen Entstehung aufkommen. Wie Brandl für die balkanischen Diafoniestile zeigen konnte, gilt dies umso mehr, wenn – wie auf El Hierro – Parallelüberlieferungen die Existenz eines historisch gewachsenen Klangideals wahrscheinlich machen (Brandl 1992). Brandl reklamiert für die rezenten Diafoniestile des Balkans eine mittelalterliche Entstehungszeit. Dasselbe könnte für die genannten rauhen Schreiformen gelten, sofern sich in den genannten Regionen weitere Belege für dieses beeindruckende volksmusikalische Klangkonzept finden lassen. Es bleibt eine reizvolle Aufgabe, nach weiteren Musiktraditionen zu suchen, die von diesem Klangideal geprägt sind.

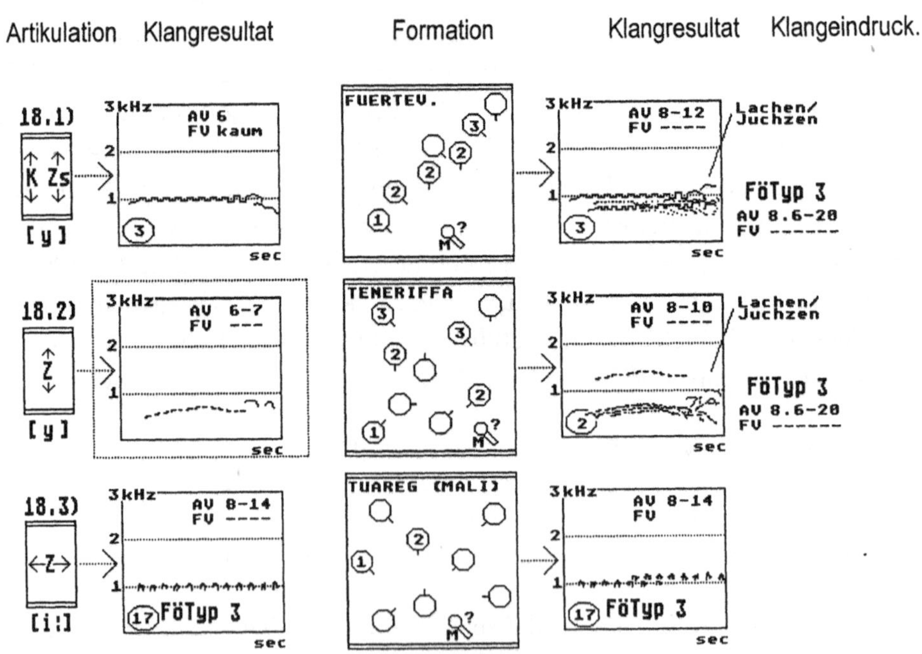

Fig. 18: Vgl. die Legenden zu Fig. 10, 16 und 17. Die vornehmlich amplitudenmodulierten Schreiformen basieren auf ganz verschiedenen Stimmtechniken. Die Formation der Ausführenden ist auch hier zu berücksichtigen, sie ist für die Schallwirkung indes nicht so entscheidend wie bei jenen Schreiformen, bei denen es auf maximale Rauhigkeit ankommt. Auch die skizzierten Schallbilder der beiden kanarischen Varianten (s. 18.1; 18.2 rechts) lassen wegen der dicht nebeneinander verlaufenden Partialtonlinien Rauhigkeiten vermuten. Dem ist nicht so, weil das Gehör „gegen Frequenzmodulation wesentlich weniger empfindlich ist als gegen Amplitudenmodulation“ (Zwicker 1982: 17). Deshalb werden vor allem die mehr oder weniger markanten Amplitudenschwankungen wahrgenommen.

Weitere Erläuterungen zu Fig. 18:

18.1: Eine ausgefeilte Stimmtechnik, die vertikale Zungen- und Kehlkopfbewegungen erfordert, bewirkt ein Klangfarbenvibrato mit intensiven, periodischen Amplitudenstößen (Abb. 10). Der *arureo* kommt gelegentlich auch als Einzelruf vor, wird normalerweise aber über sogenannte *gurguseo*-Rufe angekündigt und vorbereitet, woraufhin dann auch weitere Frauen mit in den *arureo*-Schrei ausbrechen (Abb. 11). Über dieses intensive Gruppenerlebnis mobilisiert man bei der kollektiven Feldarbeit, die man gewöhnlich in einer langen Reihe nebeneinander bewältigt, neue Kräfte. Dieselbe Funktion ist für die *ajijides* auf El Hierro belegt, wo der Schrei allerdings eine spezielle Formation der Ausführenden erfordert. Die Skizze (Mitte) zeigt die mutmaßliche Aufstellung der Ausführenden sowie die Reihenfolge ihres Einsetzens, wobei die *gurguseos* unberücksichtigt blieben. Sie basiert auf Informationen der Sängerin Margarita Betancourt Guardia. Aufgrund der sich überlagernden Amplitudenmodulationen ist es möglich, die *arureo*-Schreie mit der Ololyge vom FöTyp 3 zu verwechseln.

18.2: Auf Teneriffa sind nach Auskunft von Carmen Nieves Luis García, die den untersuchten *jiji*-Ruf aufzeichnen konnte, vertikale Zungenbewegungen üblich. Die Amplitudenschwankungen fallen dadurch geringer aus. Die Skizze in der Mitte beruht auf Informationen der Feldforscherin. Die Aufstellung bleibt dem Zufall überlassen, so pflegen die Aktiven der Folkloregruppe „Los Alzados“ diesen Schrei spontan in ihrer Garderobe anzustimmen. Das resultierende Klangbild dieser kollektiven Stimmäußerung erinnert an die Ololyge vom FöTyp 3. Auch die *jijides* werden von *gurguseos* vorbereitet und begleitet, als Einzelruf kommen sie nicht vor.

18.3: Die Ololyge der Tuaregfrauen in Mali entspricht dem FöTyp 3, für den laterale Zungenbewegungen typisch sind. Im Vergleich zu denen der Kanarischen Inseln erzeugt man mit dieser Technik ganz andere Amplituden- und Klangfarbenvibrati. Die Skizze veranschaulicht die Formation der Frauen in jener Filmszene, der das (bildsynchrone) Klangbeispiel (Nr. 2; vgl. Abb. 12) entnommen wurde (Banuls/Heller 1991).

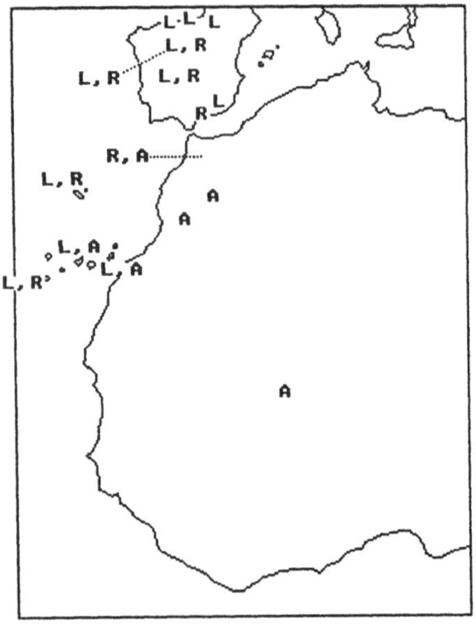

Fig. 19: Die Karte (vgl. Fig. 3) veranschaulicht die Verbreitung der Stilmerkmale Lachgeräusche (L), Rauhigkeiten (R) und Amplitudenmodulationen (A), wobei letztere allerdings vermittels ganz verschiedener Stimmtechniken hervorgebracht werden. In Afrika trillert man mit seitlichen, auf den Kanaren mit vertikalen Zungen- und sogar Kehlkopfbewegungen. Diese drei Stilmerkmale markieren eine überraschend klare Trennungslinie zwischen spanischen und nordwestafrikanischen Vokaltechniken.

Auf Teneriffa und Fuerteventura ist die aufmerksamkeitserregende Wirkung der dort üblichen *jijides* und *arureos* auf raffinierte Klangfarbenmodulationstechniken zurückzuführen. Diese Techniken bewirken Amplitudenvibrati mit etwa 6-7 Perioden in der Sekunde. Werden diese Rufe von mehreren Frauen in loser Reihenfolge nacheinander angestimmt, so ergeben sich Zusammenklänge, deren resultierende Amplituden sich mit einer Frequenz von 12–14 Hz ändern. Diese Frequenz ist wiederum für die lateralen Zungenbewegungen der Berber (FöTyp 3) typisch. Es ist vorstellbar, dass oberflächliche Höreindrücke dazu beigetragen haben, auch die amplitudenmodulierten Stimmäußerungen einfach zu verwechseln. Legt man die auffälligen Stilmerkmale Lachgeräusche, Rauhigkeiten und Amplitudenmodulationen zugrunde, so zeigt die Typologie der untersuchten Schreiformen (Fig. 16–18) indes eine überraschend klare Trennungslinie zwischen spanischen und afrikanischen Varianten (Fig. 19).

Die Zusammenschau der vorgestellten Vokalemissionen offenbart Klangreichtümer, die ganz verschiedene Stilisierungsmerkmale und unterschiedliche Ausprägungen derselben vernehmen lassen. Die volksmusikalischen Zusammenhänge, in die sie eingebettet sind, lassen allerdings eine noch größere und bisher weitgehend unerforschte Klangvielfalt erahnen. Es bleibt eine reizvolle Aufgabe, in den genannten Regionen nach weiteren klanglichen Auffälligkeiten zu suchen. Dabei sind Entdeckungen weiterer Varianten und Spielarten der hier vorgestellten – und möglicherweise noch anderer – Vokaltechniken nicht auszuschließen. Deshalb kann die vorgestellte Synopse (Fig. 16–18) – zusammen mit den Födermayr'schen Ololygetypen – lediglich Bausteine für eine übergreifende Systematik nicht-gesanglicher Stimmäußerungen liefern.

5. Anmerkungen

* Erweiterte Fassung des Vortrags „Mehrpart-Frauenrufe in Spanien und Marokko" am 12.12.1999 im Rahmen des Wiener Symposiums anlässlich der Emeritierung von Franz Födermayr, vgl. auch Bartmann 1994. Die Abkürzung „Fig." bezieht sich auf Abbildungen oder Tabellen im laufenden Text. Die Abkürzung „Abb." bleibt den Spektrogrammen vorbehalten, die im Anhang dieses Aufsatzes einsehbar sind.

1 Vgl. LP García Matos 1961: Seite 1 Nr. 8; ebenso 2/1, 3/3, 3/6, 3/8, 5/2, 5/5, 8/13; LP García Matos 1973: 4/4, 4/9, 4/12, 6/12.

2 Brandl differenziert terminologisch zwischen Part und Stimme (Messner 1980; Brandl 1989a). Part ist „als Herstellung eines Strukturelements bei der Ausführung und Stimme als die kognitive Vorstruktur des Hörens, das Zerlegen in musikalische Schichten" (Brandl 1989a: 156) zu verstehen. Letzteres ist für die in Rede stehenden Schreiformen ohne Bedeutung, so dass in der Folge ausschließlich von Parts die Rede sein wird.

3 „Eine typische Erscheinung am Rande des musikalischen Geschehens sind die Zagarit genannten, durch Hin- und Herschnellen der Zunge erzeugten, hohen, schrillen Frauentriller, die bei keiner festlichen Gelegenheit fehlen dürfen. Fast immer werden sie als Freudentriller interpretiert." (Simon 1972: 71)
„En marge de l'organologie, nous ne pouvons pas clore ce bref exposé sans mentionner la pratique des battements de mains, et, pour les femmes, celle du zghirt (you-you). L'une et l'autre sont connues dans toutes les régions. Nous n'avons pas remarqué, pour la première, la subtilité de nuances signalée par Bertil Söderberg (1956) au Bas-Congo et dans les régions avoisinantes. Mais il ne faudrait pas commetre l'erreur de ranger hâtivement le ‚you-you' au nombre de curiosités folkloriques d'interêt mineur. Répandue dans tout le monde maghrébin, cette ‚expression obligatoire de sentiments du groupe social' (Champault 1969:215) pourrait avoir une origine extrêmement ancienne: auquel cas la délimitation exacte de son extension géographique ne serait pas dénuée de signification (Cernet 1932: 239–250)." (Augier 1973: 177–178)

[4] Die kanarische Tageszeitung *El Dia* berichtete in ihrer Ausgabe vom 16.9.1992 unter der Überschrift „Una inscripción confirma el origen bereber de los guanches" über den sogenannten „Zanata-Stein", den der Direktor des Archäologischen Museums von Santa Cruz de Tenerife den politischen Autoritäten der Kanarischen Inseln am 15.9.92 als endgültigen Beweis für eine berberische Abstammung der Altkanarier präsentierte. Der etwa 30cm lange Stein wurde in einer Höhle auf Teneriffa gefunden, der Fundort wird geheim gehalten. Seine Inschrift wird als ZNT entziffert, wodurch bewiesen werden soll, dass Angehörige der derzeit im marokkanischen Rif lebenden Berberethnie der Zanata Teneriffa besiedelt haben. Diese Deutung ist genau wie die Lesung der Inschrift umstritten.

[5] Vgl. dazu die Ausführungen in Stockmann 1992: 85–90.

[6] Vgl. den *Baile de Tango* (Bartmann 1992), den *El Vivo*, den *El Conde de Cabra* und den *El Santo* (Sánchez 1947: 304–307, 310; Lorenzo Perera 1981: 40–45, 75–77, 19–35).

[7] Diese *tamborirera* oder *danza* bediente eine der großen zweifelligen Zylindertrommeln anders als beim Baile de la Virgen im Sitzen, wobei sie mit nur einem Schlegel einem speziellen Schlagmuster folgte (vgl. Bartmann 1992).

[8] Tonbandinterview am 12.07.93 in El Pinar (El Hierro).

[9] Freundliche Mitteilung im Brief vom 28.04.1993. Die Auskünfte beziehen sich auf weite Teile des Sahel, der Sahara sowie angrenzender Gebiete Nordafrikas.

[10] Tonbandinterview vom 24.04.93 mit Margarita Betancourt Guardia in Las Palmas de Gran Canaria anlässlich der Vorstellung der CD *El folklore de Fuerteventura*.

[11] Freundliche Mitteilung der Ethnomusikologin Carmen Nieves Luis García aus Los Realejos, Teneriffa, die Aufnahmesituation der „Cantos de siega y jijides" (LP Los Alzados, B1) betreffend.

[12] Die sogenannte „Inselberber-" oder „Weißafrikatheorie" ist umstritten, weil sie nicht auf die im Atlantik vorhandenen Meeresströmungen eingeht (Biedermann 1983: 115–144).

[13] Den Ausführungen der kanarischen Gelehrten (Sánchez 1947:309; Lorenzo Perera 1981: 80) ist nicht zu entnehmen, welcher der z.T. sehr verschiedenen Berbermusiktraditionen (vgl. El Mahdi 1980; Grame 1980; Lortat-Jacob 1980; Nikiprowetzky 1980; LP Belateche 1968) sie einen Einfluss auf die Volksmusik der kleinsten und westlichsten Kanareninsel zuschreiben.

[14] vgl. Hirschberg 1988: 403, Stichwort: „Revitalisationsbewegungen"; Bartmann 1998.

[15] Ähnliche Stimmäußerungen begegneten dem Autor weder in Irland, noch in Schottland, Cornwall, der Bretagne, Asturien oder Galizien (vgl. dazu auch Cunningham 1980: 793).

[16] Födermayr attestiert dem afrikanischen Frauentriller eine „eigenartige Polarität in seiner Verwendung als Jubel- und Klageruf" (Födermayr 1971: 94; vgl. ders. 1970: 64). Eine derartige Doppelfunktion ließ sich für die kanarischen Schreivarianten nicht belegen.

6. Literatur

Alfonso, Juan Bethencourt

1991 *Historia del pueblo guanche,* Tomo I. La Laguna.

Alonso, Elfidio

1985 *Estudios sobre el Folklore Canario.* Las Palmas, Gran Canaria.

Augier, Pierre

1974 „La musique populaire au Sahara Algérien." *Annuaire de l'Afrique du nord* 12 (Paris 1973): 169–179.

Aures, Wolfgang

1984 *Berechnungsverfahren für den Wohlklang beliebiger Schallsignale, ein Beitrag zur gehörbezogenen Schallanalyse.* Diss. TU München.

Bartmann, Manfred

1991 „Das Programm F0_PLOT für Atari ST-Rechner. Möglichkeiten der Darstellung und Überprüfung digital errechneter Melodiekonturen." *Volkskunde in Niedersachsen* 2: 68–74.

1992 „'El baile del tango', ein Volkstanz der Kanarischen Insel El Hierro. Perspektiven für eine Bestandsaufnahme." In *Tanz und Tanzmusik in Überlieferung und Gegenwart,* hg. von Marianne Bröcker, 241–293. Bamberg.

1994 *Traditionelle Musizierformen der kanarischen Insel El Hierro.* Zweibändige Habilitationsschrift. Köln. (Druck i.V.)

1998 „Treffpunkt Sahara. Revitalisierungsbewegungen in europäischen Randgebieten und die Erforschung rezenter Musiktraditionen, dargestellt am Beispiel Ostfrieslands und der Kanareninsel El Hierro." In *Berichte aus dem ICTM-Nationalkomitee Deutschland VI/VII,* hg. von Marianne Bröcker, 223–232. Bamberg: Universitätsbibliothek Bamberg.

Biedermann, Hans

1983 *Die Spur der Altkanarier.* Hallein.

Brandl, Rudolf M.

1985 „Musikkulturen im Vergleich." In *Musikpsychologie. Ein Handbuch in Schlüsselbegriffen,* hg. von Herbert Bruhn, Rolf Oerter und Helmut Rösing, 359–371. München etc.: Urban & Schwarzenberg.

1989a „Die bulgarische Schwebungsdiaphonie und ihre balkanischen Parallelen im Lichte neuer psychoakustischer Erkenntnisse." In *Kulturelle Traditionen in Bulgarien. Bericht über das Kolloquium der Südosteuropa-Kommission 16.–18.Juni 1987,* hg. von Reinhard Lauer und Peter Schreiner, 151–168. Göttingen: Vandehoeck & Ruprecht. (Abhandlungen der Akademie der Wissenschaften in Göttingen, Philologisch-Historische Klasse, Folge 3, Nr. 177)

1989b „Die Schwebungs-Diaphonie – aus musikethnologischer und systematisch-musikwissenschaftlicher Sicht." In *Volks- und Kunstmusik in Südosteuropa,* hg. von Cornelius Eberhardt und Günther Weiß, 51–68. Regensburg:

Gustav Bosse. (Südosteuropa-Studien 40)
1990 Besprechung von Graf, W. (1980). *Jahrbuch für musikalische Volks- und Völkerkunde* 14: 135–138.
1992 „Die ‚Schwebungsdiafonie' im Epiros und verwandte Stile im Lichte der Psychoakustik." In *Von der Vielfalt musikalischer Kultur. Festschrift für Josef Kuckertz*, hg. von Rüdiger Schumacher, 43–79. Anif/Salzburg: Ursula Müller-Speiser.
1995 „Bordun." In *MGG – Die Musik in Geschichte und Gegenwart*, Sachteil 2, hg. von Ludwig Finscher, Sp.69–75. Kassel etc. : Bärenreiter-Metzler.

Brandl, Rudolf M. & Helmut Rösing
1993 „Musikkulturen im Vergleich." In *Musikpsychologie. Ein Handbuch*, hg. von Herbert Bruhn, Rolf Oerter & Helmut Rösing, 57–74. Reinbek bei Hamburg: Rowohlt. (rowohlts enzyklopädie 526)

Bruhn, Herbert, Rolf Oerter & Helmut Rösing (Hg.)
1985 Musikpsychologie. Ein Handbuch in Schlüsselbegriffen. München etc.: Urban & Schwarzenberg
1993 *Musikpsychologie. Ein Handbuch.* Reinbek bei Hamburg: Rowohlt. (rowohlts enzyklopädie 526)

Cernet, L.
1932 „You-you. En marge d'Herodote." Cinquantenaire de la Faculté des Lettres d'Alger (1881-1931), articles publiés *par les professeurs de la faculté, par les soins de la Societé historique algérienne*, 239–250. Algier.

Champault, D.
1969 *Une oasis du Sahara nord-occidental: Tabelbala*. Paris.

Cunningham, Martin
1980 „Spain", §II, 7: „Folk music, regional characteristics." In *The New Grove Dictionary of Music and Musicians* 17, hg. von Stanley Sadie, 799–803. London: Macmillan.

Deutsch, Werner A.
1985 „Musik und Computer." In *Musikpsychologie. Ein Handbuch in Schlüsselbegriffen*, hg. von Herbert Bruhn, Rolf Oerter und Helmut Rösing, 107–119. München etc.: Urban & Schwarzenberg
1989 „Sound Tools: Konzept und Entwicklung einer Arbeitsstation zur digitalen Analyse und Bearbeitung von Musik." In *Das Instrumentalspiel. Beiträge zur Akustik der Musikinstrumente. Medizinische und Psychologische Aspekte des Musizierens*, hg. von Gregor Widholm & Michael Nagy, 309–323. Wien etc.
1994 „Psychoakustische Modelle und digitale Signalverarbeitung in der Musikwissenschaft." In *Vergleichend-systematische Musikwissenschaft. Franz Födermayr zum 60.Geburtstag*, hg. von Elisabeth Hilscher & Theophil Antonicek, 23–48. Tutzing: Hans Schneider.

Deutsch, Werner A., Gerhard Eckel & Anton Noll
1990 „Von der Irrelevanzschwelle zur Relevanzspektrographie." In *Fortschritte der Akustik – DAGA 90*, 699–702. Bad Honnef.

Deutsch, Werner A. & Franz Födermayr
1986 „Tonhöhe versus Frequenz: Zur Frage der indonesischen Tonsysteme." *Musicologica Austriaca* 6 (Gedenkschrift Guido Adler): 197–226.

Eckel, Gerhard
1989 Ein Modell der Mehrfachverdeckung für die Analyse musikalischer Schallsignale. Phil. Diss. Universität Wien.

El Mahdi, Salah
1980 „North Africa." In *The New Grove Dictionary of Music and Musicians* 13, hg. von Stanley Sadie, 287–292. London: Macmillan.

Fant, Gunnar
1960 *Acoustic theory of speech production*. The Hague: Mouton.

Födermayr, Franz
1970 „Zur Ololyge in Afrika." In *Musik als Gestalt und Erlebnis* (Festschrift Walter Graf zum 65. Geburtstag), hg. von Ernst Schenk, 57–65. Wien etc. (Wiener Musikwissenschaftliche Beiträge 9)
1971 *Zur gesanglichen Stimmgebung in der außereuropäischen Musik*. Wien-Föhrenau.

Födermayr, Franz & Werner A. Deutsch
1992 „Musik als geistes- und naturwissenschaftliches Problem." In *Festschrift Gerhard Croll*, 377–389. Laaber: Laaber.

Fricke, Jobst
1973 „Formantbildung in musikalischen Klängen." *Fernseh- und Kino-Technik* 27/4: 93–97.
1988 „Klangbreite und Tonempfindung. Bedingungen kategorialer Wahrnehmung aufgrund experimenteller Untersuchungen der Intonation." *Musikpsychologie. Jahrbuch der Deutschen Gesellschaft für Musikpsychologie* 5: 67–87.

Graf, Walter
1980 *Vergleichende Musikwissenschaft. Ausgewählte Aufsätze*. Wien-Föhrenau. (Acta Ethnologica et Linguistica 50)

Grame, Theodore
1980 „Morocco." In *The New Grove Dictionary of Music and Musicians* 12, hg. von Stanley Sadie, 587–589. London: Macmillan.

Hesse, Horst-Peter
1985a „Psychophysik." In *Musikpsychologie. Ein Handbuch in Schlüsselbegriffen*, hg. von Herbert Bruhn, Rolf Oerter und Helmut Rösing, 58–65. München etc.: Urban & Schwarzenberg.
1985b „Gehörpsychologie." In *Musikpsychologie. Ein Handbuch in Schlüsselbegriffen*, hg. von Herbert Bruhn, Rolf Oerter und Helmut Rösing, 87–99. München etc.: Urban & Schwarzenberg.

Hirschberg, Walter (Hg.)
1988 *Neues Wörterbuch der Völkerkunde*. Berlin: Dietrich Reimer Verlag.

Hoerburger, Felix
1966 *Musica vulgaris*. Regensburg: Bosse. (Erlanger Forschungen 19)

Krader, B.
1987 „Slavic Folk Music: Forms of Singing and Self-Identity." *Ethnomusicology* 31/1: 9–17.

Larrea Palacín, Arcadio de
1949 „La Saeta." *Anuario Musical* (Barcelona) IV: 105–135.

Lorenzo Perera, Manuel J.
1981 *El Folklore de la Isla de El Hierro*. Santa Cruz de Teneriffe.
1989 *El Folklore musical de El Hierro*. Santa Cruz de Teneriffe.

Lortat-Jacob, B.
1980 „Berber music." In *The New Grove Dictionary of Music and Musicians* 2, hg. von Stanley Sadie, 517–519. London: Macmillan.

Mertens, Paul-Heinrich
1975 Die Schumannschen Klangfarbengesetze und ihre Bedeutung für die Übertragung von Sprache und Musik. Frankfurt/M.: Erwin Bochinsky.

Messner, Gerald Florian
1980 *Die Schwebungsdiaphonie in Bistrica*. Tutzing: Schneider. (Wiener Musikwissenschaftliche Beiträge 12)

Nachtigal, G.
1879 *Sahara und Sudan*. Band 1. Berlin.

Nikiprowetzky, Tolia
1980 „Tuareg music." In *The New Grove Dictionary of Music and Musicians* 19, hg. von Stanley Sadie, 236–237. London: Macmillan.

Parncutt, Richard
1993 „Wechselwirkungen zwischen Schallereignissen." In *Musikpsychologie. Ein Handbuch*, hg. von Herbert Bruhn, Rolf Oerter & Helmut Rösing, 670–678. Reinbek bei Hamburg: Rowohlt. (rowohlts enzyklopädie 526)

Sánchez, Sebastian Jiménez
1947 „Danzas y canciones de la Isla del Hierro." *Revista de Dialectología y Tradiciones Populares* (Madrid) III : 302–315.

Sataloff, Robert T.
1993 „Die menschliche Stimme." *Spektrum der Wissenschaft* 11/1993: 74–81.

Schneider, Marius
1946 *El origen musical de los animales símbolos en la mitología y la escultura antiguas*. Barcelona: Instituto Español de Musicología.

Schumacher, Rüdiger (Hg.)
1992 *Von der Vielfalt musikalischer Kultur. Festschrift für Josef Kuckertz.* Anif/Salzburg: Ursula Müller-Speiser.

Siemens Hernández, Lothar
1977a *La música en Canarias.* Las Palmas de Gran Canaria: El Museo Canario.
1977b „La música aborigen. " In Torres, Agustín Millares: *Historia general de las Islas Canarias,* Band 1, 347–366. Las Palmas de Gran Canaria.

Sinz, R.
1978 *Gehirn und Gedächtnis.* Stuttgart etc.

Simon, Artur
1972 *Studien zur ägyptischen Volksmusik.* Hamburg. (Beiträge zur Ethnomusikologie 1)

Söderberg, Bertil
1956 „Les instruments de musique au Bas-Congo et dans les régions avoisinantes." *Etude ethnographique,* 35–37. Stockholm: The Ethnographical Museum of Sweden. (Statens Etnografiska Museum, Monograph series, publication 3)

Spindler, Paul
1988 „Lachen, Lächeln." In *Neues Wörterbuch der Völkerkunde,* hg. von Walter Hirschberg, 279. Berlin: Dietrich Reimer Verlag.

Sundberg, Johan
1987 *The Science of the Singing Voice.* DeKalb, Illinois: Northern Illinois University Press.

Sundberg, Johan & P.-E. Nordström
1983 „Raised and lowered larynx: The effect on vowel formant frequencies. " *Journal of Research in Singing* 6: 7–15.

Stockmann, Doris (Hg.)
1992 *Volks- und Popularmusik in Europa.* Laaber: Laaber. (Neues Handbuch der Musikwissenschaft 12)

Talavera, Diego
1978 *Canarias Folklore y canción.* Madrid: Biblioteca Popular Canaria.

Terhardt, Ernst
1968 „Über akustische Rauhigkeit und Schwankungsstärke." *Acustica* 20: 215ff.
1986 „Methodische Grundlagen der Musiktheorie." *Musicologica Austriaca* 6: 107–126.

Wölfel, Dominik Josef
1965 *Monumenta Linguae Canariae. Die kanarischen Sprachdenkmäler, eine Studie zur Vor- und Frühgeschichte Weißafrikas.* Nach dem Tode des Autors revidiert durch A. Gloss, Graz.

Zwicker, Eberhard
1982 *Psychoakustik.* Berlin etc.: Springer.

7. Rundfunk- und Fernsehsendungen

Banuls, Silvie/Heller, Peter
1991 „Die Töchter der Zelte. Bei den Tuareg in Mali." Ein Fernsehfilm in der Reihe *Länder, Menschen, Abenteuer* des 3. Fernsehprogramms des WDR.

Marre, Jeremy
1992 „Vom Wesen der Musik. 2. Folge: Diesseits und Jenseits." Hessen Fernsehen am 25.01.92 (22:40–23:25).

Medizza, Michel
1984 „Die Meistermusikanten von Jahjouka." Ein Film über die traditionelle Musik Marokkos im dritten Fernsehprogramm des NDR am 29.01.1984 (17:00–18:00).

Rost, Cornelia
1993 „Globetrotter." Rundfunksendung der Reihe *musica mundi* im 2. Programm des Hessischen Rundfunks am 02.06. 1993, 18:15–19:25.

N.N.
1993 "The Pipes of Pan at Joujouka." Ein Festival in den marokkanischen Bergen, aufgenommen von Brian Jones. Rundfunksendung der Reihe *Musik ... grenzenlos* im 2. Programm des Hessischen Rundfunks am 25.08.93, 23:01–23:30.

8. Tonträger

Belateche, Rita
1968 *Algerian Berber Music.* LP, Ethnic Folkways Library FE 4341 (Library of Congress Catalogue Card No. R 68–731), New York.

García Matos, Manuel
1961a *Antología del Folklore Musical de Espana.* 4 LPs, Hispa-Vox, HH 10–107 bis HH 10–110.
1961b *Cancionero Folklórico de las Islas Canarias.* LP, Hispa-Vox, HH 10-518.
1973 *Antología del Folklore Musical de España,* Segunda Selección. LPs, Hispa-Vox, HH 10–356 bis HH 10–359.

Gobierno de Canarias-SOCAEM/
Cabildo de Fuerteventura-Escuela Insular de Folklore/
Centro de la Cultura Popular Canaria
1993 *El folklore de Fuerteventura.* CD, Las Palmas de Gran Canaria. TF 1334–92/CCPC–CD–198 S.G.A.E

Jones, Brian
1971 *Brian Jones presents the Pipes of Pan in Jajouka.* LP, Rolling Stones RS 000, November 1971. Recordings of the Master Musicians of Jajouka in the province Morocco.

Lorenzo Perera, Manuel J.
1989 *El Folklore de El Hierro.* LP, Santa Cruz de Teneriffe.

Lortat-Jacob, B./Rouget, G.
1971 *Musique Berbère du Haut-Atlas.* LP, Collection Musèe de l'Homme, LD 786, Paris.

Lortat-Jacob, B./Jouad, H.
1979 *Berbères du Maroc "ahwach".* LP, Musée de l'Homme/Le chant du monde, LDX 74705, Paris.

Los Alzados
1987 *Los Alzados. La música en la vida tradicional de Icod el Alto.* LPs, TF. 1078/1106–1987, Los Realejos, Teneriffa.

Valentina, la de Sabinosa (y su conjunto folklórico)
1972 *Cantos y Bailes herreños.* LP.

9. Spektrogramme, angefertigt mit Hilfe der Wiener Arbeitsstation S_TOOLS©

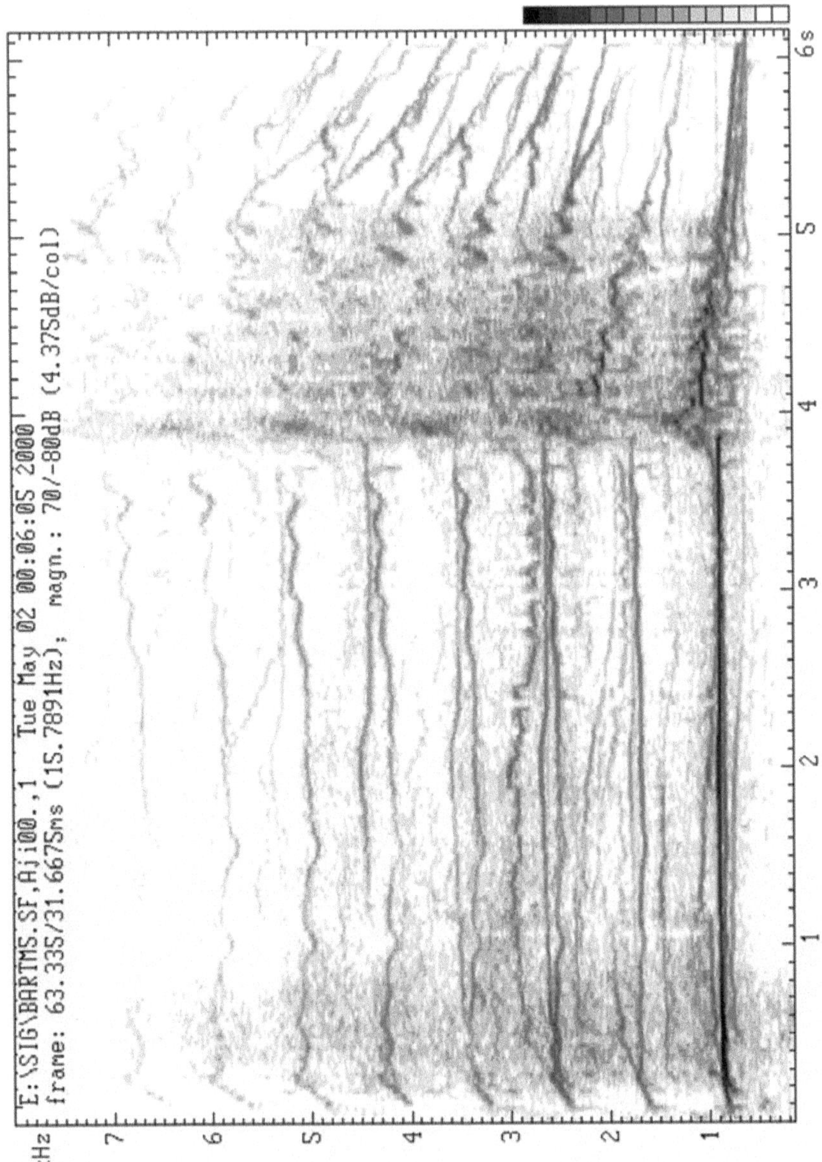

Abb. 1: „Aji00". Spektrogramm der Frauenstimmäußerung *ajiji* aus Klangbeispiel 1. Aufgenommen im Inseldorf Sabinosa (El Hierro) am 27.10.90 anlässlich der Fiesta „Noche de San Simón". Die Sängerinnen erzielen mit diesem Ruf eine maximale Rauhigkeit (vgl. dazu Fig. 5).

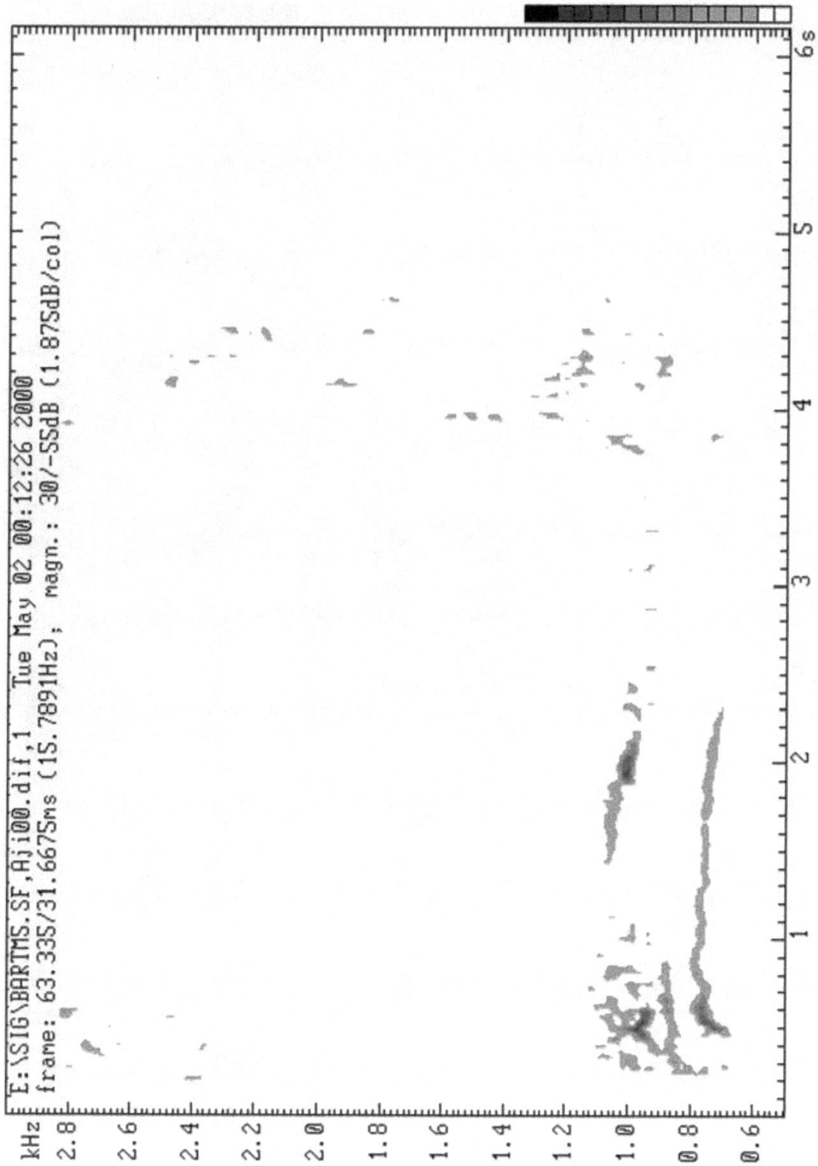

Abb. 2: „Aji00.dif". Spektrogramm des Differenzsignals, d.h. der in der Probe „Aji00" (Abb. 1) enthaltenen, aufgrund der Simultanverdeckung jedoch unhörbaren Anteile. Die Berechnung dieser irrelevanten Amplituden (ca. 30% der FFT-Punkte) erfolgte gemäß der von Eckel (1989) bestimmten Relevanzschwelle.

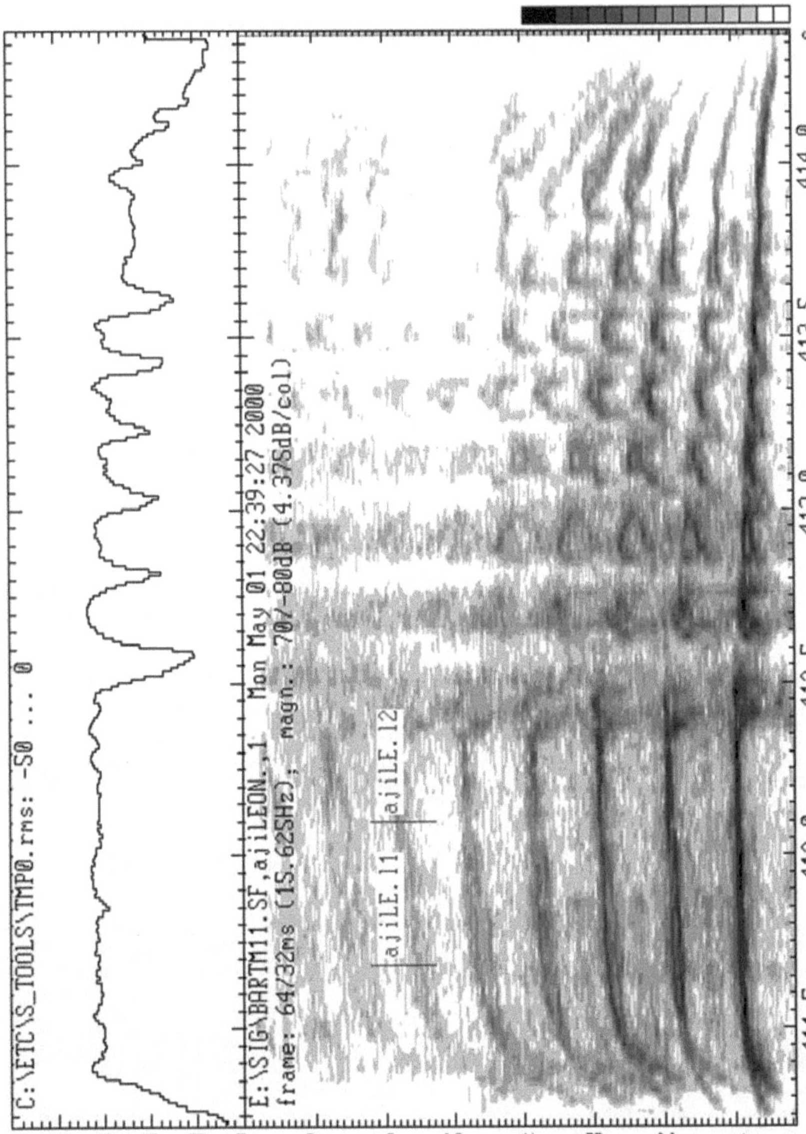

Abb. 3: „ajiLEON". Spektrogramm einer Mehrpartversion des *rejijío* aus León, die einen rauhen Klangeindruck hinterlässt. Der *rejijío* wird auch solistisch vorgetragen (vgl. Klangbeispiel 10). Die beiden senkrechten Geraden (AJILEON.11 und AJILEON.12) markieren die Zeitpunkte, an denen Amplitudenspektren ausgemessen wurden (vgl. Fig. 6). Das obere, zeitparallele Koordinatensystem zeigt die Entwicklung der RMS-Amplitude, d.h. des Druck-Zeit-Verlaufs.

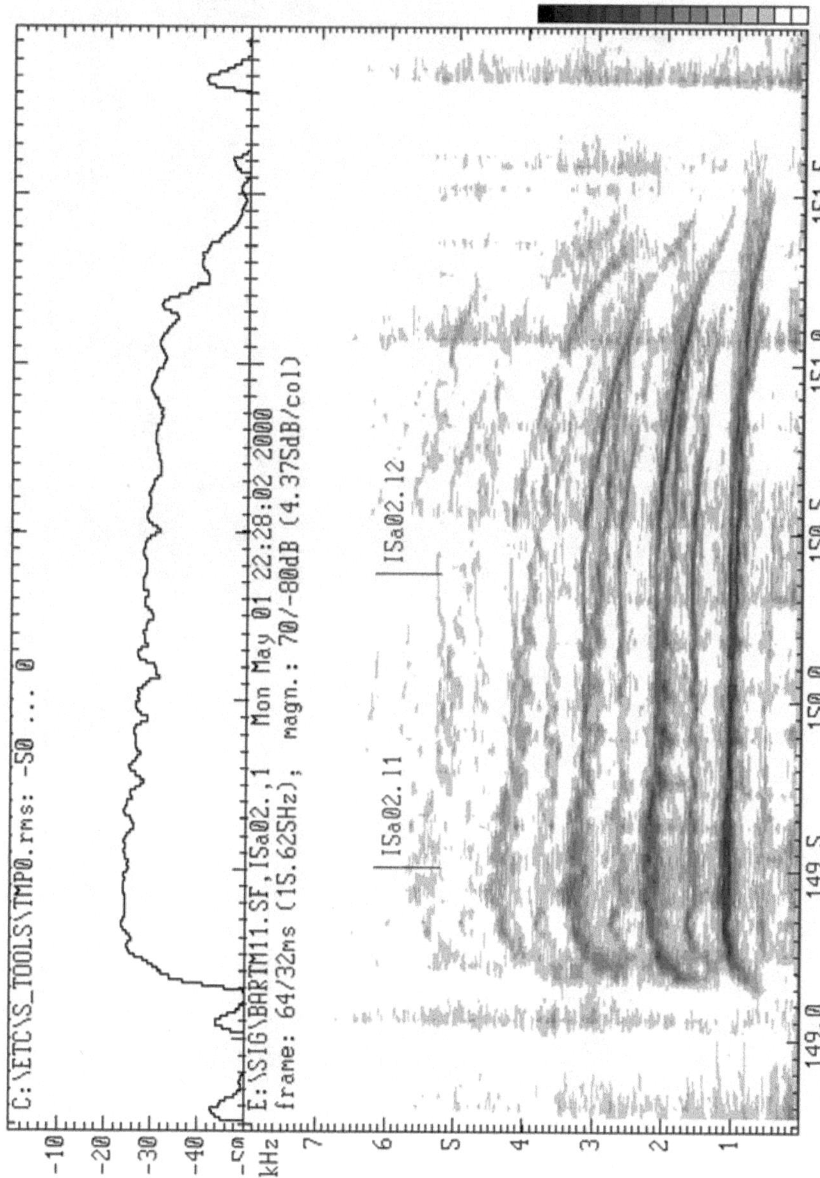

Abb. 4: „I5a02“. Spektrogramm (mit RMS-Kurve) des Mehrpart-Frauenrufs *quililí* aus Cáceres aus Klangbeispiel 11, mit dem man dort u.a. einen Paartanz zu begleiten pflegt (LP García Matos 1961:5/2, La Rama). Die ineinander verwobenen Teiltonlinien verursachen ein rauhes Klangbild. An zwei Stellen (vgl. die Markierungen I5a02.11 und I5a02.12) wurden Amplitudenspektren ausgemessen (vgl. Fig. 7).

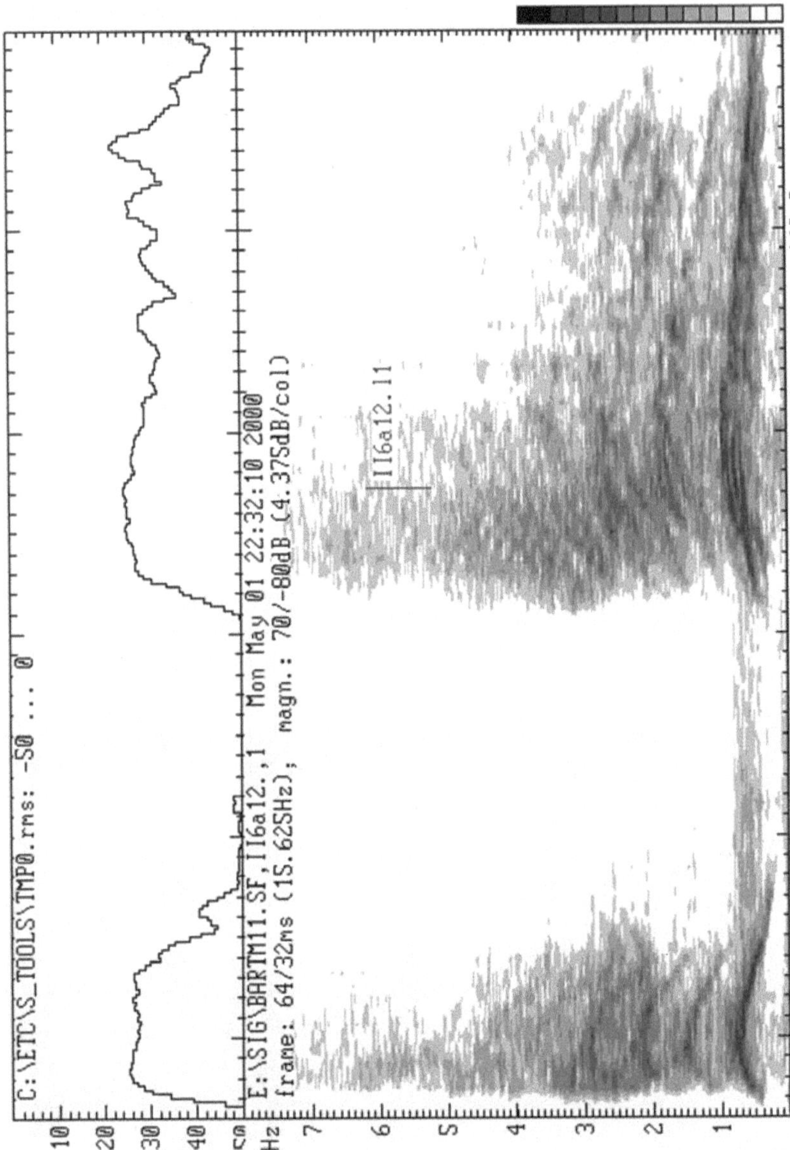

Abb. 5: „II6a12". Spektrogramm (mit RMS-Kurve) einer Mehrpart-Schreiform, die in Burgos in Zusammenhang mit einem Hochzeitslied von mehreren Männern angestimmt wurde (LP García Matos 1971: 6/12, La Boda, = Klangbeispiel 9). Der zweite Teil dieses Rufs lässt rauhe Klänge vernehmen. An einer Stelle (vgl. die Markierung II6a12.11) wurde das Amplitudenspektrum ausgemessen (vgl. dazu Fig. 7a).

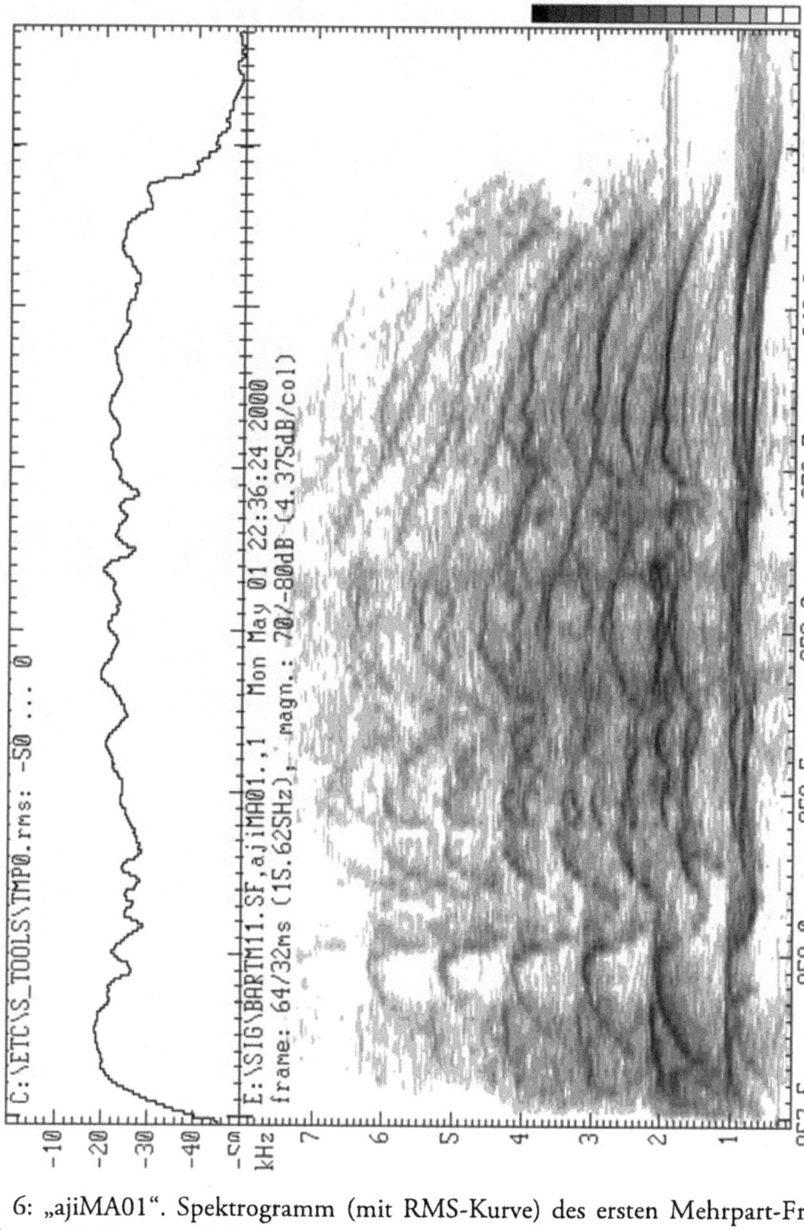

Abb. 6: „ajiMA01". Spektrogramm (mit RMS-Kurve) des ersten Mehrpart-Frauenrufs, welcher in Málaga im Rahmen eines Schaukellieds üblich ist (LP García Matos 1971: 4/4, El Columpio, = Klangbeispiel 13). Auch dieser Schrei hat Rauhigkeiten aufzuweisen; vgl. dazu Fig. 9).

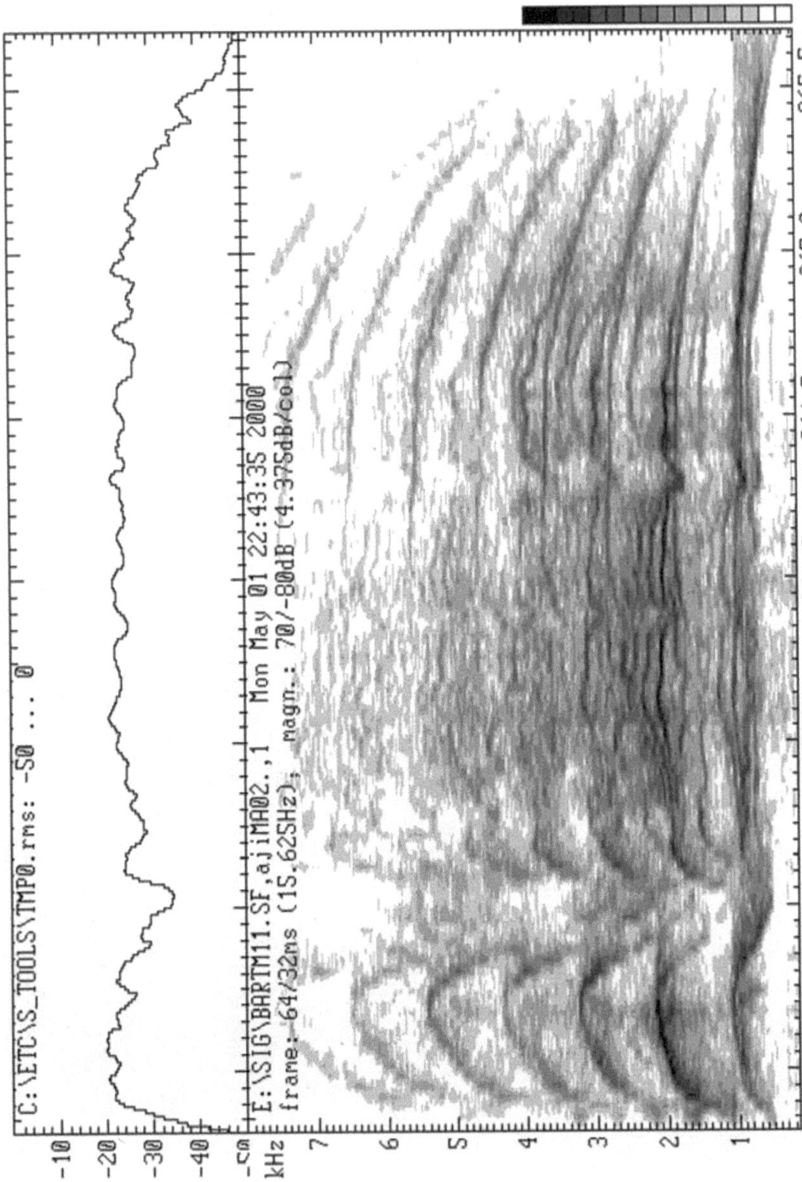

Abb. 7: „ajiMA02". Spektrogramm (mit RMS-Kurve) des zweiten Frauenrufs aus Málaga LP García Matos 1971: 4/4, El Columpio, = Klangbeispiel 13). Die aufmerksamkeitserregende Wirkung ist auf Rauhigkeiten der resultierenden Klänge zurückzuführen (vgl. dazu Fig. 10).

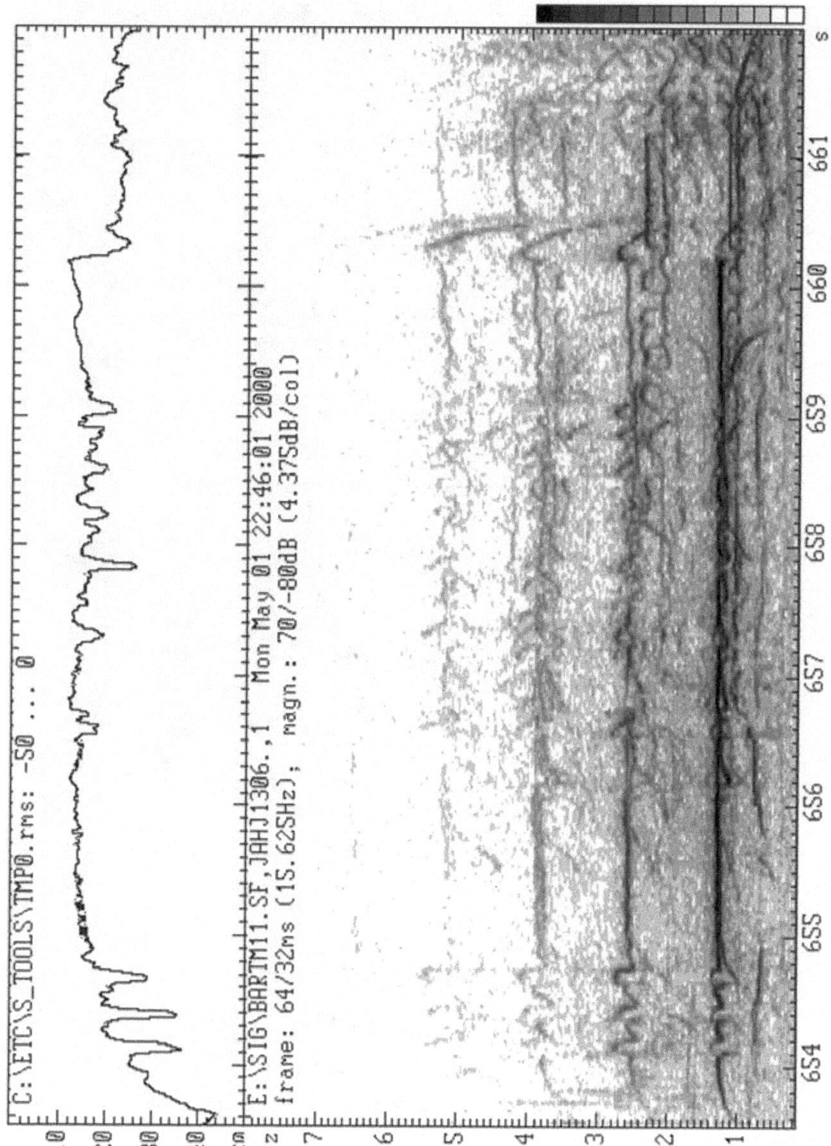

Abb. 8: „JAHJ1306“. Spektrogramm (mit RMS-Kurve) eines rauh klingenden Mehrpart-Jubelschreis anlässlich des Hennah-Festes im marokkanischen Jahjouka aus Klangbeispiel 14.

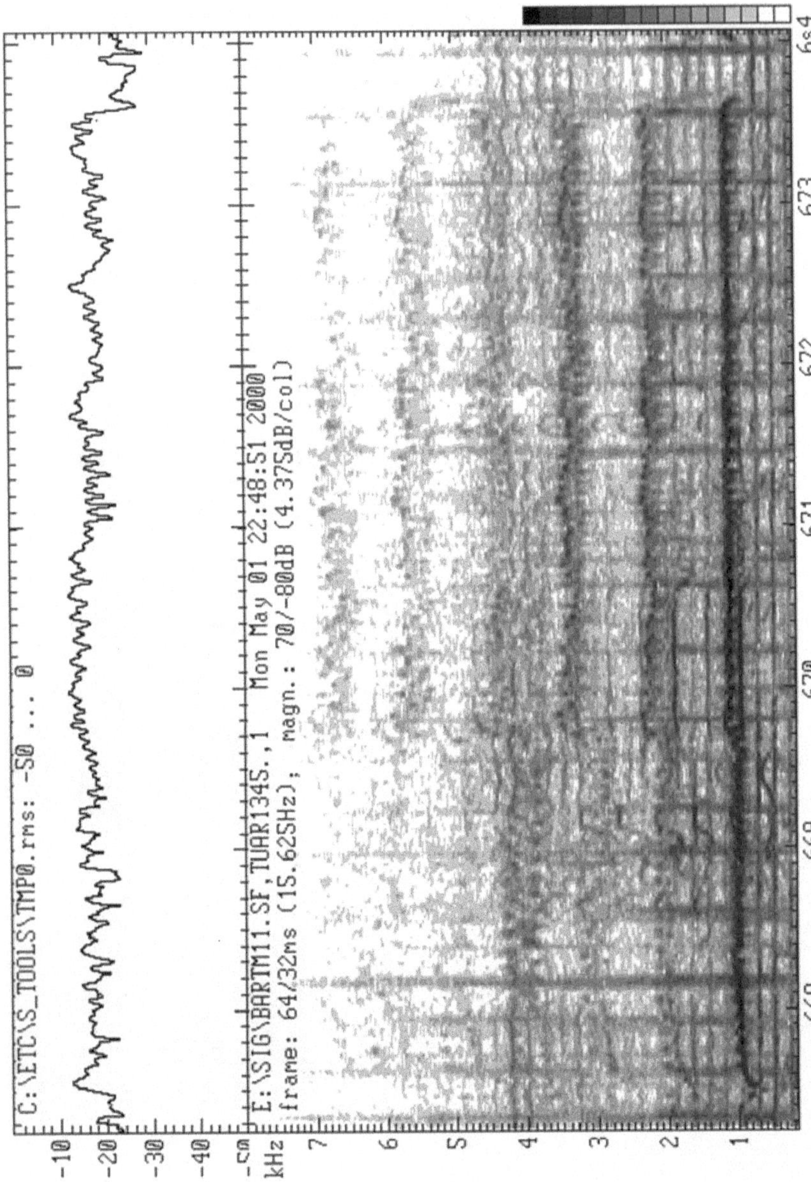

Abb. 9: „TUAR1345". Spektrogramm (mit RMS-Kurve) zweier Frauentriller (FöTyp 3), die von nacheinander zwei Tuaregfrauen angestimmt wurden. Die beiden Triller überlappen sich zeitlich etwas (aus Klangbeispiel 17).

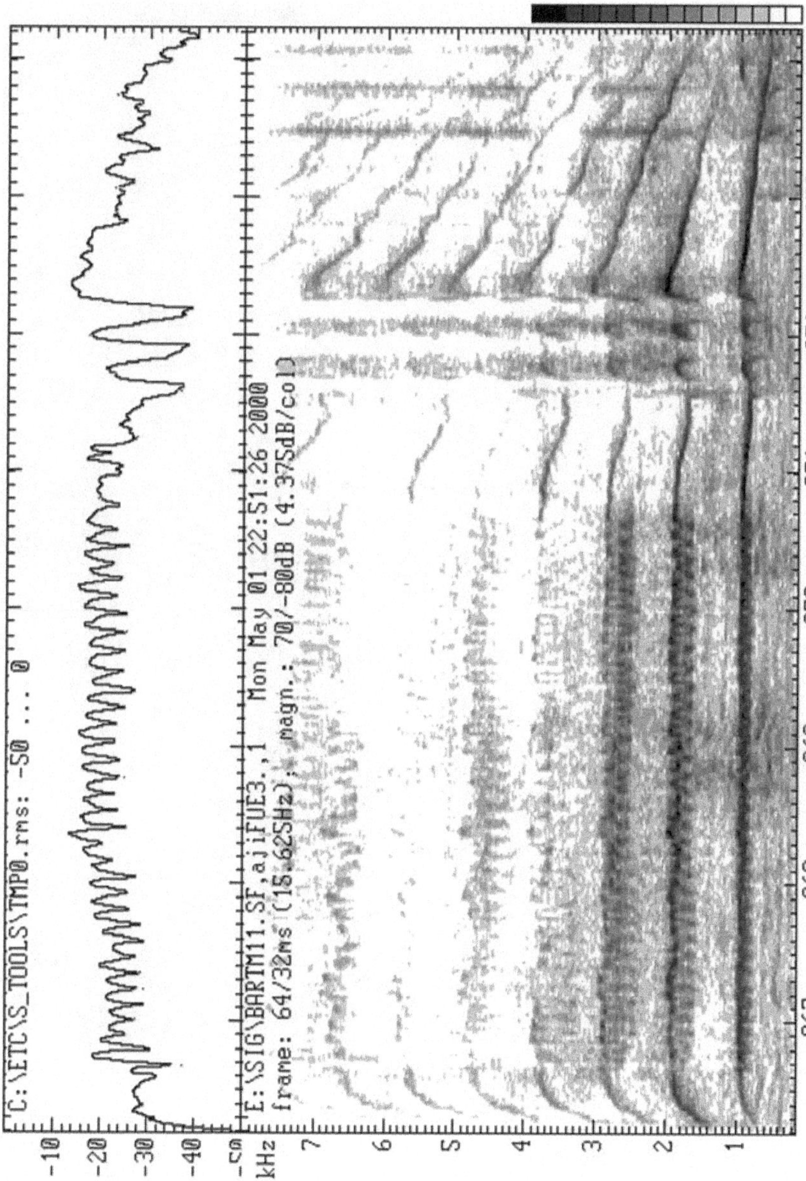

Abb. 10: „ajiFUE3“. Spektrogramm (mit RMS-Kurve) einer solistisch vorgetragenen *arureo*-Version von der kanarischen Insel Fuerteventura, die sich durch ausgeprägte Amplitudenmodulationen auszeichnet (eigene Aufnahme am 24.04.93 in Las Palmas de Gran Canaria, aus Klangbeispiel 3).

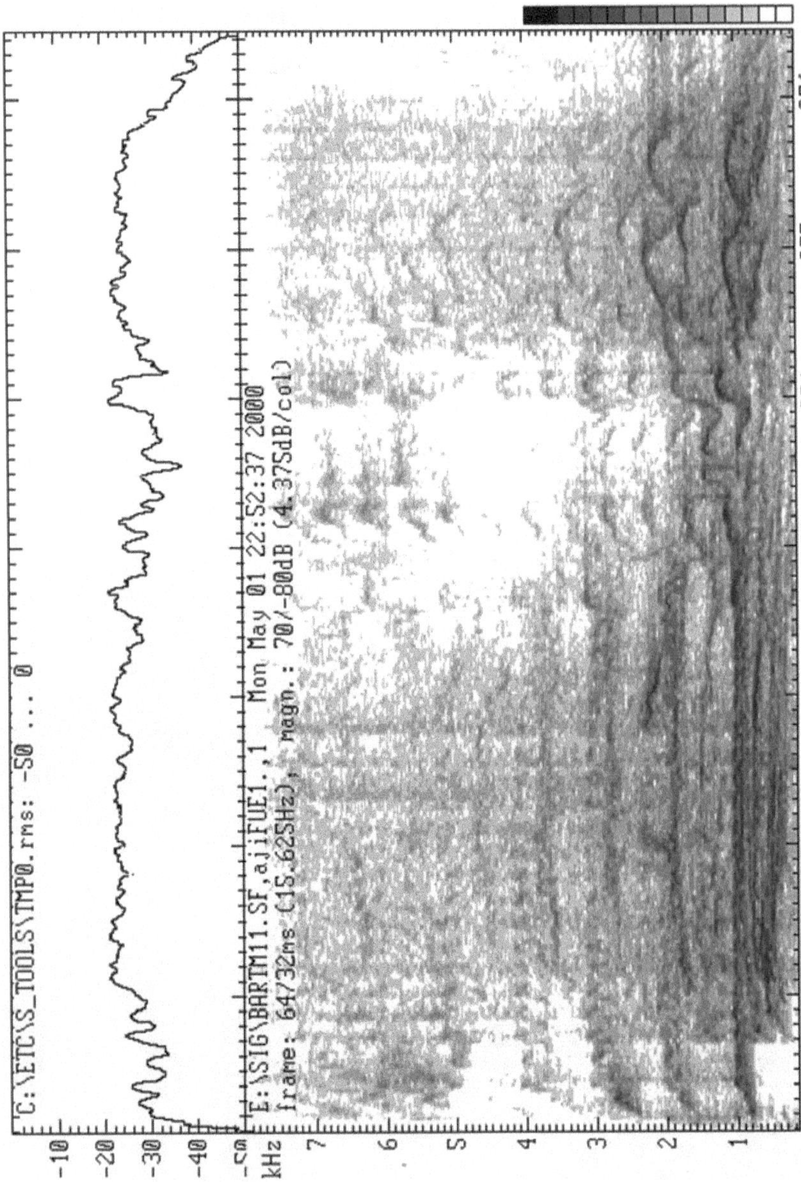

Abb. 11: „ajiFUE1“. Spektrogramm (mit RMS-Kurve) eines *arureo*-Rufs von der kanarischen Insel Fuerteventura mit vielen Beteiligten: Einige fallen in den *ajiji* mit ein, andere begleiten die gemeinsame Freudenbekundung mit *gurguseo*-Rufen (Alfonso 1991: 155; CD *El folklore de Fuerteventura* Nr. 21, = Klangbeispiel 3).

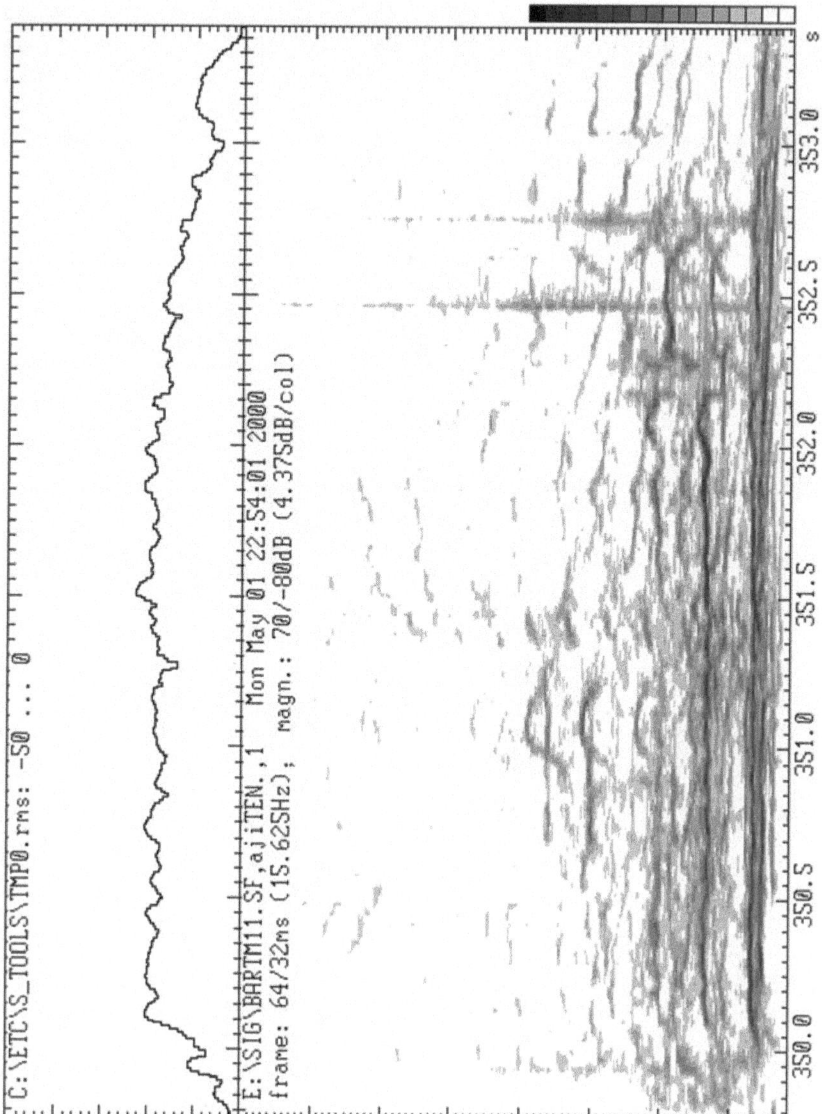

Abb. 12: „ajiTEN". Spektrogramm (mit RMS-Kurve) mehrerer, sich überlagernder *jiji*-Rufe mit begleitenden gurguseos, die auf Teneriffa von mehreren Frauen im Verlauf eines Ernteliedes angestimmt wurden (LP *Los Alzados* B1, = Klangbeispiel 2).

Liste der Musikbeispiele auf der beiliegenden CD

Giorgio Adamo: Aspekte der Zweistimmigkeit in der Volksmusik Italiens

1. „La bonasera pe' cominciamento", aufgenommen 1969 von P. G. Arcangeli in der Fraktion Vari der Gemeinde Pieve Torina, Provinz Macerata (Marken). Discoteca di Stato, AELM 68/35. 0'23"

2. „Apritele sse porte e sse finestre", aufgenommen 1982 von S. Facci und M. Agamennone in Marcellina, Provinz Rom. Discoteca di Stato, AELM 145/58. 0'40"

Gerhard Kubik: Multipart Singing in Sub-Saharan Africa

3. *Yeli* – polyphonic yodel as a lullaby *(wandeli)* performed by two Bangombe pygmy women: Bulu, ca. 30 and Mpelo Kuma, ca. 35 years old. Recorded in May 1966 by Maurice Djenda and G. Kubik at Mpuŋ Nyɔɣɔ, a pymgy camp on the right bank of the Sangha river, opposite Linjombo, Nola District, Central African Republic. (Orig. tape no. 92/I/5) 2'45"

4. Solo song with head voice, self-accompanied with a seven-stringed pluriarc (*too*) by (Mrs.) Dina Pikenien, ca. 25 years old, of the !Ko ethnic group. Recorded by Moya A. Malamusi and G. Kubik, November 25th, 1991, within the precincts of Mrs. Ansie Strydom's farm, east of Gobabis, Namibia. (Orig. tape no. 91/19/II/1) 3'12"

5. *Enkwanzi* (panpipes). Representational music in Busoga performed by Tomasi Kikomeko, ca. 40 and his group of seven panpipe players. Recorded by Maurice Djenda and G. Kubik in January 1968 at Namisambya I village, north of Jinja, southern Uganda. (Orig. tape no. 118/I/10) 2'39"

6. Ekwenje – boys' initiation song in the Lunkhumbi language, sung by a group of initiates striking concussion sticks (*nompompolo*) with their teacher and lead-singer Joaquim Francisco, ca. 25 who is using one *ŋɔma* (drum). Recorded on July 18th, 1965 at the circumcision camp near

Ekukwe, Circunscrição Dinde/Quilengues, southwestern Angola. (Orig. tape no. 53/I/1) 4'41"

G. Florian Messner: The Vanishing Presence of the Past

7. Tolai song. 2'15"
8. Tolai song. 1'55"
These are two 'contemporary' multipart songs with improvised harmony in the style of church hymns. The idiom of the texts is Tolai, performed by the Male Youth Choir of Lambon. Recorded by G.F. Messner in April 1977 in Lambon, a village right at the southern tip of New Ireland in Papua Niugini.

9. Manus. 1'52"
This is a male *w(ei)ii*, a male ritual song with an instrumental introduction called *kileng w(e)ii* performed by a slit gong ensemble from Baluan Island, Manus Province in PNG. The leading vocal performers are Silikaka Buai and Sanauai Kileap. These songs are now performed at different festive occasions. Recorded by G.F. Messner in May 1977 on Baluan Island.

10. Manus. 1'51"
This is a female *w(ei)ii*, a female ritual song, performed by Alup Samalol (leading part) and Alup Pokut (following part) at a wedding on Baluan Island, Manus Province in PNG. Recorded by G.F. Messner in May 1977.

11. Manus. 3'07"
This is a *kolorai*, a male heroic ritual song, performed by Konda'i Lipamu (leading part) and Pokut Narumbuai (following part) on Baluan Island, Manus Province in PNG. Recorded by G.F. Messner in May 1977.

Stefan Jena: Multiphonics auf der Querflöte

12. Robert Dick, *Slow, „electric" Blues* (Nr. 6 aus *Flying Lessons II*); Robert Dick, Flöte. Die Aufnahme stammt von der CD *Ladder 5 of Escape* (Attacca; Babel 9158-1 DDD). 1'47"

13. Kent Olofsson, *Treccia*; Terje Thiwång, Flöte. Die Aufnahme stammt von der CD *whiz* (dB Productions Sweden: DBPCD24). 9'32"

Vergleichende Musikwissenschaft

Herausgegeben von Franz Födermayr,
August Schmidhofer und Michael Weber

www.peterlang.de

Peter Lang · Europäischer Verlag der Wissenschaften

Ekkehard Kreft

Harmonik im Umbruch

Akkordtypen und Formationen vom 18. bis in das 20. Jahrhundert

Frankfurt am Main, Berlin, Bern, Bruxelles, New York, Oxford, Wien, 2003.
380 S., zahlr. Abb. und Tab.
Beiträge zur europäischen Musikgeschichte. Herausgegeben von Ekkehard Kreft.
Bd. 8
ISBN 3-631-51703-3 · br. € 56.50*

Der Wechsel von den Akkordtypen – so die Bezeichnung der traditionellen, terzgeschichteten Klänge – zu den Formationen, d.h. zu den Intervallstrukturen des 20. Jahrhunderts, gilt bis heute als einer der gewaltigsten Umbrüche in der jüngeren Musikgeschichte. Diese Evolution aufzuzeigen, ist das Anliegen dieses Buches. Beginnend mit den im Spätbarock vorliegenden Phänomenen (Sequenzen und Transpositionen, unterschiedliche Vierklänge wie der Dv, funktionsspezifische Vierklänge) schließen sich Akkorderweiterungen der Romantik (Chopin und Schumann) an, ebenso Alterationen und Dissonanzen. Skalen, Tonleitern und Modi ergänzen das Spektrum. Die zunehmende Auflösung der Akkordkonsistenz in der Spätromantik führt zu den intervallorientierten Strukturen in der Musik des 20. Jahrhunderts, die neben Einzelaspekten (übermäßiger Dreiklang, Quartklang) an Beispielen Geistlicher Werke und der Variation demonstriert werden.

Aus dem Inhalt: Die Vielfalt der Akkordtypen seit dem Spätbarock · Neue Impulse seit der Romantik · Vom 19. zum 20. Jahrhundert · Intervalldeterminierte Strukturen im 20. Jahrhundert

Frankfurt am Main · Berlin · Bern · Bruxelles · New York · Oxford · Wien
Auslieferung: Verlag Peter Lang AG
Moosstr. 1, CH-2542 Pieterlen
Telefax 00 41 (0) 32 / 376 17 27

*inklusive der in Deutschland gültigen Mehrwertsteuer
Preisänderungen vorbehalten

Homepage http://www.peterlang.de

FSC
www.fsc.org
MIX
Papier | Fördert
gute Waldnutzung
FSC® C083411

Kolibri 360 GmbH
Ferdinand-Jühlke-Straße 7
99095 Erfurt, Deutschland
produktsicherheit@kolibri360.de

Druck:
CPI Druckdienstleistungen GmbH
im Auftrag der
Kolibri 360 GmbH
Ferdinand-Jühlke-Str. 7
99095 Erfurt